U0225059

超细晶钢的固态相变与力学性能

柳永宁 著

科 学 出 版 社

北 京

内 容 简 介

本书是一本关于超细晶钢固态相变的专著，首先介绍了超细晶的制备方法与显示技术，在介绍固态相变理论以及与细化晶粒相变相关研究的基础上，系统地介绍了近年来超细晶钢在珠光体相变、马氏体相变、贝氏体相变和回火相变方面的研究成果。最后一章介绍了经超细晶钢马氏体相变得到的位错型高碳马氏体钢的力学性能，得到了强度为2600MPa、延伸率为7%的超高强度低合金钢，这是迄今文献报道的低合金钢的最高强度。

本书可供材料和冶金领域工程技术人员参考，也可作为材料科学与工程、物理和力学专业教师和研究生的参考用书。

图书在版编目(CIP)数据

超细晶钢的固态相变与力学性能/柳永宁著. —北京：科学出版社，2023.1
ISBN 978-7-03-073145-6

Ⅰ. ①超… Ⅱ. ①柳… Ⅲ. ①合金钢-细晶强化-马氏体相变 ②合金钢-细晶强化-力学性能 Ⅳ. ①TG142.33

中国版本图书馆CIP数据核字（2022）第168688号

责任编辑：祝 洁 汤宇晨 / 责任校对：崔向琳
责任印制：张 伟 / 封面设计：迷底书装

科学出版社出版
北京东黄城根北街16号
邮政编码：100717
http://www.sciencep.com
北京中石油彩色印刷有限责任公司印刷
科学出版社发行 各地新华书店经销
*
2023年1月第 一 版 开本：720×1000 1/16
2024年6月第三次印刷 印张：16 1/4
字数：325 000

定价：168.00元
（如有印装质量问题，我社负责调换）

前　言

细化晶粒是同时提高金属材料强度和韧性的唯一有效方法，多年来人们关注了细化晶粒本身对强度的影响和贡献，但是细化晶粒对金属材料固态相变有什么影响知道甚少。20 世纪 90 年代，纳米材料与纳米技术在世界范围掀起了研究热潮，纳米效应在材料的各个领域都展现出了奇特效应。在固态相变领域，纳米效应是不是也会带来新奇的现象？这是本书作者当时关注的一个问题。这个想法源自一个简单的推论：钢中的珠光体是一个常见的组织，由渗碳体和铁素体层片交替组成，层片间距在 30～450nm，取决于转变温度和冷却速度。如果晶粒尺寸细化到纳米量级，一个晶粒内装不下一层铁素体与渗碳体，此时还能称之为珠光体吗？纳米晶钢铁材料中还会有珠光体组织和珠光体相变吗？晶粒细化到纳米量级，对钢铁材料的固态相变有重要的影响。

在国家自然科学基金项目（高碳板条马氏体组织与性能研究，50571077；微纳米晶高碳钢中相变新现象及机理研究，50871082；超高碳型轴承钢及接触疲劳性能研究，51271137）的支持下，自 2005 年起，作者系统地开展了相关方面的研究工作。实验过程中发现，晶粒还没有细化到纳米量级，珠光体相变和马氏体相变就发生了重大的变化，从此开展了持续十多年的晶粒尺寸在 10μm 以下量级变化的固态相变研究。结果表明，晶粒细化到 10μm 以下量级，钢铁材料中所有的固态相变都产生了不同程度的变化，10μm 以下尺度的晶粒是工业化制备材料中可以实现的，更具有实际意义。研究发现，珠光体相变和马氏体相变存在约 4μm 的临界晶粒尺寸，当奥氏体晶粒尺寸小于该临界值时，珠光体相变不能以传统的层片状结构进行，而是以球状离异共析方式完成珠光体相变；同样，对于马氏体相变，当奥氏体晶粒尺寸小于该临界值时，高碳马氏体相变也不能以常规孪晶方式进行，取而代之以位错亚结构方式进行。由于位错的滑移特性，硬而脆的高碳马氏体在室温下可以塑性变形，这是一个非常重要的发现，以此为基础开发出了强度大于 2600MPa、延伸率为 7%的超高强度和塑性良好的低合金超级钢，其强度大幅超过了商业化马氏体时效钢最高级别 C350，而成本仅是其 1/100，为超高强度钢的开发开辟了新思路。

关于晶粒尺寸对固态相变影响的文献并不多，原因是超细晶粒在二次热处理时容易长大，比较难以控制。大部分关于晶粒尺寸效应的研究采用提高加热温度来调控晶粒尺寸，尺寸在 20～500μm 变化。本书研究的晶粒尺寸变化范围为 0.5～10μm，因而观察到了全新的相变现象。

本书详细介绍了细化晶粒对钢铁材料固态相变的影响。全书共 10 章，第 1 章是绪论，阐述了钢铁材料的重要性并引出了超细晶相变研究的问题；第 2 章主要介绍了超细晶钢的概念、力学性能和制备方法；第 3 章主要介绍了超细晶对扩散的影响；第 4 章主要介绍了超细晶的显示方法；第 5～9 章是本书的核心内容，主要介绍了超细晶对钢铁材料珠光体相变、马氏体相变和贝氏体相变的影响，以及对奥氏体分解相变和马氏体回火相变的影响；第 10 章介绍了超细晶钢经马氏体相变和贝氏体相变后的力学性能。

本书是作者以多年科研工作为基础而完成的，西安交通大学博士研究生张占领、连福亮、刘宏基、孙俊杰、江涛、王英俊，硕士研究生彭广金、何涛、陈秀明、张贵一、孙雪娇、段文君和孙钰等为本书的撰写做出了重要贡献。另外，西安交通大学的郭生武研究员为本书的电子显微分析做出了突出贡献，陈元振副教授和戴欣博士为本书插图的编辑提供了帮助，在此深表感谢。最后，感谢国家自然科学基金三个面上项目对本书相关研究的支持，感谢金属材料强度国家重点实验室对本书出版的支持。

由于作者水平有限，书中不足之处在所难免，敬请读者批评指正。

目 录

第 1 章　绪　　论

材料、能源与信息是当今人类社会的三大支柱产业。材料是物质社会的基础，社会发展的历史是以材料发展而划分的，人类经历了石器时代、青铜器时代、铁器时代、钢铁水泥时代、硅材料时代和当今纳米材料时代。纳米材料是否可以作为当代社会的标志还有较大的疑问，直到现在，纳米材料没有为社会带来预期的变革，但是钢铁材料却成为时代交替的标志。虽然当今社会是信息时代，以硅为代表的材料成为信息时代的主体材料，但是钢铁材料在当今社会仍然是不可替代的材料，现代社会中的标志性工程都是以钢铁材料为主体建造的，如摩天大楼、大跨度桥梁、高速铁路、远洋巨轮、航空母舰、火力/水力发电设备、汽车、火车等。可以说没有钢铁材料，就没有现代人类文明社会，也可以说目前还找不出任何一种材料能替代钢铁材料。

为什么钢铁材料可以发挥如此重要的作用？有两点主要原因。第一个原因是铁元素在地球中的储量丰富，如图 1-1 所示，金属元素中铝的储量占 7.73%，储量排第 1 位，铁的储量占 4.75%，排第 2 位。虽然铝的储量更高，但是提炼难度大、能耗高。相对而言，钢的冶炼能耗低，这就决定了钢铁材料价格比较低，可以大量使用。2019 年，世界钢产量达到了 15.7 亿 t，其中我国的钢产量为 9.9 亿 t，占到了世界总产量的 63%；2019 年，我国铝产量为 0.35 亿 t，占到世界总产量的 56%，铝的产量只占到钢的 3.5%。其他金属材料，如镁、钛、铜等储量和用量都比较小，可见钢在社会经济中占有主导地位。

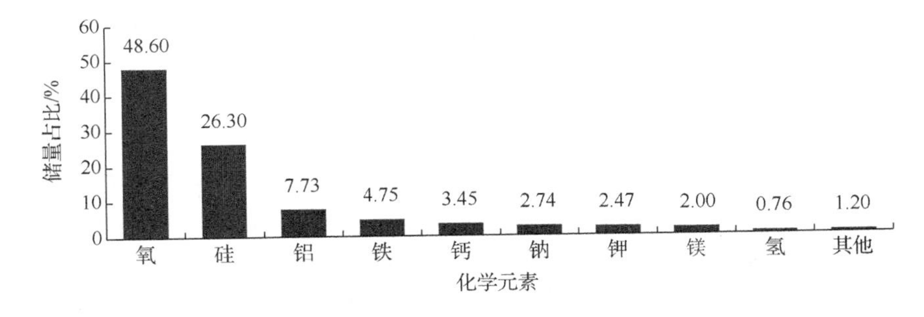

图 1-1　化学元素在地球中的储量

第二个原因是钢铁材料的优异性能和多样性。铁、铝、镁和钛这四种常见金属制备的合金中，抗拉强度分别为 2000MPa、700MPa、300MPa 和 1500MPa，见

图 1-2，显然钢（铁合金）的抗拉强度最高，钛合金的抗拉强度接近钢；弹性模量分别为 210GPa、72GPa、43GPa 和 113GPa，可以看出，钛合金的弹性模量只有钢的一半左右。如果采用刚度来设计结构，如大跨度钢结构屋顶和桥梁，采用钛合金设计要多用一倍的材料才能达到与钢同样的刚度，更不用说钛合金的价格远远高于钢。再来看一下铝合金和镁合金，它们的抗拉强度和弹性模量都远低于钢，无法相比。铝合金和镁合金的优势在于密度低，在一些需要轻量化设计的构件中，铝合金和镁合金有较大的优势，另外，铝合金有较好的耐大气腐蚀性能。由此可见，钢在人类社会中具有不可替代的作用。

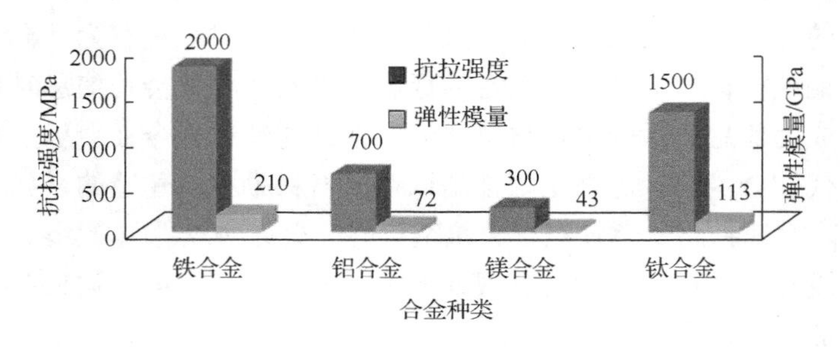

图 1-2　四种金属合金的抗拉强度与弹性模量

钢的不可替代作用还表现在它的性能多样性。通过各种强化手段，钢的抗拉强度可以从 200MPa 左右提高到 2000MPa 以上，升高到 10 倍，硬度从 15HRC 提高到 65HRC 左右。因此，钢既可以用来制造低强度的板材、带材和线材，又可以制造坚韧耐磨的刃具、模具，用来加工和成型低强度的钢铁材料和其他金属材料，由此诞生了机械加工工业、建筑业和各种制造业；钢铁材料可以设计成为耐各种介质和环境的耐蚀钢，制作成各种容器、管道等，成为化学工业、石油工业的基础材料；钢铁材料可以制造成为耐−196℃低温到 1000℃左右高温的各种低温钢和高温钢，可以制造液化天然气运输管道，船舶、汽轮机和燃气轮机发电设备的核心部件，锅炉高温炉的耐热发热构件，这些又构成了能源工业和运输行业的基础。在已知的材料中还没有其他材料可以开发如此多的性能，应用到如此广泛的领域。

金属材料中的强化方法有固溶强化、细晶强化、位错强化和第二相强化（包括析出强化），在钢铁中除了这四种强化方法以外，还多出了一种马氏体相变强化。马氏体相变强化在铝合金和镁合金中都不存在，钛合金中虽然也有马氏体相变，但是不具有强化效应。马氏体相变强化不是一个独立的强化机制，它仍然是通过以上四种强化机制来实现强化，通过一个简单的相变强化过程实现了这四种强化机制同时发挥作用，可以说是一个非常高效的强化方法，其他单一强化方法无可与之比拟。马氏体相变过程中产生了过饱和固溶体，碳原子在过饱和固溶体的扁八面体中心产生了剧烈的晶格畸变，因此固溶强化非常显著；相变过程通过共格切变来完成面心立方晶格（face center cubic，FCC）到体心立方晶格（body center cubic，BCC）的转变，因此产生了大量的位错或孪晶，相当于产生了等量的形变强化。马氏体通常需要回火后使用，在回火的过程中，过饱和碳原子会脱溶。研究表明，不同含碳量的马氏体钢回火到200℃，基体的含碳量基本没有差别[1]。固溶强化会显著减弱，但是回火过程中碳原子会以第二相的方式析出，又产生了析出强化。计算表明，低温回火马氏体的强化效果中，析出强化贡献最大，其次是位错强化。细晶强化体现在比原奥氏体晶粒更细小的马氏体板条（对于低碳钢）、马氏体片或针（对于高碳马氏体）的尺寸，贡献占到了第三的位置。固溶强化的作用最小，可以忽略。固溶强化的作用完全被析出强化取代，并且有增加的趋势。

与其他几种常见金属材料相比，钢铁材料的相变内容最丰富，组织最复杂。铁碳二元相图是最具代表的二元合金相图，它包含了包晶反应、共晶反应和共析反应这些最常见的金属液-固反应、固-固反应和析出反应。铁元素在 910℃时会产生同素异晶转变，由高温降到低温时，铁元素由面心立方结构转变为体心立方结构，正是这一转变为钢铁材料带来了一系列与众不同的相变、组织与性能。当铁中固溶了碳元素后，同素异晶转变温度会逐渐降低。大部分合金元素与铁形成固溶体后会使这一转变温度降低，因此形成了相区的概念，有了奥氏体、铁素体相区和对应的组织，代表着 FCC 和 BCC 不同结构的合金。同素异晶转变可以在缓慢冷却的条件下进行，也可以在快速冷却条件下进行，分别对应着扩散性相变和非扩散性相变，由此得到珠光体相变和马氏体相变，还有介于扩散和非扩散之间的贝氏体相变，对于马氏体组织还有回火相变。贝氏体相变和马氏体相变是钢中独有的相变，是钢铁材料获得各种不同力学性能的基础。虽然钛合金中也有马氏体相变，但是钛合金的高温相是BCC结构而低温相是密排六方（hexagonal close-packed，HCP）结构，密排六方结构与面心立方结构滑移面和滑移方向相似，室温强度低，因而钛合金的马氏体相在室温下并不能产生强化。

影响钢铁材料固态相变的因素主要有合金成分、缺陷密度、相变进行的温度、冷却速度和晶粒尺寸。相比较而言，晶粒尺寸对固态相变的影响被研究得比较少，原因是细晶粒在二次奥氏体化的时候容易长大，不能保持比较小的尺寸。关于晶粒尺寸对马氏体相变影响的研究主要通过高镍合金来实现，Ni 是扩大奥氏体相区的元素，当 Ni 含量增加到一定值时，奥氏体相区可以扩大到室温。因此，可以在室温下将晶粒细化到所需要的尺寸，然后进一步深冷到液氮温度进行马氏体相变。利用这样的实验，一些文献得到了晶粒尺寸减小到纳米量级可以抑制马氏体相变的结论[2]，这种实验主要是理论性研究，而且是特殊设计的高 Ni 成分，在实际应用中没有任何意义。本书的作者在开始研究晶粒尺寸与钢铁材料固态相变时，受到美国斯坦福大学 Sherby 教授的一个实验启发。Sherby 教授在一篇论文中报道，超高碳钢（ultra-high carbon steel，UHCS）中有较多的位错马氏体，但是并没有解释产生较多位错的原因[3]。超高碳钢中有较多的未溶碳化物，它们在淬火加热时可以有效地阻碍晶粒长大，因此超高碳钢的晶粒比较细。Sherby 当时报道的晶粒尺寸在 2μm 量级，这个尺寸是间接测量马氏体针的尺寸而转换的结果，是不准确的。后来，本书作者团队发明了电化学腐蚀晶粒方法，获得超高碳钢的实际晶粒尺寸在 7μm 左右。由此，将实验锁定在高碳钢的成分范围，采用控制轧制和高能球磨快速烧结的方法尽量细化初始晶粒，利用未溶碳化物在二次奥氏体化时有效阻碍晶粒长大的作用，获得了目前本书所介绍的内容，晶粒细化到 4μm 以下[4-7]，已知的许多钢铁材料的固态相变都发生了非常规的变化。本书介绍的温轧细化初始晶粒，二次奥氏体化后所能保持的最小晶粒尺寸是 2.4μm[8]，高能球磨制备块体试样，900℃二次奥氏体化后获得的最小晶粒尺寸在 0.54μm 的水平[7]，进一步细化到亚微米和纳米量级还是面临相当大的挑战。本书介绍的大部分相变是在高碳钢的范围，在低中碳钢范围研究晶粒尺寸对固态相变的影响也还是有一定的难度，原因是低中碳钢中没有过剩碳化物，同时奥氏体化温度比较高，在二次奥氏体化加热时晶粒长大比较快，很难控制奥氏体晶粒尺寸，这为后续研究低中碳钢晶粒尺寸与固态相变留有较大的空间。

参 考 文 献

[1] 崔振铎, 刘华山. 金属材料及热处理[M]. 长沙: 中南大学出版社, 2010.

[2] WAITZ T, KARNTHALER H P. Martensitic transformation of NiTi nanocrystals embedded in an amorphous matrix[J]. Acta Materialia, 2004, 52: 5461-5469.

[3] SUNADA H, WADSWORTH J, LIN J, et al. Mechanical properties and microstructure of heat-treated ultrahigh carbon steels[J]. Materials Science and Engineering, 1979, 38(1): 35-40.

[4] LIAN F L, LIU H J, SUN J J, et al. Ultrafine grain effect on pearlitic transformation in hypereutectoid steel[J]. Journal of Materials Research, 2013, 28(5): 757-765.

[5] SUN J J, LIAN F L, LIU H J, et al. Microstructure of warm rolling and pearlitic transformation of ultrafine-grained GCr15 steel[J]. Materials Characterization, 2014, 95: 291-298.

[6] SUN J J, LIU Y N, ZHU Y T, et al. Super-strong dislocation-structured high-carbon martensite steel[J]. Scientific Reports, 2017, 7(1): 6596.

[7] JIANG T, SUN J J, WANG Y J, et al. Strong grain-size effect on martensitic transformation in high-carbon steels made by powder metallurgy[J]. Powder Technology, 2020, 363: 652-656.

[8] WANG Y J, SUN J J, JIANG T, et al. A low-alloy high-carbon martensite steel with 2.6 GPa tensile strength and good ductility[J]. Acta Materialia, 2018, 158: 247-256.

第 2 章　超细晶钢的概念、力学性能及制备方法

钢铁材料具有资源丰富、价格低廉、环境友好、性能可靠、便于加工和易于大规模生产等优点，目前地球上还没有其他材料能够取而代之。钢铁材料的另外一个优点是性能可以大幅度调控，如从强度 200MPa 的普通建筑用钢到 2000MPa 以上的高合金马氏体时效钢；从性能如面条的超塑性到坚如磐石的高硬度，如刀具、磨具和钻头等；从各种抗氧化、耐腐蚀、耐高温的特种钢到性能优良的电磁功能材料。如此大范围的性能调控可以通过加入合金元素、热处理相变、热加工、冷加工及表面处理等方法来实现。细化晶粒是一个非常有效的强化方法，是唯一可以同时提高强度和韧性的材料强化手段，它不需要加入合金元素。日本 1997 年启动的“超级钢”计划、韩国 1998 年启动的“21 世纪高性能结构钢”计划和中国的“新一代钢铁材料的重大基础研究”计划中都将细化晶粒作为主要的强化手段之一。日本在第一期计划结束后，于 2002 年启动第二期项目“环境友好型超微细晶粒钢的基础技术研究”，仍然将细化晶粒作为主要的研究对象，由此可见细化晶粒的重要性。

2.1　超细晶钢的概念

通常，晶粒的评级采用金相图谱比对和公式计算晶粒尺寸两种方法。金相图谱比对是将在放大 100 倍的金相显微镜下观察的晶粒与标准图谱比对，与图谱最接近的晶粒级别就是所显示材料的晶粒度。这种方法有主观的影响，但是比较直接和快捷，因此是生产中的常用方法。

晶粒度的计算公式为

$$n = 2^{N-1} \tag{2-1}$$

式中，n 为放大 100 倍显微镜视野中每 645mm^2（即 1in^2）面积中的晶粒个数；N 为计算的晶粒级别，或晶粒度。

1～3 级（直径为 125～250μm）晶粒度为粗晶，4～6 级（直径为 44～88μm）晶粒度为中等晶粒，7～8 级（直径为 22～31μm）晶粒度为细晶[1]。现代钢铁冶金技术很容易将晶粒尺寸细化到 10μm 以下，晶粒度达到 11～12 级，这种晶粒度已进入到超细晶范围。也有人认为晶粒尺寸在 4μm 以下才是超细晶，晶粒尺寸在

0.1～4μm 为微米超细晶，晶粒尺寸在 0.1～100nm 为纳米超细晶[2]。纳米晶材料的尺寸定义为 100nm 以下，是由于晶粒尺寸小于这一尺度时材料出现了异于常规晶粒尺寸的物理效应[3]。

1. 小尺寸效应

当微粒或晶粒的尺寸与光波波长、传导电子德布罗意波长及超导态的相干尺度或透射深度等物理尺寸相当或更小时，周期性边界条件将被破坏，声、光、电、磁、热、力学等特性均会受到影响，出现新的材料特性。

2. 表面与界面效应

随着纳米微粒尺寸减小，表面原子所占的比例将会增大。纳米微粒尺寸与表面原子数关系见表 2-1。纳米微粒的尺寸减小，表面原子的占比增大，不但会引起表面原子输送和构型的变化，同时也会引起表面原子自旋构象和电子能谱的变化。

表 2-1 纳米微粒尺寸与表面原子数关系

纳米微粒尺寸/nm	包含原子总数	表面原子所占比例/%
10	3×10^4	20
4	4×10^3	40
1	30	99

3. 量子尺寸效应

当粒子尺寸减小到纳米，费米能级附近的电子能级由连续变为离散，使纳米微粒的电、光特性与宏观特性有显著的不同，这种效应就是量子尺寸效应。

微米超细晶的尺寸范围界定没有达成共识，晶粒细化到这一尺度范围，甚至超过这一范围并没有引起力学性能的变化和转折，屈服强度和韧性值仍然维持霍尔-佩奇（Hall-Petch）关系的线性变化[2]。本书后面章节的研究结果发现，4μm 具有确定的物理意义，珠光体相变和高碳马氏体相变的形态和亚结构在这一尺寸发生了变化，这为 4μm 作为微米超细晶的尺寸定义带来了确定的物理意义。

2.2 超细晶钢的力学性能

2.2.1 超细晶钢的强度

图 2-1 给出了钢中各种强化机制产生的强化效果示意图[1]。图中基体强度表示纯铁的强度，相对于固溶强化、位错强化和析出强化，细晶强化产生的效果最

为显著，在不加入合金元素的情况下，可以达到强度翻倍的效果。需要指出的是，析出强化、位错强化和固溶强化的效果并非如图 2-1 所示的这样差，效果取决于合金元素种类和加入量。析出强化和位错强化也取决于析出量的多少、析出物的尺寸及是否有共格关系，位错强化也取决于合金的形变量和变形的原始组织。例如，马氏体时效钢通过析出强化可以将钢强度由 200MPa 提高到 2200MPa 以上，冷拔钢丝可以将起始强度 700～800MPa 的珠光体强化到 7000MPa 的量级[4]，位错强化在其中起到了关键作用。因此，图 2-1 显示的机制在低合金、低碳、低强度级别的钢中是适用的。

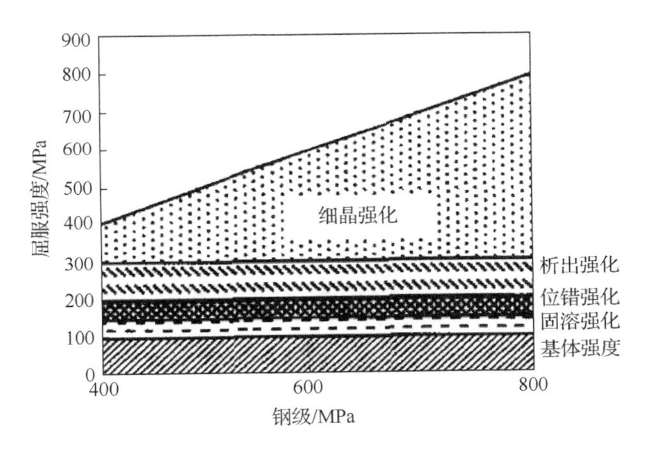

图 2-1　钢中各种强化机制产生的强化效果示意图[1]

Hall-Petch 关系是细晶强化的基础，有如下关系：

$$\sigma_S = \sigma_{S0} + k_S d^{-\frac{1}{2}} \tag{2-2}$$

式中，σ_S 是材料的屈服强度，MPa；σ_{S0} 是材料粗晶状态的强度，MPa，反映位错滑移由派-纳力产生的摩擦力；k_S 是物理常数，MPa·μm$^{1/2}$，与开动位错源的难易程度有关，反应晶界对位错滑移的阻力；d 是晶粒尺寸，μm。图 2-2 是几种不同细化晶粒方法获得的钢铁材料晶粒尺寸与屈服强度的关系，表明材料的屈服强度与 $d^{-1/2}$ 成正比，晶粒越细，强度越大[5-12]。图 2-2 中 SPD 代表采用大塑性变形（severe plastic deformation）方法制备的超细晶；ATP 代表采用先进热机械处理（advanced thermomechanical process）法制备的超细晶；Conv 是采用常规冷轧（conventional cold rolling）变形退火方法制备的超细晶。显然，不同的细化晶粒方法对 k_S 有一定的影响[13]，但是屈服强度不会随晶粒尺寸减小无限增加下去。在纳米范围存在临界晶粒尺寸，当晶粒尺寸小于该临界值，屈服强度不再增加，反而会降低[14]，出现反 Hall-Petch 现象[15]。表 2-2 给出了几种金属材料的物理参量和纳米临界晶粒尺寸[14]。

Hall-Petch 关系是基于位错滑移在晶界塞积而发展起来的，对于以孪晶变形为主的材料，如 Ti、Zr、Cu-Sn 合金等，研究表明晶粒尺寸与孪晶屈服强度仍然符合 Hall-Petch 关系，只是式（2-2）中的常数σ_{S0}变为σ_{T0}，k_S变为k_T，式（2-2）变为

$$\sigma_S = \sigma_{T0} + k_T d^{-\frac{1}{2}} \tag{2-3}$$

式中，σ_{T0} 为粗晶的起始孪晶应力，MPa；k_T 为开动孪晶难易程度的常数，MPa·μm$^{1/2}$。表 2-3 给出了一些材料的 k_S 和 k_T[16]。数据表明 k_T 要比 k_S 大几倍，因此，孪晶比滑移更困难，需要更高的应力来开动孪晶。也有研究表明孪晶应力与晶粒尺寸呈 d^{-1} 关系[17-18]，孪晶应力与晶粒尺寸呈 $d^{-1/2}$ 关系是借用了 Hall-Petch 关系，其物理意义并不是十分明确。由于是数字拟合，用 $d^{-1/2}$ 和 d^{-1} 都有可能得到线性关系，因而会得到不同的 k_S 和 k_T。本书第 7 章理论证明，马氏体相变孪晶与晶粒尺寸关系符合 d^{-1} 关系。

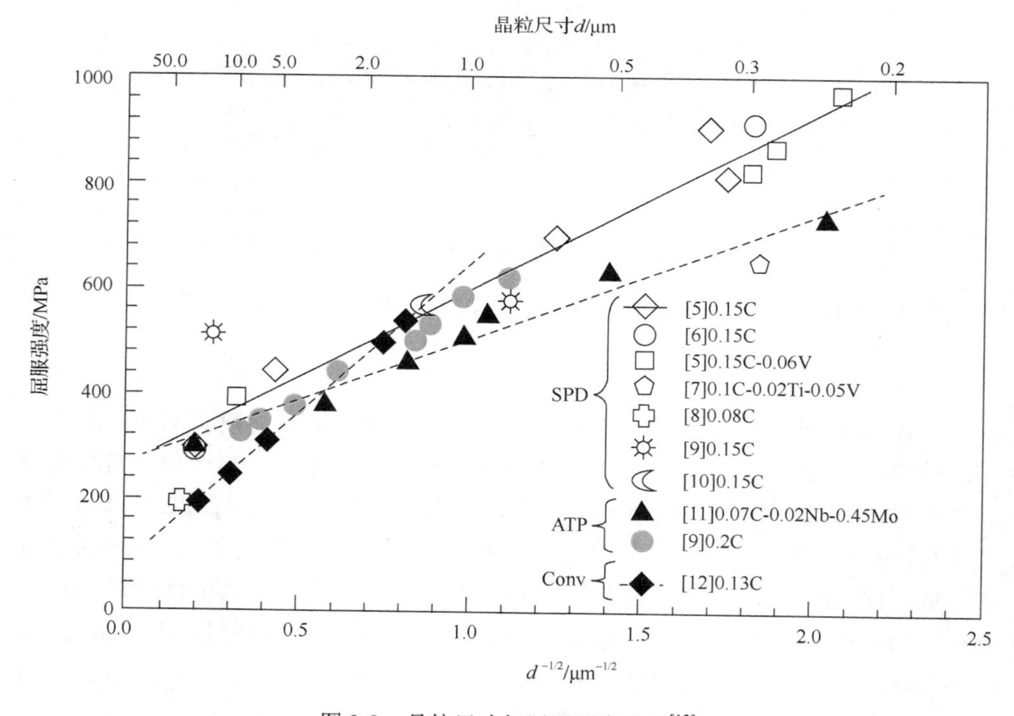

图 2-2　晶粒尺寸与屈服强度关系[13]

元素符号前数字表示质量分数，%；括号中标注的数字是参考文献序号

表 2-2　几种金属材料的物理参量和纳米临界晶粒尺寸[14]

物理参量	Cu	Pd	Fe	Ni-P	Ni	TiO
G/GPa	77	51	81	76	76	105
b/nm	0.256	0.276	0.248	0.249	0.249	0.40
ν	0.34	0.52	0.29	0.31	0.31	0.30
H/GPa	1.5	2.5	8.0	10.5	10.5	7.4
d_c/nm	19.3	11.2	3.4	2.5	2.5	7.4

注：G 为剪切弹性模量；b 为位错伯氏矢量；ν为泊松比；H 为显微硬度；d_c为 Hall-Petch 关系失效的临界晶粒尺寸。

表 2-3　一些材料的 k_S 和 k_T[16]

晶体结构	材料（质量分数，%）	Hall-Petch 公式中的 k_S/（MPa·mm$^{1/2}$）（温度）	Hall-Petch 公式中的 k_T/（MPa·mm$^{1/2}$）（温度）
BCC	Fe-3Si	10.4	100
	Fe-3Si	17.6（77K）	124
	钢 1010,1020,1035	20	124
	Fe-25Ni	33	100
	Cr	10.8	67.67
	Va	3.46（20K）	22.37
FCC	Cu	—	21.6（77K）
	Cu-6Sn	7.1	11.8（77K）
	Cu-9Sn	8.2	7.9
	Cu-10Sn	7.1	15.7（77K）
	Cu-15Zn	8.4	16.7
HCP	Zr	8.25	79.2
	Ti	6（78K）	18（4K）

2.2.2　超细晶钢的韧性

晶粒细化对力学性能的一个最重要的影响是提高韧性，图 2-3 为双相钢冲击能量与实验温度的关系，图中晶粒尺寸在 1.2～12.4μm 变化，材料成分（质量分数，%）为 0.17C、1.49Mn、0.22Si、0.033Al、0.0033N、0.0017P、0.0031S[19]。图 2-3 中三种晶粒尺寸是由控制轧制方法制备的，粗晶（coarse grain，CG）样品是常规轧制工艺下，在 860℃轧制形变 30%制备的；细晶（fine grain，FG）样品是在 860℃轧制形变 30%后，又在两相区 700℃轧制 4 道制备的，总形变量为 160%；超细晶（ultra fine grain，UFG）样品轧制工艺与 FG 工艺相似，第二次轧制在 550℃进行，轧制形变量相同。由于轧制形变量比较大，试样尺寸较小，只能加工尺寸为 3mm×4mm 的非标准冲击样品。图 2-3 中显示的是小尺寸试样双相钢冲击能量与实验温度的关系，材料的性能变化趋势非常明显，晶粒细化后，韧性在上平台和下平台整体提高，同时韧脆转化温度降低。对于其他组织，晶粒细化对冲击韧性的影响规律仍然相同，而且更加明显。例如，一种 20MnSi 螺纹钢组织应该是平衡态的铁素体加珠光体，其冲击能量与晶粒尺寸和温度的关系如图 2-4 所示。晶粒尺寸由 20μm 细化到 1μm 量级，上平台冲击能量由不到 40J 提高到 120J 以上，韧脆转化温度由粗晶的−30℃降低到约−150℃。韧性提高的幅度和韧脆转化温度降低的幅度都比较大。这些结果说明晶粒尺寸对材料韧性的影响非常大。

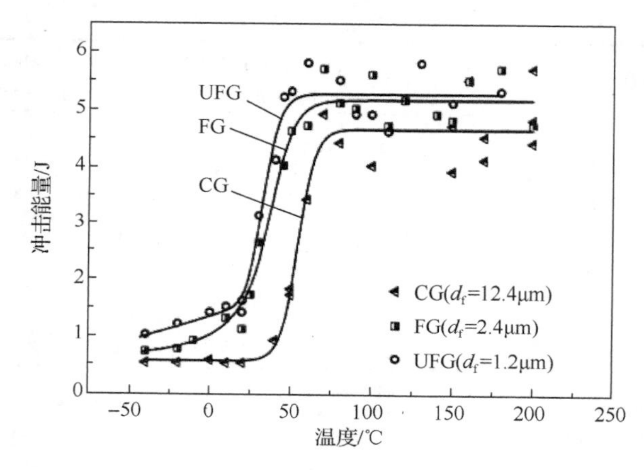

图 2-3　双相钢冲击能量与实验温度的关系[19]

d_f为晶粒尺寸

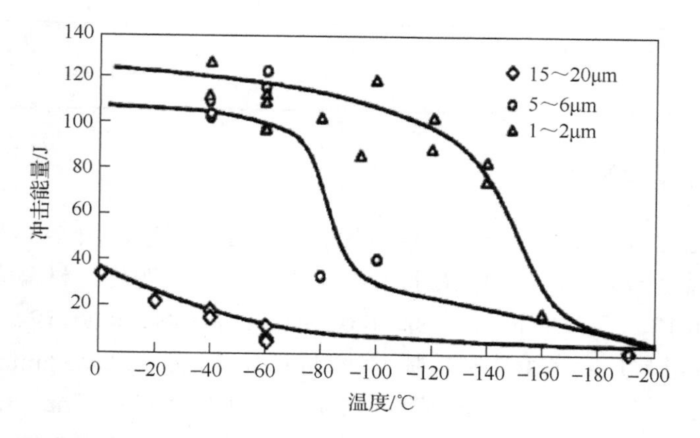

图 2-4　20MnSi 螺纹钢冲击能量与晶粒尺寸和温度的关系[1]

2.2.3　超细晶钢的塑性

晶粒细化对塑性的影响比较复杂，图 2-5 给出的是几种低碳钢的延伸率与晶粒尺寸关系[9,20-24]。晶粒尺寸在 10～150μm 的粗晶范围时，随晶粒尺寸细化，塑性大幅提高，晶粒尺寸在 2～10μm 范围时，塑性维持在较高的范围，当晶粒尺寸小于 1μm 后，塑性开始显著降低。工程上可以大批量制备的超细晶材料晶粒尺寸通常大于 1μm，因此在工程范围，细化晶粒对提高强度和韧性是有效的。晶粒细化到亚微米后延性降低，是由于晶粒细化后材料的加工硬化能力降低。计算结果表明，对于细晶粒[20]，位错移动到晶界所需的时间短于试样变形所需的时间，这将导致晶粒内部积累的位错密度比较低，从而小晶粒内部位错密度低于大晶粒，使得加工硬化率低于大晶粒，试样屈服后很快就发生径缩，因而降低了延伸率。

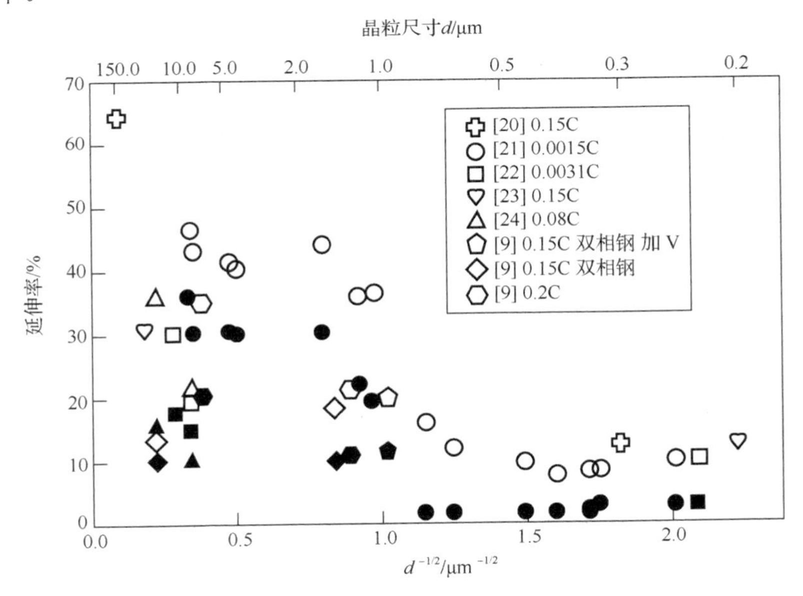

图 2-5　几种低碳钢延伸率与晶粒尺寸关系[13]

元素含量为质量分数，%；图例的空心图形表示总延伸率，图中对应实心图形表示其均匀延伸率；括号中的数字是参考文献序号

2.3　超细晶钢的制备方法

由于细化晶粒对材料力学性能有重要影响，细化晶粒的研究一直是科研和工业生产中广为感兴趣的课题，由此发展出许多种细化晶粒的工艺和方法。这些方

法有些已经在工业生产中应用，有些仍然是实验室阶段的制样手段。塑性变形是绝大部分制备超细晶方法的基础，塑性变形引入大量位错，通过回复再结晶形成细小的晶粒，或者高密度位错缠结形成亚微米的超细晶。制备方法分为三大类：大塑性变形（severe plastic deformation，SPD）、热机械处理和热处理。SPD 法有许多类型，如高能球磨、等通道转角挤压（equal-channel angular pressing，ECAP）、高压扭转（high-pressure torsion，HPT）、多向锻造（multi-directional forging，MDF）、扭转挤出（twist extrusion，TE）、往复挤压（reciprocating extrusion，RE）、累积轧制（accumulative roll-bonding，ARB）、异步轧制（asymmetrical rolling，AR）、表面机械研磨处理（surface mechanical attrition treatment，SMAT）等。SPD 法主要是在实验室可以进行的细化晶粒方法，而热机械处理和热处理法是工业设备可以实现的方法。

2.3.1 大塑性变形法

1. 高能球磨

高能球磨制备超细粉原理如图 2-6 所示，将粉体和钢球混合装在高速运转的密闭罐体中，钢球之间发生碰撞，将球之间夹带的粉体反复挤压变形，有塑性变形能力的晶体材料发生加工硬化，新鲜的表面相遇，再次在钢球的强力撞击下发生冷焊，直至达到断裂应变而发生断裂，这样的过程不断重复，最终将粉体材料尺寸细化到纳米量级甚至非晶状态。粉体颗粒尺寸与球磨时间的关系如图 2-7 所示，在球磨初期，粉体颗粒的尺寸会增加，由于冷焊，随着球磨时间延长，粉体颗粒尺寸逐渐减小。如果是单一材料，球磨会得到不同尺度的粉体材料；如果粉体是两种或两种以上的材料，不同材料界面间在冷焊后会发生扩散，形成固溶体或中间相，这就是机械合金化。机械合金的一个优点是可以将两种或多种在熔融

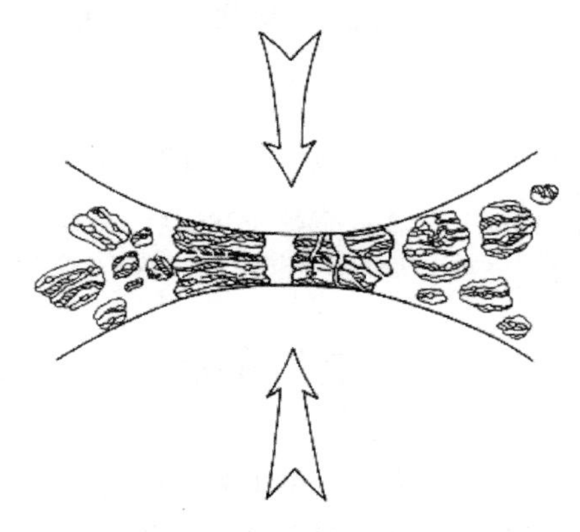

图 2-6 高能球磨制备超细粉原理示意图[26]

状态不发生溶解或溶解度非常小的元素在球磨的作用下产生合金化，制备出新的合金，因而是开发新合金的有效方法。高能球磨的缺点是产率和效率都比较低，为了保证球磨的能量，通常球料比控制在 10∶1，而且球料的总体积不能超过球磨罐容积的 50%[25]，以保证钢球有足够运动空间产生足够的能量。另外，球磨制粉所需的时间较长，都在十几到几十个小时以上，如图 2-7 所示。

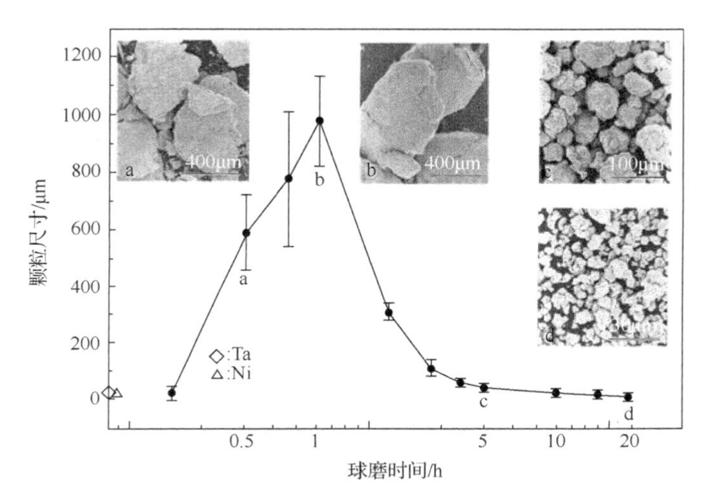

图 2-7　粉体颗粒尺寸与球磨时间的关系[26]

对制备的粉体材料进行压力成型、烧结，就可以制备出微米或纳米晶的块体材料。传统烧结方法高温长时间扩散会引起晶粒长大，为了避免超细粉在烧结时长大，近些年发展了一种等离子活化烧结（plasma activated sintering，PAS）技术[27]。PAS 的烧结温度低、烧结速度快，可以有效地防止晶粒长大。PAS 的快速烧结过程是在电场作用下粉体颗粒间放电，产生热量使温度升高，同时对粉体施加压力，在温度和压力相互作用下使粉体致密化。颗粒间放电释放的能量可以使局部温度达到颗粒表面熔化温度，这一过程起到了颗粒表面活化或清洁作用（如去除非氧化物表层、氧化物，释放包覆气体）。活化后的颗粒表面在随后的烧结中起促进扩散和收缩的作用。此外，这些颗粒间物质在烧结后常存在于晶界，会对材料性能产生有害作用。由于球磨制样及 PAS 的特点，这种方法适合实验室制备小尺寸试样进行基础研究，或制备用量较少的功能材料。高能球磨法存在的问题是研磨过程中易产生杂质污染、氧化及应力，很难得到洁净的纳米晶界面。

2. 等通道转角挤压

等通道转角挤压原理如图 2-8 所示，柱形试样放置在磨具的上口，磨具放置在设定温度的电炉中，在外力的作用下，试样通过一定角度的等尺寸和等形状的通道，就经历了一次变形。由图中可以看出原来矩形截面的试样 abcd 经过通道的转角后形状变化为 a′b′c′d′，产生了一个大的剪切变形，所产生的剪切应变由式（2-4）给出[28]：

$$\varepsilon_N = \frac{N}{\sqrt{3}}\left[2\cos\left(\frac{\Phi}{2}+\frac{\Psi}{2}\right)+\Psi \operatorname{cosec}\left(\frac{\Phi}{2}+\frac{\Psi}{2}\right)\right] \tag{2-4}$$

式中，Φ为通道内弯曲角度，(°)；Ψ为通道外弯曲角度，(°)；N 为压缩变形的道次。根据式（2-4）的预测，当Φ=45°，Ψ=0 时，压缩一次获得最大等效应变为 2.7，大多数情况是Φ=90°，Ψ=0，这时一道次获得的等效应变为 1.2 左右[29]。

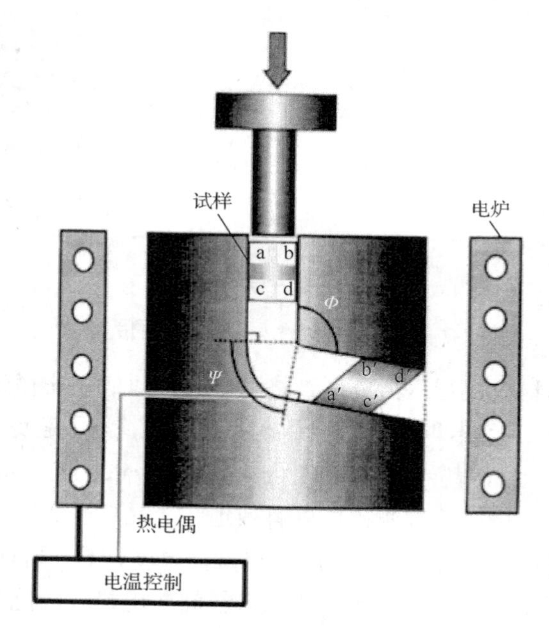

图 2-8　等通道转角挤压原理示意图[30]

ECAP 的特点是：

（1）可以做相对大的样品，有可能形成工业应用；

（2）除了模具以外，进行 ECAP 实验的设备相对简单，在大部分实验室都可以进行；

（3）ECAP 对材料有广泛的适应性，如各种晶体材料、合金、金属间化合物、复合材料等；

（4）在大应变条件下，获得的组织比较均匀。

ECAP 非常适合热处理强化效果不佳的材料，如奥氏体不锈钢、无间隙原子钢等。304L 奥氏体不锈钢由于具有优良的耐腐蚀性和抗氧性而被广泛使用，但是屈服强度低是其突出缺点，常规热处理和形变硬化对强度的提升有限。中科院金属研究所 Huang 等[31]对 304L 奥氏体不锈钢进行了 500～900℃五个温度下的 ECAP 大变形细化晶粒强化材料实验，所有的试样只进行一个道次的 ECAP 处理，晶粒尺寸就可以从起始的 40～120μm 细化到 200～1000nm 的亚晶，屈服强度由起始的 200MPa 提升至 800MPa 以上，延伸率由起始的 60%降低到 20%，仍然是比较大的延伸率，这主要是由于面心立方晶体的特性，滑移系比较多。无间隙原子钢（interstitial-free steel，IF steel）是优质的冷冲压钢板，由于没有间隙原子强化，其屈服强度比较低。Verma 等[32]研究了成分为 0.003C、0.008Si、0.5Mn、0.036P、0.036S、0.05Ti、0.016Nb、0.031Al（质量分数，%）的 IF 钢，经 ECAP 处理并进一步进行低温大变形常规轧制。这样处理可以提高大角度晶界的比例，目的在于获得等轴晶并稳定晶粒尺寸。经过 20 道次的处理，外加−50℃、90%的轧制变形，晶粒尺寸由初始 57μm 细化到 120nm，屈服强度由原始态的 227MPa 提高到 1195MPa，延伸率由原来的 26.1%降低到 1.7%。为了恢复延性，又增加了 675℃左右的快速退火，延伸率恢复到 2.7%，但是屈服强度降到 677MPa。强度和塑性的矛盾在这里体现得尤为突出。

ECAP 细化晶粒的效果除了与模具设计，即Φ和Ψ的大小、挤压道次有关以外，材料的层错能也有重要的影响。研究显示，纯 Al 经 ECAP 处理后的平衡晶粒尺寸为 1.3μm，而且晶粒尺寸非常均匀。纯 Cu 的平衡晶粒尺寸为 0.27μm，晶粒的均匀性不如 Al，原因是 Cu 的层错能比较低。纯 Ni 的层错能介于 Al 和 Cu 之间，ECAP 处理后平衡晶粒尺寸在 0.3μm[29]。

3. 高压扭转

高压扭转方法是 1935 年由 Bridgeman 发明的[33]，其原理如图 2-9 所示，试样放置在上下磨具之间，对模具施加高压后使上下模具相对转动，试样上受到了剪切应力的作用而发生变形，剪切应力由式（2-5）给出：

$$\tau = \frac{3M}{2\pi r^3} \tag{2-5}$$

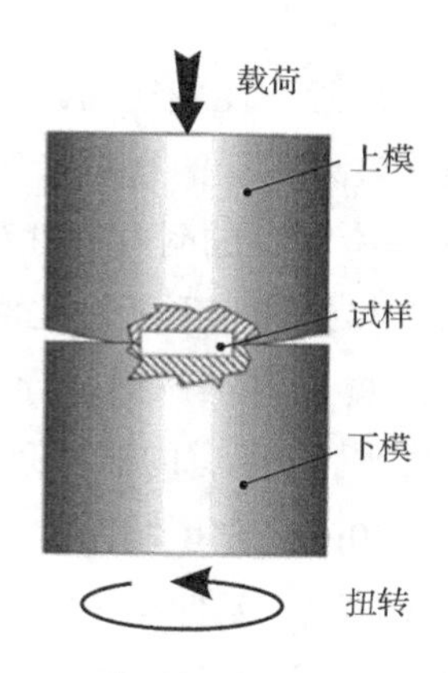

图 2-9 高压扭转原理示意图[33]

式中，M 是扭矩，N·M；r 是盘状试样的半径，mm；τ是所受到的剪切应力，MPa。由公式看出，试样受的剪切应力正比于扭矩，扭矩是由试样上受到的摩擦力产生的，而摩擦力正比于正压力。因此，高压扭转受到的正压力非常大，通常在 5～10GPa，在这样大的压力下，常规的模具钢都发生了屈服，要用 WC 硬质合金制作磨具。也有采用金刚石作为模具压头的，正压力可以达到 40GPa[34]。由此可见，这种制样方法只能适合实验室制备小尺寸试样，工业化推广还是有相当大的难度。HPT 大变形的特点是制备的超细亚晶中大角度晶界的比例大，而 ECAP 制备的小角度晶界比例大。小角度晶界使得位错分布比较均匀，产生强化效果明显，而大角度晶界中位错易聚集在晶界，形成胞状亚晶。在 HPT 变形过程中产生的应变由式（2-6）给出：

$$\gamma = \frac{\theta r}{h} \tag{2-6}$$

式中，γ 是剪应变；θ是扭转角度，rad；r 是盘状试样的半径，mm；h 是盘状试样的厚度，mm。这里假设在变形中盘的直径没有变化。图 2-10 总结了常见的多种纯金属晶粒尺寸与熔点的关系，图中 T_m 是熔点，b 是伯氏矢量，所有的实验是在常温进行的。结果显示，除了 Si、Ge 以外，其他元素的细化晶粒效果与材料的熔点呈线性关系，材料的熔点越低，即 T/T_m 越高，细化晶粒的效果越差。原因是熔点越低，材料越容易发生动态再结晶，晶粒容易长大。通常材料的再结晶温度与熔点有关系 $T_{再}=0.4T_m$[35]，熔点越低，即使是室温变形，也比较接近再结晶温度，容易发生再结晶。层错能的影响规律与 ECAP 相同，层错能越高，晶粒尺寸越大[36]。

也有研究指出[38]，HPT 方法产生的形变量不均匀，试样中心的形变量总是小于远离中心区域。图 2-11 显示的是显微硬度从中心向外延伸的变化，从 n=16.00 到 n=0.17，中心部位硬度始终偏低，表明中心部位受到的应变始终小于边缘。式（2-6）清楚地说明了这一问题，剪切应变正比于盘状试样的半径，表明这种形变方法产生的应变不均匀，中心为零，边缘最大，这也是这种方法的不足。

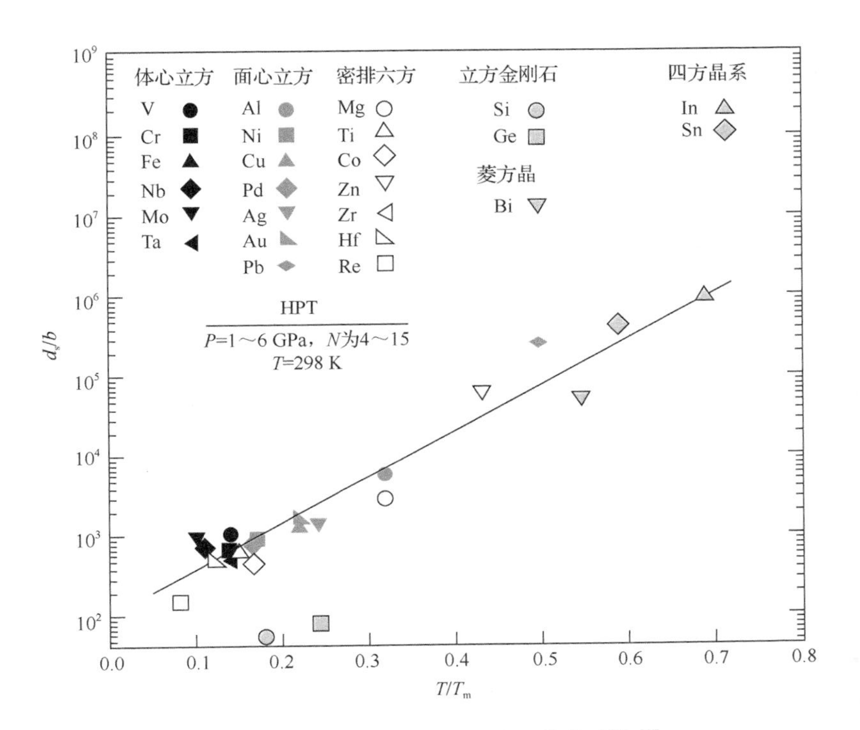

图 2-10　纯金属晶粒尺寸与熔点的关系[33, 37]

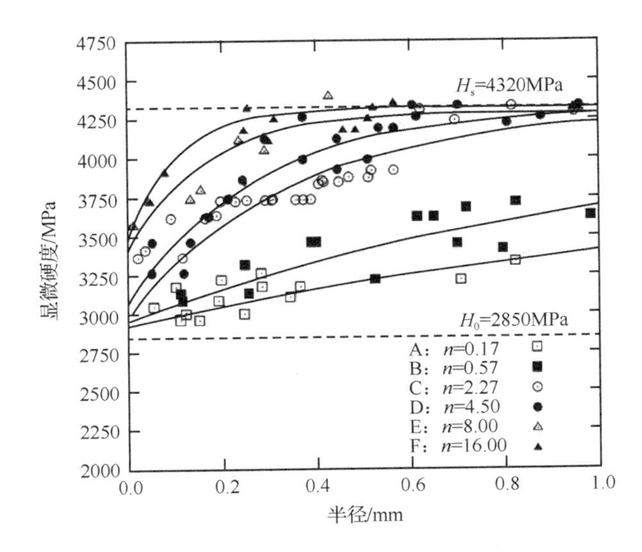

图 2-11　HPT 不同旋转变形圈数下显微硬度从中心向外变化

A～F-试样编号；n-旋转变形圈数；H_s-饱和显微硬度；H_0-基础显微硬度

4. 表面机械研磨

表面机械研磨是由 Lu 等[39]于 1999 年发明的，其原理示意图如图 2-12 所示。样品置于封闭容器的上端，容器内放置一些钢球，在振动的作用下，钢球不断地撞击样品的表面，每次撞击，样品表面都经历了剧烈的塑性变形，如图 2-12（b）所示。样品表面在钢球的反复作用下，产生了积累塑性变形，最终表面的晶粒被细化到纳米量级。这一细化晶粒原理与高能球磨和喷丸强化原理相同，都是利用了钢球的动能转化为形变能，使粉体材料或试样表面材料产生积累塑性变形。通常钢球的直径在 1～10mm，箱体振动频率在 50～20000Hz，在这样的频率范围，钢球的移动速率可达 1～20m/s。SMAT 与常规的喷丸强化处理在细节上还有许多差异[40]：

（1）SMAT 使用的钢球直径在 1～10mm，喷丸强化处理的钢球直径在 0.2～1mm，因此 SMAT 可以获得更大的动能；

（2）SMAT 采用的钢球表面是光滑的，粗糙的表面会破坏纳米层；

（3）SMAT 的钢球是任意角度撞击试样表面，这样有利于纳米组织形成，而喷丸粒子是以垂直方向撞击表面；

（4）喷丸处理中的粒子速率通常在 100m/s，大大高于 SMAT。

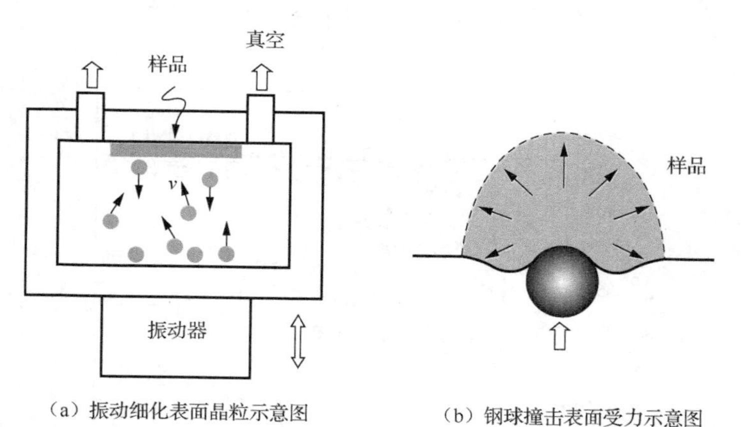

（a）振动细化表面晶粒示意图　（b）钢球撞击表面受力示意图

图 2-12　表面机械研磨处理原理示意图[40]

经 SMAT 的表面结构为最大 50μm 深度的纳米层，由表面向心部纳米晶的尺寸由几纳米到 100nm 变化，再往深，晶粒尺寸由亚微米、微米逐渐过渡到原始晶粒尺寸。这种结构的材料，耐磨性、耐腐蚀性和抗拉强度都有较大幅度提高，但是由于结构所限，这种方法适合制备小尺寸的试样，而且只适合平板试样。

5. 累积轧制

累积轧制制备块体超细晶的方法是由 Saito 等[41]首先报道的，其原理如图 2-13 所示。该方法利用了轧制焊接方法，20 世纪 50 年代已有相关的专利[42]。累积轧制过程在足够高的压力作用下，两层金属结合面上的原子达到了化学键的结合，变成一块新的金属，将这块新的金属条从中心剪断，经除氧化、除油处理后再次累积轧制，这样循环处理，可以将晶粒细化到亚微米量级。在轧制过程中对试样提供一点温度对轧制键合有好处，可以降低轧制应力，提高界面结合强度，但是温度要低于再结晶温度，避免晶粒发生再结晶长大。Saito 等研究了 IF 钢、Al-Mg 合金和纯 Al，结果表明 IF 钢经 5 次轧制晶粒就可以细化到 0.42μm，Al-Mg 合金经过 7 次轧制晶粒可以细化到 0.28μm，纯 Al 经 8 次轧制晶粒可以细化到 0.67μm 的水平[41, 43]。晶粒细化的程度与轧制的道次、加热温度有关，同时材料的层错能也有重要的影响。

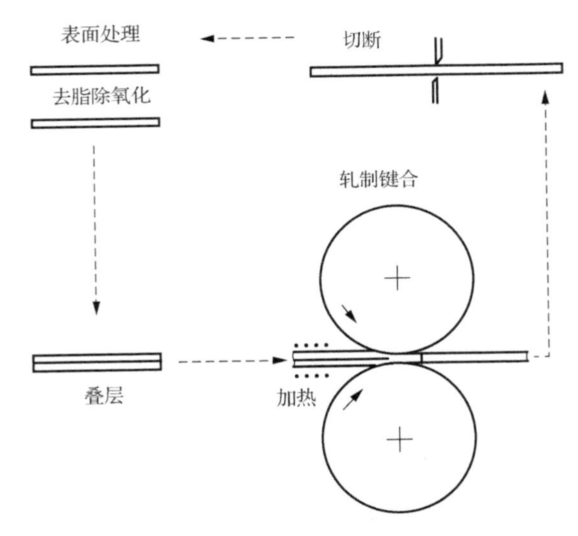

图 2-13　累积轧制示意图

6. 异步轧制

异步轧制或差速轧制（differential speed rolling，DSR）原理如图 2-14 所示，上下轧辊的转速是不同的，通常上辊的速度大于下辊。异步轧制技术是在 20 世纪 40 年代初发展起来的[44]，目前已在工业生产中大量使用。异步轧制可以大大地降低轧制力，因此设备重量轻、能耗低，轧机变形小，产品精度高，减少了轧辊的磨损和中间退火，轧制道次少，生产率高。80 年代以前对异步轧制的研究主要集中在形变力学、轧制工艺方面[44-45]，90 年代以后人们注意到了异步轧制对细化晶粒的影响。Cui 等[46]系统研究了对称轧制和异步轧制对纯 Al 细化晶粒的影响，发现常规对称轧制的组织中，轧板表面的晶粒比中心的细，这是由于表面受到了额外的摩擦力，表面材料承受了更大的剪切应变；采用非对称轧制，上下辊的速度比为 1.4，压下量为 91.3%，仅一次轧制，就可以将初始尺寸为 800μm 的粗晶粒细化到 2μm，细化的组织从表面到心部分布均匀，且都是大角度晶界。异步轧制的理论研究结果表明：当轧辊速度比 $n=\lambda$（λ为金属延伸率），轧制载荷最小。为了进一步提升细化晶粒的效果，Kim 等[47-48]进一步提升了轧辊速度比，最高达到 5，远大于金属的延伸率，称之为高速比差速轧制（high-speed-ratio differential speed rolling，HRDSR）。当速度比为 3、压下量为 65%时，一次轧制就可以将初始晶粒尺寸为 50μm 的纯 Cu 细化到 0.6～0.9μm；当速度比为 5、压下量为 65%时，一次轧制将初始晶粒尺寸为 10μm 的纯 Ti 细化到 0.1μm。与以上几种细化晶粒方法比较，异步轧制方法最简单，效果最好，最有条件实现工业化生产。

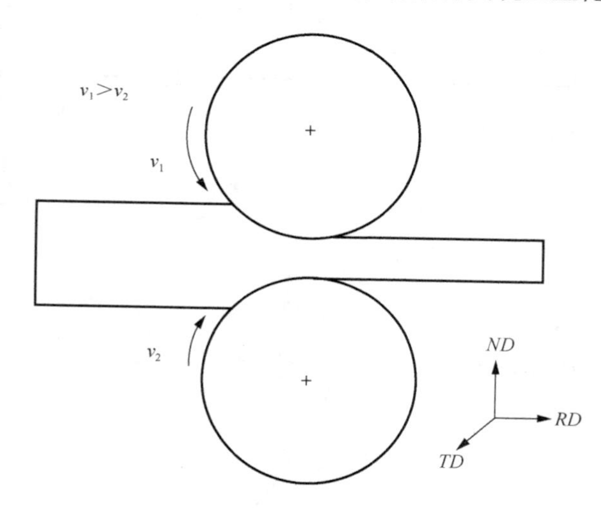

图 2-14　差速轧制原理图[49]

v_1-轧辊 1 的转速；v_2-轧辊 2 的转速；*ND*-垂直轧制方向；*RD*-轧制方向；*TD*-侧向垂直轧制方向

2.3.2　热机械处理法

1. 奥氏体相区控制轧制

早在第二次世界大战时期，西方国家为了控制舰船的脆性断裂，提高缺口冲击韧性，开展了控制轧制的相关工作，采用了终轧温度控制在临界温度 A_{r3} 附近的工艺。20 世纪 50 年代后期，开发出了 Nb 微合金化的 C-Mn 控轧钢[50]。目前，控制轧制已在工业化中大量采用。控制轧制通常分为三个区域，见图 2-15。1000℃

以上轧制，这是奥氏体快速再结晶区域，获得的粗大的奥氏体随后转变为粗大的铁素体晶粒。900～1000℃范围变形，奥氏体部分再结晶区域或轧制延时区，为了保证所需的轧制量，必须继续轧制。在这个温区晶粒反复形变再结晶细化，同时有部分晶粒完成了再结晶，最后获得细化的铁素体晶粒和部分相对较粗的铁素体晶粒。第三区是在低于再结晶温区变形，奥氏体中保留了大量的形变亚结构，促进铁素体形核，最终获得均匀的超细铁素体和珠光体组织[51]。

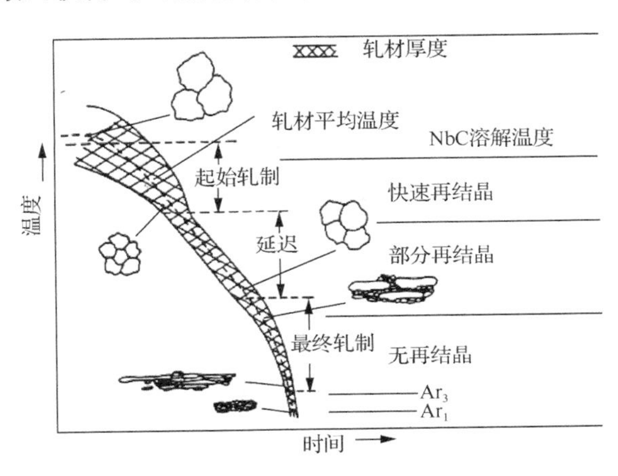

图 2-15 控制轧制示意图[51]

图 2-15 显示，在无再结晶区域轧制是获得超细晶粒的最重要的条件。研究表明，Nb 是滞后再结晶的最有效元素，但是 Nb 滞后再结晶细化晶粒的效果与轧制工艺有密切的关系。如果轧制在 1000℃以上就完成了，添加的 Nb 会降低缺口冲击韧性，升高韧脆转化温度；如果终轧温度低于 800℃，或压下量在 900℃时大于 30%，微量 Nb 会大幅提高缺口冲击韧性[50]。Nb 的作用是在α相基体析出含 Nb 的碳氮化合物 Nb(C,N)，阻碍晶粒长大，Nb(C,N)会在 1100℃以上溶解[52]，如果锻造温度高于 1100℃，由于碳化物发生溶解，晶粒会快速长大，锻造形变量不大的情况下会产生粗晶或混晶组织。图 2-16 显示了温度、形变量和 Nb 元素对奥氏体晶粒尺寸的影响，随着形变量增加，奥氏体的晶粒尺寸不断减小，加 Nb 的 C-Mn 钢在 1000～1150℃变形后，晶粒尺寸始终小于不加 Nb 的 C-Mn 钢。

2. 形变诱导铁素体

在奥氏体无再结晶区域轧制，可以获得尺寸为 10μm 的碳素钢铁素体晶粒和 4μm 的微合金钢铁素体晶粒。20 世纪 80 年代，在对 C-Mn 微合金钢的控制轧制研

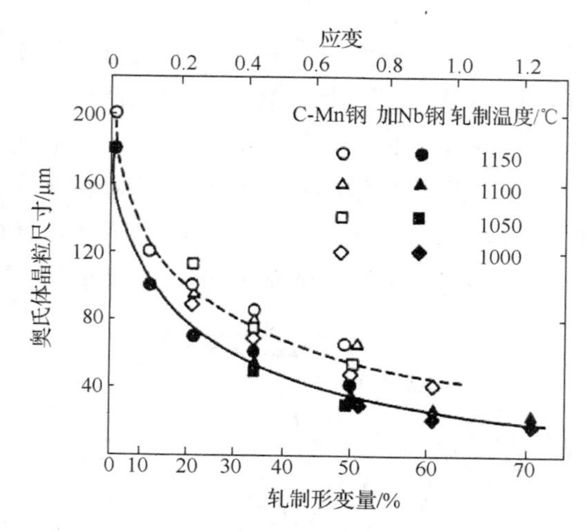

图 2-16　温度、形变量和 Nb 元素对奥氏体晶粒尺寸的影响[51]

究过程中发现了形变诱导铁素体相变（deformation induced ferrite transformation，DIFT）。通过多道次轧制，C-Mn 钢的铁素体晶粒可以细化到 1～3μm[53]。形变诱导铁素体的温区在 A_r 温度以上，与图 2-15 的奥氏体无再结晶区域重合，只是更早时期的研究人员没有发现 DIFT 现象。形变诱导铁素体相变与工艺因素和合金成分有密切的关系。图 2-17 显示含 Nb 的 09CuPTiReNb 钢形变量与铁素体晶粒尺寸的关系，随形变量增加，铁素体晶粒逐渐细化，形变量达到 65%，铁素体晶粒尺寸细化到 4μm 左右，继续增加形变量到 120%，晶粒不再细化。铁素体可能产生了再结晶，因此不再细化。图 2-18 显示的是 X65 钢和 61 号钢形变量为 92%时铁素体晶粒尺寸与应变速率的关系，当应变速率由 10^{-3} 提高到 10^{-1}，X65 钢和 61 号钢的晶粒被细化到 2μm 左右。

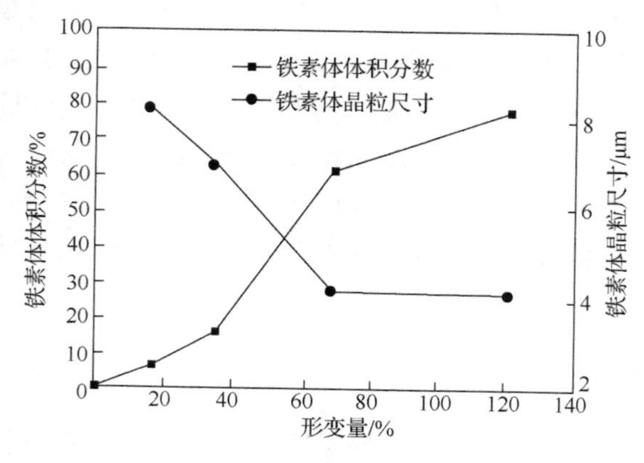

图 2-17　09CuPTiReNb 钢形变量与铁素体晶粒尺寸的关系[1]

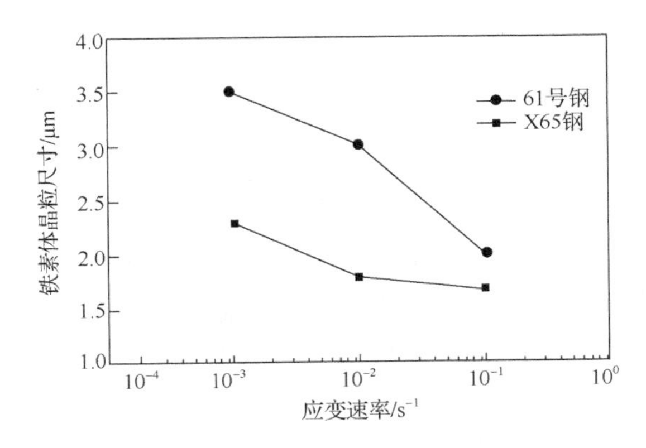

图 2-18　X65 钢和 61 号钢形变量为 92%时铁素体晶粒尺寸与应变速率的关系[1]

微合金钢中合金元素对 DIFT 和细化晶粒的影响可以总结如下：

（1）C、Mn 含量增加有利于细化铁素体晶粒，但是不利于形变诱导铁素体相变；

（2）固溶 Nb 不利于形变诱导铁素体相变，但有利于细化晶粒，铌的碳化物沉淀析出有利于 DIFT；

（3）V 对形变诱导铁素体相变影响不大。

3. 两相区轧制

在单相奥氏体区轧制细化晶粒须在无再结晶区域进行，形变量 60%～70%已达到了轧制变形比较大的形变量，因此，细化晶粒的效果也达到了一个极限，如图 2-15 所示。变形温度进一步降低到奥氏体-铁素体两相区，可以最大限度地细化铁素体晶粒。含 Nb 微合金低碳钢在两相区进行 30%的轧制变形，产生的组织是多边形奥氏体晶粒和高密度位错的铁素体，铁素体和随后冷却形成的珠光体晶粒尺寸在 5～15μm 量级，铁素体中形成亚晶结构，亚晶的尺寸在 1μm 量级[50]。在这个温度范围，铁素体不发生再结晶，只发生回复，合金碳化物的析出阻碍了铁素体的再结晶。对于不含微合金元素的碳钢，两相区轧制仍然可以细化晶粒，铁素体的动态回复和动态再结晶起到了重要作用[50]。

合金的成分和轧制起始态的组织对两相区轧制细化晶粒及组织形态有较大的影响。Si、Mn 含量较高的低碳钢有较强的组织遗传[54-55]，以马氏体为起始组织，二次加热到奥氏体-铁素体两相区进行轧制，获得了超细的层状组织。奥氏体-铁素体两相区轧制 0.17C、1.96Mn、1.52Si、0.96Cr、0.17Mo（质量分数，%）钢的组织如图 2-19 所示。将图 2-19（a）中的层状组织放大后如扫描电子显微镜（scanning electron microscope，SEM）图 2-19（b）所示，其组织是铁素体与条状的马氏体。马氏体的宽度为 1～2μm，长度为 5～10μm，条状马氏体与轧制方向平行，基体是铁素体，其晶粒尺寸被细化到了 1μm 以下，如透射电子显微镜（transmission electron microscope，TEM）图 2-19（c）所示。铁素体中有高密度位错，如图 2-19（d）所示。铁素体晶粒尺度以及其中有高密度位错这一现象与两相区轧制含 Nb 微合金钢非常相似，其主要原因是在轧制态两相的强度不同，为了保持界面协调变形，需要产生大量的几何位错来保证界面的连续性。

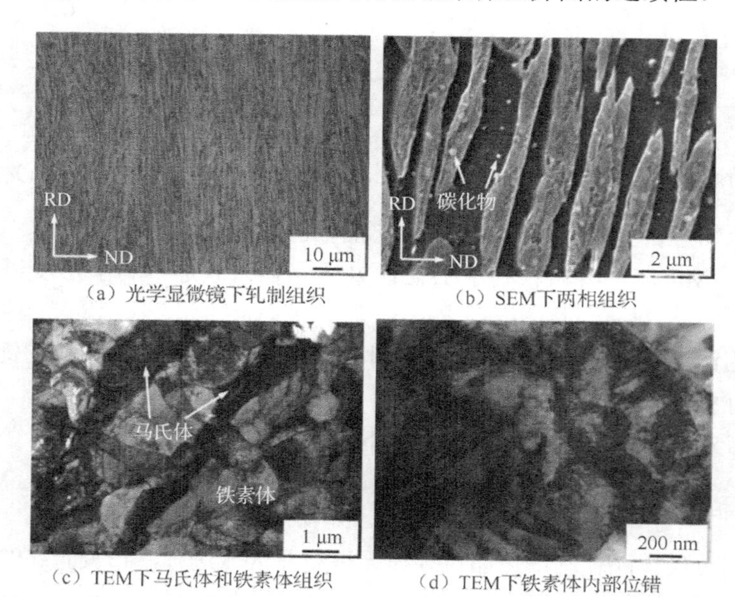

（a）光学显微镜下轧制组织　（b）SEM下两相组织

（c）TEM下马氏体和铁素体组织　（d）TEM下铁素体内部位错

图 2-19　奥氏体-铁素体两相区轧制 0.17C、1.96Mn、1.52Si、0.96Cr、0.17Mo 钢的组织[56]

4. 动态回复与动态再结晶

热轧是冶金过程中的重要工艺，轧制温度高，成型载荷小，轧制速率大，因此轧制效率高。但是热轧消耗较多的能量，同时热轧后的晶粒尺寸比较难以控制，如果不配合微合金化工艺，通常晶粒尺寸较大。在 A_1 温度以下 500～600℃轧制，可以有效细化晶粒。在这一温度范围轧制，不发生相变，只发生铁素体的回复和再结晶。由于轧制温度较低，铁素体晶粒没有足够的时间和驱动力长大，可以获得超细晶粒。Akbari 等[57-58]研究了 IF 钢的温轧过程和组织，在 500～800℃轧制，轧制形变量为 50%。其晶粒尺寸分布如图 2-20 所示，500℃轧制时有 75%的晶粒尺寸小于 1μm，800℃轧制时有 50%的晶粒尺寸小于 2μm。显然，低温轧制细化晶粒的效果更显著。

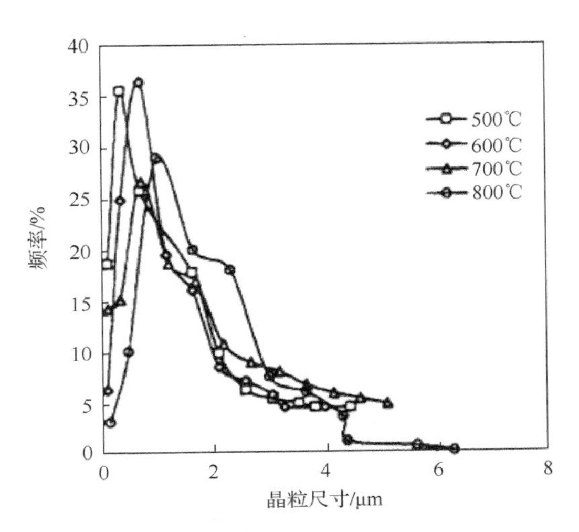

图 2-20　IF 钢不同温度轧制形变量为 50%时晶粒尺寸分布[58]

温轧细化晶粒不仅对低碳钢有效，对高碳钢也非常有效。Lian 等[59]和 Sun 等[60]研究了 T10 钢和 GCr15 钢的温轧组织，经 600℃轧制形变量为 70%，然后再保温 1h 后，晶粒尺寸可以细化到 1μm 量级。图 2-21 表示 T10 高碳钢 600℃轧制形变量为 70%的晶粒尺寸，图中颗粒组织是球化的渗碳体。这一工艺如果可以在高碳钢如轴承钢球化退火工艺中应用，可以大幅降低球化热处理时间，大幅节约能源，同时也为后续热处理提供了优良的组织。

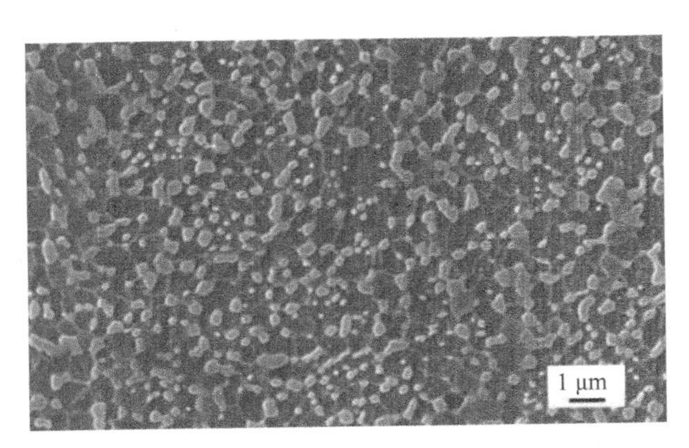

图 2-21　T10 高碳钢 600℃轧制形变量为 70%的晶粒尺寸[59]

5. 回火轧制

回火轧制（temper formed，TF）是一种对淬火马氏体在 400～500℃回火时进行轧制的工艺。TF 工艺最早是由日本科学家 Kimura 等[61]报道的。对一种中碳钢 0.4C、2.0Si、1.0Cr、1.0Mo（质量分数，%）进行马氏体淬火，随后在 500℃进行轧制，等效应变为 1.7，经这种工艺制备的试样组织如图 2-22 所示。马氏体经回火轧制后，形成了伸长压扁的超细晶粒，铁素体的晶粒小于 1μm，伸长压扁的晶粒沿轧制方向分布。这种组织产生的最重要的影响是材料的断裂行为发生了变化，断裂过程演变为分层模式，与等轴晶相同成分、淬火 500℃回火的样品相比，在韧脆转化温度附近，冲击功达到了 226J，提高了 16 倍。随着实验温度降低，冲击功出现了反常升高现象，在−70～0℃范围，冲击功达到 226～350J。产生这一现象的原因是分层断裂，裂纹在前进的主裂纹方向被迫发生分层转折，消耗了大量的断裂功。

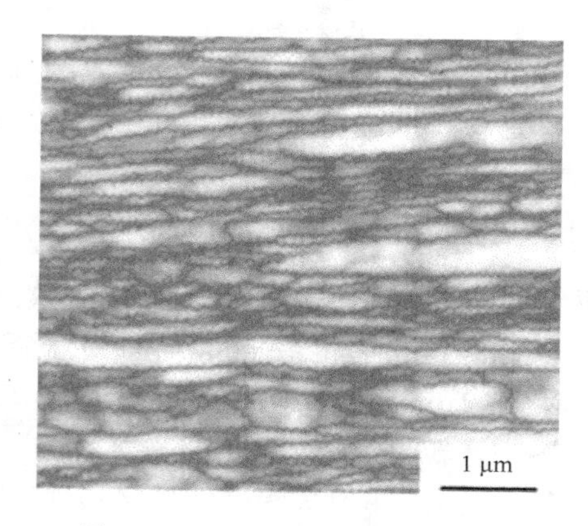

图 2-22　TF 处理后的试样组织[61]

2.3.3　热处理法

1. 常规热处理

常规热处理的第一步是加热，加热的目的是奥氏体化，为后续各种热处理提供预备组织。因此，完成奥氏体化的同时细化奥氏体晶粒或避免奥氏体晶粒长大，是常规热处理关键的一步。加热会发生铁素体到奥氏体的相变，这是一个扩散型相变，奥氏体会产生形核、长大过程，共析钢和过共析钢中会发生渗碳体的溶解、碳元素和合金元素的均匀化。合理选择和控制加热温度、加热时间和加热速度三个因素，能够获得细化的奥氏体晶粒。图 2-23 显示的是中碳 C-Mn 钢和含 Nb C-Mn 钢奥氏体晶粒尺寸与加热温度的关系[52]。总的趋势是提高温度，奥氏体晶粒长大显著。曲线 1 是中碳 C-Mn 钢，曲线 2 是含 Nb C-Mn 钢。由于 Nb 有细化晶粒的作用，相同加热温度下，含 Nb C-Mn 钢的晶粒明显比较细，长大趋势较缓。当加热温度超过 1100℃以后，晶粒长大速度突然增大，这是由于含 Nb 碳化物在这个温度发生溶解，阻碍晶粒长大的作用消失，晶粒长大速度加快。在奥氏体化完成的条件下，尽可能选择低的加热温度是常规热处理的第一步。图 2-24 显示一种中碳 C-Mn 钢不同温度下保温时间和奥氏体晶粒尺寸的关系，图中以晶粒截面积近似反映晶粒尺寸。由图 2-24 可知，保温时间相对加热温度而言，对晶粒长大的影响较小，在保温的初期，晶粒随时间增加而持续长大，但是长大到一定尺寸后基本不再变化。不同的温度，规律基本相同，呈现 S 形的曲线。温度对晶粒长大的影响最为显著，提高温度，在更高的水平上维持这一规律。图 2-25 显示的是加热速度与奥氏体晶粒尺寸的关系。图中显示，加热速度增大，晶粒尺寸明显减小，当加热速度由 10℃/s 提高到 130℃/s，加热到 1000℃时，晶粒尺寸由 24μm 降低到 10μm。细小的晶粒是后续热处理获得优良性能的保证。

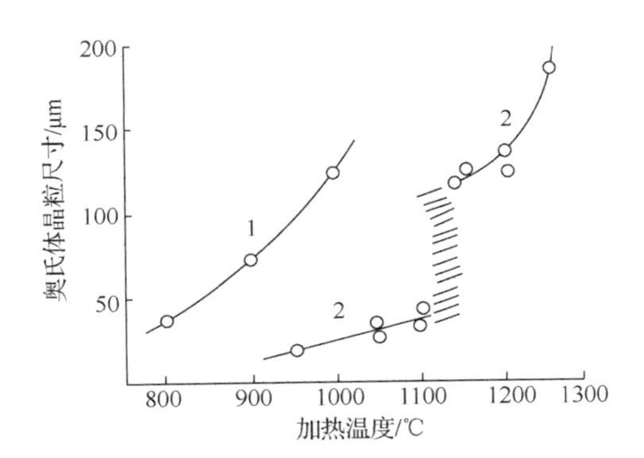

图 2-23　中碳 C-Mn 钢和含 Nb C-Mn 钢奥氏体晶粒尺寸与加热温度的关系[52]

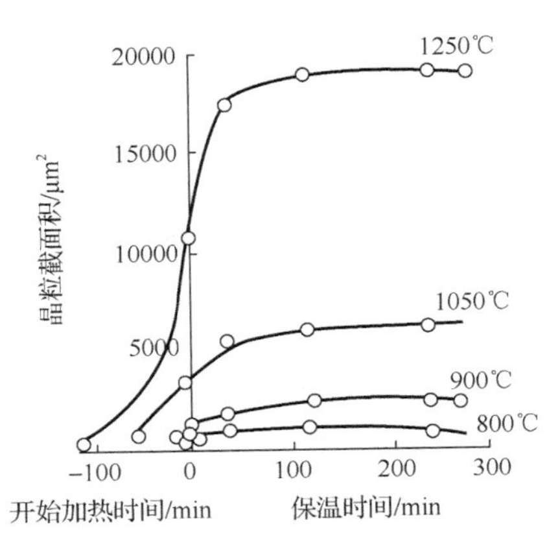

图 2-24　中碳 Mn 钢不同温度下保温时间和奥氏体晶粒尺寸的关系[52]

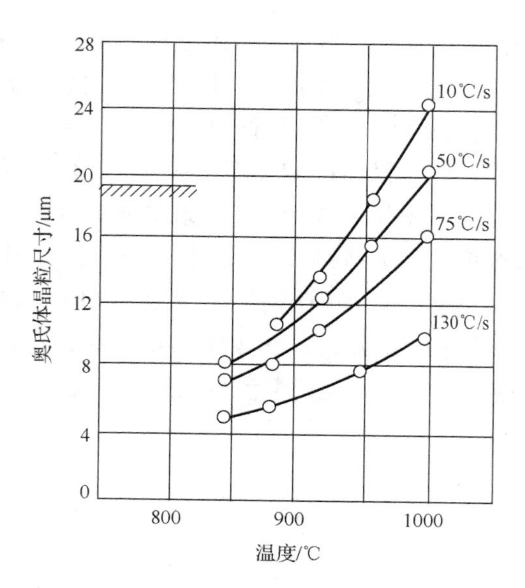

图 2-25　加热速度与奥氏体晶粒尺寸的关系[40]

2. 循环热处理

循环热处理是将工件加热到奥氏体温区后淬火，再次加热淬火循环往复的热处理工艺。采用循环热处理可以显著细化晶粒。这种工艺要求加热快、保温时间短，每次加热到奥氏体区经历了奥氏体的形核长大过程，控制晶粒长大时间尽可能短，奥氏体形核完成后立即淬火。淬火形成马氏体后，产生了大量的位错、相界，为后续循环奥氏体形核提供了更多的形核位点，这样循环往复，可以有效地细化晶粒。研究表明，循环 3～4 次效果较好，循环 6～7 次细化效果达到最大。这种热处理工艺对处理样品的形状和尺寸有一定的局限性，当样品的形状复杂、尺寸较大，快速加热和冷却会产生较大的内应力，使得工件变形或开裂。循环热处理的最佳工艺是感应热处理，由于感应加热速度快，可以在线冷却，不需要移动工件，可以实现较高的生产效率。电接触加热是另一个快速加热的方法，铜电极与金属表面接触时会产生较大的接触电阻，在电流的作用下会快速发热加热金属，这种方法比较适用于局部或表面热处理。陈蕴博等[2]设计了新的电接触加热设备，可以对工件进行整体加热；在线淬火处理，对 ADF1 钢组织超细化的工艺进行了系统研究，通过快速加热和循环处理，可以将 ADF1 钢的晶粒尺寸细化到 1.8μm。对淬火组织的研究表明，其中残余奥氏体比较少，含量小于 5%，马氏体呈现不规则形态，既不是片状也不是条状，无传统的马氏体形态，每个马氏体区域的尺寸为几百纳米[2]。这里已经显示出细化晶粒对马氏体相变的组织形态有重要的影响。

3. 合金元素的作用

碳是钢中最主要的合金元素，图 2-26 显示不同温度条件下奥氏体晶粒尺寸与含碳量的关系[52]。随着含碳量增加，奥氏体晶粒尺寸增大，到了某个临界值后，晶粒不再长大，随含碳量增加晶粒尺寸反而减小。在临界含碳量之前，随含碳量增加，碳在奥氏体中的扩散系数和铁的自扩散系数同步增加，使奥氏体晶粒长大加快；过了临界值后，随含碳量增加，二次渗碳体量增加，会阻碍晶粒长大。

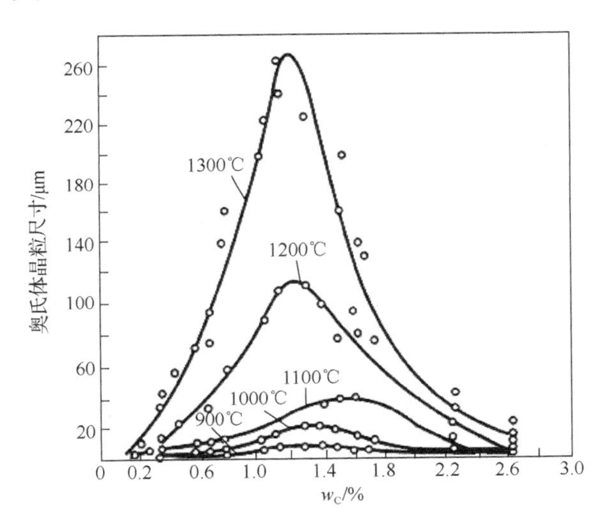

图 2-26　不同温度条件下奥氏体晶粒尺寸与含碳量的关系[52]

合金元素对晶粒长大的影响有以下四种类型。

（1）强烈阻碍奥氏体晶粒长大的元素：Al、V、Ti、Zr、Nb、Ta 等。这些元素对晶粒长大的影响主要通过形成弥散的氮化物、碳化物等，对晶界的移动产生强烈的拖拽作用。

（2）中等程度阻碍奥氏体晶粒长大元素：W、Mo、Cr 等。这几个元素可以形成碳化物，但是碳化物的稳定性不如第一类元素，在加热的过程中容易发生溶解，失去阻碍晶粒长大的作用。

（3）微弱阻碍奥氏体晶粒长大元素：Ni、Co、Cu、Si 等。这些元素不形成碳化物，在钢中以固溶体的形式存在，对奥氏体长大的阻碍作用主要表现为自身的扩散速率小于铁元素的自扩散速率。这种作用与其含量有直接的关系，含量越大，影响越大。

（4）促进奥氏体晶粒长大元素：P、Mn。

参 考 文 献

[1] 翁宇庆. 超细晶钢理论及技术进展[J]. 钢铁, 2005, 40(3): 1-8.

[2] 陈蕴博, 张福成, 褚作明, 等. 钢铁材料组织超细化处理工艺研究进展[J]. 中国工程科学, 2003, 5(1): 74-81.

[3] 王永康, 王力. 纳米材料科学与技术[M]. 杭州: 浙江大学出版社, 2002.

[4] LI Y, RAABE D, HERBIG M, et al. Segregation stabilizes nanocrystalline bulk steel with near theoretical strength[J]. Physical Review Letters, 2014, 113(10): 106104.

[5] SHIN D H, PARK J J, CHANG S Y, et al. Ultrafine grained gow carbon steels fabricated by equal channel angular pressing: Microstructures and tensile properties[J]. ISIJ International, 2002, 42(12): 1490-1496.

[6] SHIN D H, SEO C W, KIM J, et al. Microstructures and mechanical properties of equal-channel angular pressed low carbon steel[J]. Scripta Materialia, 2000, 42(7): 695-699.

[7] KIM W J, KIM J K, CHOO W Y, et al. Large strain hardening in Ti-V carbon steel processed by equal channel angular pressing[J]. Materials Letters, 2001, 51(2): 177-182.

[8] FUKUDA Y, OHISHI K, HORITA Z, et al. Processing of a low-carbon steel by equal-channel angular pressing[J]. Acta Materialia, 2002, 50(6): 1359-1368.

[9] SON Y, LEE Y K, PARK KT, et al. Ultrafine grained ferrite-martensite dual phase steels fabricated via equal channel angular pressing: Microstructure and tensile properties[J]. Acta Materialia, 2005, 53(11): 3125-3134.

[10] PARK K T, HAN S Y, AHN B D, et al. Ultrafine grained dual phase steel fabricated by equal channel angular pressing and subsequent intercritical annealing[J]. Scripta Materialia, 2004, 51(9): 909-913.

[11] LIU M Y, SHI B, WANG C, et al. Normal Hall-Petch behavior of mild steel with submicron grains[J]. Materials Letters, 2003, 57(19): 2798-2802.

[12] MORRISON W B, MINTZ B, COHRAN R C. The effect of grain size on the stress-strain relationship in low-carbon steel[J]. Transcations of the ASM, 1966, 59(4): 824-846.

[13] SONG R, PONGE D, RAABE D. Overview of processing, microstructure and mechanical properties of ultrafine grained bcc steels[J]. Materials Science & Engineering: A, 2006, 441(1-2): 1-17.

[14] 卢柯, 刘学东, 胡壮麒. 纳米晶体材料的 Hall-Petch 关系[J]. 材料研究学报, 1994, 8(5): 385-391.

[15] 贾少伟, 张郑, 王文, 等. 超细晶/纳米晶反 Hall-Petch 变形机制最新研究进展[J]. 材料导报, 2015, 29(23): 114-118.

[16] MEYERS M A, VOHRINGER O, LUBARDA V A. The onset of twinning in metals: A constitutive description[J]. Acta Materialia, 2001, 49(19): 4025-4039.

[17] CHRISTIAN J W, MAHAJAN S. Deformation twinning[J]. Progress in Materials Science, 1995, 39(1): 1-157.

[18] YU Q, SHAN Z W, JU L, et al. Strong crystal size effect on deformation twinning[J]. Nature, 2010, 463(7279): 335-338.

[19] CALCAGOTTO M, PONGE D, RAABE D. Effect of grain refinement to 1μm on strength and toughness of dual-phase steels[J]. Materials Science & Engineering: A, 2010, 527(29-30): 7832-7840.

[20] PARK K T, KIM Y S, LEE J G, et al. Thermal stability and mechanical properties of ultrafine grained low carbon steel[J]. Materials Science & Engineering: A. 2000, 293(1): 165-172.

[21] AZUSHIMA A, AOKI K. Properties of ultrafine-grained steel by repeated shear deformation of side extrusion process[J]. Materials Science & Engineering: A, 2002, 337(1): 45-49.

[22] TSUJI N, UEJI R, MINAMINO Y. Nanoscale crystallographic analysis of ultrafine grained IF steel fabricated by ARB process[J]. Scripta Materialia, 2002, 47(2): 69-76.

[23] PARK K T, HAN S Y, SHIN D H. Effect of heat treatment on microstructures and tensile properties of ultrafine grained C-Mn steel containing 0.34 mass% V[J]. ISIJ International, 2004, 44(6): 1057-1062.

[24] HANAMURA T, YIN F, NAGAI K. Ductile-brittle transition temperature of ultrafine ferrite/cementite microstructure in a low carbon steel controlled by effective grain size[J]. ISIJ International, 2004, 44(3): 610-617.

[25] SURYANARAYANA C. Mechanical alloying and milling[J]. Progress in Materials Science, 2001, 46(1-2): 1-184.

[26] AIKAWA Y, TERAI T, KAKESHITA T. Grain size effect on martensitic transformation behavior in Fe-Ni invar alloys[J]. Journal of Physics, 2009, 165(1): 1-4.

[27] 李汶霞, 鲁燕萍, 果世驹. 等离子烧结与等离子活化烧结[J]. 真空电子技术, 1998, (1): 17-23.

[28] IWAHASHI Y, WANG J T, HORITA Z J, et al. Principle of equal-channel angular pressing for the processing of ultra-fine grained materials[J]. Scripta Materialia, 1996, 35(2): 143-146.

[29] VALIEV R Z, LANGDON T G. Principles of equal-channel angular pressing as a processing tool for grain refinement[J]. Progress in Materials Science, 2006, 51(7): 881-981.

[30] MATSUKI K, AIDA T, TAKEUCHI T, et al. Microstructural characteristics and superplastic-like behavior in aluminum powder alloy consolidated by equal-channel angular pressing[J]. Acta Materialia, 2000, 48(10): 2625-2632.

[31] HUANG C X, YANG G, GAO Y L, et al. Influence of processing temperature on the microstructures and tensile properties of 304L stainless steel by ECAP[J]. Materials Science & Engineering: A, 2008, 485(1-2): 643-650.

[32] VERMA D, MUKHOPADHYAY N K, SASTRY G V S, et al. Microstructure and mechanical properties of ultrafine-grained interstitial-free steel processed by ECAP[J]. Transactions of the Indian Institute of Metals, 2016, 70(4): 1-10.

[33] EDALATI K, HORITA Z. A review on high-pressure torsion(HPT)from 1935 to 1988[J]. Materials Science & Engineering: A, 2016, 652: 325-352.

[34] BLANK V D, ZERR A J. Optical chamber with diamond anvils for shear deformation of substances at pressures up to 96 GPa[J]. High Pressure Research, 1992, 8(4): 567-571.

[35] 石德珂. 材料科学基础[M]. 2 版. 北京: 机械工业出版社, 2003.

[36] EDALATI K, HORITA Z. High-pressure torsion of pure metals: Influence of atomic bond parameters and stacking fault energy on grain size and correlation with hardness[J]. Acta Materialia, 2011, 59(17): 6831-6836.

[37] EDALATI K, HORITA Z. Significance of homologous temperature in softening behavior and grain size of pure metals processed by high-pressure torsion[J]. Materials Science & Engineering: A, 2011, 528(25-26): 7514-7523.

[38] VORHAUER A, PIPPAN R. On the homogeneity of deformation by high pressure torsion[J]. Scripta Materialia, 2004, 51(9): 921-925.

[39] LU K, LIU J. Surface nanocrystallization(SNC)of metallic materials-presentation of the concept behind a new approach[J]. Journal of Materials Science & Technology, 1999, 15(3): 193-197.

[40] LU K, LU J. Nanostructured surface layer on metallic materials induced by surface mechanical attrition treatment[J]. Materials Science & Engineering: A, 2004, 375-377(1): 38-45.

[41] SAITO Y, UTSUNOMIYA H, TSUJ N, et al. Novel ultra-high straining process for bulk materials-development of the accumulative roll-bonding(ARB)process[J]. Acta Materialia, 1999, 47(2): 579-583.

[42] FULTON C W, 姚平. 连续式轧制焊接——一种热交换器组件的生产方法[J]. 铝加工, 1989, (3): 45-49.
[43] TSUJI N, ITO Y, SAITO Y, et al. Strength and ductility of ultrafine grained aluminum and iron produced by ARB and annealing[J]. Scripta Materialia, 2002, 47(12): 893-899.
[44] 高寅元. 异步轧制技术的发展[J]. 江西冶金, 1990, 10(2): 45-50.
[45] 王世臣. 轧辊差速比对轧制特性的影响[J]. 重型机械, 1984, (1): 32-39.
[46] CUI Q, OHORI K. Grain refinement of high purity aluminium by asymmetric rolling[J]. Materials Science & Technology, 2000, 16(10): 1095-1101.
[47] KIM W J, LEE K E, CHOI S H. Mechanical properties and microstructure of ultra fine-grained copper prepared by a high-speed-ratio differential speed rolling[J]. Materials Science & Engineering: A, 2009, 506(1): 71-79.
[48] KIM W J, YOO S J, JEONG H T, et al. Effect of the speed ratio on grain refinement and texture development in pure Ti during differential speed rolling[J]. Scripta Materialia, 2011, 64(1): 49-52.
[49] SUHARTO J, KO Y G. Annealing behavior of severely deformed IF steel via the differential speed rolling method[J]. Materials Science & Engineering: A, 2012, 558(51): 90-94.
[50] TANAKA T. Controlled rolling of steel plate and strip[J]. International Materials Reviews, 1981, 26(1): 185-212.
[51] PRESTON J D. Processing and properties of low-caron steels[J]. Metallurgical Society of AIME, 1973: 1-46.
[52] 崔振铎, 刘华山. 金属材料及热处理[M]. 长沙: 中南大学出版社, 2010.
[53] MATSUMURA Y, YADA H. Evolution of ultrafine-grained ferrite in hot successive deformation[J]. ISIJ International, 1987, 27(6): 492-498.
[54] KOO J Y, THOMAS G. Design of duplex Fe/X/0.1C steels for improved mechanical properties[J]. Metallurgical Transactions A, 1977, 8(3): 525-528.
[55] KIM N J, THOMAS G. Effects of morphology on the mechanical behavior of a dual phase Fe/2Si/0.1C steel[J]. Metallurgical Transactions A, 1981, 12(3): 483-489.
[56] SUN J J, JIANG T, WANG Y J, et al. A lamellar structured ultrafine grain ferrite-martensite dual-phase steel and its resistance to hydrogen embrittlement[J]. Journal of Alloys and Compounds, 2017, 698: 390-399.
[57] AKBARI G H, SELLARS C M, WHITEMAN J A. Microstructural development during warm rolling of an IF steel[J]. Acta Materialia, 1997, 45(12): 5047-5058.
[58] AKBARI G H, SELLAR C M, WHITEMAN J A. Quantitative characterisation of substructural development during warm working of an interstitial free steel[J]. Metal Science Journal, 2014, 16(1): 47-54.
[59] LIAN F L, LIU H J, SUN J J, et al. Ultrafine grain effect on pearlitic transformation in hypereutectoid steel[J]. Journal of Materials Research, 2013, 28(5): 757-765.
[60] SUN J J, LIAN F L, LIU H J, et al. Microstructure of warm rolling and pearlitic transformation of ultrafine-grained GCr15 steel[J]. Materials Characterization, 2014, 95: 291-298.
[61] KIMURA Y, INOUE T, YIN F, et al. Inverse temperature dependence of toughness in an ultrafine grain-structure steel[J]. Science, 2008, 320(5879): 1057-1060.

第3章　晶界与晶体结构及缺陷对原子扩散的影响

工程应用的金属材料通常是多晶材料，晶界是构成多晶材料的一种晶体缺陷，对材料的性能和相变过程有重要的影响。晶界是两个取向不同的晶粒之间形成的界面，根据晶界两侧晶粒间的取向差，晶界可以分为小角度晶界（取向差小于 10°）和大角度晶界（取向差大于 10°）。一般工艺制备的多晶材料中的晶界是大角度晶界。由形变或相变在一个晶粒内部形成亚晶结构，这种亚晶晶界结构是小角度晶界。晶界是晶体材料中的重要缺陷，它除了对材料的强度有重要的影响以外，对材料的固态相变也有重要的影响。它可以作为新相形核的基底，减少新相形成的能垒，也可以作为扩散的通道，加快扩散，从而改变扩散性相变的途径。晶粒细化后，晶界增多，这种作用对相变的影响更大。因此，通过本章的介绍，了解晶界的结构，对后续理解晶界对相变的影响有重要的帮助。

3.1　晶 界 结 构

3.1.1　小角度晶界

当相邻晶粒的取向差比较小时，形成小角度晶界，如图 3-1 所示。小角度晶界由位错组成，最典型的小角度晶界是对称倾转晶界。晶界两侧晶粒相对倾斜了 $\theta/2$，晶界是由韧性位错构成的，大部分晶界上的原子点阵与两侧晶粒点阵是重合的，只是在畸变大的区域引入一个韧性位错，在每相隔 D 的区间引入一个韧性位错，就构成了位错墙，或小角度晶界。图 3-1（a）所示的对称倾转小角度晶界可以用式（3-1）来描述：

$$D=\frac{b}{2}\sin\frac{\theta}{2} \tag{3-1}$$

式中，θ是对称倾角，(°)；b 是伯氏矢量，nm。

当θ很小时，$\sin\theta/2=\theta/2$，则 $D=b/\theta$。

当θ=1°时，伯氏矢量 b=0.25nm，位错的间距 D=14.3nm，即每 50～60 个原子间距就插入一个韧性位错。小角度晶界已被金相腐蚀坑方法证实。实际上小角度晶界比对称倾转晶界复杂得多，可以是两个伯氏矢量，可以是螺型位错，以不同角度相对旋转的方式构成，如图 3-1（b）所示。

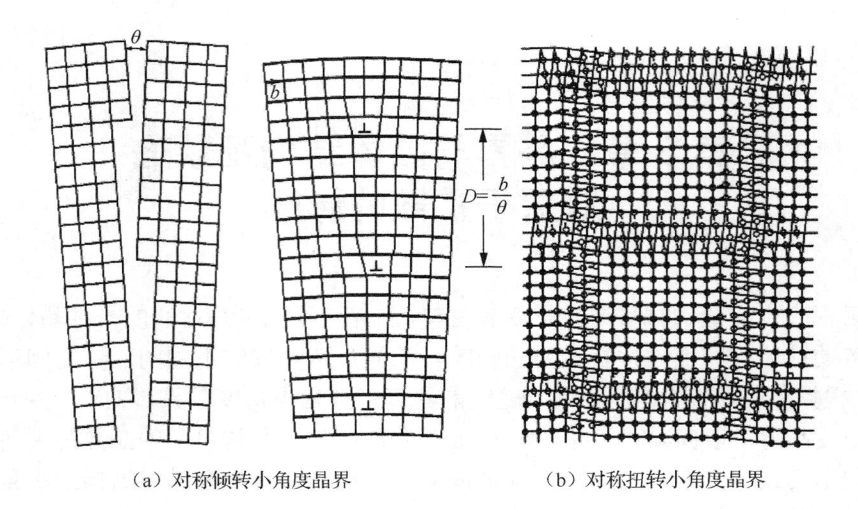

（a）对称倾转小角度晶界　　（b）对称扭转小角度晶界

图 3-1　小角度晶界示意图[1]

小角度晶界由一系列位错组成，小角度晶界的能量可以由位错能量算出，式（3-2）给出了计算公式：

$$\gamma = \frac{1}{D}E = \frac{\theta}{b}\left(\frac{\mu b}{4\pi(1-\nu)}\ln\frac{D}{r_0} + E_{\text{core}}\right) \tag{3-2}$$

式中，D 为小角度晶界上的位错间距，nm；E 为位错能量，J；θ为晶界倾角，(°)；μ为剪切模量，GPa；ν为泊松比；r_0为位错核的尺寸，nm；E_{core}为位错核心部分的能量，J。将式（3-1）代入式（3-2），得到

$$\gamma = \frac{\mu b\theta}{4\pi(1-\nu)}\left(-\ln\theta + A\right) = E_0\left(-\ln\theta + A\right) \tag{3-3}$$

式中，$E_0 = \frac{\mu b\theta}{4\pi(1-\nu)}$；$A$ 为与位错核心能量有关的参数。在小角度晶界范围，晶界能随取向差θ增大而增加，到达大角度范围，晶界能不再变化，如图 3-2 所示。

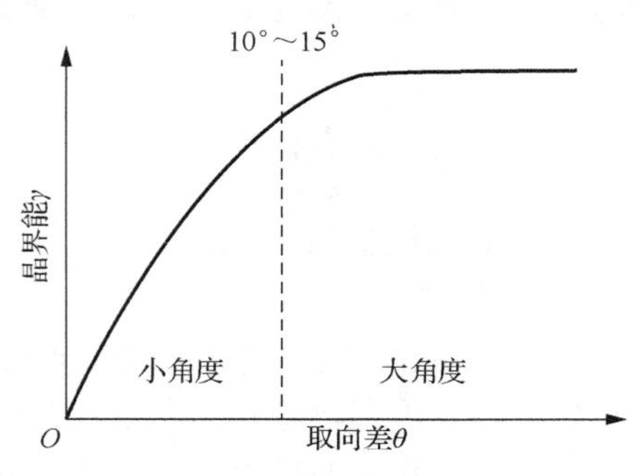

图 3-2　晶界能随晶界取向差变化示意图[1]

3.1.2　大角度晶界

当晶界取向差增大到 10°～15°，如图 3-2 所示，晶界就进入到大角度范围。在大角度范围，晶界位错已无法调节晶界的取向差。通常，大角度晶界为 2～3 个原子宽，晶界也可以看成是具有一定体积的高能相。图 3-3 为大角度晶界肥皂泡筏模型与模型高倍示意图。该模型显示了晶界的过渡区，相对小角度晶界，大角度晶界原子的排列比较复杂，尽管如此，人们还是发展出了一些模型来描述大角度晶界。

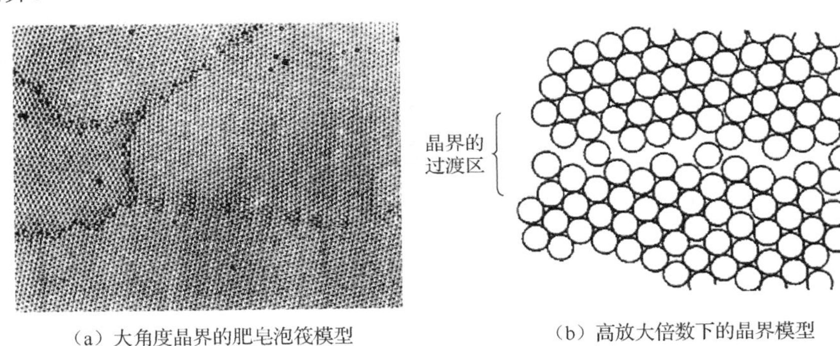

（a）大角度晶界的肥皂泡筏模型　（b）高放大倍数下的晶界模型

图 3-3　大角度晶界肥皂泡筏模型与模型高倍示意图[1]

1. 位错模型

图 3-4 显示的是简单立方晶体大角度晶界倾侧晶界模型，晶界两端没有匹配的晶格台阶处被认为是一个刃型位错，这样的位错与晶内标准刃型位错还是有差异的，位错半原子面两侧的原子面不对称，晶界一侧少了两层原子。晶界的倾角不同，位错分布数量和晶界的宽度是不同的。图 3-4（a）显示的是倾角为 53°的晶界模型，图 3-4（b）是倾角为 60°的晶界模型。在晶体的变形过程中，这种晶界位错（或称为“台阶”）可以作为位错发射源向晶内发射位错。

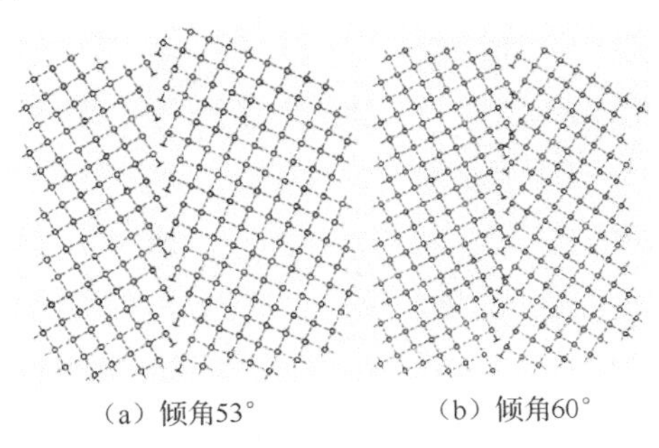

（a）倾角53°　（b）倾角60°

图 3-4　简单立方晶体大角度晶界倾侧晶界模型[2]

2. 结构单元模型

具有最低能量的结构单元大角度晶界模型如图 3-5 所示，基体晶体结构为密排六方或面心立方，展示的晶面为密排六方的（0001）面或面心立方的（111）面。晶界处于重复排列的六环上，只是排列得比较疏松，这是为了满足晶界的倾角而做出的调整。显然，晶界处于高能量状态。

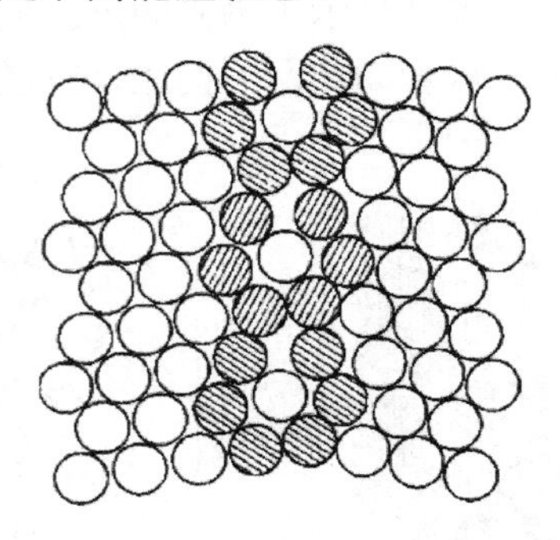

图 3-5　具有最低能量的结构单元大角度晶界模型[2]

3. 多面体单元模型

晶体的结构可以看成是由多面体堆垛而成，如 FCC 结构可以看成是由四面体和八面体堆垛而成。任何晶体的晶界都可以采用八种基本的三角形不同堆垛方式来描述，各面均为等边三角形。图 3-6 为金的倾侧大角度晶界，图 3-6（a）为其 TEM 图像，晶界相差 32°左右，图 3-6（b）是重复单元结构示意图，图中每三个组合三角形构成了一个重复单元，图示的晶界完全可以用这样的重复三角形描述。图 3-4（b）所示的晶界模型可以用来描述晶界的元素偏聚、晶界的上坡扩散及杂质在晶界存在时的界面取向问题[2]。

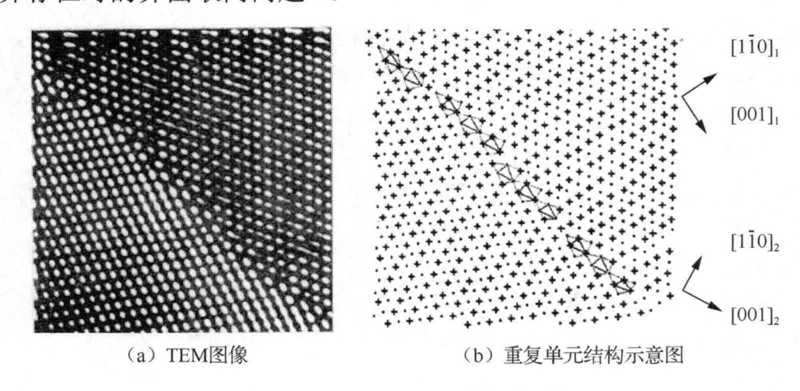

（a）TEM图像　（b）重复单元结构示意图

图 3-6　金的侧倾大角度晶界[2]

4. 重合位置点阵模型

两相邻晶粒产生相对转动，两晶粒内部分点阵会发生重合，这就是重合位置点阵（coincident site lattice，CSL）模型。图 3-7 给出了 BCC 晶体绕[110]晶轴旋转 50.5°的重合位置大角度晶界模型，图中 ABCD 显示的两个晶粒的晶界，其中 AB 和 CD 晶界恰好处在重合点阵上，而 BC 晶界是不重合部分的过渡台阶。

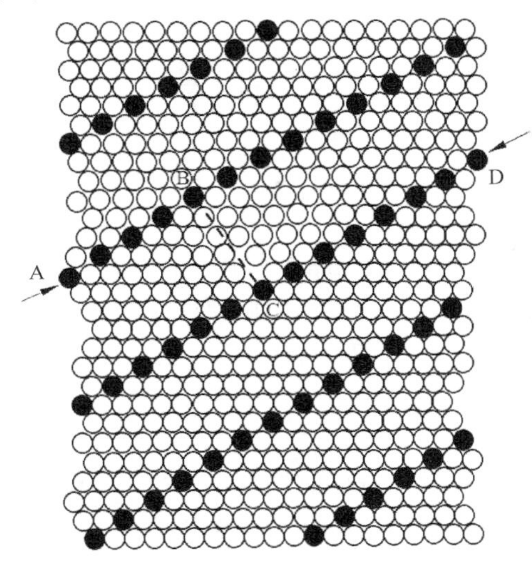

图 3-7　重合位置大角度晶界模型[3]

重合位置点阵模型可以用以下关系来描述：

$$\Sigma = \frac{\text{CSL晶胞体积}}{\text{晶体点阵晶胞体积}}$$

该关系表明重合位置点阵晶胞体积是晶体晶胞体积的多少倍，通常采用$\frac{1}{\Sigma}$来表示重合点阵占晶体点阵的比例。以Σ_n来表示重合点阵晶界排列和对称情况，例如，孪晶界为Σ_3，n 值越大，晶界对称度和有序度越差，与 n 值大的大角度晶界相比，高对称 n 值小的晶界有以下特征：

（1）纯金属中有较低的界面能；

（2）具有较低的扩散系数；

（3）具有较低的电阻；

（4）较低的溶质偏析敏感性；

（5）对晶界滑移、断裂及形成空洞具有较高的抗力；

（6）有较高抗局部腐蚀能力。

3.2　晶界及细化晶粒对扩散的影响

由 3.1 节的内容可以看出，晶界的结构是不完整的，有较多的缺陷和空位，它们对扩散有重要的影响，从而对固态相变也会产生重要的影响。晶界和基体的扩散系数都可以用式（3-4）和式（3-5）来描述：

$$D_b = D_{b0}\exp\left(-\frac{Q_b}{RT}\right) \tag{3-4}$$

$$D_I = D_{I0}\exp\left(-\frac{Q_I}{RT}\right) \tag{3-5}$$

式中，R 为气体常数；D_b 和 D_I 分别为晶界和晶内的扩散系数，cm^2/s；D_{b0} 和 D_{I0} 分别为晶界和晶内的频率因子；Q_b 和 Q_I 分别为晶界和晶内的扩散激活能，J/（mol·K）。由于晶界空位的作用，原子沿晶界扩散所需的激活能要小于沿晶内扩散的激活能，得

$$D_b > D_I \tag{3-6}$$

接下来分析晶界和晶粒尺寸对扩散的影响。图 3-8 是简化的含晶界薄层δ、晶粒尺寸 d 的一个单位面积，其扩散方向沿 x 轴正方向，溶质原子沿扩散方向通过晶界和晶内的扩散通量 J_b 和 J_I 分别为

$$J_b = -D_b\frac{dC}{dx} \tag{3-7}$$

$$J_I = -D_I\frac{dC}{dx} \tag{3-8}$$

式中，C 为溶质浓度；x 为扩散方向的距离。通过扩散方向单位面积的溶质总量为

$$J = \left(J_b\delta + J_I d\right) = -\left(\frac{D_b\delta + D_I d}{d}\right)\frac{dC}{dx} \tag{3-9}$$

定义$\dfrac{D_b\delta + D_I d}{d}$为表观扩散系数 D_{app}：

$$D_{app} = D_I + D\frac{\delta}{d} \tag{3-10}$$

由此可以看出，晶粒尺寸强烈地影响着材料的整体扩散速率，当晶粒尺寸减小，材料扩散在原有晶界影响的基础上被放大，晶粒减小到一定程度后，晶格内部的扩散可以忽略不计，扩散的主要贡献来自晶界。晶粒尺寸对扩散的影响来源于晶界，晶粒尺寸减小，晶界所占的体积增大，因此扩散速率增大。晶界对扩散的影响主要来源于晶界的空位和较高的畸变能。溶质原子充填空位后可以降低畸

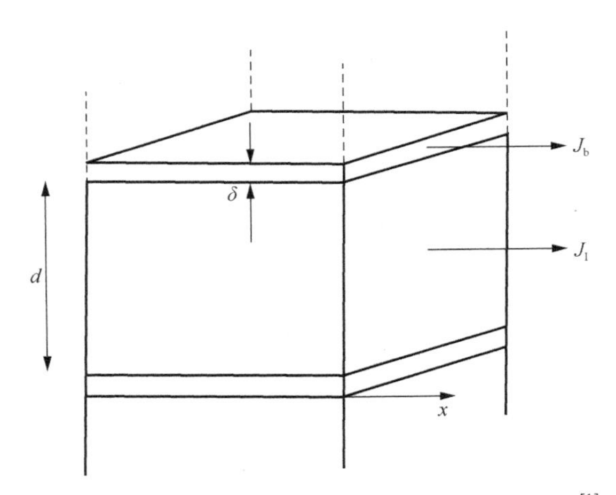

图 3-8　稳态扩散时沿晶界和晶内扩散通量示意图[1]

变能，同时溶质原子移动所需要克服的能量也低于晶内完整晶体。图 3-9 很好地展示了晶界对扩散的影响。图中金属 A 晶界垂直于表面，在表面涂覆一层浓度为 C_0 的示踪原子，经过一定时间扩散以后，测量示踪原子的浓度分布。如图中 $C(x,y,t)$ 曲线所示，晶界处示踪原子的浓度高于晶内，这一实验表明，晶界原子扩散明显高于晶内，晶界的扩散系数 D_b 明显大于晶内扩散系数 D_I。

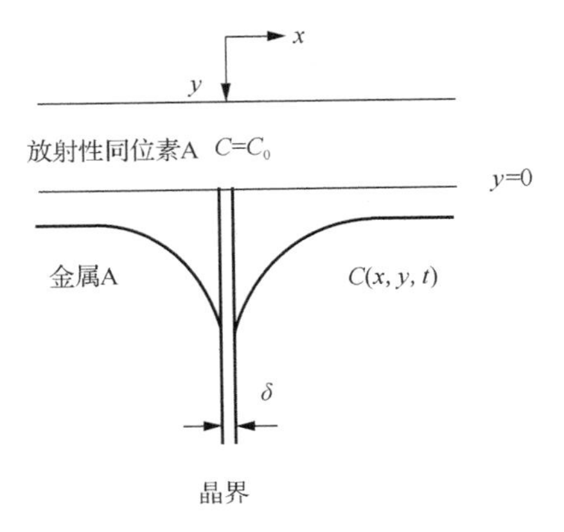

图 3-9　晶界对扩散的影响[4]

3.3　晶体缺陷和晶体结构对扩散的影响

3.3.1　位错对扩散的影响

除了晶界以外，位错是另外一个对扩散有重要影响的缺陷。对于扩散来说，位错的影响就像一个管路，尤其是刃型位错，半原子面的下方就是一个现成的管路，溶质原子沿管路扩散需要克服的能垒低于晶内扩散。位错对扩散的影响一方面表现在位错本身降低扩散激活能，另一方面是提供扩散通道的数量，也就是位错密度。假设原子沿位错扩散的扩散系数为 D_d，通常 $D_d > D_I$，那么有位错参与的表观扩散系数可以表示为

$$D_{app} = D_I + gD_d \tag{3-11}$$

式中，g 为单位面积位错管所占的面积。经过充分退火的金属中位错密度为 $10^5 mm^{-3}$，假设单个位错管的横截面大约可以容纳 1 个原子，基体单位体积中包含 10^{13} 个原子，则 $g=10^{-8}$。

图 3-10 显示了几种金属在不同基体中的扩散系数与温度的关系，图中显示，银沿晶界的扩散和碳在 BCC 铁中的扩散，在高温时其扩散系数才达到 $10^{-10} \sim 10^{-8}$ 的量级。式（3-11）显示，位错对扩散的影响也在 10^{-8} 量级，即高温下这种影响并不显著，但是随着温度降低，这种影响会有数量级的增加。

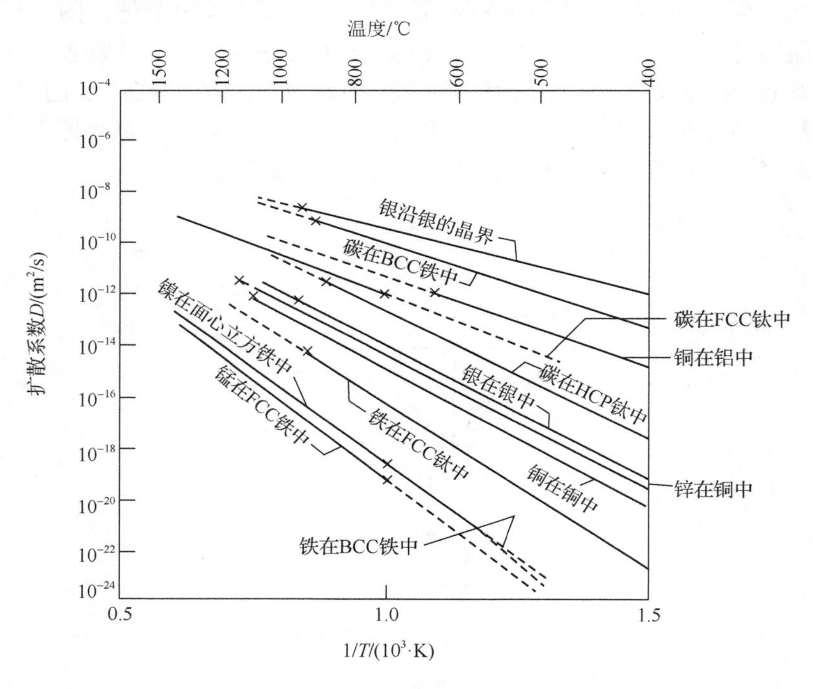

图 3-10　金属扩散系数与温度的关系[4]

3.3.2　空位对扩散的影响

3.2 节的内容表明，晶界对扩散的影响主要来源于空位，本小节的内容主要解释空位如何影响原子的扩散。原子在晶体中的扩散包含间隙原子的扩散与置换原子的扩散。间隙原子的扩散主要是原子半径较小的 H、C、O、N 等原子在晶体中

的移动，由于原子半径小，这些原子可以在晶体中的间隙位置移动，所需要克服的能量相对不高。当然，有晶界、位错管或空位时，间隙原子的扩散会加速。对于原子半径与基体同数量级的置换原子，其扩散需要借助于空位，如果扩散原子周围有空位，扩散原子移动到空位是能量降低的过程。如果周围没有空位，扩散原子移动到相邻的晶格，需要将原有的晶格原子挤到一个间隙位置，同时原有的晶格位置留下空位，这一过程会引起能量剧烈升高。因此，空位对置换原子的扩散十分重要，当达到热平衡时，晶体中的空位浓度为[4]

$$C_{\mathrm{V}}=\exp\left(-\frac{G_{\mathrm{f}}}{kT}\right)=\exp\left(\frac{S_{\mathrm{f}}}{k}\right)\exp\left(-\frac{H_{\mathrm{f}}}{kT}\right) \tag{3-12}$$

式中，G_{f}、S_{f}、H_{f}分别为空位形成的自由能（本节自由能均指吉布斯自由能）、形成熵和形成焓；k 为玻尔兹曼常数。金属在熔点附近的空位浓度在 $10^{-4}\sim10^{-3}$ 数量级。单位时间内，原子跃迁到相邻空位的次数为

$$\omega=v_0\exp\left(-\frac{G_{\mathrm{m}}}{kT}\right)=v_0\exp\left(\frac{S_{\mathrm{m}}}{k}\right)\exp\left(-\frac{H_{\mathrm{m}}}{kT}\right) \tag{3-13}$$

式中，v_0为原子振动频率，G_{m}、S_{m}、H_{m} 分别为空位迁移的自由能、迁移熵和迁移焓。这里应该用原子迁移的迁移自由能、迁移熵和迁移焓，晶格位置的原子迁移后，在其身后会留下一个空位，相当于空位迁移了一个晶格位置，因此这时原子迁移的自由能与空位迁移的自由能相等。空位对原子扩散的影响取决于空位的浓度与空位的跃迁次数，结合式（3-12）和式（3-13）得到原子跃迁频率为

$$\Gamma=\omega C_{\mathrm{V}}=v_0\exp\left(\frac{S_{\mathrm{f}}+S_{\mathrm{m}}}{k}\right)\exp\left(-\frac{H_{\mathrm{f}}+\mathrm{H}_{\mathrm{m}}}{kT}\right) \tag{3-14}$$

原子在配位数为 Z 的晶体中总的跃迁频率为$\Gamma_{\mathrm{total}}=Z\Gamma$。空位扩散成为金属中自扩散和合金中置换原子扩散的主要机制，同时也适用于一些离子晶体和陶瓷。

3.3.3　原子键和晶体结构对扩散的影响

空位和晶界对原子扩散的影响也反映了原子键和晶体结构的影响。原子扩散由点阵或间隙的一个位置移动到另外一个位置，必须通过最近邻两个原子的间隙，通常这个间隙的距离远小于扩散原子的直径，扩散原子必须将这个间隙距离撑大到超过自身的尺寸才能通过，这需要较大的能量。通常基体晶体的原子键结合力越强，原子扩散需要克服的能垒就越大，相应的扩散激活能 Q 就越高。因此，扩散激活能与材料原子结合能相关的一些物理参量，如熔点 T_{m}、熔化潜热 L_{m} 和热膨胀系数α等成比例关系，通常有经验关系[4]：

$$Q = 32T_m \text{ 或 } Q = 40T_m$$

$$Q = 16.5L_m$$

$$Q = 2.4/\alpha$$

晶体结构也对扩散有较大的影响，晶体结构反映出原子排列的紧密程度。例如，体心立方单位晶胞中有 2 个原子，而面心立方单位晶胞中有 4 个原子。原子扩散时，同样需要撑开最近邻两个原子间的距离。当原子排列疏松时，撑开相邻两个原子距离所需要克服的阻力要小于原子排列紧密的晶体。因此，体心立方晶体的扩散激活能小于面心立方晶体，从而体心立方晶体的扩散系数大于面心立方晶体。在 910℃，体心立方与面心立方晶体的扩散系数有经验关系 $D_{\alpha\text{-Fe}}=300D_{\gamma\text{-Fe}}$。间隙原子在体心立方和面心立方晶体中的扩散仍然有巨大的差异，间隙原子在体心立方晶体中的扩散速率是面心立方晶体的 100 倍。

参 考 文 献

[1] 波特, 伊斯特林, 谢里夫. 金属和合金中的相变: 第 3 版[M]. 陈冷, 余永宁, 译. 北京: 高等教育出版社, 2011.
[2] 张伟强. 固态金属及合金中的相变[M]. 北京: 国防工业出版社, 2016.
[3] 石德珂. 位错与材料强度[M]. 西安: 西安交通大学出版社, 1988.
[4] 石德珂. 材料科学基础[M]. 2 版. 北京: 机械工业出版社, 2003.

第 4 章　超细晶晶界显示技术与方法

晶界显示是研究材料组织和相变的基础，采用 Hall-Petch 公式计算晶粒尺寸与强度的关系需要知道晶粒尺寸，分析马氏体相变、珠光体相变与晶粒尺寸的关系也需要知道晶粒尺寸的信息。采用 SEM、TEM 可以方便地观察到亚微米和纳米范围的晶粒，但是要配合特殊的制样技术。例如，采用电子背散射衍射（electron back scattered diffraction，EBSD）可以获取微米、亚微米晶粒的图像，可以显示小角度晶界，但是要求对样品进行电解抛光，这是一个经验性比较强的试样制备方法，对大部分实验人员还是有一定的技术门槛。传统光学显微镜方法显示晶粒要采用特殊的晶界腐蚀液[1-2]，这些方法对材料有选择性，没有一种对所有的钢铁材料都有效的通用腐蚀方法。对于超细晶粒钢，这些方法显得更加无能为力。作者所在的课题组通过多年的积累，发明了一种电化学腐蚀方法，扩大了材料的适应性，可以方便地腐蚀出超细晶的晶界，这一方法成为研究晶粒尺寸与固态相变关系的基础。

4.1　现代电子显微技术

4.1.1　EBSD 技术

在有 EBSD 附件的扫描电子显微镜下，入射电子束照射到倾斜 70°的样品上产生衍射，从所有原子面上产生的衍射组成“衍射花样”或“菊池线”，其中包含了原子面间的角度关系和晶体对称性信息（立方、六方等），而且晶面和晶带轴间的夹角与晶系种类和晶体的晶格参数相对应，这些数据可用于 EBSD 相鉴定。对于已知相，衍射花样取向与晶体取向直接对应。EBSD 可以显示所有材料的晶界，特别是那些“特殊”的晶界，如孪晶和小角度晶界。由于晶粒主要被定义为均匀结晶学取向的单元，EBSD 是作为晶粒尺寸测量的理想工具。最简单的方法是进行横穿试样的线扫描，同时观察花样的变化。在得到 EBSD 整个扫描区域相邻两点之间的取向差信息后，可以研究晶界、亚晶、相界、孪晶界、特殊界面（重合位置点阵等）。

传统腐蚀方法显示晶界是依靠化学腐蚀，由于晶界存在缺陷，原子排列不完整，化学腐蚀优先在晶界发生，被腐蚀的晶界产生了沟槽，入射光发生了反射偏转，晶界的轮廓在光学显微镜和电子显微镜下显示出来。不是所有的腐蚀剂都可以腐蚀出晶界，被腐蚀材料的成分、腐蚀剂的类型和腐蚀方法多种因素决定是否可以腐蚀出晶界。

理论上讲，EBSD 技术可以显示出所有多晶材料的晶界。EBSD 显示晶界是依靠晶界的相位差重构，在带有 EBSD 附件的 SEM 下，操作的过程中不能直接看到图像，需要后续在专用软件中进行处理[3]。因此，SEM 中记录数据是关键的一步。SEM 操作时的参数选择对后续图像质量和晶粒统计结果有重要的影响，扫描步长和噪声控制是两个关键参数。太大的步长将损失细节，太小的步长占用机时太长。噪声控制将过滤掉阈值以下的信息，比较小的晶粒或其他较细的组织将被过滤掉。除了这两个参数以外，还要选择晶界角度。这些参数的选取要有一定的经验积累，通常最大步长必须小于实际晶粒尺寸的 20%，这样可以将测量误差控制在 10%以下，如果步长小于实际晶粒尺寸的 12%，则测量误差将小于 5%[4]。在不知道晶粒尺寸的情况下，步长的选取就比较茫然。除了参数选择以外，样品表面质量也是获得高质量晶粒图像的一个重要影响因素。试样表面的平整度、表面的抛光水平、表面或亚表层是否有残余应变等都会影响衍射花样的质量，从而影响晶粒图像的质量[3]。另外，后续计算机数据处理也需要一个熟悉过程。总之，采用 EBSD 获得高质量的晶粒图像是一项专业性比较强的工作。接下来分析普通晶粒图像与 EBSD 晶粒图像的差别。图 4-1 为 w_{Mn} 为 15%的高锰钢的 SEM 背散射图与 EBSD 取向差图。SEM 背散射图能够显示晶粒需要不同晶粒中的成分有差异，同时在晶内比较均匀。在图 4-1（a）方框中进行 EBSD 做取向差图像如图 4-1（b）所示，图中深色区域是 BCC 晶体，浅色区域是 FCC 晶体。黑色线段是孪晶。图 4-1（b）中可以区分不同的晶粒结构，显然深色的区域占比高，表明是以 BCC 为基体。图中显示 BCC 的晶粒似乎比 SEM 背散射的晶粒要大，这与 EBSD 扫描时晶界的角度参数设计有关，小于阈值的晶界角度被认为是同一位相。

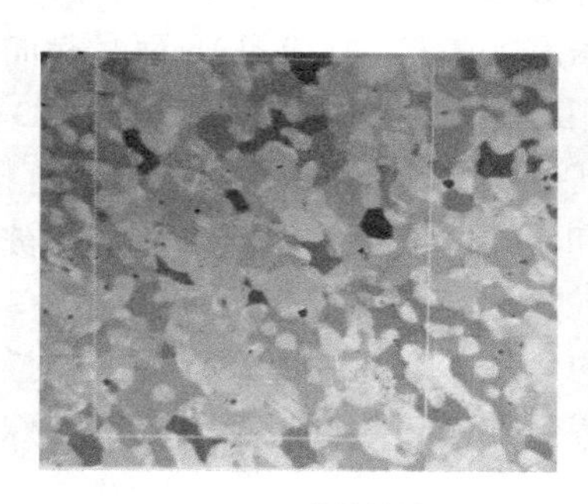

（a）SEM 背散射图

（b）方框中晶粒取向差

图 4-1　高锰钢的 SEM 背散射图和 EBSD 取向差图[3]

4.1.2　SEM、TEM 形貌法

SEM 除了背散射可以观察到晶粒以外，观察金相试样有时也可以看到晶界，这取决于腐蚀条件和所研究的材料。对于退火组织，组织组成相简单，有时传统的硝酸酒精腐蚀的样品在 SEM 中就可以看到晶界，如图 4-2 所示。该图是 GCr15 钢 600℃轧制并 600℃退火 1h 的组织，图中显示铁素体基体的晶粒尺寸在 1μm 左右。

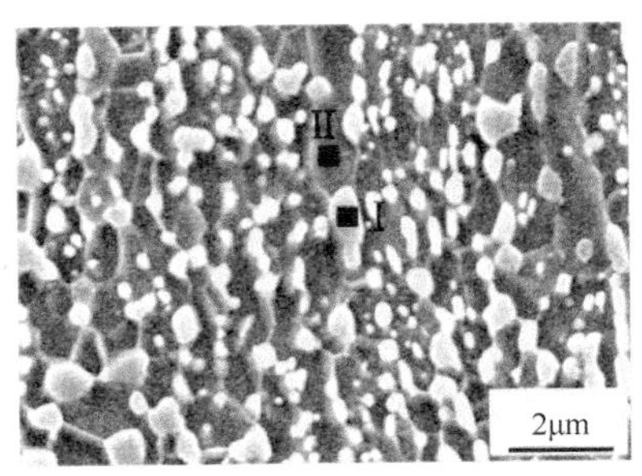

图 4-2　GCr15 钢 600℃轧制并 600℃退火 1h 的金相 SEM 照片[5]

TEM 在低倍条件下也可显示晶粒形貌，如图 4-3 所示。该图是电沉积法制备的 Fe-22Ni（质量分数，%）合金不同晶粒尺寸的形貌照片，图 4-3（a）的平均晶粒尺寸为 4.0μm，图 4-3（b）的晶粒尺寸为 290nm。

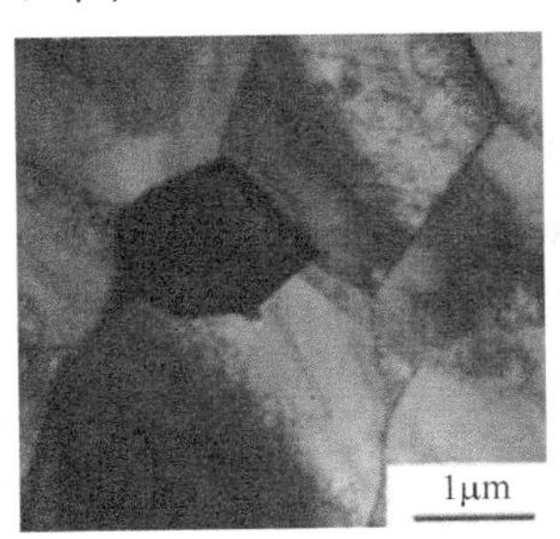

（a）平均晶粒尺寸4.0μm

（b）晶粒尺寸290nm

图 4-3　TEM 显示 Fe-22Ni 合金晶粒形貌[6]

4.2　电 化 学 法

1. 电化学腐蚀方法

电化学腐蚀样品的制备方法如图 4-4 所示，要在被腐蚀的样品背面焊接一段带绝缘体的导线，将样品与导线焊接部分用环氧树脂密封在一段塑料套管内，避免侧面和焊点漏电，将待测面打磨抛光并清洗干净待测量用。

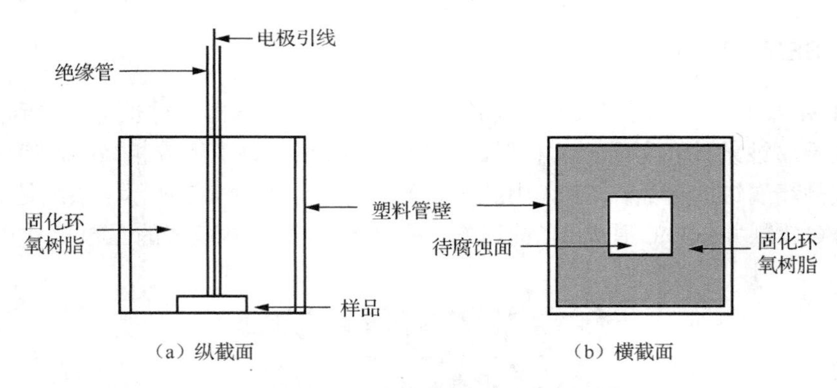

图 4-4　电化学腐蚀样品制备示意图[7]

采用标准的三电极体系，其中要腐蚀的样品作为工作电极，石墨电极作为辅助电极，饱和甘汞电极作为参比电极。经过反复的试验，探索出了如表 4-1 所示的腐蚀方法及腐蚀剂配方，包含两种电化学腐蚀液配方，表中也给出了常用的几种化学方法腐蚀液配方。

表 4-1　腐蚀方法及腐蚀剂配方

腐蚀方法	腐蚀剂/电解液
化学方法	① 硝酸酒精溶液：4%硝酸酒精（4mL 质量浓度 68%硝酸+96mL 酒精）
	② 100mL 4%硝酸酒精溶液+3g 硝酸钠
	③ 苦味酸溶液：3g 苦味酸+5mL 质量浓度 36%盐酸+100mL 酒精
	④ 苦味酸钠溶液：3g 苦味酸+5g 氢氧化钠+100mL 蒸馏水，100℃
	⑤ 苦味酸缓蚀剂溶液：100mL 过饱和苦味酸钠溶液+2g 十二烷基苯磺酸钠（加热到不同温度：40℃、60℃、70℃）
电化学方法	① 100mL 过饱和苦味酸溶液+3g 硝酸钠
	② 100mL 过饱和苦味酸溶液+2mL 质量浓度 36%盐酸+0.5g 十二烷基苯磺酸钠+3g 硝酸钠

电化学腐蚀过程如下：工作电极浸入电解液中后测定开路电位，以 0.01V/s 的扫描速率从开路电位向阳极方向扫描，随着电压扫描的进行，试样被逐渐腐蚀。当扫描电压进入钝化区时，能够清晰腐蚀出铁素体晶界。

2. 传统化学腐蚀与电化学腐蚀方法对比

为了证明电化学腐蚀方法可以腐蚀晶界，选择了 5 种工程中常用的材料，含碳量由低到高，其热处理工艺、化学成分、牌号如表 4-2 所示。采用传统的化学腐蚀方法腐蚀晶界，尝试了几种化学腐蚀剂（表 4-1），最终发现：化学腐蚀中的前四种腐蚀剂都无法腐蚀出这几种钢的原奥氏体晶粒，只有第五种苦味酸加缓蚀剂的溶液，即 100mL 过饱和苦味酸钠溶液+2g 十二烷基苯磺酸钠，在加热到不同温度的情况下才能够腐蚀出其中三个样品的原奥氏体晶界，如图 4-5 所示。多次实验中对比不同温度下的腐蚀剂腐蚀效果，发现唯有不同钢对应不同的腐蚀温度，腐蚀效果才能达到最佳。例如，对于 X80 管线钢而言，在 40℃时的腐蚀效果最好，如图 4-5（a）所示；35CrMo 钢在 70℃腐蚀效果最好，如图 4-5（b）所示；45# 钢在 60℃腐蚀效果最好，如图 4-5（c）所示；而对于含碳量较高的 GCr15 钢和超高碳钢，经过多次改变腐蚀温度后发现并不能腐蚀出晶界［图 4-5（d）、（e）］。图 4-5 的结果显示传统化学方法腐蚀晶界局限性比较大，特别是高碳钢基本腐蚀不出晶界。同样的材料，采用表 4-1 中第二种电化学腐蚀剂，可以将这 5 种材料的晶界全部腐蚀出来，见图 4-6。高碳钢的原奥氏体晶粒非常难腐蚀，特别是超高碳钢。超高碳钢是含碳量大于 1%的过共析钢，最早报道超高碳钢的是 Sherby[8]。他在研究大马士革宝刀时发现，这种宝刀由含碳量远大于 1%的过共析钢组成，随后系统地研究了超高碳钢的力学性能[9]，发现这种材料有优异的力学性能和超塑性[10]。进行超塑性变形的一个重要条件是晶粒细小并且稳定，超高碳钢由于有较多的过剩碳化物，可以阻碍晶粒长大，在 600～700℃超塑性变形温区，晶粒长大倾向比较小[10]。超高碳钢原奥氏体晶粒尺寸并非是直接测量的，而是将马氏体针的长度近似等同为奥氏体晶粒尺寸，由此得出 w_C 为 1.25%的超高碳钢原奥氏体晶粒尺寸为 2μm[9]。图 4-6（e）的超高碳钢含碳量在 1.4%左右，该图显示的原奥氏体晶粒尺寸在 7μm 左右，远大于文献[9]报道的 2μm 量级。图 4-7 是电化学腐蚀过程所对应的极化曲线。每一种材料都有一个钝化区，对于不同的材料，钝化电位有所差异，这与材料的组分、合金元素的含量、杂质原子的含量等有关。这也是化学方法腐蚀晶粒的腐蚀液种类多、方法多，但是仍然不能腐蚀得到每种材料晶粒图像的原因之一。

表 4-2　5 种工程材料化学成分及热处理工艺

钢种	牌号	化学成分（质量分数，%）	热处理工艺
管线钢	X80	0.06C-0.2Si-1.77Mn-0.03Cr-0.15Mo-0.2Ni-0.05Nb-0.03V-0.015Ti-0.15Cu	A1 线以上温度多道次轧制；900℃保温 15min，水冷
调质钢	35CrMo	0.35C-0.2Si-0.6Mn-1.0Cr-0.2Mo-0.30Ni-0.20Cu	850℃保温 30min，油冷；600℃保温 90min，回火
调质钢	45#	0.45C-0.2Si-0.6Mn-0.2Cr-0.30Ni-0.25Cu	840℃保温 30min，水冷；600℃保温 90min，回火
轴承钢	GCr15	1.0C-0.25Si-0.3Mn-1.5Cr-0.10Mo-0.30Ni-0.25Cu	850℃保温 30min，油冷
超高碳钢	—	1.4C-0.4Si-0.5Mn-1.5Cr-1.5Al	850℃保温 30min，油冷

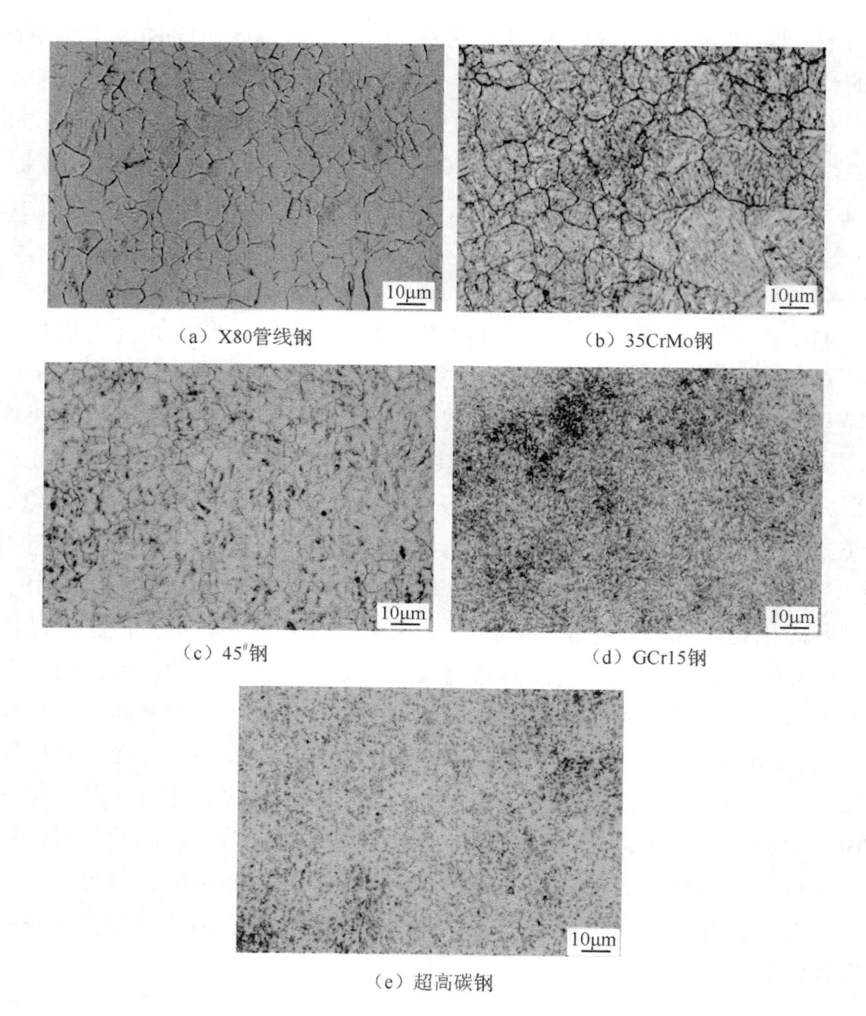

（a）X80管线钢　（b）35CrMo钢

（c）45#钢　（d）GCr15钢

（e）超高碳钢

图 4-5　表 4-2 中的 5 种材料采用化学腐蚀方法腐蚀晶界的效果

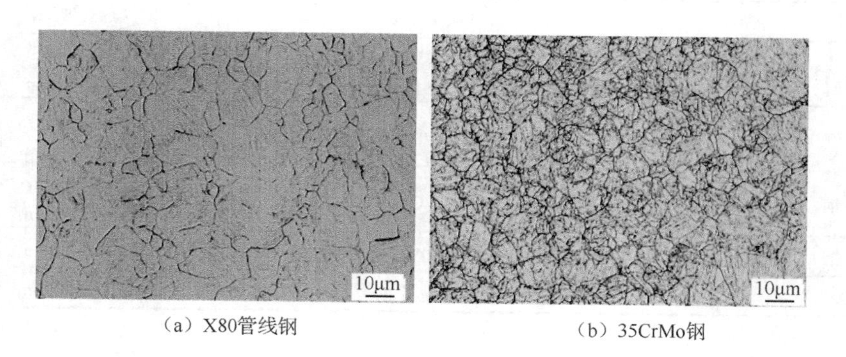

（a）X80管线钢　（b）35CrMo钢

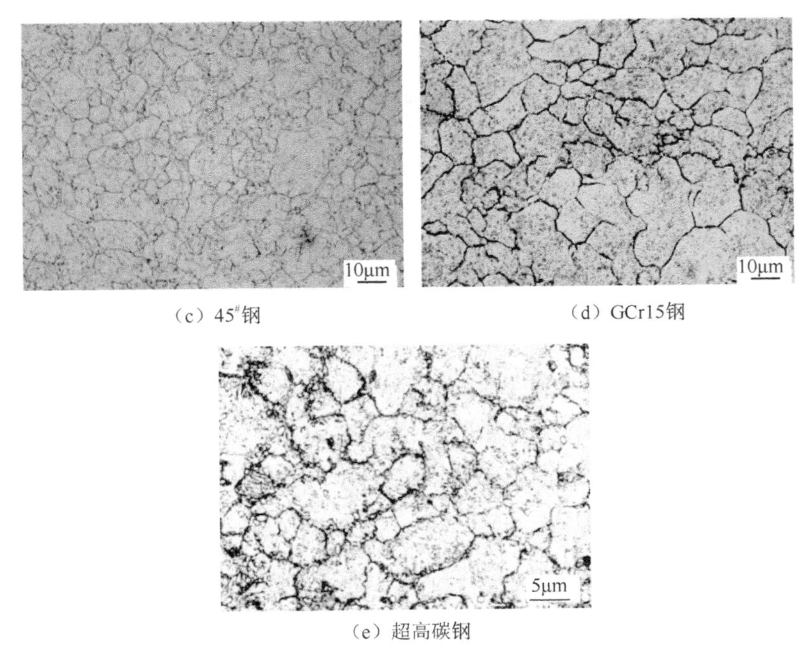

图 4-6　表 4-2 中的 5 种材料采用电化学腐蚀方法腐蚀晶界的效果

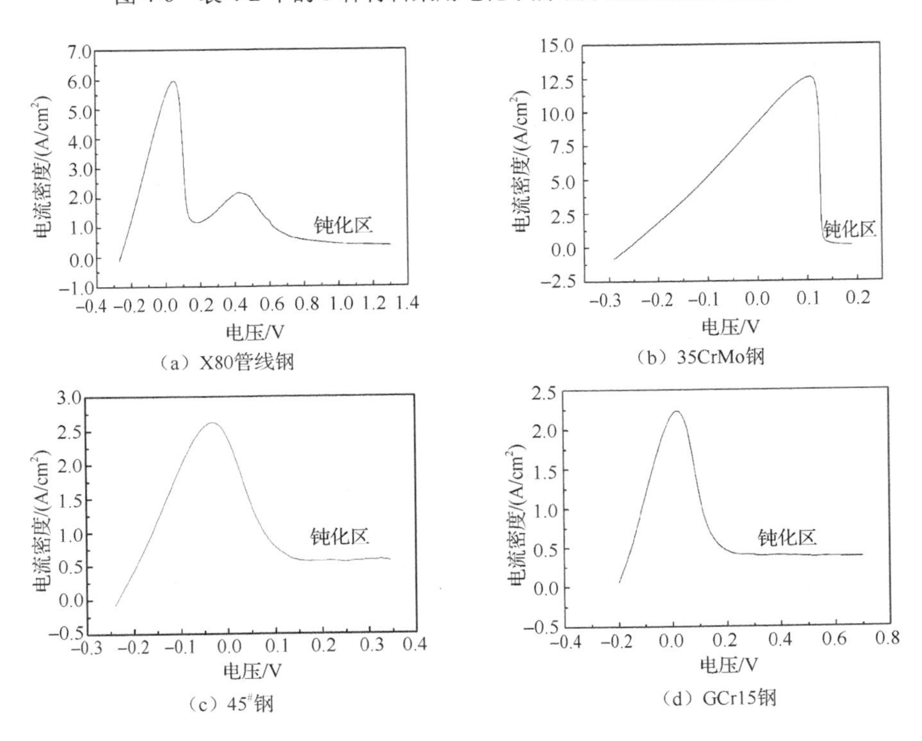

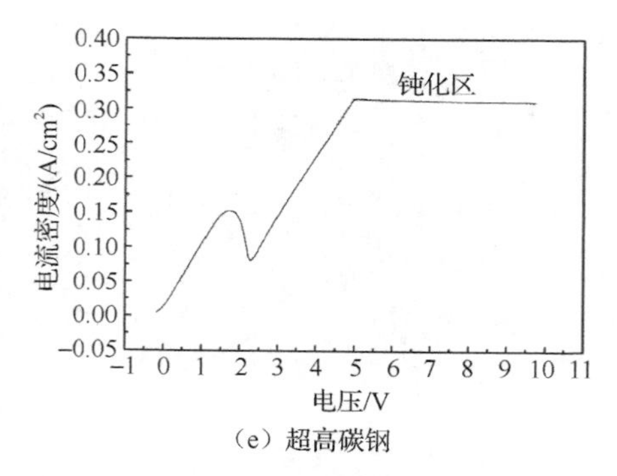

（e）超高碳钢

图 4-7　对应图 4-6 的 5 种材料电化学腐蚀晶粒的极化曲线

图 4-8、图 4-9、图 4-10 分别显示了 T10 钢、GCr15 钢和 60Mn 钢三种材料的超细晶电化学腐蚀晶粒光学金相。这三种材料都是经过前期 600℃温轧处理，温轧后材料的晶粒尺寸在 1μm 左右，然后二次奥氏体化加热，分别控制不同的加热时间空冷后获得不同的晶粒尺寸。三种材料的细晶和粗晶的晶粒都被清晰地显示出来，表明这种电化学方法有比较广泛的适应性，不论是低碳钢、高碳钢，还是含有 Cr、Mn 等，都可以清晰地腐蚀出晶粒形貌，这为研究钢铁材料各种性能的晶粒尺寸效应提供了一种新的方法。

（a）750℃加热6.5min空冷

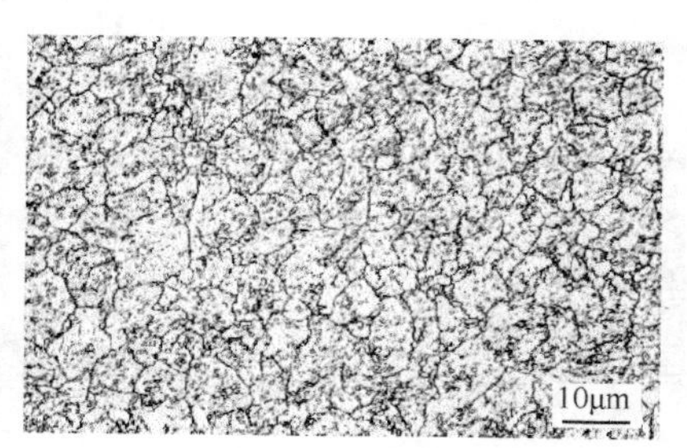

（b）750℃加热9min空冷

图 4-8　T10 钢超细晶电化学腐蚀晶粒光学金相

（a）850℃加热2min空冷

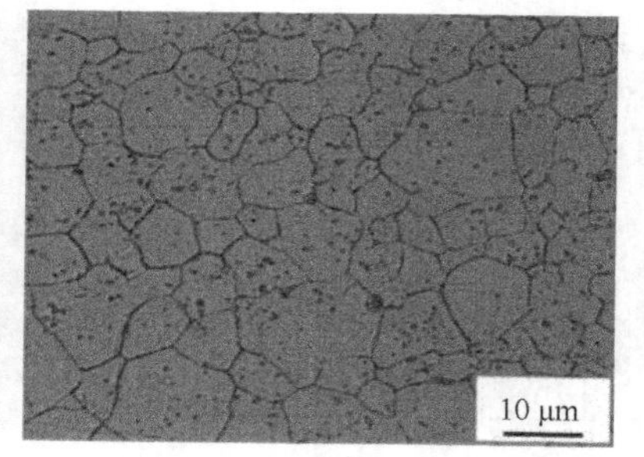

（b）850℃加热9min空冷

图 4-9　GCr15 钢超细晶电化学腐蚀晶粒光学金相

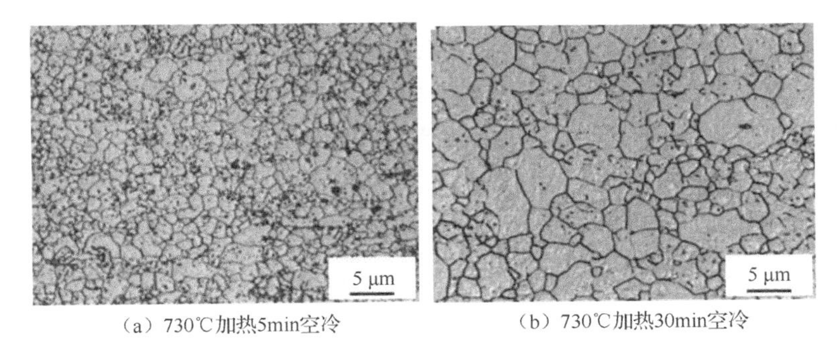

（a）730℃加热5min空冷　　（b）730℃加热30min空冷

图 4-10　60Mn 钢超细晶电化学腐蚀晶粒光学金相

3. 电化学方法显示晶界的原理

普通化学腐蚀是一个均匀腐蚀过程，材料的腐蚀与表面的微电池有关，电极电位较负的区域作为阳极失去电子，阳离子发生溶解首先被腐蚀。当晶界偏聚电极电位较正的元素时，如 C、Cr 等，晶界容易作为阴极获得电子，从而被保护。这就是为什么含碳量高的材料用普通化学方法很难腐蚀出晶界。在电化学腐蚀过程中，样品整体作为阳极，样品表面的电流密度应该相同，但是由于晶界处缺陷较多且原子排列的周期性被打乱，凸起或尖角的地方局部电流密度会相对高于平面的均匀电流密度，导致缺陷、晶界处容易被腐蚀。腐蚀剂中加入了缓蚀剂十二烷基苯磺酸钠，该缓蚀剂是一种阴离子表面活性剂，分子由极性基团和非极性基团两部分组成。由于静电的作用，这种分子极易吸附在作为阳极的金属表面。极性基团是亲水性的，非极性基团是憎水性的，整个分子以亲水基朝向金属表面、憎水基存在于介质中的方式直立吸附在金属表面，这样憎水基在金属表面形成一层保护膜，将阳极与腐蚀剂隔离开来。晶内组织均匀平整，形成的膜也均匀统一，致密度较好；晶界处原子排列杂乱无章，组织疏松，经抛光后易于形成凹坑，示意图如图 4-11 所示。在凹坑与晶内的交界处，如图 4-11 中圆圈区域，缓蚀剂分子憎水基之间间距变大，此处形成的保护膜致密性就相对较差。因此，当腐蚀剂浓度一定时，该处更易与腐蚀剂接触，从而最终腐蚀出此处晶界。此外，采用的电

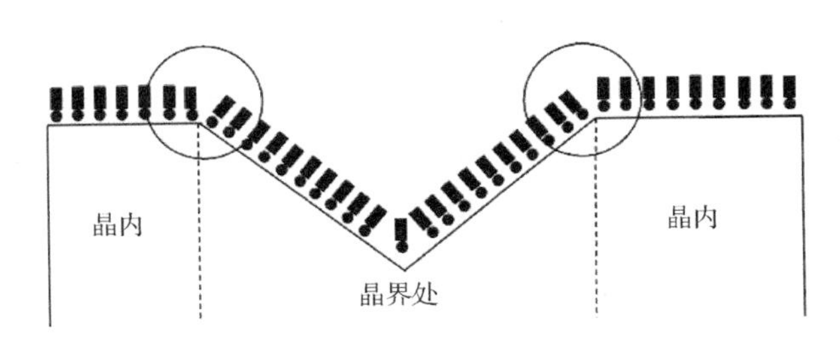

图 4-11　缓蚀剂吸附含有晶界的金属表面示意图

化学方法施加了扫描电压。当没有形成保护膜时，外加相同电压的情况下，离子由整个被腐蚀面均匀提供。当保护膜形成后，晶内组织得到保护，离子只由未得到充分保护的晶界提供。因此，晶界会优先被腐蚀显示。

4.3 氧 化 法

晶界氧化法是 2018 年由巴西研究人员 Faria 等[11]报道的。晶界氧化法的原理是氧原子优先在缺陷处吸附，并在一定温度下与相邻的金属原子发生氧化反应，生成的氧化物扩大了缺陷的尺寸，勾勒出缺陷的形貌。晶界是典型的晶体缺陷，晶界上较多的空位和晶体排列不完整的区域为氧原子吸附提供了丰富的位点，这样晶界在高温下被优先氧化，其形貌就可以在光学显微镜下被观察到。具体操作过程是这样的，先将金相样品抛光到所需水平，然后将样品放入管式炉或真空炉中，管式炉中需通氩气保护。虽然是真空或氩气保护环境，但是微量的氧还是存在的，这样保证高温时晶界被氧化而非晶界区域不被氧化或轻微氧化。高温加热一定时间后淬入水中冷却到室温或采用保护气氛炉冷到室温。淬水冷却的目的是避免空气中冷却试样被严重氧化。

图 4-12（a）显示的是 AISI1030 钢 950℃加热 20min 后淬水冷却的光学金相晶界形貌。结果显示晶界轮廓清晰完整，优于采用化学方法腐蚀显示的晶界形貌[11]，由于是均匀氧化，晶内的组织形貌隐约可见。图 4-12（b）显示的是 AISI1030 钢 950℃加热 20min 后淬水冷却后组织的 SEM 形貌。除了原奥氏体晶界形貌以外，晶内的淬火板条马氏体的形貌清晰可见。由于马氏体是在淬火冷却到 M_s 温度以下形成的，这时的马氏体形貌不应该是氧化过程形成的，而是马氏体相变产生浮凸效果的反映。图 4-13（a）显示的是 AISI4340 钢 950℃加热 20min 淬水冷却后的光学金相晶界形貌，与图 4-12（a）相比，AISI4340 钢的晶界形貌更加清晰，同时晶粒尺寸也相对较小。这主要反映出两种材料合金成分差异造成的影响。这两种钢的化学成分如表 4-3 所示，除了含碳量高以外，AISI4340 钢中含较多 Ni、Cr 和 Mo，以及其他微量元素 Nb、B、Ti。微量元素 Nb、B 可以阻止晶粒长大，Cr、Ni 可以提高抗氧化性能。因此 AISI4340 钢的晶粒比较细，同时晶界的轮廓比较细致清晰。图 4-13（b）是图 4-13（a）的 SEM 图像，晶界氧化的程度比 AISI1030 钢小，有些区域比较深，因而 AISI4340 钢的晶界轮廓更加清晰。此外，也可以看到晶内马氏体的痕迹，但是没有 AISI1030 钢的马氏体形貌清晰。这说明 AISI4340 钢的马氏体浮凸效果不显著。

（a）光学金相

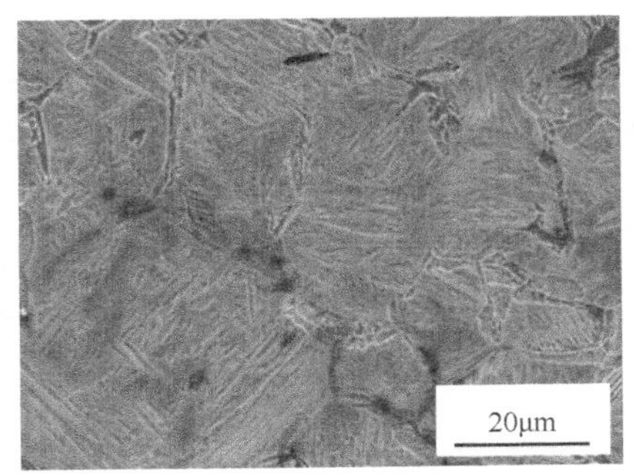

（b）SEM图像

图 4-12　AISI1030 钢 950℃加热 20min 后淬水冷却的晶界形貌

（a）光学金相

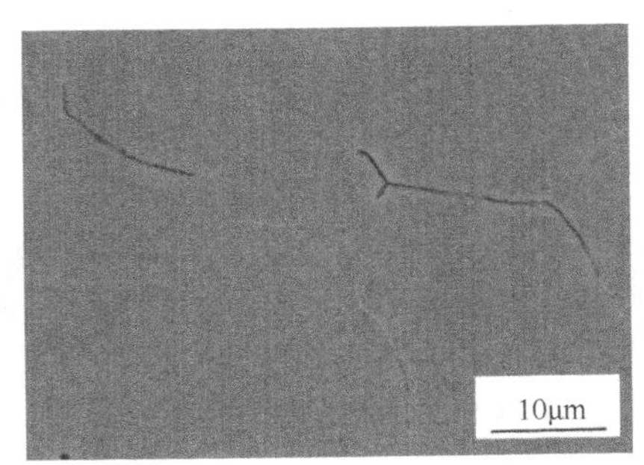

（b）SEM图像

图 4-13　AISI4340 钢 950℃加热 20min 后淬水冷却的晶界形貌

表 4-3　AISI4340 钢和 AISI1030 钢的化学成分（质量分数）　（单位：%）

牌号	C	Mn	Si	Ni	Cr	Mo	Nb	B	Ti	P	S
AISI4340	0.40	0.70	0.34	1.67	0.73	0.29	0.004	0.001	0.002	0.02	0.02
AISI1030	0.27	0.60	0.14	0.07	0.07	0.009	—	—	—	0.02	0.02

晶界氧化法显示晶界的效果受冷却速度的影响，AISI1030 钢和 AISI4340 钢 950℃加热 20min 缓慢冷却的光学金相如图 4-14 所示。图中结果显示，冷却速度对 AISI4340 钢没有影响，缓慢冷却下晶界仍然清晰可见。但是对于 AISI1030 钢的影响就比较大，缓慢冷却下氧化法就显示不出晶界轮廓了。产生这一现象的原因是 Si 在晶界的偏析，Si 易于被氧化，缓慢冷却使得 Si 扩散偏聚到晶界，Si 优先被氧化后保护了铁原子，能谱分析证实了这一观点[11]。由表 4-3 可知，AISI1030 钢中 w_{Si}=0.14%，而 AISI4340 钢中 w_{Si}=0.34% 。由于 AISI1030 钢中的 Si 含量少，在晶界产生的氧化硅析出相也相应少，因此在晶界氧化过程中，不能有效连续地

勾勒出晶界轮廓，但是淬火冷速更快。Si 在晶界的偏析更少，淬火的晶界在氧化过程中却可以被有效地展示出来，看来 Si 偏析似乎又解释不了这一问题，可能还会有其他元素在缓慢冷却过程中在晶界析出，影响了晶界的氧化。

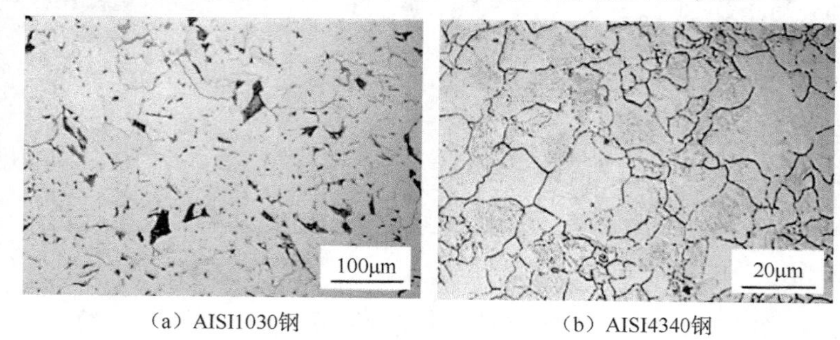

（a）AISI1030钢　　（b）AISI4340钢

图 4-14　AISI1030 钢和 AISI4340 钢 950℃加热 20min 缓慢冷却的光学金相

参 考 文 献

[1] ANDRES C G A D, BARTOLOME M J, CAPDEVILA C, et al. Metallographic techniques for the determination of the austenite grain size in medium-carbon microalloyed steels[J]. Materials Characterization, 2001, 46(5): 389-398.

[2] VANDERVOORT B. Metallography Principles and Practice[M]. New York: McGraw-Hill Book Co, 1984.

[3] 杨平. 电子背散射衍射技术及其应用[M]. 北京：冶金工业出版社, 2007.

[4] MINGARD K P, ROEBUCK B, BENNETT E G, et al. Grain size measurement by EBSD in complex hot deformed metal alloy microstructures[J]. Journal of Microscopy, 2010, 227(3): 298-308.

[5] SUN J J, LIAN FL, LIU H J, et al. Microstructure of warm rolling and pearlitic transformation of ultrafine-grained GCr15 steel[J]. Materials Characterization, 2014, 95: 291-298.

[6] SHIBATA A, MORITO S, FURUHARA T, et al. Substructures of lenticular martensites with different martensite start temperatures in ferrous alloys[J]. Acta Materialia, 2009, 57(2): 483-492.

[7] 孙雪娇，连福亮，柳永宁，等. 电化学方法腐蚀原奥氏体晶界的研究[J]. 金属热处理, 2014, 39(1): 132-136.

[8] SHERBY O D. Damascus steel rediscovered[J]. Transactions of the Iron and Steel Institute of Japan, 1979, 19(7): 381-390.

[9] SUNADA H, WADSWORTH J, LIN J, et al. Mechanical properties and microstructure of heat-treated ultrahigh carbon steels[J]. Materials Science and Engineering, 1979, 38(1): 35-40.

[10] SHERBY O D, YOUNG C M, CADY E M. Superplastic ultra-high carbon steels[J]. Scripta Metallurgica, 1975, 9(5): 569-574.

[11] FARIA G, CARDOSO R, MOREIRA P. Development of an oxidation method for prior austenite grain boundary revelation[J]. Metallography, Microstructure, and Analysis, 2018, 7: 533-541.

第 5 章　超细晶钢的珠光体相变

珠光体相变是钢中常见的相变，是一种扩散性相变。在相变过程中，铁原子和碳原子都发生扩散，钢经过缓慢冷却得到的组织以珠光体为主，伴有先共析铁素体或网状二次渗碳体，根据钢成分在亚共析或过共析范围判断。珠光体组织是工程结构用钢中常见的强化组织，从建筑用钢、压力容器用钢、汽车用钢、轨道用钢到钢丝、钢缆用钢等，随着珠光体的含量增多，强度可以从建筑用钢的 300～400MPa 到钢丝、钢缆用钢的 2000MPa 这样大幅度地变化。珠光体组织的强化来源于坚硬的渗碳体相，渗碳体在珠光体中以层片状存在，铁素体与渗碳体两者的比例为 7∶1。钢的强度不仅与珠光体的含量有关，还与珠光体中渗碳体的层片厚度和间距有关，渗碳体的层片厚度越小，珠光体强度越高。对薄层片珠光体进行反复拉拔，可以将钢铁材料强化到 7GPa 的量级[1]，这是金属材料中的最高强度，接近钢的理论强度。珠光体相变是钢中最常见和最简单的相变，其对材料的强化作用无法替代。

5.1　珠光体相变的经典理论和组织特点

珠光体相变是扩散性相变，单相的奥氏体转变为铁素体和渗碳体两相组织，发生这样的转变是由热力学定律决定的。图 5-1 给出了铁碳合金自由能成分示意图。

图 5-1（a）中显示奥氏体、铁素体和渗碳体（Fe_3C）三相自由能成分曲线，在 T_1 温度即共析温度时，三相自由能公切线为一条直线。自由能对成分的导数为材料的化学位，多相平衡的条件是化学位相等。T_1 温度时三相自由能处于一条公切线上，表明三相的化学位相等，三相处于共存的热力学平衡态，公切点所对应的成分点是平衡的临界成分。将其延伸到图 5-1（c），与 T_1 温度相交得到了 P、S 和 K 三个临界点，构成了 Fe-C 相图中共析反应的三个临界成分点。如果使共析反应能够进行，其温度需要略低于共析温度，如图 5-1（c）中的 T_2 温度。与 T_2 温度所对应的三相自由能成分曲线如图 5-1（b）所示，在 T_2 温度下，铁素体和渗碳体的自由能低于奥氏体，这样获得了三条公切线，分别为铁素体与奥氏体的公切线 ac，奥氏体与渗碳体的公切线 bd 和铁素体与渗碳体的公切线 ad。由于 ad 切线的位置最低，所以在 T_2 温度，铁素体与渗碳体共存是最稳定的相。

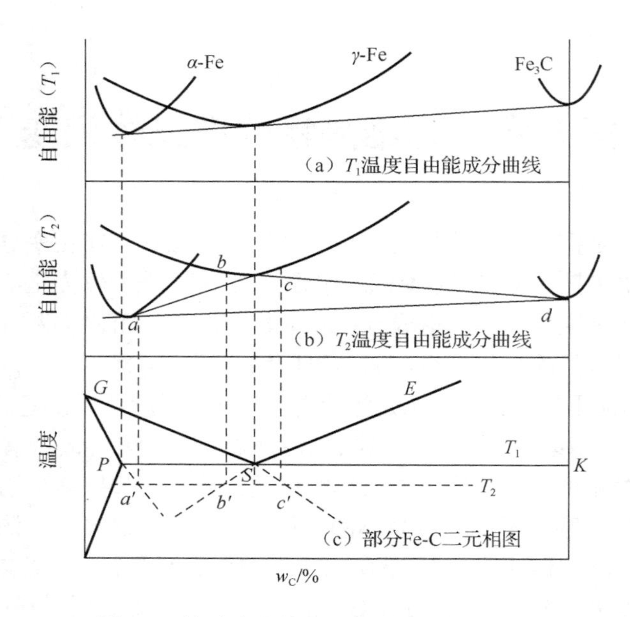

图 5-1　铁碳自由能成分曲线及构筑的相图

成分在临界点 S 的铁碳合金，在冷却到共析温度发生的转变为珠光体相变，对于纯铁碳合金，其转变方程如下：

$$\gamma(S) \longrightarrow \alpha(P) + \mathrm{Fe_3C}(K) \tag{5-1}$$

这一反应对于 Fe 来说，其晶体结构由奥氏体的面心立方转变为体心立方，C 发生了较大的重新分配，铁素体中的含碳量由原来奥氏体的 0.77%降低到 0.0218%，而渗碳体中的含碳量达到 6.69%。这两个反应都是依靠原子的扩散来完成的。钢中含有合金元素以后，S 点、P 点的成分会有较大的变化，但是珠光体反应的机理和过程基本相同，仍然按式（5-1）的模式进行。由式（5-1）可知，只有成分点在 S 点的铁碳合金材料才能进行珠光体反应，但是实际成分略偏离 S 点的合金也可以完成全部珠光体反应，获得 100%的珠光体组织。珠光体反应的温度需要低于共析温度 T_1，如图 5-1（c）中 T_2 温度。成分位于 $Sb'c'$的三角形内的合金都可以进行珠光体反应，原因是位于三角形中的成分既满足铁素体-奥氏体两相共存的热力学条件，又满足奥氏体-渗碳体两相共存的热力学条件。成分位于三角形 $Sb'c'$中的合金也满足三相共存条件，原来共析点 S 变为一个三角形区，这个区也被称为伪共析区，偏离共析成分的全珠光体组织也被称为伪共析组织。

典型的珠光体组织如图 5-2（a）所示。珠光体是由铁素体和渗碳体交替组成的层片状组织，如图 5-2（b）所示。一个原奥氏体晶粒内部可以形成几个取向不同的珠光体团，如图 5-2（c）所示。铁素体片和渗碳体片的厚度是不同的，根据杠杆定律，在室温时，珠光体中铁素体的量应该是 88%，而渗碳体的量应该是 12%左右。因此，渗碳体和铁素体的厚度比例大约是 8∶1，但是在 SEM 图中看不出铁素体与渗碳体有这样大的差异。如图 5-2（a）所示，亮的条纹是渗碳体，比较耐腐蚀，在图中是突出的部分；铁素体易腐蚀，是比较低或暗的部分。SEM 成像时光线的差异、反射条件的不同、层片与入射光不平行等因素会造成渗碳体条片宽度比实际大的假象。TEM 真实地反映了铁素体与渗碳体的含量比例，见图 5-3，铁素体仍然是主量。

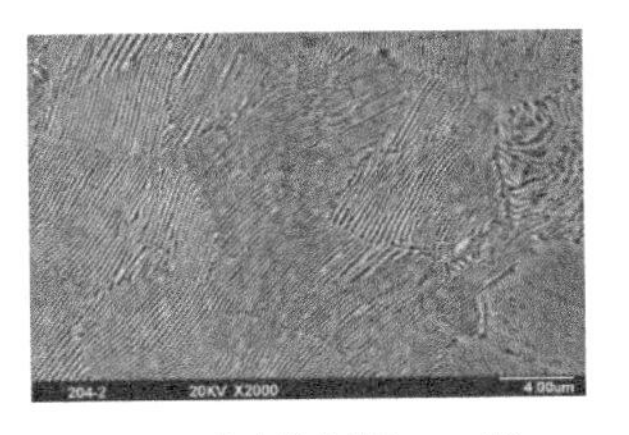

（a）珠光体组织SEM图

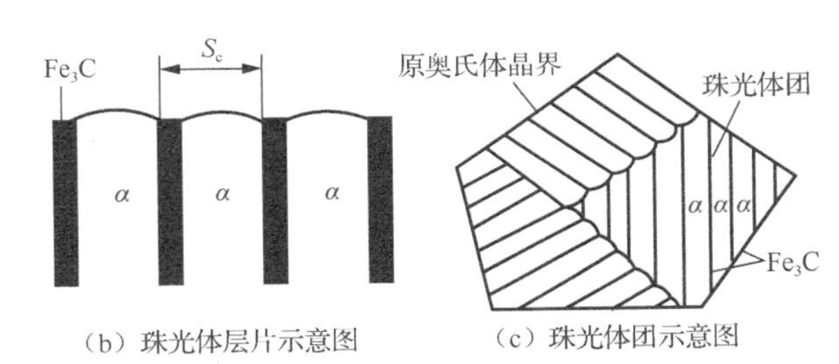

（b）珠光体层片示意图　（c）珠光体团示意图

图 5-2　典型珠光体组织 SEM 照片与组织结构示意图

图 5-3　珠光体组织 TEM 图

一片铁素体和一片渗碳体组成了珠光体的层片间距 S_0。珠光体的层片间距不是一成不变的。随着珠光体相变温区的降低，层片间距变小；随着冷却速度增大，层片间距也会变小。通常，在 A_1～650℃形成的珠光体层片间距为 150～450nm；在 600～650℃形成的珠光体层片间距为 80～150nm，这个尺度已超过了光学显微镜的分辨范围，需要在 SEM 下观察，这种珠光体通常被称为索氏体；如果转变温度降低到了 550～600℃，层片间距将达到 30～80nm 的量级，需要在 TEM 下才能观察，这种珠光体也被称为屈氏体。

珠光体相变是一个形核长大的过程，形核地点在原奥氏体晶界，初次形成的晶核是一个渗碳体小片，也可能是一个铁素体的小片，取决于原始含碳量。如果是共析钢或过共析钢，初次形成的核心应该是渗碳体片；如果是亚共析钢，晶片有可能是铁素体片。大部分情况下为渗碳体片。当渗碳体片形成后，其周边的含碳量会降低，有利于近邻的铁素体片依附于渗碳体片形核。在形核的过程中，渗碳体片和铁素体片还会沿层片方向继续生长，直到与另一个取向的珠光体相遇后停止生长。通常一个原奥氏体晶内可以有几个不同取向的珠光体独立形核长大，形成了珠光体的领域或团的概念。图 5-4 表示珠光体形核长大的过程。

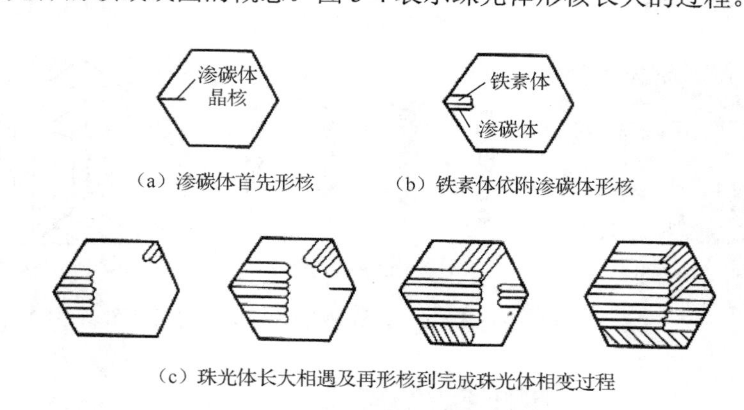

（a）渗碳体首先形核　（b）铁素体依附渗碳体形核

（c）珠光体长大相遇及再形核到完成珠光体相变过程

图 5-4　珠光体形核长大过程示意图

珠光体在层片长度方向生长要借助于碳原子的扩散，重新分配，这是珠光体长大的重要条件，见图 5-5。珠光体长大需要一定的过冷，如图 5-5 中的 T_1 温度，铁素体的成分曲线由 P 延长到 P'，奥氏体与铁素体平衡成分曲线由 S 点延伸到 G'，奥氏体与渗碳体平衡成分曲线由 S 点延长到 E'。T_1 温度水平线与这三条延长线相交得到了三个对应的成分分别为 $C_{\alpha}^{\alpha\text{-}\gamma}$ 、$C_{\gamma}^{\gamma\text{-}\mathrm{Fe_3C}}$ 、$C_{\gamma}^{\gamma\text{-}\alpha}$ ，同时还有 T_1 温度时铁素体与渗碳体平衡成分 $C_{\alpha}^{\alpha\text{-}\mathrm{Fe_3C}}$ 。在珠光体生长前沿的奥氏体中，与铁素体平衡的奥氏体中碳浓度要高于与渗碳体平衡的奥氏体中碳浓度，因此铁素体前沿的奥氏体中碳原子会发生向渗碳体前沿奥氏体的横向扩散，使渗碳体前沿奥氏体中的碳浓度大幅增加，铁素体前沿奥氏体的碳浓度大幅减小，渗碳体和铁素体向前生长的浓度条件逐渐得到满足，珠光体才有可能继续向前生长。尽管温度降低，满足珠光体相变的热力学条件，但是浓度条件达不到，层片状珠光体生长的成分条件仍不满足，将不能得到典型的层片状珠光体。5.2 节将看到，晶粒细化以后，珠光体生长的条件被破坏，珠光体的形貌发生了巨大的变化。

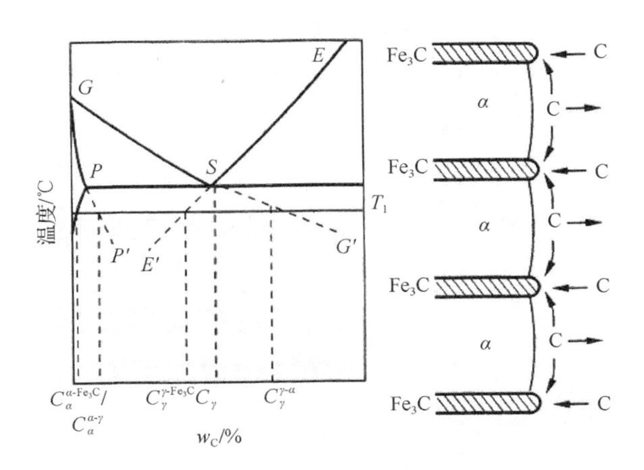

图 5-5　珠光体长大时碳原子扩散示意图

5.2　超细晶对典型层片状珠光体相变的影响

细化晶粒是金属材料科学中的一个重要研究领域，人们关注比较多的是细化晶粒对材料强度的影响，对相变的影响关注较少，特别是扩散性相变。珠光体相变是钢铁材料中最典型的扩散性相变，虽然组织相对简单，但它是钢铁材料中应用最多的组织。本节介绍高能球磨等离子快速烧结和控制轧制方法细化材料的初始晶粒，通过控制球磨参数和轧制参数得到不同晶粒尺寸的初始晶粒，二次加热时通过调控加热温度和保温时间控制奥氏体晶粒尽可能细小，随后空气中冷却观察奥氏体晶粒对珠光体相变的影响。

5.2.1　高能球磨等离子快速烧结超细晶的珠光体相变

1. 空冷组织

高能球磨等离子烧结是制备块状超细晶的有效方法，采用 QM-3A 高速振动球磨机，球料质量比为 10∶1，球磨罐中加入酒精进行液体保护，避免氧化。球磨时间分别为 10h、20h、40h、60h、100h，得到不同粒径的粉体，等离子活化烧结后得到不同初始晶粒尺寸的块状样品。

研究珠光体相变的最好材料是共析钢，工业纯铁粉经渗碳处理后得到了含碳量为 1.1%的高碳钢粉。对纯铁粉进行组织观察，见图 5-6，颗粒的组织是典型的珠光体，即珠光体相变可以在颗粒中独立进行，虽然没有晶界，但是颗粒的表面仍然可以为珠光体相变提供形核地点。还有一点需要说明的是，经等离子活化烧结形成的块状材料不改变珠光体的相变规律，如图 5-7 所示。图 5-7（a）是典型的过共析钢组织，晶界有二次渗碳体，晶内是典型的珠光体，晶粒尺寸在 20μm 的量级。图 5-6 和图 5-7 说明，独立的粉体颗粒和等离子活化烧结制备的块状材料不改变珠光体的相变规律。

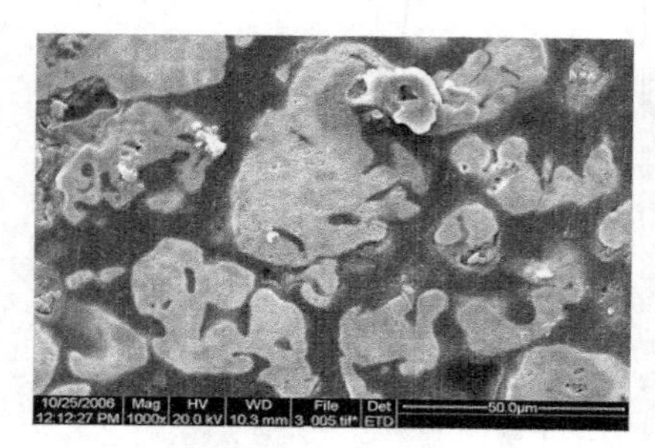

（a）工业纯铁粉经渗碳处理后的低倍组织

（b）渗碳空冷组织的高倍 SEM 图像

图 5-6　工业纯铁粉渗碳处理后的组织

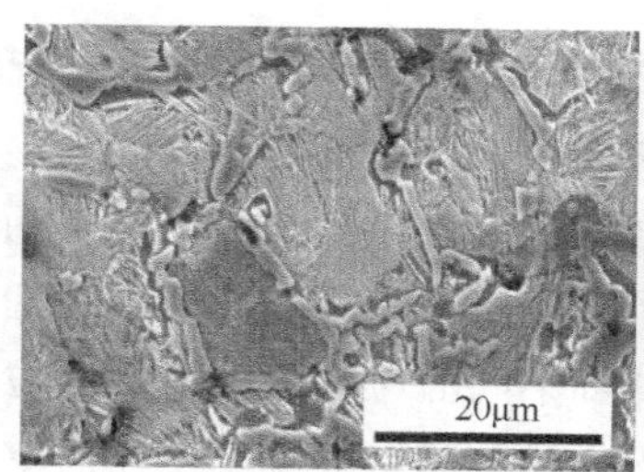

（a）低倍珠光体组织

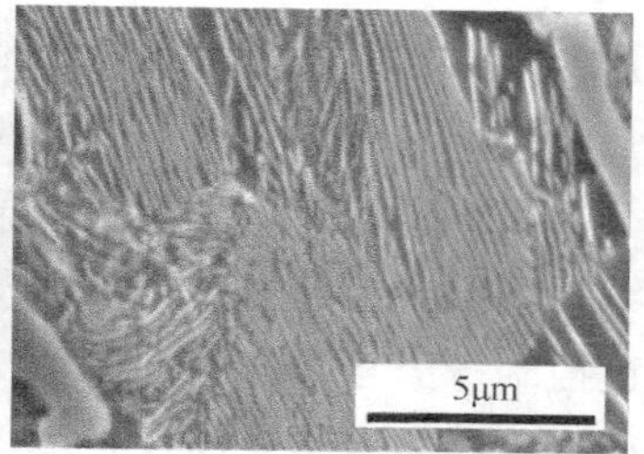

（b）高倍珠光体组织

图 5-7　高碳钢粉经等离子活化烧结自然冷却后的组织

下面来看粉末经高能球磨等离子活化烧结的不同晶粒尺寸块体样品，经 900℃二次加热 5min 空冷的珠光体相变是如何变化的，如图 5-8 所示。图中显示，球磨 20h 的样品珠光体组织特征已发生变化，珠光体已不典型，渗碳体的条片只是在部分区域分布，图中有许多区域没有层片珠光体组织；除了层片状渗碳体，还有较多的球状渗碳体，有两种尺寸，大一点的是二次加热时未溶解的，尺寸小一点的是珠光体相变时析出的。当球磨时间延长到 40h 以后，再没有典型的珠光体组织，全部是粒状的渗碳体与铁素体基体。仔细观察球磨 40h 和 60h 的高倍照片，大尺寸的颗粒有两种不同的颜色，颜色深一点的是真正的渗碳体，而颜色浅一点的是一种块状组织，与管线钢中的岛状组织有一定的相似性，其中有一些析出物使这种组织的耐腐蚀程度不同于铁素体，后续还会有相关的讨论。

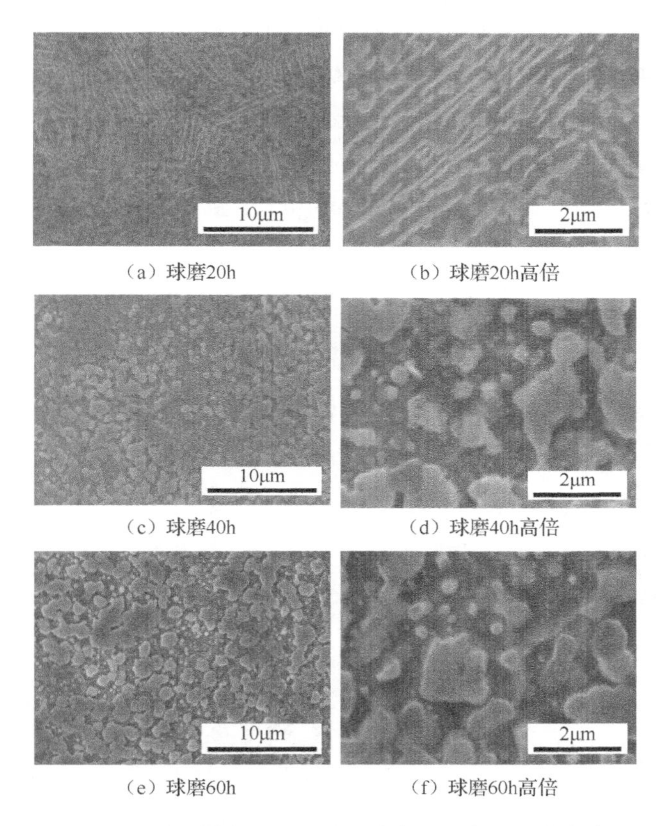

（a）球磨20h　（b）球磨20h高倍

（c）球磨40h　（d）球磨40h高倍

（e）球磨60h　（f）球磨60h高倍

图 5-8　高碳钢粉末经不同时间球磨，等离子活化烧结后900℃二次加热 5min 空冷的组织

显然，不同球磨时间的样品具有不同的晶粒尺寸，球磨时间越长，晶粒越细，球磨 40h 左右烧结的样品晶粒尺寸在 2～4μm[2]。

2. 淬火组织

这种超细的原奥氏体钢经淬火后会得到什么组织呢？图 5-9 是高碳钢粉末经球磨 20h、40h、60h，等离子活化烧结后 900℃二次加热 5min 淬入盐水冷却的组织。与传统观念相反，淬入盐水后没有得到马氏体组织，反而得到了典型的珠光体组织，TEM 观察进一步证实了是珠光体组织，见图 5-10。图 5-10 是球磨 40h 粉末烧结后淬火组织的 TEM 照片，这种珠光体的条片间距大于 100nm，渗碳体的厚度在 10nm 左右，符合屈氏体的组织特征。这一实验说明碳原子的扩散速率足够快，与马氏体相变的速率相当。盐水冷却是热处理工艺中冷却速率最快的[3]，可以达到 230℃/s，900℃与珠光体相变温度 500℃相差了 400℃，按盐水的冷却速度，温度降低 400℃需要 1.7s。由图 5-10 可知，铁素体的间距大约为 100nm，碳原子扩散最远距离为 50nm，由此得出碳原子的扩散速率可以达到 29nm/s，差不多相当于 1s 跨越了 100 个体心立方铁的晶胞。这是一个超越想象的速率，当然，碳原子不需要从最远的距离扩散到渗碳体的位置，即使在距渗碳体最近的周边，也需要跨越大于 10 个晶胞，这个距离远远大于马氏体相变中碳原子的移动距离。在马氏体相变中，碳原子几乎不移动，或最多移动一个原子间隙位置，从而达到碳的过饱和。

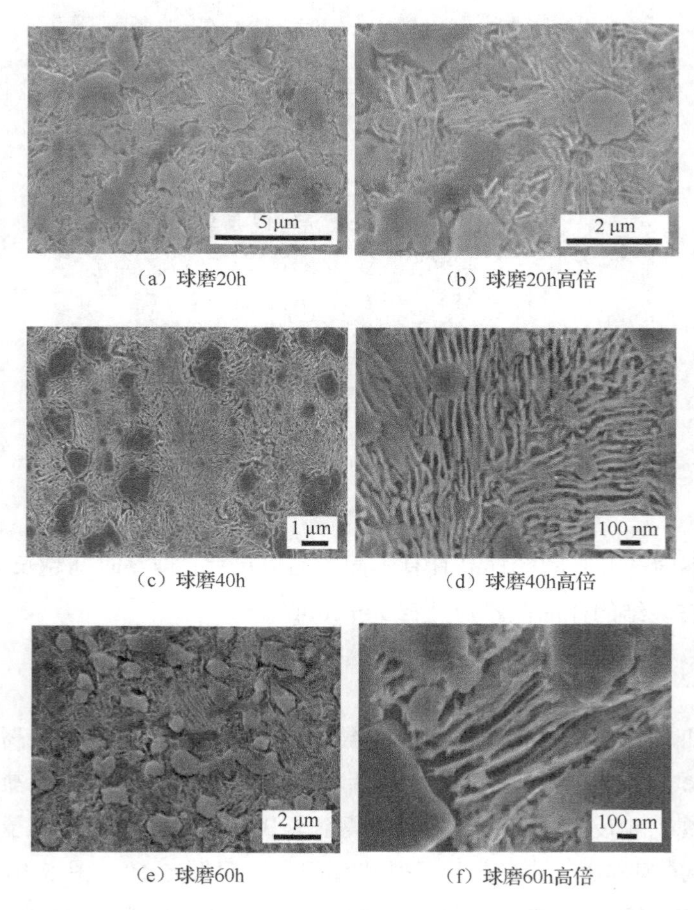

（a）球磨20h　（b）球磨20h高倍

（c）球磨40h　（d）球磨40h高倍

（e）球磨60h　（f）球磨60h高倍

图 5-9　高碳钢粉末经球磨 20h、40h、60h，等离子活化烧结后 900℃二次加热 5min 淬入盐水冷却的组织

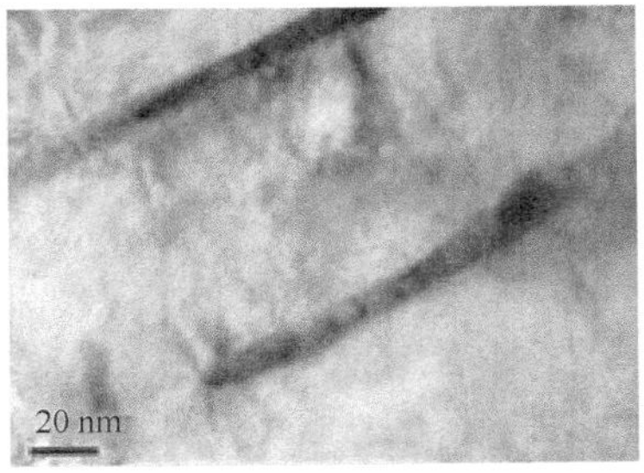

图 5-10　球磨 40h 粉末烧结后淬火组织的 TEM 照片

3. 粒状珠光体中的碳化物

图 5-8（d）和图 5-8（f）中有一种大块的岛状组织，其中有尺寸为 0.5～1.0μm 的粒状碳化物及其周围的白色组织，比基体颜色亮，耐腐蚀程度与碳化物相同。另外，基体上还有许多尺寸为 0.1～0.5μm 的独立碳化物颗粒。采用 TEM 进一步观察后发现是两种不同类型的碳化物。图 5-11 显示尺寸较大的碳化物，对标注的 A 区、B 区进行衍射分析与标定。A 区是铁素体基体，B 区是渗碳体，由其形态和尺寸，可以断定是未溶的渗碳体。除了这些微米量级的渗碳体以外，基体中还有大量纳米量级的析出物，见图 5-12。图 5-12（a）中有比较多的纳米尺度析出物，尺寸在 20～50nm，对其进行衍射得到了如图 5-12（b）所示的衍射花样，经标定，有基体铁素体<111>晶带轴的衍射斑点，还有 Fe_3C[001]晶带轴的衍射斑点。以渗碳体 A 斑点做暗场像，得到图 5-12（c）的暗场像，只有部分颗粒成像，有几个呈半球形，这一结果表明这些纳米析出物大部分不是 Fe_3C。用基体斑点 B 做暗场像，所有的纳米析出物都不成像，说明这些纳米析出物与基体的晶体结构不同。

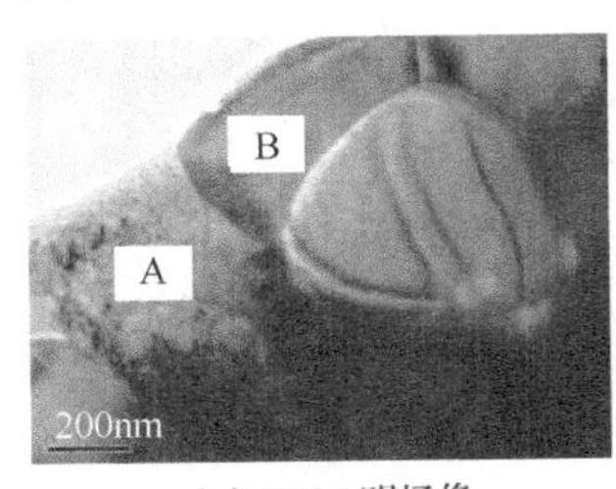

（a）TEM 明场像

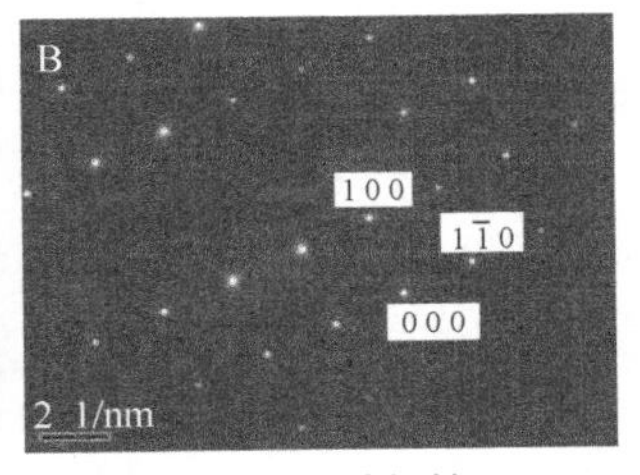

（b）B区的衍射

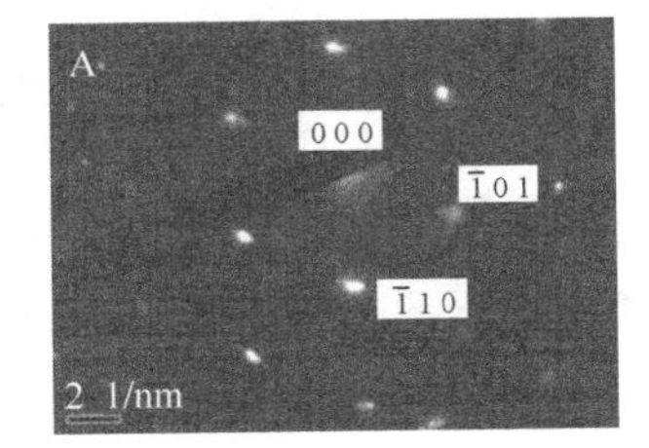

（c）A区的衍射

图 5-11　球磨 40h 状态淬火组织 TEM 形貌与衍射分析

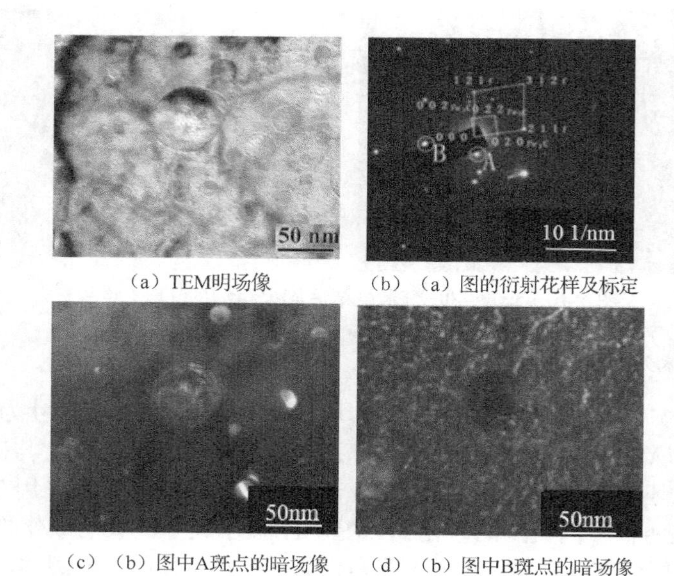

（a）TEM明场像　　（b）（a）图的衍射花样及标定

（c）（b）图中A斑点的暗场像　　（d）（b）图中B斑点的暗场像

图 5-12　球磨 40h 烧结试样二次 900℃加热空冷组织的 TEM 形貌与衍射分析

对图 5-12（a）中的纳米颗粒进行高分辨成像，如图 5-13（a）所示，一个纳米颗粒中明显有两种不同晶格条纹，表明其晶体结构不同。对其进行傅里叶变换，结果如图 5-13（b）所示，图中显示有一套完整的 Fe_3C 斑点，此外还有一套未知的斑点，图中标注①和②。经标定，与已知的铁碳化物都无法吻合。这个结果表明，球形的析出颗粒一半是渗碳体，一半是未知新相。这一高分辨图像与图 5-12（c）渗碳体暗场像一致，图中有两个粒子半边成像，一半是渗碳体，而另一半不成像，说明不是渗碳体相。

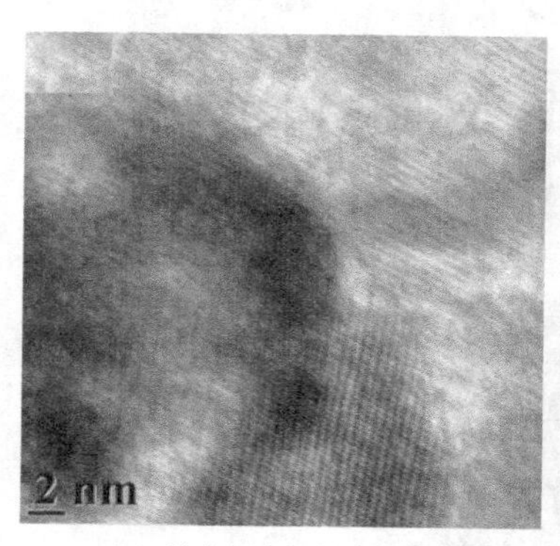

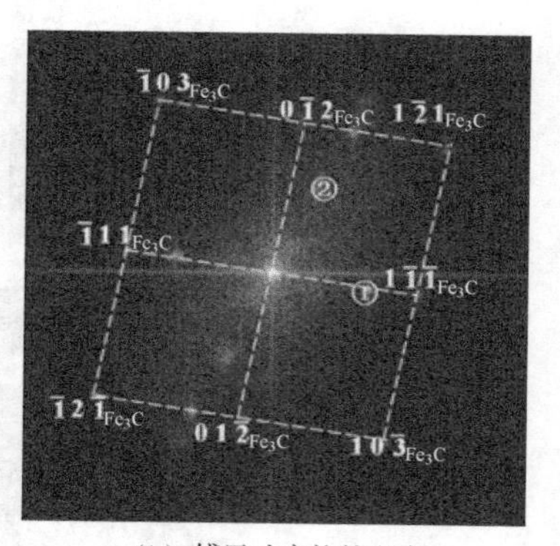

（a）纳米析出物的高分辨图像　　（b）傅里叶变换的斑点

图 5-13　球磨 40h 烧结试样二次 900℃加热空冷样品的高分辨成像及傅里叶变换

5.2.2　控制轧制方法制备超细晶的珠光体相变

1. T10 钢晶粒尺寸对珠光体相变的影响

T10 钢的含碳量为 1%，其中不含其他合金元素。采用 T10 钢的目的是排除合金元素的影响，只观察晶粒尺寸变化对相变的影响。制备超细晶钢轧制工艺流程如图 5-14 所示，首先将试样加热到 1000℃保温 2h，使其奥氏体均匀化，冷却过程中进行多道次轧制，压下量为 60%，终轧温度为 800℃，然后空冷至室温。在 800～1000℃轧制是基于奥氏体动态再结晶原理细化晶粒。最后将试样加热至 600℃进行多道次温轧，压下量为 80%，轧后 600℃保温 1h 退火，空冷至室温。600℃轧制是基于铁素体区动态再结晶原理细化晶粒。

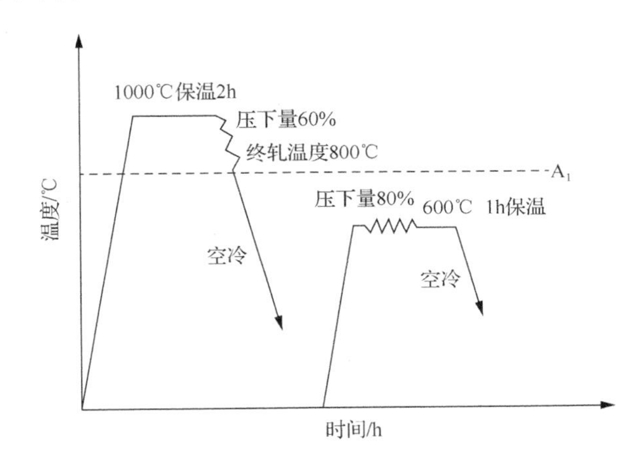

图 5-14　制备超细晶钢轧制工艺流程图

图 5-15 显示不同轧制态细化晶粒效果，试样经 800～1000℃轧制，珠光体组织已明显细化，再经 600℃轧制后，组织成为粒状珠光体，铁素体基体的晶粒尺寸已被细化到 1μm 的量级。

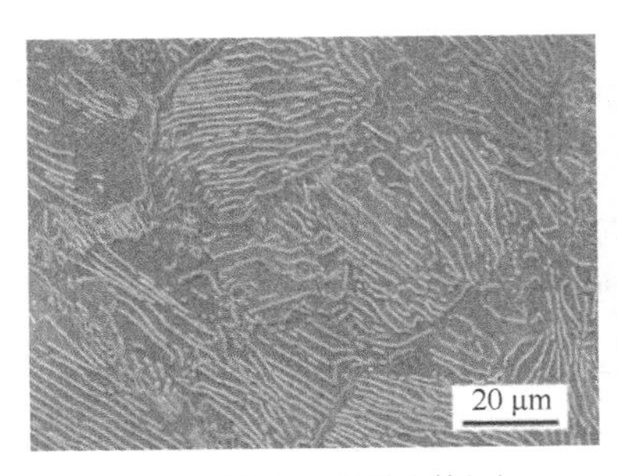

（a）轧制前的原始珠光体组织

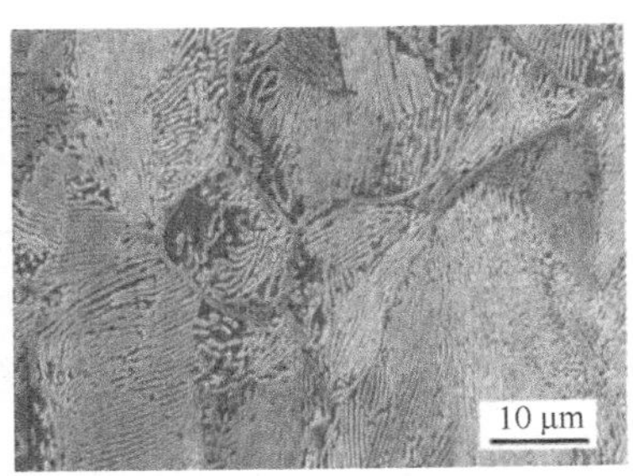

（b）经800～1000℃轧制后细化的珠光体组织

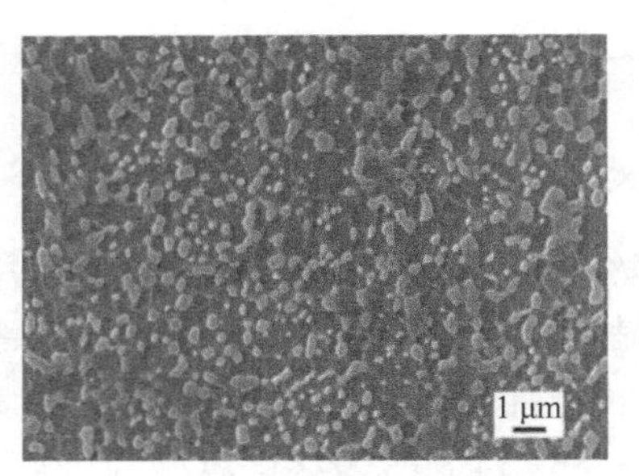

（c）经600℃轧制并退火后组织

图 5-15　T10 钢的原始珠光体组织及不同温度轧制后的珠光体组织

超细晶二次再加热到奥氏体温区时长大很快，要在尽可能低的奥氏体化温度加热尽可能短的时间。完成奥氏体化的温度和时间是一个盲点，采用硬度变化来间接判断奥氏体化是否完成。当硬度达到 60HRC 以上并且不再随保温时间变化时，所对应的时间点和温度是完成奥氏体化的临界条件，见图 5-16。在 750℃加热不同时间，将样品淬火观察硬度变化，从 5.5min 开始，试样的硬度随加热时间延长而增加，加热时间达到 6.5min 时，试样的硬度达到了 65HRC，随后基本稳定，则 6.5min 是 750℃加热完成奥氏体化的最少时间。图 5-16 中还给出了不同加热时间的晶粒尺寸变化，在 6.0～8.5min，奥氏体晶粒基本是线性长大，晶粒尺寸由 2.5μm 长大到 7μm，随后长大速度变慢。这一规律与图 2-24 中碳 C-Mn 钢的长大规律相同，奥氏体晶粒长大随加热时间延长呈现 S 形曲线，长大速度由慢变快再变慢。

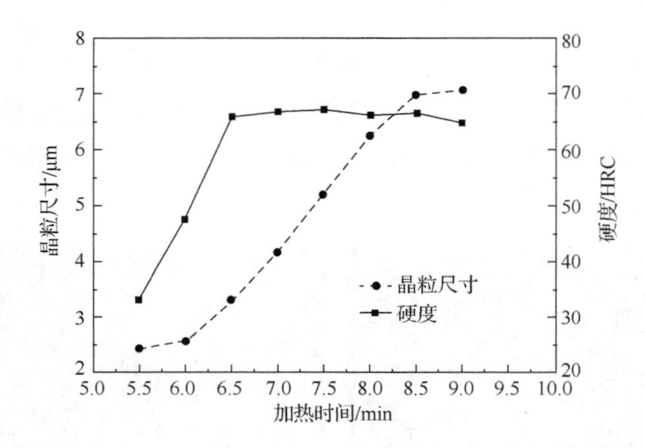

图 5-16　T10 钢温轧处理后 750℃加热不同时间淬水的硬度及晶粒尺寸变化

以同样尺寸的样品，750℃加热不同时间后空冷，观察珠光体的相变过程，见图 5-17。图 5-16 显示，奥氏体转变在加热 6.5min 已完成，但是图 5-17 显示加热 7min 以前，空冷的组织与热轧态[图 5-15（c）]的组织没有什么区别，还是粒状珠光体。当加热时间延长到 7.5min 时，组织中出现了单个的长条状渗碳体，如图 5-17（c）所示。时间延长到 8min 时，组织中出现排列的渗碳体片，如图 5-17（d）所示，随后典型层片状珠光体量随时间延长逐渐增多。定义图 5-17（b）对应的时间为珠光体形成的临界时间，由图 5-16 中奥氏体化 7min 所对应的晶粒尺寸大约为 4μm，得 4μm 是一个临界尺寸。当奥氏体晶粒尺寸小于 4μm 时，珠光体相变不能以经典的层片状方式进行，只有晶粒尺寸大于这一临界值，才可以获得典型的层片状珠光体。这种晶粒尺寸对珠光体相变的影响在其他钢中是否也存在？本章接下来还可以看到 Cr 钢和 Mn 钢中也存在珠光体相变的临界尺寸。

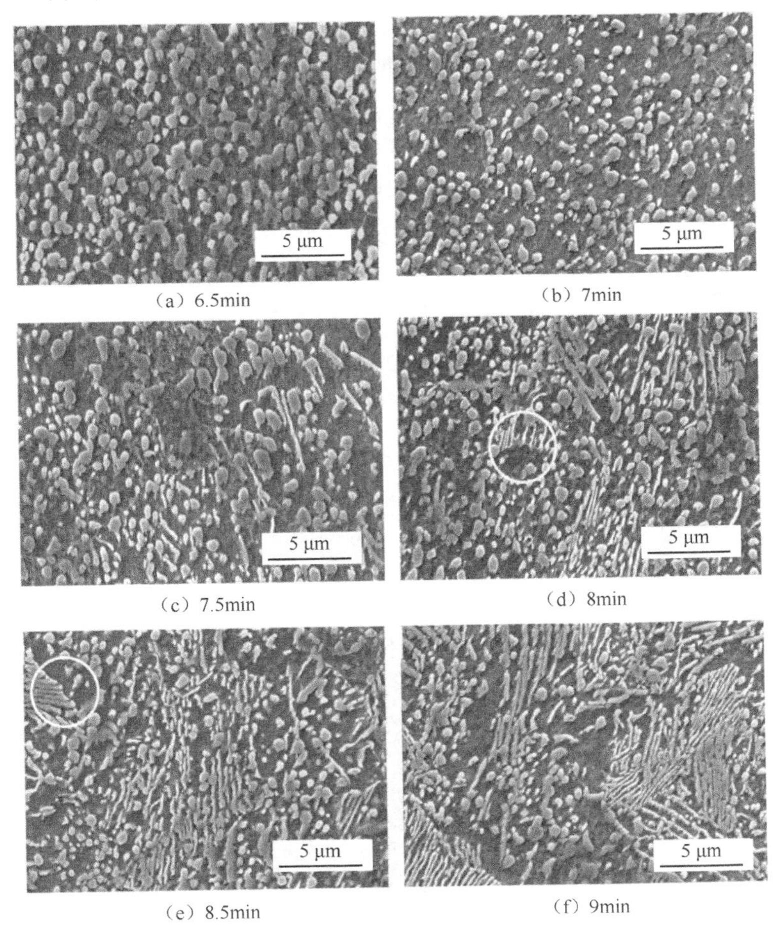

（a）6.5min　（b）7min
（c）7.5min　（d）8min
（e）8.5min　（f）9min

图 5-17　T10 钢温轧后 750℃加热不同时间的空冷组织

由图 5-16 可知，加热 6.5min 就已完成了奥氏体化，随后空冷没有获得典型的珠光体，那么对应这一状态，材料发生了什么样的共析转变？图 5-18 给出了 T10 超细晶钢 750℃加热 7min 后空冷组织 TEM 观察结果，图 5-18（a）明场像中有两种黑斑，一种是有白心的，另一种是全黑色的。对图中圆圈内的黑斑进行衍射，如图 5-18（b）左上角小图所示，标定后，除了基体斑点以外，有 Fe_3C 的衍射斑点，另外还有一种未知相的衍射（第 6 章进行更详细的介绍）。以 Fe_3C 衍射斑点做暗场像，如图 5-18（b）左下角小图，有 Fe_3C 的暗场像，在其周围有断续的 Fe_3C 环围绕着该 Fe_3C 颗粒。图 5-18（b）的大图是 Fe_3C 的局部图像，圆圈部分显示在主颗粒的边缘附着新生的 Fe_3C。图 5-18（c）进一步显示尺寸较大的 Fe_3C 颗粒，图中箭头所指是一个 Fe_3C 颗粒，虽然是同种颜色，但是中间有一圈黑色的界面，表明这个渗碳体颗粒是分两次长成这样的，中心部分应该是未溶解的 Fe_3C，周边的一圈是依附于其上后续共析相变时新生长的，图 5-18（b）演示了这种依附生长过程。现在已经比较清楚了，晶粒尺寸小于临界尺寸时，珠光体相变以球状渗碳体共析模式进行，这种球状渗碳体以两种方式形成：离异共析和独立形核。奥氏体化时未溶解的粒状渗碳体为离异共析提供了形核地点，新形成的渗碳体依附于其上长大；独立形核是通过新的未知过渡相聚集，再转变为渗碳体。

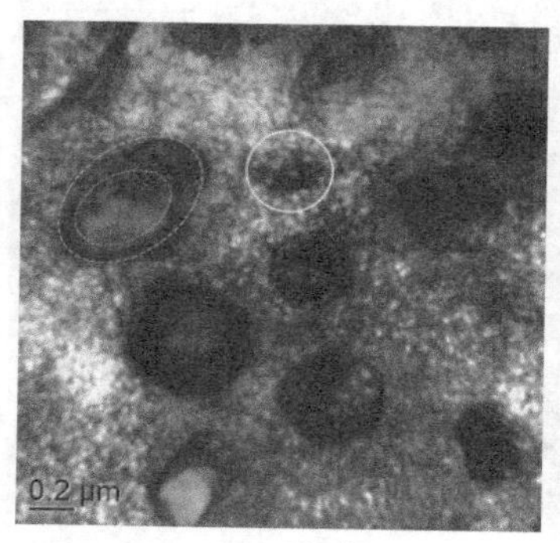

（a）明场像

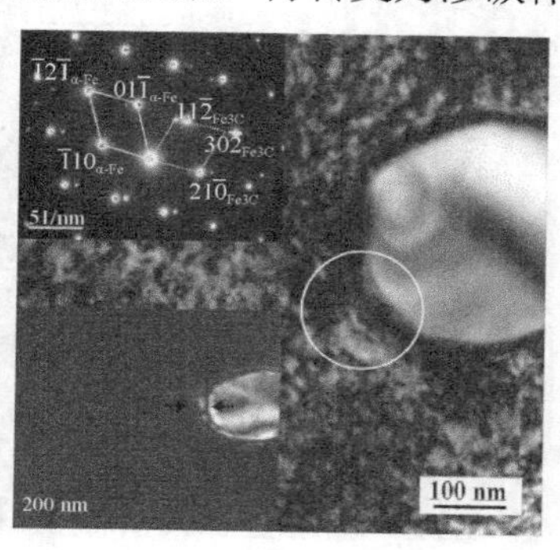

（b）对（a）图中圆圈内黑斑进行衍射

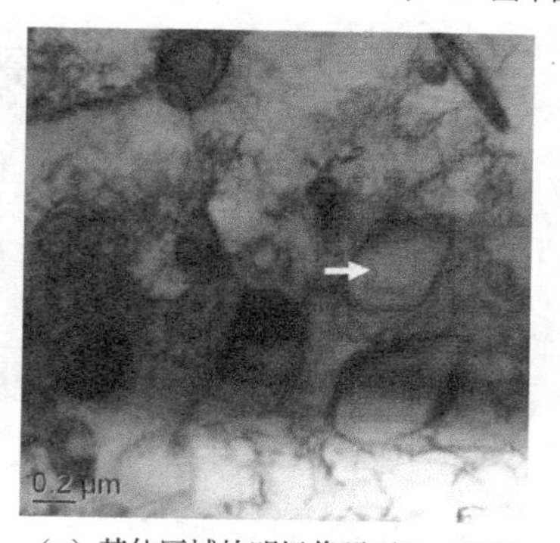

（c）其他区域的明场像显示 Fe_3C 颗粒

图 5-18　T10 超细晶钢 750℃加热 7min 后空冷组织 TEM 观察结果

2. Cr 对超细晶珠光体相变的影响

GCr15 钢是轴承钢，其含有 1%的 C 和 1.5%的 Cr。研究 GCr15 钢的晶粒尺寸对珠光体相变的影响，要考虑 Cr 的影响。Cr 是钢中的常用元素，了解 Cr 对珠光体相变的影响对于工程实践更有指导意义。

细化晶粒的方法与图 5-14 相同，高温轧制与低温轧制相结合，将原始晶粒细化到 1μm 量级，随后在 800℃和 850℃两个温度加热不同时间空冷，观察珠光体相变的变化。图 5-19 显示加热不同时间硬度和晶粒尺寸的变化，加热 2.5min 后，淬火的硬度达到了 60HRC 以上。与图 5-16 相比，图 5-19 中 GCr15 钢的奥氏体化时间明显减少，这并非含 Cr 的钢奥氏体化更快，而是两个实验的试样尺寸不同。图 5-19 显示，800℃加热奥氏体晶粒长大速度明显比 850℃的要慢，表明温度对晶粒长大的影响更大。虽然两者晶粒尺寸有差别，但是两者的硬度基本相同，表明都完成了奥氏体化。图 5-20 显示，800℃加热 9min 后才有条状渗碳体出现。温度升高到 850℃，加热 2.5min 就有条状渗碳体出现，时间延长到 9min 后，珠光体相变已基本完成，见图 5-21。由图 5-19 可知，800℃加热 9min 和 850℃加热 2.5min 的晶粒尺寸是一样的，大约 4.7μm。图 5-19～图 5-21 清楚地表明，典型层片状珠光体相变的临界尺寸不受加热温度和时间的影响，而是受晶粒尺寸的控制，对于含 Cr 的高碳钢，这一临界尺寸是 4.7μm，比纯碳钢的 4.0μm 略微大一点。

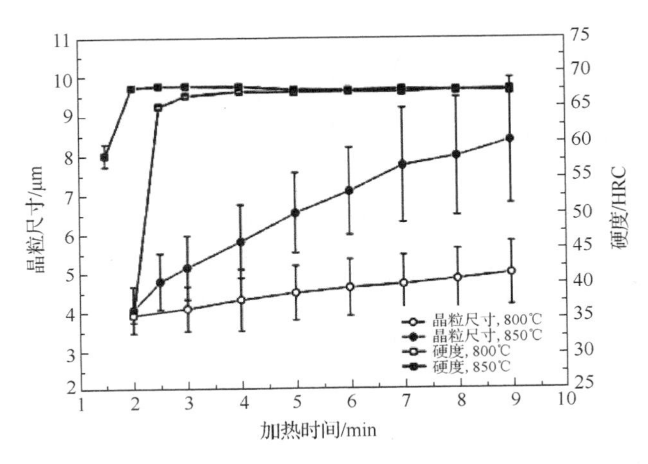

图 5-19　GCr15 钢温轧后在 800℃和 850℃加热不同时间硬度和晶粒尺寸的变化

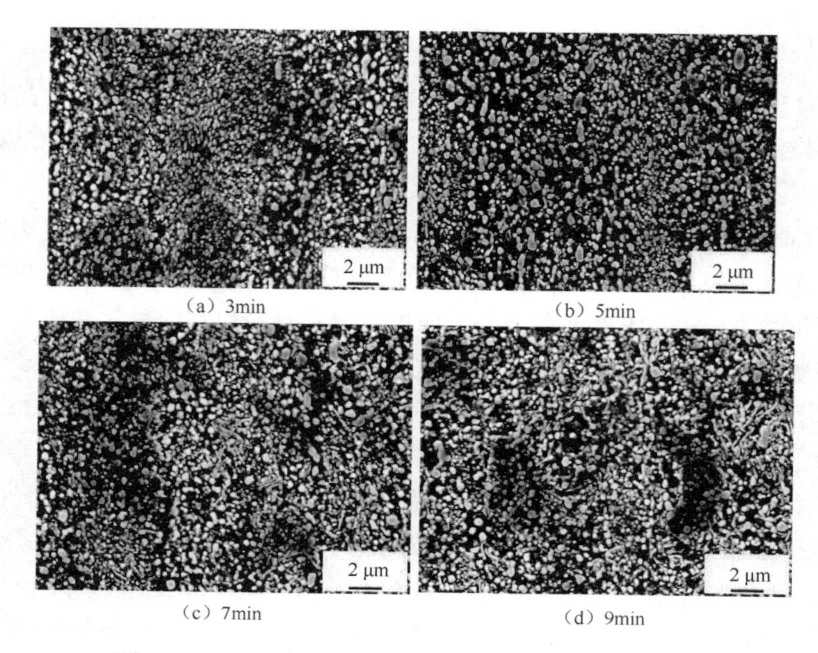

（a）3min　（b）5min　（c）7min　（d）9min

图 5-20　GCr15 钢温轧后 800℃加热不同时间的空冷组织

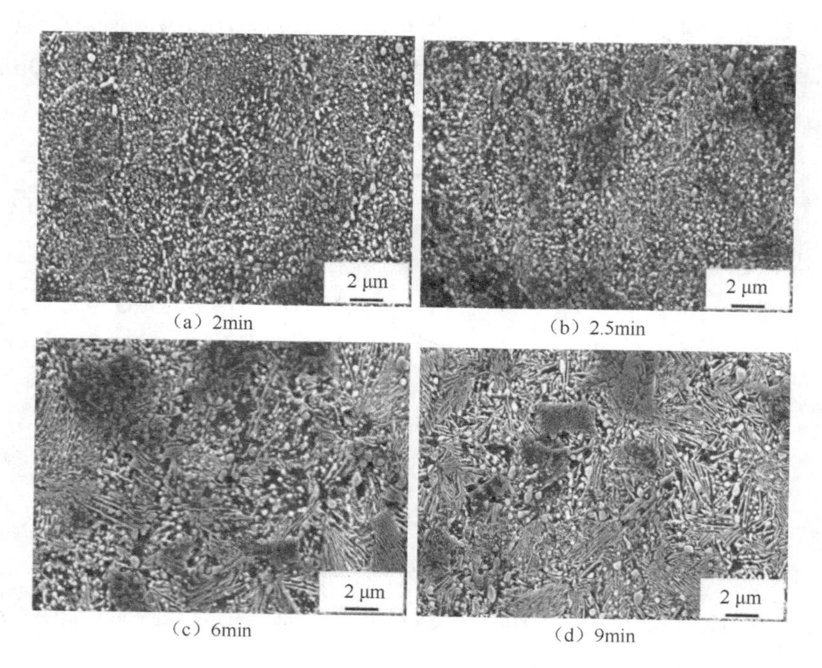

（a）2min　（b）2.5min　（c）6min　（d）9min

图 5-21　GCr15 钢温轧后 850℃加热不同时间的空冷组织

3. Mn 对超细晶珠光体相变的影响

实验采用的材料成分为 0.6C、1.8Mn、0.2Si、0.2Mo、0.15Ni、0.1Cu、0.015Ti、0.05Nb、0.02P、0.005S（质量分数，%）。这个成分除了含碳量高以外，其余的元素与 X80 管线钢相同（在一定误差范围内），目的是研究珠光体相变的一些现象能够与管线钢中的组织发生联系。初始超细晶的轧制细化工艺与图 5-14 的流程相同，在获得了初始超细晶后，加工小样，探索奥氏体化的温度和时间，揭示所对应的晶粒尺寸，结果如图 5-22 所示。试样在 730℃加热 5min 后水淬试样的硬度达到 63.8HRC，并且随着加热时间的延长硬度变化不大，表明试样在 730℃加热 5min 时已完成奥氏体化。730℃加热 5min 时，晶粒尺寸约为 2.4μm，当加热时间延长到 30min，晶粒长大到 4.5μm。

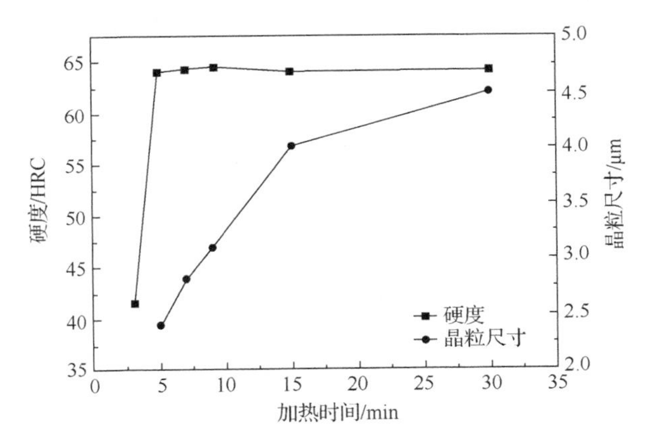

图 5-22　730℃加热不同时间水淬试样的硬度和晶粒尺寸变化

以图 5-22 的加热参数进行奥氏体化，空冷后观察珠光体相变后组织变化，见图 5-23。观察图 5-23 中 4 个不同加热时间的珠光体，整体珠光体都不典型，就是加热 15min 的状态，珠光体条片仍然是断续的。在管线钢中，这种珠光体被称为“退化珠光体”。这种退化珠光体的形成规律与常规碳钢和铬钢基本相同，也是当晶粒长大到一定尺寸时开始形成。图 5-23 中，加热 7min 后开始有断续的条片渗碳体形成。对应图 5-22，此时的晶粒尺寸为 2.7μm。观察图 5-23 中的组织，除了退化珠光体以外，还有一种岛状组织，这种岛状组织比基体珠光体耐腐蚀，显得凸起。当晶粒比较细时，看不出岛内有什么组织，但是当晶粒比较大时，如图 5-23（b）、（c）和（d）的岛内有新的组织，这应该是马氏体和残余奥氏体组织。当晶粒比较细时，见图 5-23（a），看不出岛的内部有新的组织。

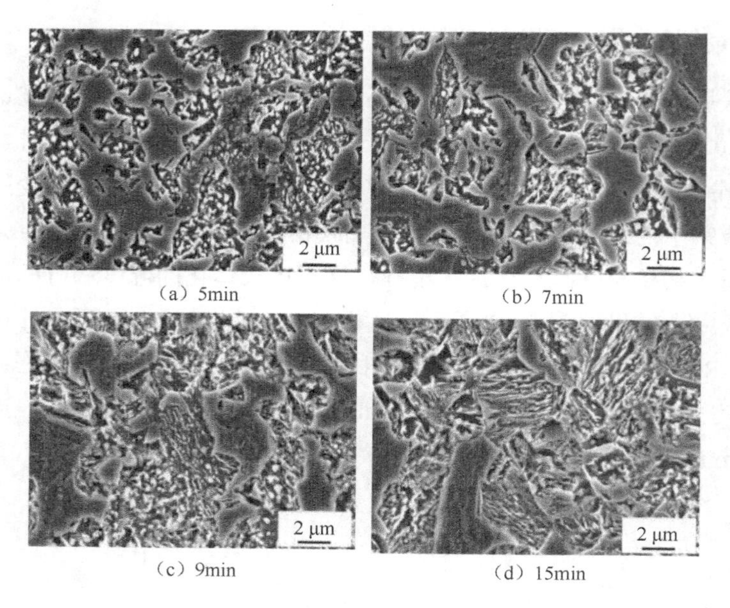

（a）5min　（b）7min　（c）9min　（d）15min

图 5-23　730℃加热不同时间后空冷组织

对比 T10 钢（图 5-17）和 GCr15 钢（图 5-21），60Mn 钢（图 5-23）的珠光体形态与常规珠光体不同，这种退化珠光体与 Mn 有关还是与晶粒细小有关呢？本小节实验中 60Mn 钢的最大晶粒尺寸也只有 4.5μm，这仍然是细晶的范围。为了进一步观察退化珠光体与晶粒尺寸和合金元素的关系，选择了常规晶粒尺寸 15～20μm 的 GCr15 钢和 Mn 钢的样品，观察 1000℃热轧态的组织，如图 5-24 所示。GCr15 钢是典型的层片状珠光体组织，而 60Mn 钢中渗碳体层片断续，排列紊乱，这仍然是退化珠光体组织，这表明合金元素 Mn 对珠光体组织形态有重要的影响。一方面合金元素 Mn 的加入，扩大了钢中的γ相区，奥氏体的稳定性提高，因此降低了$\gamma \rightarrow \alpha$转变的温度，相变温度降低后，碳原子扩散速率随之降低；另一方面 Mn 在钢中容易形成合金渗碳体$(Fe,Mn)_3C$，导致 Mn 容易在渗碳体界面前沿偏聚，阻碍碳的扩散，影响渗碳体片的平行生长，因此含 Mn 的钢中容易形成退化珠光体。退化珠光体的组织特征，使得晶粒尺寸与珠光体相变的关系不是十分清楚。为此，选择 2.7μm 超细晶和 20μm 常规晶粒尺寸的两个 60Mn 钢样品，经 750℃加热 5min 后随炉缓慢冷却，其组织如图 5-25 所示。显然，晶粒尺寸对珠光体相变的影响规律在含 Mn 的钢中仍然存在，超细晶珠光体相变组织仍然是粒状珠光体，而常规晶粒尺寸的珠光体组织仍然是层片状，但是图 5-25（b）中的渗碳体层片仍然有大量的断续特征，同时层片的平直度也不像图 5-15（b）的 T10 钢和图 5-24（a）的 GCr15 钢好。这表明，除了冷却速度以外，Mn 的固有影响不能通过降低冷却速度消除。

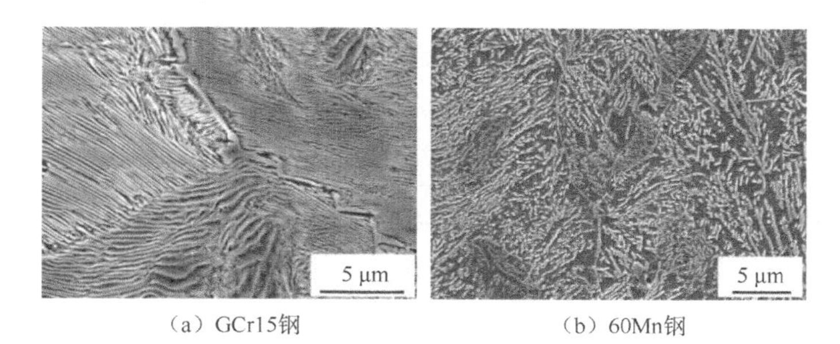

（a）GCr15钢　（b）60Mn钢

图 5-24　常规晶粒尺寸 1000℃热轧态的组织

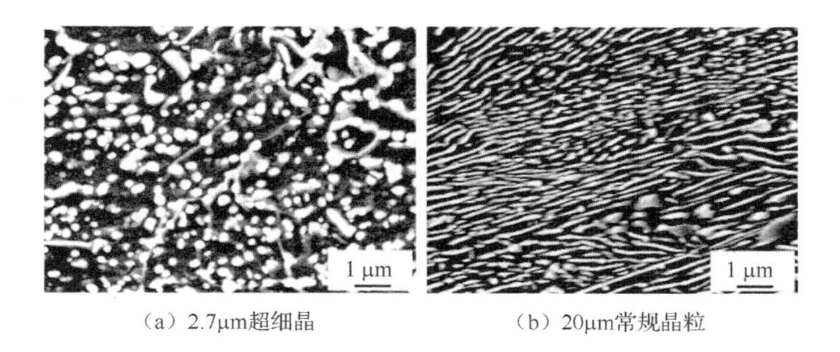

（a）2.7μm超细晶　（b）20μm常规晶粒

图 5-25　60Mn 钢炉冷组织

5.3　超细晶对珠光体相变的影响机理

5.3.1　超细晶对珠光体相变形核的影响

均匀形核率可以用式（5-2）表示[4]：

$$N = \omega c_1 \exp\left(-\frac{\Delta G_{\mathrm{m}}}{kT}\right)\exp\left(-\frac{\Delta G^*}{kT}\right) \tag{5-2}$$

式中，ω是与原子振动频率和临界晶核表面积有关的复杂函数；c_1是原奥氏体单位体积内的碳原子数；k是玻尔兹曼常数；T是绝对温度；ΔG_{m}是扩散激活能；ΔG^*是形核势垒，由式（5-3）给出[4]：

$$\Delta G^* = \frac{16\pi\sigma^3}{3\left(\Delta G_V - \Delta G_{\mathrm{s}}\right)^2} \tag{5-3}$$

式中，σ是界面张力；ΔG_{s}是表面自由能；ΔG_V是体积自由能。

接下来分析晶粒的大小对ΔG_V有何影响，当发生珠光体相变时，有

$$\Delta G_V = G_\gamma - G_{\mathrm{cem}} - G_{\mathrm{f}} \tag{5-4}$$

式中，G_γ是奥氏体自由能；G_{cem}是渗碳体自由能；G_{f}是铁素体自由能。

渗碳体和铁素体的自由能比奥氏体的自由能低。当晶粒尺寸减小时，奥氏体的自由能将会增加[2]：

$$G_\gamma = G_0 + G_{\text{fin}} \tag{5-5}$$

式中，G_0是热力学平衡时奥氏体的自由能；G_{fin}是晶粒细化增加的奥氏体自由能。

晶粒细化会增加自由能是由吉布斯-汤姆孙（Gibbs-Thomson）效应决定的，晶粒细化后，半径减小，曲率增加。Gibbs-Thompson 公式为[5]

$$\mu_{\text{fin}} = \mu_0 \exp\left(\frac{2\sigma V_{\text{atom}}}{rkT}\right) \tag{5-6}$$

式中，μ_{fin}是细晶材料化学势；μ_0是热力学平衡态下晶粒的化学势；σ是界面张力；V_{atom}是原子体积；r是晶粒半径。

最早这个公式用来解释液滴的表面张力与化学位的关系，随后此公式引入固体材料中用来解释第二相尺寸和晶粒尺寸对化学位的影响，由式（5-6）得

$$G_{\text{fin}} = \int \mu_0 \exp\left(\frac{2\sigma V_{\text{atom}}}{rkT}\right)\mathrm{d}n \tag{5-7}$$

式（5-7）中，除了r和T之外都是材料常数，这两个变量与材料本身的化学成分无关，因此，

$$G_{\text{fin}} = G_0 \exp\left(\frac{2\sigma V_{\text{atom}}}{rkT}\right) \tag{5-8}$$

合并式（5-5）和式（5-8）可得

$$G_{\text{fin}} = G_0\left[1+\exp\left(\frac{2\sigma V_{\text{atom}}}{rkT}\right)\right] \tag{5-9}$$

式（5-9）证明，随着奥氏体晶粒尺寸的减小，其自由能会提高，由式（5-4）可知，这样会导致驱动力ΔG_V增大，进一步由式（5-3）可知，形核势垒ΔG^*将会降低，式（5-2）中$\exp\left(-\frac{\Delta G^*}{kT}\right)$项随即升高。有文献已经证明，随着晶粒尺寸的减小，$\Delta G_{\text{m}}$会减小，$\exp\left(-\frac{\Delta G_{\text{m}}}{kT}\right)$也会相应升高[6]。由此产生的效应如图 5-26 所示，形核率大大提高。形核率提高会促进珠光体相变时的独立形核，图 5-18（a）中的黑斑就是独立形核的证据，且图 5-12（a）中显示有大量的纳米级的独立碳化物核心。图 5-26 显示形核速率与相变温度是一个反 C 形曲线，这个反 C 形曲线的“鼻尖”是临界形核速率。当相变温度在A_1以下相对较高的温度时，如果形核速率小于这一临界速率，需要降低温度，增加过冷度，由式（5-2）可知，形核速

率会增大，此时相变的温度相对较高，扩散速率足够快，可以适应形核速率，相变以独立形核为主。当相变温度低于临界点温度时，形核速率下降，尽管过冷度更大，有利于形核，但是原子扩散激活能升高，扩散速率下降，导致形核率反而降低，珠光体相变又变回层片状生长模式。这种模式是在一个极高速率下的生长，如图 5-9 和图 5-10 所示，淬火冷却得到了层片珠光体。由于层片状生长模式不需要很多的核心，一个晶粒中只需要 3～5 个核心就可以完成珠光体相变，正如图 5-4 所示。这一机制很好地解释了图 5-8 和图 5-9 的实验结果，在超细晶条件下，慢冷得到了球状碳化物的珠光体，快冷得到了层片状的珠光体。在合金钢中看不到这种现象，因为合金钢的淬透性比较高，快冷只能得到马氏体而得不到层片状珠光体。

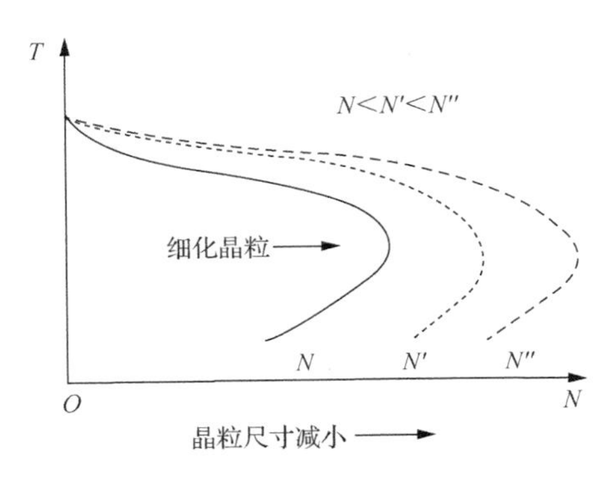

图 5-26　晶粒尺寸减小对珠光体相变形核率的影响示意图[2]

5.3.2　超细晶晶界扩散对层片结构珠光体生长的抑制

除了超细晶对形核率有影响以外，超细晶的晶界扩散对层片状珠光体的生长也有抑制作用。第 3 章中式（3-10）给出了晶粒尺寸与表观扩散系数的关系，晶粒尺寸反比于表观扩散系数，即晶粒越小，扩散系数越大。再来看一下晶界本身对扩散系数的影响，见式（5-10）和式（5-11）[7]。这两个关系式反映 Fe 在γ晶界和晶内的自扩散系数，除了系数巨大的差异，晶内的扩散激活能比晶界大一倍，这将进一步扩大晶内与晶界的差异。

$$D_{晶界}^{\gamma\text{-Fe}}=2.3\exp\left(-\frac{30600}{RT}\right) \tag{5-10}$$

$$D_{晶内}^{\gamma\text{-Fe}}=0.16\times10^{-6}\exp\left(-\frac{64000}{RT}\right) \tag{5-11}$$

表 5-1 给出了几种原子的晶界与晶内扩散系数，表中给出的间隙原子有 N、C，基体材料为钢中铁素体、铌金属和马氏体。由于间隙原子尺寸小，扩散系数在晶

界和晶内的差异比 Fe 的自扩散系数小，但是也会有 2～3 个数量级的差异。P 在晶界和晶内的扩散系数有巨大的差异，再考虑到晶粒尺寸减小、界面增多的效应，即式（3-9），这两个因素会产生相乘的效应。晶粒尺寸减小后，晶界的扩散速率远远大于晶内，这种作用是如何影响珠光体相变呢？见图 5-27[2]。由相图中两相平衡所对应的成分得出，铁素体前沿奥氏体中的碳浓度比渗碳体前沿奥氏体中的碳浓度要高，这样导致碳产生横向扩散，如图 5-27（a）图中箭头所示。当晶粒减小到一定尺度，晶界扩散的影响大大增加，珠光体前沿的成分梯度快速减小，如图 5-27（b）中的虚线所示。这样碳原子横向扩散的驱动力减小甚至消失，珠光体长大的成分条件被破坏，因此层片状珠光体长大被迫停止。虽然层片状珠光体长大的热力学条件并没有破坏，但是动力学条件已不满足，这就是为什么当晶粒尺寸小于临界尺寸时，得到的是均匀、单一的球状渗碳体，而没有一丝层片状渗碳体。

表 5-1　几种原子的晶界与晶内扩散系数

原子	基体	晶内扩散系数/（m^2/s）	晶界扩散系数/（m^2/s）	参考文献
N	铁素体	$7.47\times10^{-7}\exp\left(-\frac{78.2}{RT}\right)$	$6.36\times10^{-7}\exp\left(-\frac{46.9}{RT}\right)$	[8]
C	铌金属	$9.2\times10^{-8}\exp\left(-\frac{141.3}{RT}\right)$	$2.3\times10^{-6}\exp\left(-\frac{133.0}{RT}\right)$	[9]
P	马氏体	$1.83\times10^{-5}\exp\left(-\frac{229.0}{RT}\right)$	$6.2\exp\left(-\frac{157.0}{RT}\right)$	[10]

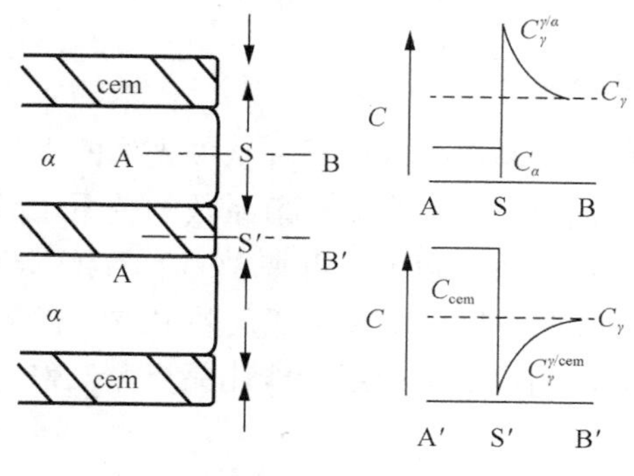

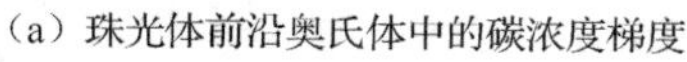
（a）珠光体前沿奥氏体中的碳浓度梯度

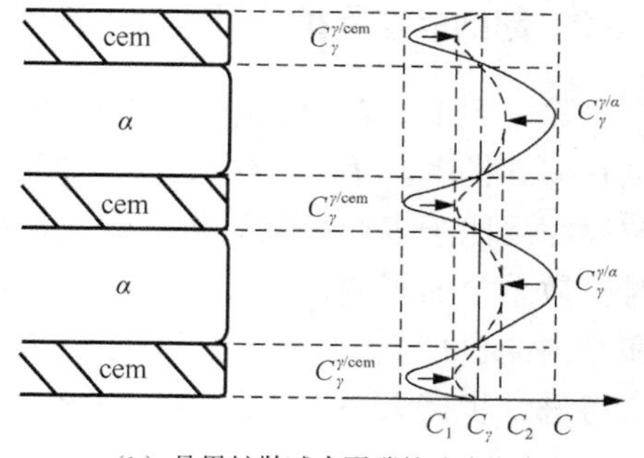

（b）晶界扩散减小了碳的浓度梯度

图 5-27　珠光体生长前沿碳原子浓度分布及晶粒尺寸的影响

5.3.3　超细晶对球状离异共析生长的促进作用

未经细化晶粒的样品在空冷的过程中，较远的扩散路径使相同时间内由晶界向未溶渗碳体扩散的碳原子数量减少，随着晶粒细化，缩短了碳原子的扩散距离。

因此，细晶的作用使得碳原子由晶界向未溶渗碳体的扩散变得更加容易。随着晶粒细化，最终使碳原子向未溶渗碳体周围扩散，从而促进渗碳体长大，空冷下进行离异共析转变。

在奥氏体化初期，未溶渗碳体弥散分布在奥氏体中，保温过程中发生碳化物自动球化以降低表面能。根据 Gibbs-Thomson 定律，奥氏体中未溶渗碳体周围的碳浓度与未溶渗碳体的半径之间有一定关系，如式（5-12）所示[11]：

$$\ln\frac{C_\gamma(r)}{C_\gamma(\infty)}=\frac{2\beta V_{\mathrm{Fe_3C}}}{rkT} \tag{5-12}$$

式中，$C_\gamma(r)$ 为奥氏体中半径为 r 的未溶渗碳体周围的碳浓度；$C_\gamma(\infty)$ 为奥氏体中半径为无穷大的未溶渗碳体周围的碳浓度；β 为奥氏体与碳化物之间的界面能；$V_{\mathrm{Fe_3C}}$ 为渗碳体的摩尔体积。

式（5-12）表明：未溶渗碳体周围的碳浓度 $C_\gamma(r)$ 与半径 r 成反比关系。

同时，又有格林伍德（Greenwood）公式[12-13]：

$$C_{\gamma_{\mathrm{ave}}}=C_\gamma(\bar{r}) \tag{5-13}$$

式中，$C_{\gamma_{\mathrm{ave}}}$ 为奥氏体中的平均碳浓度；$\bar{r}$ 为奥氏体中未溶渗碳体的平均半径；$C_\gamma(\bar{r})$ 为半径恰好等于平均半径的未溶渗碳体周围的碳浓度。

由式（5-12）可知，如果某一未溶渗碳体半径 R 大于未溶渗碳体的平均半径，即 $R>\bar{r}$，则有

$$C_\gamma(R)<C_\gamma(\bar{r}) \tag{5-14}$$

由式（5-13）及式（5-14）可得

$$C_\gamma(R)<C_{\gamma_{\mathrm{ave}}} \tag{5-15}$$

式（5-15）说明：如果未溶渗碳体半径比平均半径大，那么其周围的碳浓度要低于奥氏体中的平均碳浓度。

同时，实验过程中，随着加热的进行，晶粒逐渐长大，碳原子向晶界扩散移动，晶界上的碳浓度会比晶内的碳浓度高，由此可得

$$C_{\gamma_{\mathrm{ave}}}<C_\gamma^{\mathrm{bou}} \tag{5-16}$$

式中，C_γ^{bou} 为奥氏体晶界上的碳浓度。

由式（5-15）及式（5-16）可以推出：

$$C_\gamma(R)<C_{\gamma_{\mathrm{ave}}}<C_\gamma^{\mathrm{bou}} \tag{5-17}$$

式（5-17）说明，半径为 R（$R>\bar{r}$）的未溶渗碳体与奥氏体晶界之间存在一

定的浓度梯度，如图 5-28 所示。由于存在这样的浓度梯度，所以在加热以及随后的冷却过程中，碳原子会由奥氏体晶界及奥氏体晶内向半径较大的未溶渗碳体扩散。

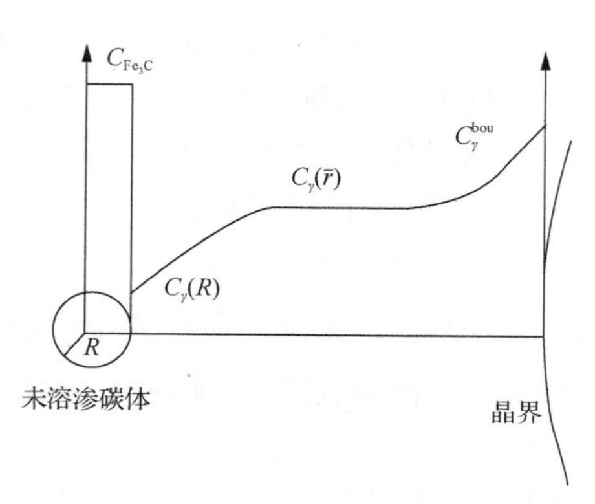

图 5-28　较大未溶渗碳体及晶界之间的碳浓度梯度

此外，晶粒细化改变了未溶渗碳体与晶界之间的距离，如图 5-29 所示。此图是粗晶试样与细晶试样中等面积奥氏体化区域的示意图，两种样品中未溶渗碳体的分布相同。图中区域内实线所画的小圆圈代表奥氏体中未溶的渗碳体，虚线代表奥氏体晶界，未溶渗碳体均匀地分布在奥氏体中。以未溶渗碳体 A（半径 $R>\bar{r}$）为例，在粗晶样品中，未溶渗碳体 A 到晶界的最小距离为 L_1，如图 5-29（a）所示；在细晶样品中，未溶渗碳体 A 到晶界的最小距离为 L_2，如图 5-29（b）所示。很显然 $L_2<L_1$，即细晶样品中，较大未溶渗碳体颗粒到晶界的最小距离比在粗晶中的要短。这说明晶粒的超细化大大拉近了碳原子从晶界向较大未溶渗碳体的扩散距离，这种扩散为离异共析提供了充足的碳源。

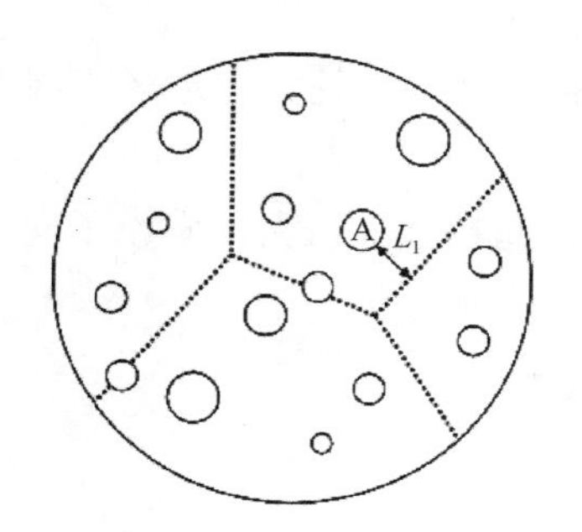

（a）未溶渗碳体分布在粗晶奥氏体中

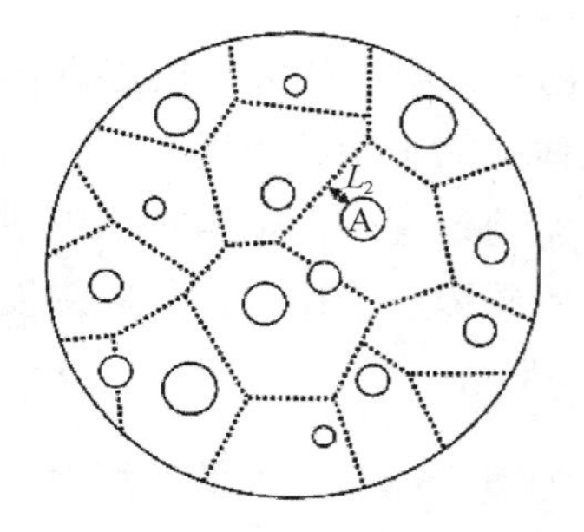

（b）未溶渗碳体分布在细晶奥氏体中

图 5-29　未溶渗碳体颗粒尺寸及其与晶界之间的距离示意图

5.3.4　合金元素在离异共析中的作用

1. Cr 的作用

钢中 Cr 会使共析点左移，加入 1.5%Cr 将会使共析点的含碳量降低至 0.55%[14]，这将会导致奥氏体化过程中未溶渗碳体的增加。奥氏体化过程中晶粒长大的驱动力如下[15]:

$$G = \frac{-2\sigma}{R} \tag{5-18}$$

式中，G 为奥氏体晶粒长大的驱动力；σ为界面张力；R 为奥氏体晶粒的平均半径。

奥氏体化过程中晶界的移动会受到碳化物的阻碍，碳化物对晶粒长大的阻碍作用可用式（5-19）表示：

$$G_{\mathrm{m}} = \frac{3f\sigma}{2r} \tag{5-19}$$

式中，G_{m} 为扩散激活能，是奥氏体晶粒长大的阻力；r 为碳化物的平均半径；f 为碳化物的体积分数。

结合式（5-18）和式（5-19），可以得出奥氏体晶粒的最小平均半径，可用式（5-20）表示：

$$R_{\min} = \frac{4r}{3f} \tag{5-20}$$

Cr 使共析点左移，奥氏体化时未溶渗碳体含量将大于普通碳钢，因而奥氏体化过程中含 Cr 合金钢的晶粒长大速度比普通碳钢小。同时，在奥氏体化过程中 Cr 容易向晶界偏聚，由于 Fe 和 Cr 的原子半径相差较大，偏聚在晶界的 Cr 将会阻碍晶粒的长大，也有利于获得细晶材料。

总之，超细晶钢中 Cr 将会降低奥氏体化过程中晶粒的长大速度，有利于得到细晶，从而促进离异共析。

在温轧后退火过程中，合金元素会在碳化物和基体之间发生偏聚，图 5-30 为温轧退火后 Cr 在碳化物和铁素体中分布的能量色散光谱分析。分别选取碳化物（Ⅰ）和铁素体基体（Ⅱ）上的两点进行能谱分析，测试点如图 5-30 所示，结果表明 Cr 更容易形成合金渗碳体。碳化物在奥氏体化加热溶解过程中，C 和 Cr 的扩散速率相差较大（$D_{\mathrm{C}}=7.43\times10^{-13}\mathrm{m^2/s}$，$D_{\mathrm{Cr}}=3.8\times10^{-17}\mathrm{m^2/s}$）[16-17]，因而 Cr 容易在未溶渗碳体的前沿形成较高的浓度梯度。图 5-31（a）为随加热时间的延长 Cr 和 C 在含 Cr 未溶渗碳体前沿的浓度梯度的变化；Cr 的浓度梯度在原碳化物的位置留下一个环状痕迹，如图 5-31（b）所示。图 5-31（c）给出 800℃加热 3min 试样水淬后 Cr 在未溶渗碳体周围的含量分布，距未溶渗碳体越远，Cr 的含量越低，这一试验结果证实了未溶渗碳体前沿合金元素 Cr 浓度梯度的存在。由于 Cr 比 Fe 更易于形成碳化物[18]，空冷时碳化物容易在环状轨迹处形成。因此，Cr 在碳化物溶解过程中形成的浓度梯度有利于促进离异共析。

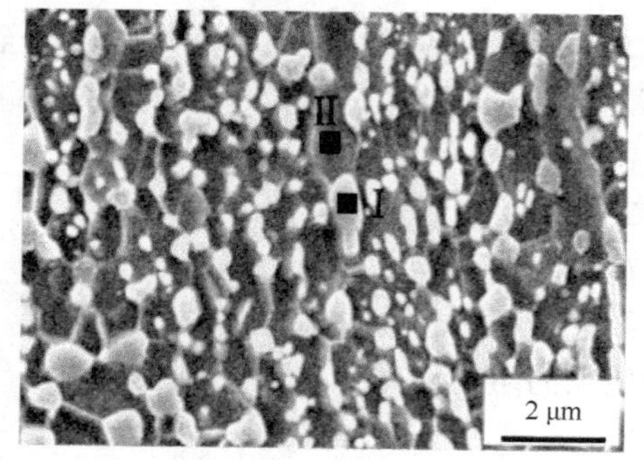

Ⅰ

元素	粒子能量/keV	质量分数/%	误差/%	原子分数/%
C K	0.277	9.68	0.22	33.16
Cr K	5.411	5.68	1.20	4.49
Fe K	6.398	84.64	1.93	62.34

Ⅱ

元素	粒子能量/keV	质量分数/%	误差/%	原子分数/%
C K	0.277	3.72	0.25	15.23
Cr K	5.411	1.18	1.31	1.12
Fe K	6.398	95.09	2.14	83.65

图 5-30 温轧退火后 Cr 在碳化物和铁素体中分布的能量色散光谱分析

因数据进行过舍入修约，质量分数与原子分数合计不为 100%，下同

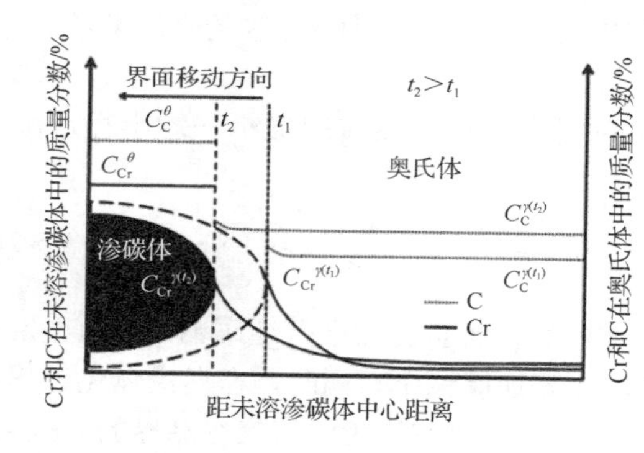

(a) 含Cr未溶渗碳体周围C和Cr元素分布

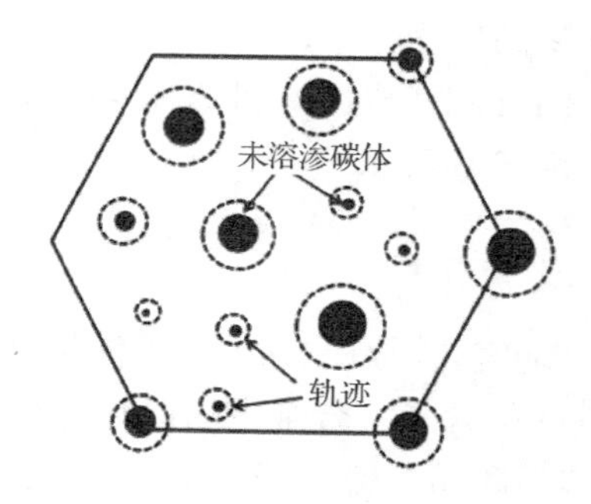

(b) 在未溶渗碳体周围形成高Cr浓度圈

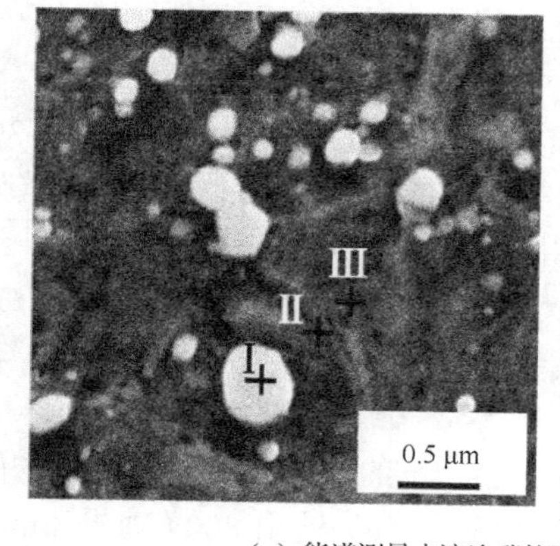

Ⅰ

元素	粒子能量/keV	质量分数/%	误差/%	原子分数/%
C K	0.277	12.75	0.26	40.38
Cr K	5.411	3.62	1.42	2.65
Fe K	6.398	83.63	2.29	56.98

Ⅱ

元素	粒子能量/keV	质量分数/%	误差/%	原子分数/%
C K	0.277	9.73	0.30	33.36
Cr K	5.411	2.00	1.59	1.58
Fe K	6.398	88.27	2.59	65.06

Ⅲ

元素	粒子能量/keV	质量分数/%	误差/%	原子分数/%
C K	0.277	9.24	0.30	32.11
Cr K	5.411	1.30	1.55	1.05
Fe K	6.398	89.45	2.53	66.84

(c) 能谱测量未溶渗碳体颗粒周围Ⅰ、Ⅱ、Ⅲ点C、Cr、Fe的含量

图 5-31 Cr 在未溶渗碳体周围铁素体基体中的分布

2. Mn 的作用

Mn 是稳定奥氏体的元素，会扩大奥氏体区，同时也会降低 A_1 共析温度，使得珠光体相变在一个更低的温度进行。层片状珠光体相变时，铁素体与前沿的奥氏体形成了两相共存，由 Fe-C 相图可知，铁素体中的含碳量最高为 0.021%。刚转变的铁素体含碳量会高于 0.021%，为了达到相平衡，这时的铁素体会继续向奥氏体中排碳，使后转变的奥氏体中碳产生富集，大大高于平均成分，从而进一步扩大奥氏体区，且这些区域的 M_s 不断降低。Mn 是扩大奥氏体区、降低 M_s 最有效的元素，含 Mn 较多的材料将加重这一现象，最终形成了岛状组织[19]，如图 5-23 所示。这种岛状组织通常称为 M-A 岛，即马氏体与残余奥氏体[19-20]。这种岛状组织在不同晶粒尺寸下都有出现，与晶粒尺寸无关，但是岛内组织似乎随着晶粒尺寸增大在发生变化。小尺寸时岛内没有明显的组织特征，晶粒逐渐长大后，可以看出 M-A 岛特征，见图 5-23。此外，Mn 明显导致珠光体不典型，即离异珠光体，这一现象还无法解释。

5.4　管线钢及细化晶粒对其组织的影响

5.4.1　管线钢的发展现状

管道运输是能源输送的主要手段，在油、气、煤以及通信、供电、交通、运输和排水等方面得到了广泛应用，成为现代工业和城镇生活的大动脉，被称为“生命线工程”。截至 2020 年，我国输油气管道的总里程达到了 16 万 km，可以绕赤道 4 圈。截至 2015 年，全世界已建成油气管线 206 万 km，还在以每年 1.7%的速率增长[21]。西气东输代表了目前我国天然气管道工程的最高水平。该管道西起新疆的轮南，经陕北靖边至上海，全长 4176km，管径为 1016mm，设计输气压力为 10MPa，设计输量为 $120\times10^8\text{m}^3/\text{a}$，管道钢级为 X70[22]。实验和计算表明，钢的级别提高一个等级，管线建设成本将降低 7%～10%。西气东输工程二期已大量采用 X80 级别的管线钢，X100 和 X120 管线钢已处于实验阶段。国内外管线钢不同年代的应用状况见图 5-32，由图可见，我国管线钢的应用水平与国际还是有一定的差距，我国在 2000 年才开始采用 X80 级别的管线钢，而国外在 1990 年已大量使用 X100 级别的管线钢。

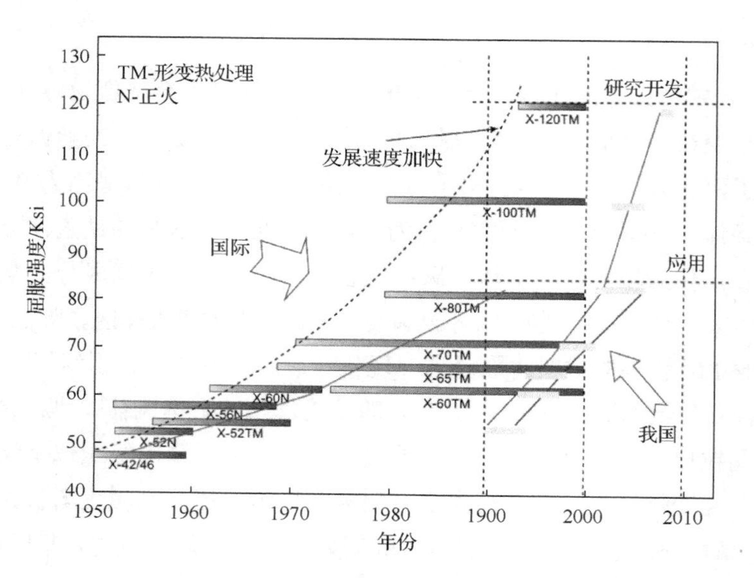

图 5-32　国内外管线钢不同年代的应用状况[23]

1Ksi=6.895MPa

5.4.2　管线钢的典型组织

1. 多边形铁素体

管线钢要求具有大韧性和良好的焊接性能，通常含碳量在 0.1%及以下。因此，铁素体是其最主要的组织，根据冷却速度和不同的轧制工艺，出现不同形态的铁素体。

多边形铁素体（polygonal ferrite，PF）组织是在较高的转变温度和较慢的冷却速度下形成的。PF 具有规则的外形，多边形态，晶界清晰，平直光滑。在光学显微镜和 TEM 下，PF 呈白亮色，晶界呈灰黑色。在 SEM 下，晶内呈灰黑色，晶界呈白亮色。除了铁素体以外，含碳量超过最大溶解度的铁素体会形成碳富集区，这些富碳区照理应该形成珠光体，但是量比较少，通常会发生离异共析，或一直富集或冷却到低温发生复杂的反应，常称为 M-A 岛，或退化珠光体、贝氏体。图 5-33 是 PF 的光学金相和 SEM 形貌，在光学显微照片中除了可以看到大量的多边形铁素体晶粒，还可以见到较多的黑色区域，这就是碳富集区最后形成的组织，或是 M-A 岛或是退化珠光体。在 SEM 图像中，PF 更清晰可见，还有更亮的白色小块，如图 5-33（b）中箭头所指，这些区域应该对应于光学金相中的黑色碳富集区，它们的尺度是相同的。

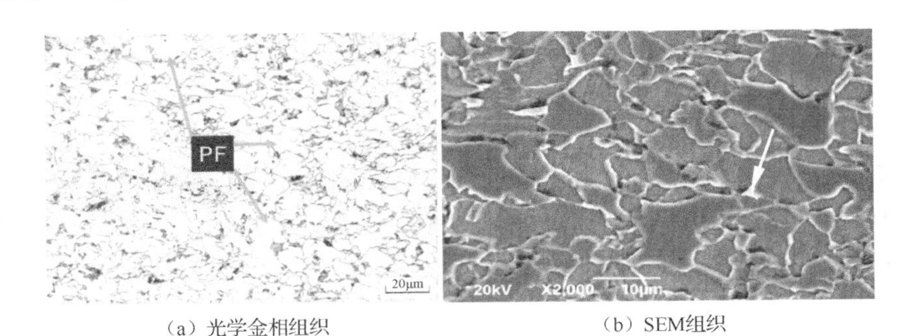

（a）光学金相组织 （b）SEM组织

图5-33 多边形铁素体的光学金相和SEM形貌[19]

2. 准多边形铁素体

准多边形铁素体（quasi-polygonal ferrite，QF）的析出温度较PF更低，冷却速度更快。QF是一种由块状转变产生的组织，又称块状铁素体（massive ferrite，MF）。QF转变不需要原子的长程扩散，新相与母相的成分相同。QF在母相晶界形核，也可以在晶内形核，受晶界原子扩散控制，转变速度较快。与PF相比，QF的晶粒形态不规则，呈无特征碎片，大小参差不齐。晶界粗糙、模糊不平，呈锯齿波浪状。与PF组织相比，碳富集的M-A岛较少，铁素体晶粒更小，同时晶界不规则，晶粒大小混晶。QF的光学金相和SEM形貌如图5-34所示。

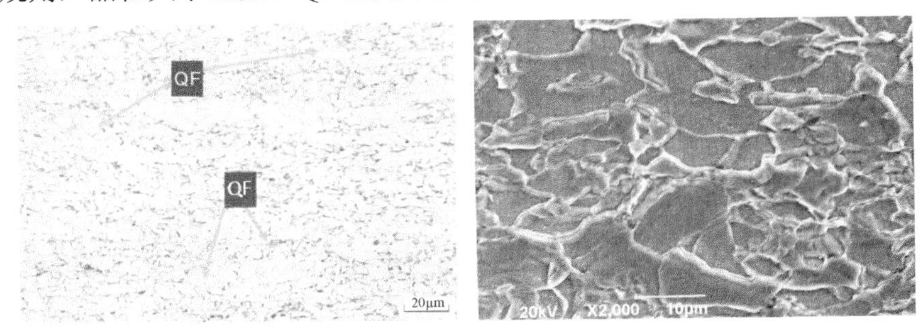

（a）光学金相组织 （b）SEM组织

图5-34 准多边形铁素体的光学金相和SEM形貌[19]

3. 粒状贝氏体铁素体

粒状贝氏体（granular bainite，GB）铁素体（GF）的析出温度较QF更低，冷却速度更快，形成过程是扩散和切变的混合型。铁素体有两种形态：长条形和无规则形态。长条形铁素体类似板条马氏体形态，板条成束，板条之间是小角度晶界，板条束之间是大角度晶界。板条间的小角度晶界对腐蚀不敏感，在TEM下才能看到板条的形态。无规则铁素体形态与QF形态类似。显然，长条形铁素体是切变形成的，而无规则铁素体是扩散机制形成的。在板条间和无规则铁素体边界上存在 M-A 岛，光学显微镜下岛状组织呈点状或粒状，SEM 下岛状组织呈块状或条状。由图 5-35 可知，粒状贝氏体铁素体实际是一个混合状态，其中有多边形铁素体、准多边形铁素体，也有粒状贝氏体铁素体。由于管线钢是在降温过程中轧制冷却形成的，连续冷却过程形成各种形态的铁素体是合理的。SEM 下铁素体的边界并不明显，不规则的铁素体边界与岛状组织交织在一块，难以区分。

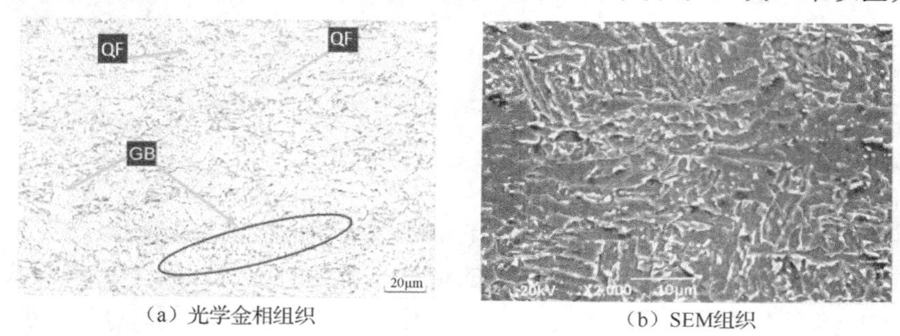

（a）光学金相组织　（b）SEM组织

图 5-35　粒状贝氏体铁素体光学金相和 SEM 形貌[19]

4. 贝氏体铁素体

贝氏体铁素体（bainite ferrite，BF）的析出温度比 GF 的更低，冷速更快。形成过程机制是切变和扩散的混合机制。组织特征也是具有板条与板条束，板条之间是小角度晶界，板条束之间是大角度晶界。与 GF 相比，板条的特征更加明显，在光学显微镜下就可以分辨。板条间有薄膜状的 M-A 岛组元。图 5-36 为贝氏体铁素体光学金相和 SEM 形貌，图中椭圆形画出的区域是典型的板条状铁素体。

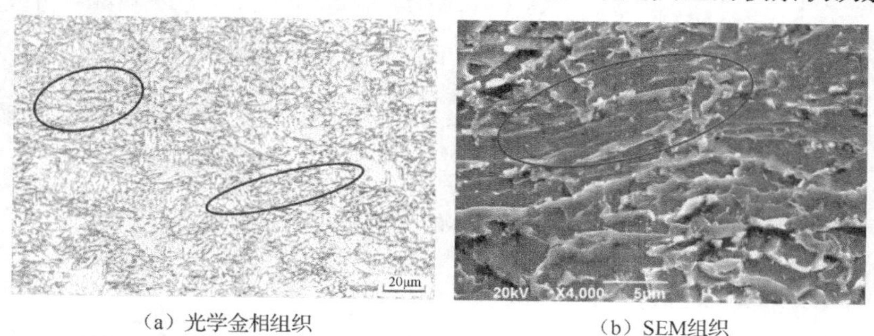

（a）光学金相组织　（b）SEM组织

图 5-36　贝氏体铁素体光学金相和 SEM 形貌[19]

5. 马氏体-奥氏体岛

马氏体-奥氏体（martensite and austenite，M-A）岛是奥氏体在转变中形成的。由于铁素体本身可固溶的含碳量较低，因此不断向未转变的奥氏体中排碳，局部奥氏体的含碳量升高，奥氏体的稳定性大幅增加，最终形成马氏体与残余奥氏体。M-A 岛存在于奥氏体晶界或铁素体边界，形状不规则，因此被称为岛状组织。

在光学显微镜下，M-A 岛呈暗灰色。在 SEM 下岛状组织呈白亮色，在 TEM 下，岛状组织呈黑色，块状、条状或薄膜状等多种形态。在尺寸较大的岛中可以见到孪晶亚结构，这说明岛中富集的含碳量达到了高碳的水平，产生了孪晶马氏体。尺寸较小的岛状组织中没有明显组织特征。

当冷却速度较慢时，富碳的奥氏体会发生分解，析出渗碳体，岛状组织转变为珠光体或退化珠光体，或常规贝氏体。光学显微镜的分辨率较低，这些奥氏体分解组织辨认不清，在 SEM、TEM 下，可以看到析出物的渗碳体。通常渗碳体呈断续的条状，与铁素体基体构成了退化珠光体。图 5-37 显示了 M-A 岛的光学金相、SEM 和 TEM 图像。光学显微镜下 M-A 岛形貌是黑色的块状及黑色条状组织，SEM 下 M-A 岛是亮色的块状或条状组织，TEM 下长的条状组织是贝氏体铁素体条，中间短的条状和块状组织是 M-A 岛。

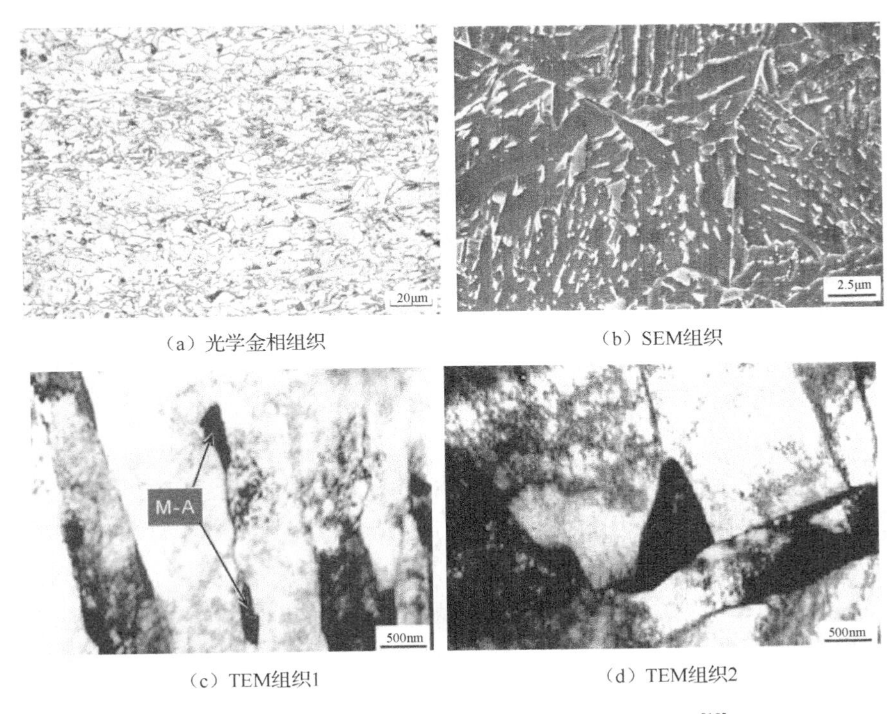

(a) 光学金相组织　(b) SEM组织

(c) TEM组织1　(d) TEM组织2

图 5-37　M-A 岛的光学金相、SEM 和 TEM 图像[19]

以上是管线钢的典型组织，铁素体随着冷却速度增加和转变温度降低，形态逐渐由多边形、准多边形到贝氏体条状变化，除了铁素体组织以外，有很多粒状、条状和线状的黑色组织，这些黑色的组织有可能是 M-A 岛、珠光体、退化珠光体或析出的渗碳体。本书重点关注 M-A 岛，关注岛状组织与晶粒尺寸的关系和内部特征。

5.4.3 细化晶粒对管线钢组织的影响

管线钢是通过控轧控冷方式制备的，其晶粒尺寸达到了 4～5μm，是工业应用水平的最小尺寸。图 5-38 给出了 X80 钢的原始态 SEM 组织，图中铁素体不是典型的贝氏体条状形态，有较多的亮色组织，类似 M-A 岛。由于这个试样是从管道上直接取下的样品，其轧制温度、冷却速度都是未知的，不便于系统研究晶粒尺寸对组织形态的影响。为此，将这一状态的样品进行了二次热处理，以便控制晶粒大小，如图 5-39 所示。图 5-39（a）是 X80 钢原始轧制态的高倍组织，可以看出有许多岛状组织，尺寸小于 1μm，在岛中看不到任何组织特征。图 5-39（b）是经 700℃加热 15min 后空冷的组织，经 700℃加热 15min 后，岛的形态变得比较圆润，尺寸比原始轧制态的明显增加，但是仍然看不到岛内有任何组织特征。图 5-39（c）和（d）分别是在 800℃和 900℃加热 15min 后空冷的组织，岛的尺寸随温度升高而增大，900℃时岛的尺寸达到 2～3μm 的量级，同时还有较多尺寸为 1μm 左右的岛。铁素体基体的晶粒尺寸也随热处理温度的升高而增大，但在岛内仍然看不到有珠光体或马氏体组织的痕迹。继续升高温度，图 5-39（e）是经 950℃加热 15min 后空冷的组织，这时在晶粒的局部可以看到短条的析出渗碳体，并非典型的珠光体。当温度升高到 1000℃，如图 5-39（f）所示，该图是 1000℃加热 15min 随炉冷却的样品，在这一状态，仍然得不到典型的层片状珠光体，得到的是退化状珠光体，渗碳体呈短的条状，无序分布或小范围的有规律分布。这主要是 Mn 在岛内偏聚产生的现象。5.2.2 小节已经系统介绍了晶粒尺寸和 Mn 对珠光体相变组织的影响，管线钢中含有 1.8%左右的 Mn，对珠光体相变产生了重要的影响。目前仍然没有在岛内看到马氏体组织特征。为此，将 1000℃加热的样品在炉内冷却到 530℃后出炉用水冷却，结果如图 5-39（g）所示，这时岛状组织中马氏体特征清晰可见。这说明在管线钢中生成马氏体是一件比较困难的事，常规控轧冷却的模式很难在岛中得到马氏体组织。M-A 岛是由相变原理分析得来的名称，并没有大量的实验支持。产生管线钢中这种特殊的岛状组织有以下三点原因。

（1）细化晶粒对珠光体相变的影响：珠光体存在临界晶粒尺寸，当晶粒尺寸小于 4μm 以后，珠光体相变的规律发生了变化，不能得到典型的层片状珠光体。

（2）Mn 对珠光体相变有重要的影响：即在正常的晶粒尺寸下，含有 1%以上 Mn 的合金钢仍然得不到常规的层片状珠光体。

（3）细化晶粒对马氏体相变的影响：细化晶粒可以大幅降低马氏体相变温度，Mn 和 C 在岛中的偏聚使得 M_s 大幅降低，常规冷却速度不能产生马氏体相变。

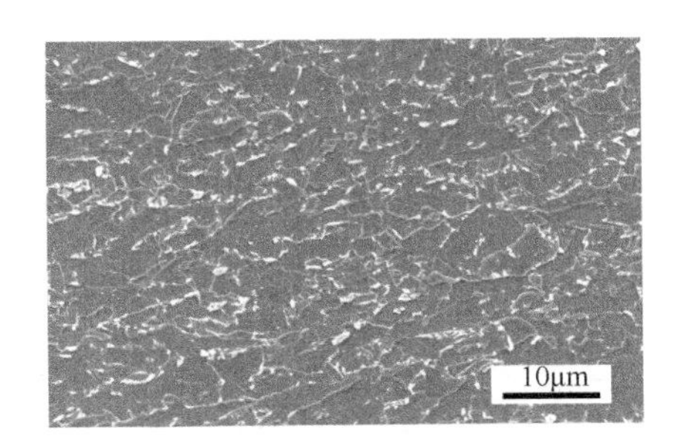

图 5-38　X80 钢的原始态 SEM 组织

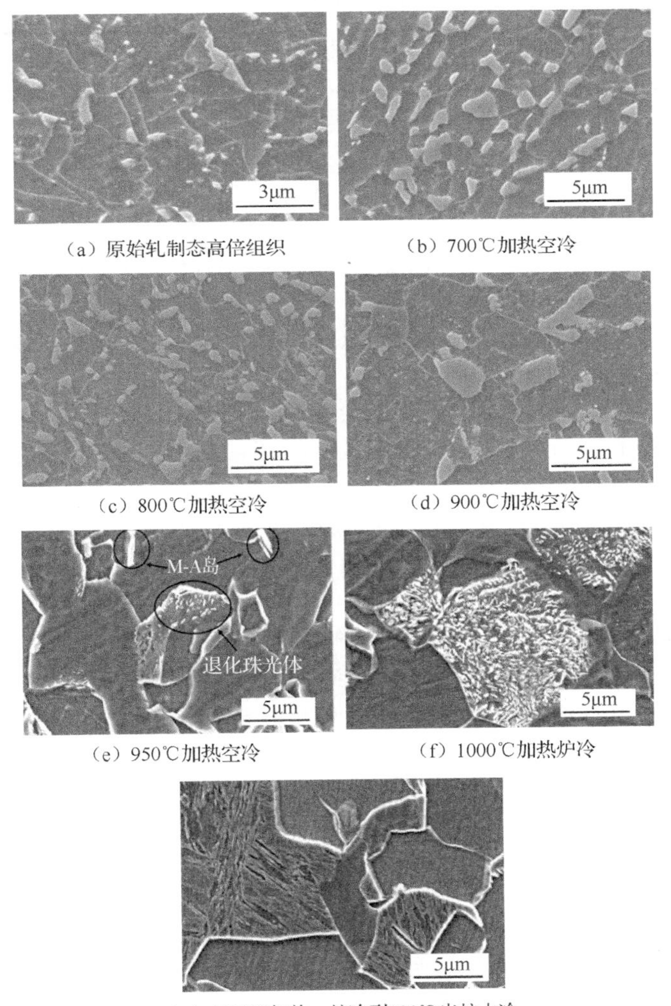

（a）原始轧制态高倍组织　（b）700℃加热空冷

（c）800℃加热空冷　（d）900℃加热空冷

（e）950℃加热空冷　（f）1000℃加热炉冷

（g）1000℃加热，炉冷到530℃出炉水冷

图 5-39　X80 钢加热不同温度加热 15min 空冷、炉冷和水冷的组织

这三个原因使得岛中的奥氏体不能以常规的模式分解为铁素体和渗碳体，同时岛中的 Mn 含量与 C 含量不足以使得奥氏体稳定到室温，C 将以不同的形式出现，这是第 6 章将讨论的问题。另外，管线钢中这些 M-A 岛特别耐腐蚀，组织比铁素体基体明显凸起，因此在 SEM 图像中是白亮的。值得一提的是，管线钢的晶界非常稳定，虽然加热到了 1000℃，晶粒尺寸仍然小于 10μm，这与管线钢的化学成分有关，X80 钢的化学成分见表 5-2，里面加入了 Mo、Nb、V 和 Ti 四种组元的细化晶粒元素，有效地起到了细化晶粒的作用。

表 5-2　X80 钢化学成分

元素	C	Si	Mn	Cr	Mo	Ni	Nb	V	Ti	Cu	Al	P	S
质量分数/%	0.061	0.21	1.77	0.029	0.15	0.19	0.05	0.03	0.015	0.14	0.03	0.01	0.0034

参考文献

[1] LI Y, RAABE D, HERBIG M, et al. Segregation stabilizes nanocrystalline bulk steel with near theoretical strength[J]. Physical Review Letters, 2014, 113(10): 106104.

[2] LIU Y N, HE T, PENG G J, et al. Pearlitic transformations in an ultrafine-grained hypereutectoid steel[J]. Metallurgical & Materials Transactions: A, 2011, 42(8): 2144-2152.

[3] ASKELAND D R, PHULE P P. Essentials of Materials Science and Engineering[M]. 北京：清华大学出版社, 2005.

[4] PORTER D A, EASTERLING K E, SHERIF M Y. Phase Transformations in Metals and Alloys[M]. New York: Van Nostrand Reinhold Co. , 1992.

[5] PEREZ M. Gibbs-Thomson effect in phase transformations[J]. Scripta Materialia, 2005, 52(8): 709-712.

[6] JIANG Q, ZHANG S H, LI J C. Grain size-dependent diffusion activation energy in nanomaterials[J]. Solid State Communications, 2004, 130(9): 581-584.

[7] 康沫狂，杨思品，管敦惠. 钢中贝氏体[M]. 上海：上海科学技术出版社, 1990.

[8] TONG W P, TAO N R, WANG Z B, et al. Nitriding iron at lower temperatures[J]. Science, 2003, 299(5607): 686-688.

[9] BOKSTEIN B, RAZUMOVSKII I. Grain boundary diffusion and segregation in interstitial solid solutions based on BCC transition metals: Carbon in niobium[J]. Interface Science, 2003, 11(1): 41-49.

[10] CHRITIEN F, GALL R L, SAINDRENAN G. Phosphorus grain boundary segregation in steel 17-4PH[J]. Scripta Materialia, 2003, 48(1): 11-16.

[11] OSTWALD W. Lehrbuch der Allgemeinen Chemie[M]. Leipzig: Nabu Press, 1896.

[12] GREENWOOD G W. Mechanism of Phase Transformation in Crystalline Solids[M]. London: Institute of Metals, 1969.

[13] LIU Z C, REN H P, WANG H Y. Austenite Formation and Pearlite Transformation[M]. Beijing: Metallurgical Industry Press, 2010.

[14] KIM K H, LEE J S, LEE D L. Effect of silicon on the spheroidization of cementite in hypereutectoid high carbon chromium bearing steels[J]. Metals & Materials International, 2010, 16(6): 871-876.

[15] GLADMAN T. On the theory of the effect of precipitate particles on grain growth in metals[J]. Proceedings of the Royal Society of London, 1966, 294(1438): 298-309.

[16] ZHAO L F, VERMOLEN J, SIETSMA J, et al. Cementite dissolution at 860℃ in an Fe-Cr-C steel[J]. Metallurgical & Materials Transactions: A, 2006, 37(6): 1841-1850.

[17] BABU S S, BHADESHIA H K D H. Diffusion of carbon in substitutionally alloyed austenite[J]. Journal of Materials Science Letters, 1995, 14(5): 314-316.

[18] BENS R, ELLIOTT J F, CHIPMAN J. Thermodynamics of the carbides in the system Fe-Cr-C[J]. Metallurgical Transactions, 1974, 5(10): 2235-2240.

[19] 冯耀荣, 高惠临, 霍春勇, 等. 管线钢显微组织的分析与鉴别[M]. 西安: 陕西科学技术出版社, 2008.

[20] 李鹤林, 郭生武, 冯耀荣, 等. 高强度微合金管线钢显微组织分析与鉴别图谱[M]. 北京: 石油工业出版社, 2001.

[21] 严琳, 赵云峰, 孙鹏, 等. 全球油气管道分布现状及发展趋势[J]. 油气储运, 2017, 36(5): 481-486.

[22] 李影, 李国义, 马文鑫. 我国油气管道建设现状及发展趋势[J]. 中国西部科技, 2009, 8(14): 6-8.

[23] 冯耀荣, 霍春勇, 吉玲康, 等. 我国高钢级管线钢和钢管应用基础研究进展及展望[J]. 石油科学通报, 2016, 1(1): 143-153.

第 6 章　超细晶钢中的新型析出相

奥氏体从高温冷却到室温会发生一系列转变，例如，奥氏体会转变为珠光体、贝氏体及马氏体。贝氏体有上贝氏体和下贝氏体之分，上贝氏体在珠光体相变温度以下生成，而下贝氏体在马氏体相变温度以上生成。虽然分解产物都是铁素体与渗碳体，但是它们的形态有较大的差别，导致显微组织与力学性能千差万别。本章介绍的奥氏体转变不同于上述的珠光体相变和贝氏体相变，分解温度在贝氏体反应的温度附近，但转变产物不是常规的贝氏体，而是第 5 章中所提到的岛状组织。直到现在，很少文献系统地研究过管线钢中岛状组织的转变产物是什么，现有资料中关于 M-A 岛的结论主要是根据马氏体相变的理论推测或分析得来的，并不能解释目前观察到的现象，本章将系统地介绍管线钢中岛状组织的析出相。

6.1　管线钢中岛状组织析出相

6.1.1　一种新型碳化物——Fe_4C_3

5.4 节的实验表明，M-A 岛的出现与晶粒尺寸有关，这与 5.2 节层片状珠光体相变的临界尺寸吻合。为了在 TEM 下更方便地找到 M-A 岛，对 X80 钢进行了 700℃的热处理，降低热处理温度将细化奥氏体晶粒，达到增加岛状组织的目的。图 6-1 显示处理后的结果，经过这样处理后，第二相全部变为岛状组织。

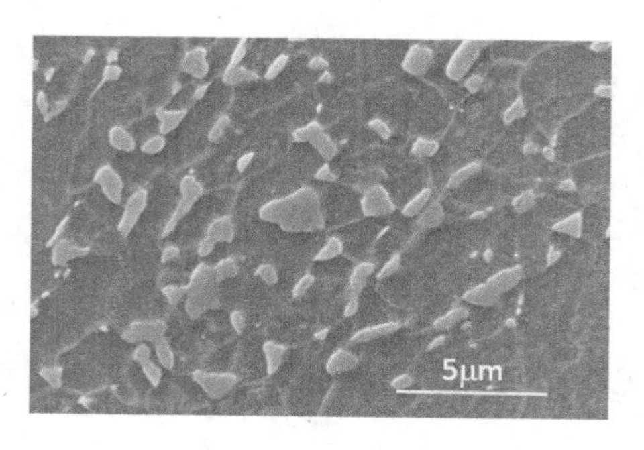

图 6-1　X80 钢 700℃加热 15min 后空冷组织

图 6-2（a）显示，采用常规双喷方法制备 X80 钢的 TEM 样品，在观察组织形貌时，图像的衬度极大，黑色的区域对应 SEM 图像中的 M-A 岛。由于 M-A 岛耐腐蚀，在双喷制样的过程中腐蚀速率较慢，这一区域较厚，电子束透过较少而图像发暗。这与 SEM 图像中 M-A 岛颜色发亮原理不同，SEM 观察岛状组织要用金相方法制备试样，M-A 岛耐腐蚀，岛的区域会高出基体，在岛的边缘产生棱角，在电子束照射下产生更多的二次电子，因此岛的区域比基体亮度大。将双喷的样品再进行一次轻微的离子减薄，如图 6-2（b）所示。中心部分是一块 M-A 岛，岛中看不出任何组织特征，没有马氏体的板条或针片形貌，也没有对应的位错与孪晶亚结构，这与 M-A 岛的名称不相符。后续还看到了大量的这种岛状组织，没有马氏体和奥氏体组织特征。对图 6-2（b）进行衍射分析，结果见图 6-3。反复转动样品台，获得了三个不同晶带轴的衍射斑点，通过比对标定，发现这三套斑点与已知的几种铁碳化物都不能匹配。钢中常见的几种碳化物的晶体学参数见表 6-1，这预示着有产生新相的可能。进一步与已知的几种典型晶体结构衍射花样对比，发现中心附近的小斑点与面心立方晶体结构的[011]、[$\bar{1}12$]和[$\bar{1}11$]三个晶带轴的衍射花样相同，表明是一种面心立方结构。已知θ-碳化物 Fe_3C 是正交晶系；ε-碳化物是六方晶系，是 Fe-C 合金马氏体在 300℃以下回火时的析出相，属于过渡型碳化物，成分在 Fe_2C 与 Fe_3C 之间。马氏体在 300℃左右回火时，会在θ-碳化物完全形成前出现另一种过渡碳化物——χ-碳化物，是单斜晶系，其分子式为 Fe_5C_2。除此之外，还在其他研究领域发现了 Fe_4C、FeC、Fe_2C_3、Fe_7C_3、Fe_9C_4、θ_n-$Fe_{2n+1}C_n$ 等类型的铁碳化合物[1-3]。

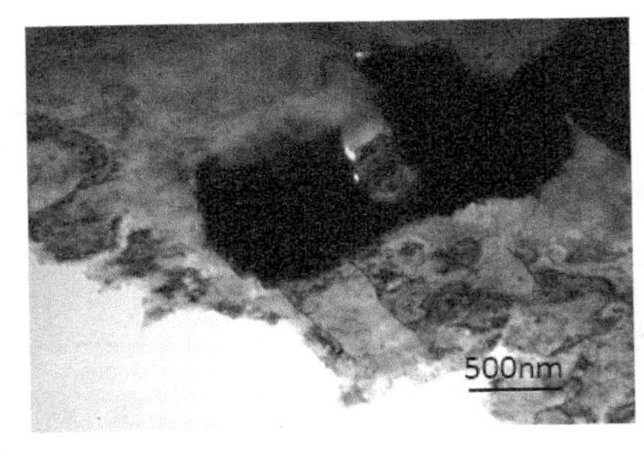

（a）双喷制备 TEM 样品的形貌

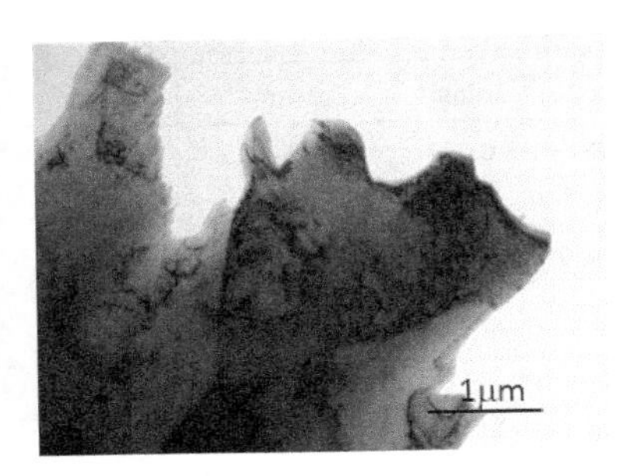

（b）双喷后离子减薄试样 TEM 形貌

图 6-2　X80 钢 700℃加热 15min 后空冷组织

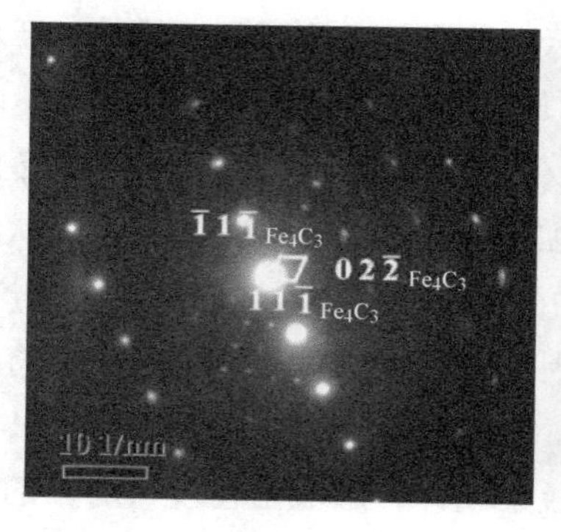

（a）晶带轴[011]

（b）晶带轴[$\bar{1}$12]

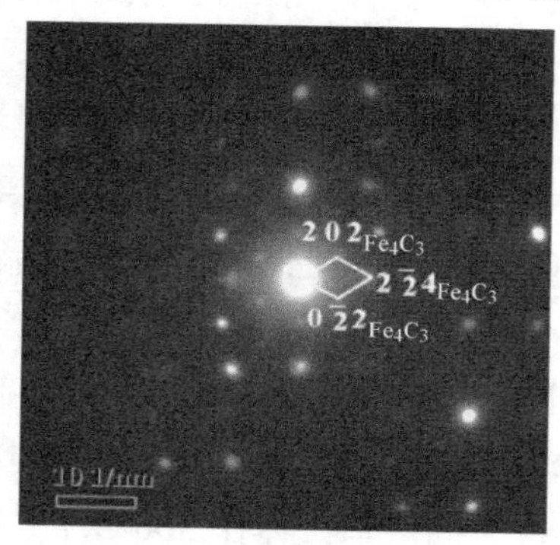

（c）晶带轴[$\bar{1}$11]

图 6-3　图 6-2（b）衍射分析结果

表 6-1　钢中常见碳化物晶体学参数

碳化物	晶格常数				分子式	晶体类型	参考文献
	a/nm	b/nm	c/nm	β/（°）			
θ-碳化物	0.452	0.509	0.674	—	Fe_3C	正交晶系	[4]～[8]
χ-碳化物	1.156	0.457	0.506	97.73	Fe_5C_2	单斜晶系	[9]～[11]
η-碳化物	0.471	0.433	0.284	—	Fe_2C	正交晶系	[12]～[14]
ε-碳化物	0.275	—	0.435	—	$Fe_{2.4}C$	六方晶系	[15]～[18]

在管线钢的衍射分析中，除了基体比较大的衍射斑点以外，在中心斑点附近都出现了弱而不全的衍射小斑点，如图 6-4 所示。有人认为这些小斑点是氧化物的衍射斑点[19-20]。氧化物主要是电镜样品制备过程中在空气中暴露产生的，尤其是采用电解双喷方法制备样品，其氧化物的类型主要是 Fe_3O_4[21]。由于早期电镜的技术水平问题，样品在电镜观察时的电子束长时间轰击中也会产生膜面氧化[20]。

（a）中心斑点周围的小斑点

（b）主斑点周围的卫星斑点

图 6-4　X90 钢中 M-A 岛的 TEM 衍射花样[22]

由于 TEM 膜被氧化，其产物应该均匀覆盖在膜表面，图 6-5 是一种 Fe-Ni 合金马氏体 TEM 样品表面氧化膜的明场像、衍射与暗场图像。图 6-5（a）是氧化物 TEM 明场像，氧化物在表面均匀分布，与组织形貌的轮廓没有任何关系。图 6-5（b）是氧化物的衍射图像，图中拉长的小斑点是氧化物的斑点，用氧化物斑点呈暗场像，仍然没有马氏体组织形貌特征，见图 6-5（c）。氧化物容易出现衍射环，见图 6-6。该图是 4340 钢马氏体回火组织衍射花样，围绕中心斑点出现了两圈明显的衍射环，这是 Fe_3O_4（311）和（440）两个晶面组的衍射环。还有一个特征是氧化物的衍射多呈现拉长的斑点，图 6-5 和图 6-6 中有较多这种特征的衍射斑点。氧化物沉积到金属表面，由于晶面间距的差异，产生较大的匹配应力，晶面间距产生微小的变形位移。对比管线钢的组织形貌（图 6-2）与氧化物的形貌（图 6-5），以及斑点衍射花样（图 6-3、图 6-4）与氧化物的衍射花样（图 6-6），发现管线钢中析出物与 TEM 样品表面氧化物形貌和衍射花样的差异还是比较大的，尤其是衍射斑点，管线钢中未知相的衍射斑点规则、整齐排列，没有拉长的特征及衍射环的特征。唯一相似的是斑点的距离和角度，即花样的形态相似度极高[20, 23]，这暗示着未知相的晶体结构与 Fe_3O_4 相同。

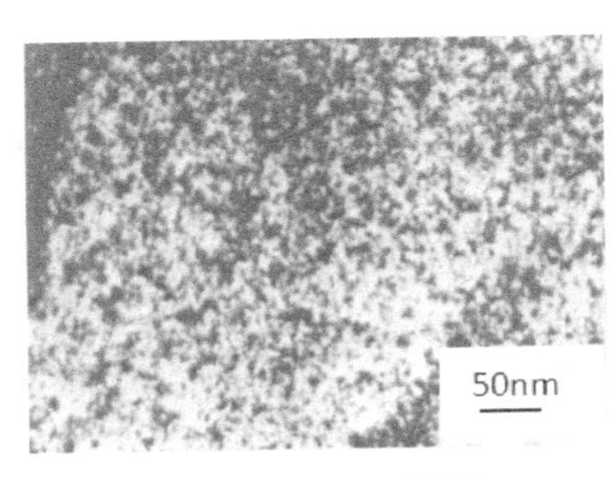

（a）氧化物TEM明场像

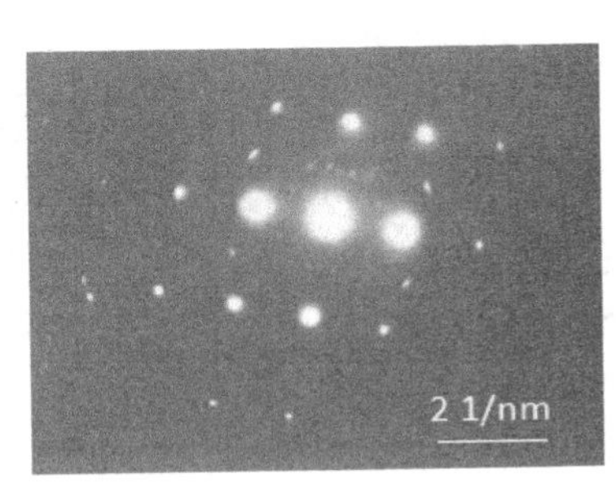

（b）氧化物的衍射图像

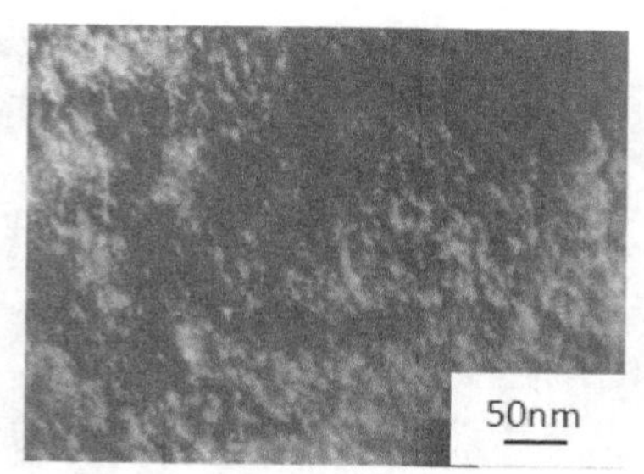

（c）氧化物暗场图像

图 6-5　一种 Fe-Ni 合金马氏体 TEM 样品表面氧化膜的明场像、衍射图像与暗场图像[23]

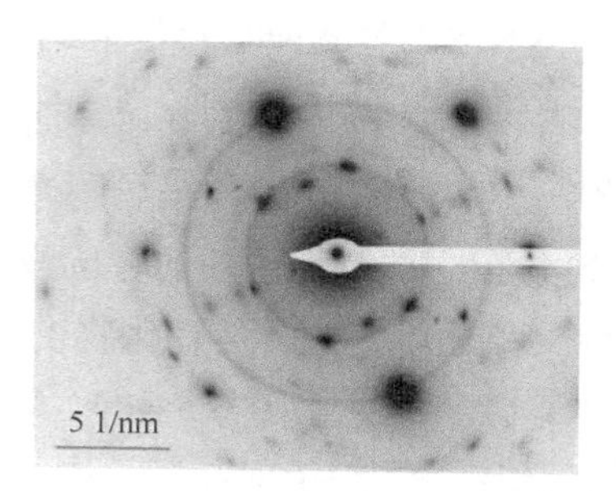

图 6-6　4340 钢马氏体回火组织衍射花样[21]

Fe_3O_4 是立方晶体，属于 Fd-3m 空间点阵群的尖晶石结构，该结构的一般化学式为 AB_2O_4，代表性的化合物是 $MgAl_2O_4$，见图 6-7，其中氧原子按立方紧密堆积排列，镁原子填充在四面体间隙中，铝原子填充在八面体间隙中。

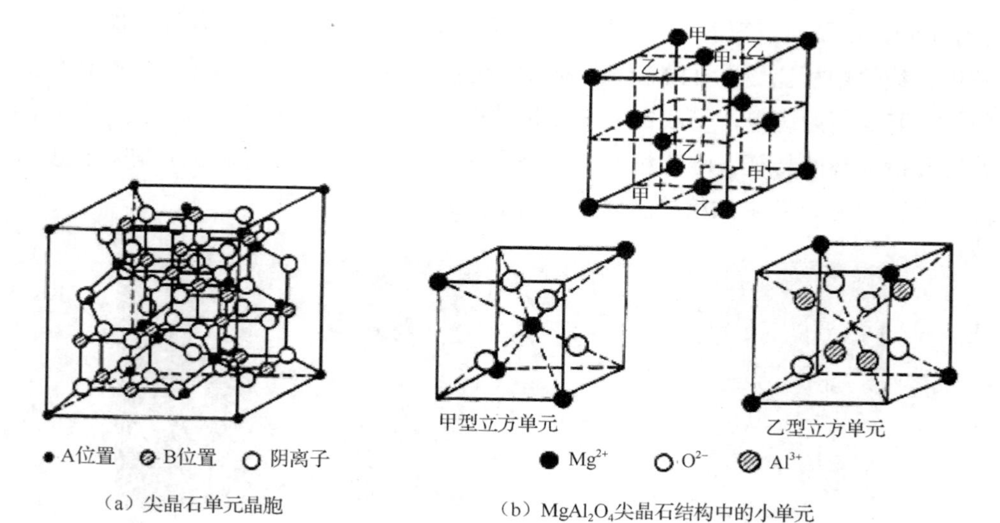

（a）尖晶石单元晶胞　　（b）$MgAl_2O_4$尖晶石结构中的小单元

图 6-7　尖晶石结构化合物 AB_2O_4 晶胞示意图[24]

虽然已经知道管线钢中的未知相是立方结构，但是Fe、C比例，即分子式仍然不知道。由于其与Fe_3O_4在衍射花样上有较大的相似性，不妨大胆假设新的未知相具有与Fe_3O_4相同的晶体结构。这种假设有其合理性，碳原子与氧原子都是小尺寸原子，碳和氧的原子半径分别为0.077nm和0.074nm，两者的化合价有所不同。氧是−2价，碳是+4价。在形成固态化合物的时候，化合价是一个形成因素，原子或离子的尺寸是另一个因素。满足尺寸的匹配，形成最紧密的结构，才能保持稳定存在，能量最低。在晶格构型时，Fe、C两种原子取代了传统尖晶石结构中A、B氧原子的位置，最终形成了一种新的尖晶石结构。经多次尝试后，最终发现铁原子取代O^{2-}的位置，碳原子取代Mg^{2+}、Al^{3+}的位置后，通过软件CrystalMaker构建出了新的尖晶石晶格结构，然后通过软件SingleCrystal模拟出该晶格结构在三个不同晶带轴下的标准衍射斑点，分别如图6-8（a）、（b）、（c）所示，这三套斑点与图6-3（a）、（b）和（c）未知相的消光条件、晶面间距比值、晶面夹角完全相同，证明该未知相应为尖晶石结构，其化学式应为Fe_4C_3。在Fe_4C_3这个化合物中Fe呈+3价，C呈−4价，刚好形成一个价态平衡的化合物，从能量角度也是稳定的。另外，C是小尺寸原子，它们位于四面体间隙和八面体间隙也是比较合理的。

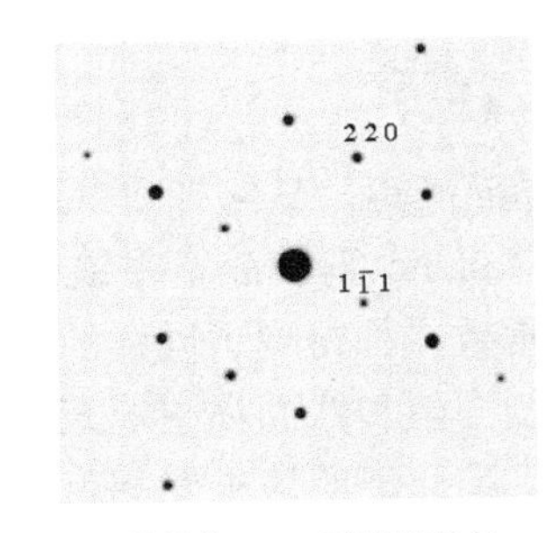

（a）晶带轴$[\bar{1}12]_{Fe_4C_3}$下模拟斑点

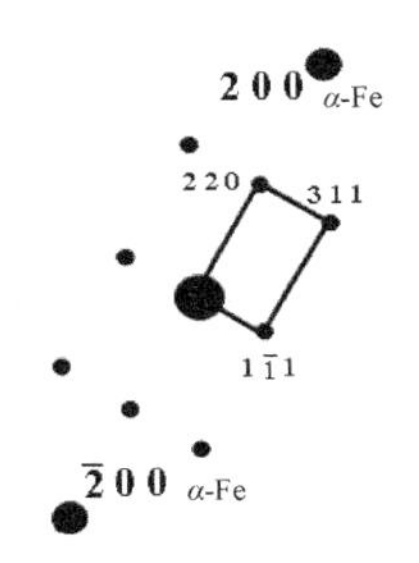

（b）图6-3（b）中未知斑点标定，晶带轴$[\bar{1}12]_{Fe_4C_3}$ // $[012]_{\alpha\text{-}Fe}$

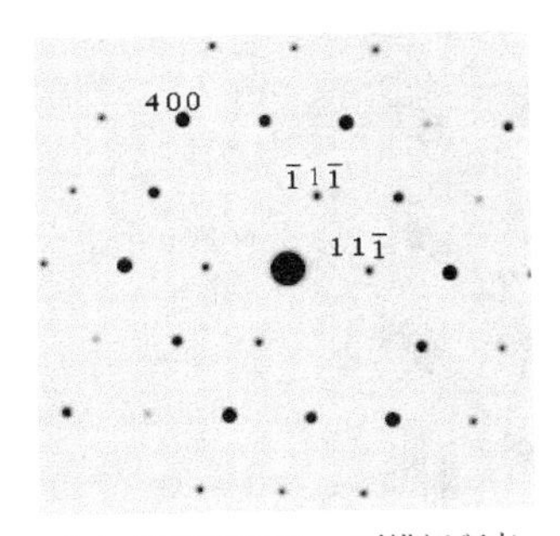

（c）晶带轴$[011]_{Fe_4C_3}$下模拟斑点

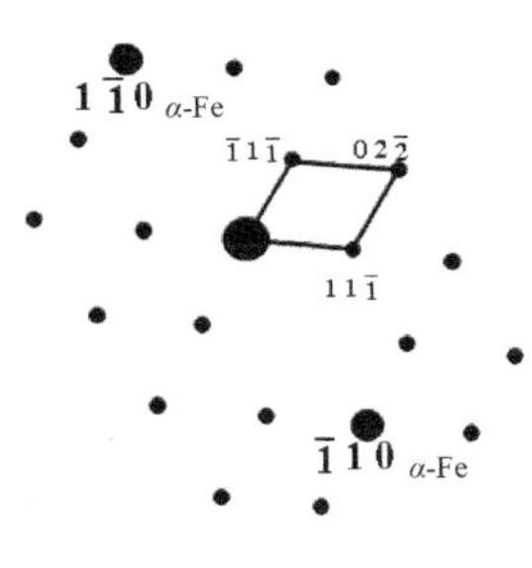

（d）图6-3（a）中未知斑点标定，晶带轴$[011]_{Fe_4C_3}$ // $[335]_{\alpha\text{-}Fe}$

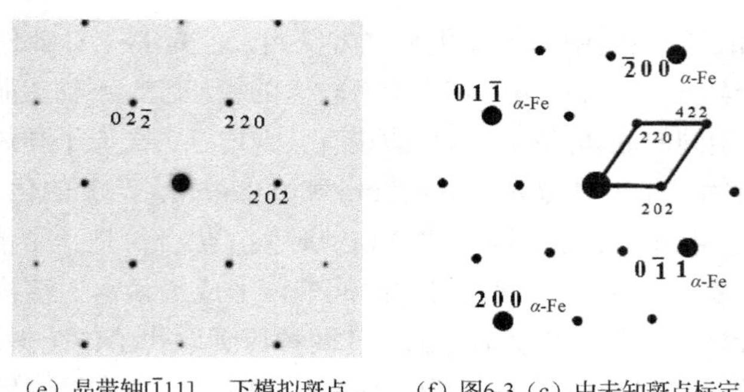

（e）晶带轴$[\bar{1}11]_{Fe_4C_3}$下模拟斑点　　（f）图6-3（c）中未知斑点标定，晶带轴$[\bar{1}11]_{Fe_4C_3}$ // $[011]_{\alpha\text{-Fe}}$

图 6-8　Fe_4C_3在三个不同晶带轴下选区衍射斑点计算机模拟及图 6-3 三个取向未知斑点标定

通过对比三个相应晶带轴下的模拟斑点，标定图 6-3（a）、（b）和（c）中选区衍射的斑点如图 6-8（b）、（d）和（f）所示，它们的晶带轴分别为$[\bar{1}12]_{Fe_4C_3}$ // $[012]_{\alpha\text{-Fe}}$[图 6-8（b）]，$[011]_{Fe_4C_3}$ // $[335]_{\alpha\text{-Fe}}$[图 6-8（d）]和$[\bar{1}11]_{Fe_4C_3}$ // $[011]_{\alpha\text{-Fe}}$[图 6-8（f）]。标定后还可发现三晶带轴下铁素体与该Fe_4C_3相结构存在一定的位向关系，如$(440)_{Fe_4C_3}$ // $(200)_{\alpha\text{-Fe}}$[图 6-8（b）]，$(\bar{4}00)_{Fe_4C_3}$ // $(1\bar{1}0)_{\alpha\text{-Fe}}$[图 6-8（d）]；$(440)_{Fe_4C_3}$ // $(\bar{2}00)_{\alpha\text{-Fe}}$[图 6-8（f）]。尖晶石结构实际为面心立方晶格结构，晶面(hkl)的晶面间距 d 和晶格常数 a 之间满足关系：

$$a = d \times \sqrt{h^2 + k^2 + l^2} \tag{6-1}$$

基于式（6-1），通过测定相应晶面的晶面间距，最终计算Fe_4C_3的晶格常数。例如，该相中$d(200)_{Fe_4C_3}$为 4.05nm，由此算得Fe_4C_3的晶格常数约为 0.81nm。采用所有标定出的Fe_4C_3晶面指数计算晶格常数，都得到了同样的结果。其晶胞结构如图 6-9 所示，碳原子在铁原子组成的四面体和八面体中填充，如图中虚线所绘，晶面间距比值、晶面夹角都完全相同，因此证明该未知相就是一种新的尖晶石结构。

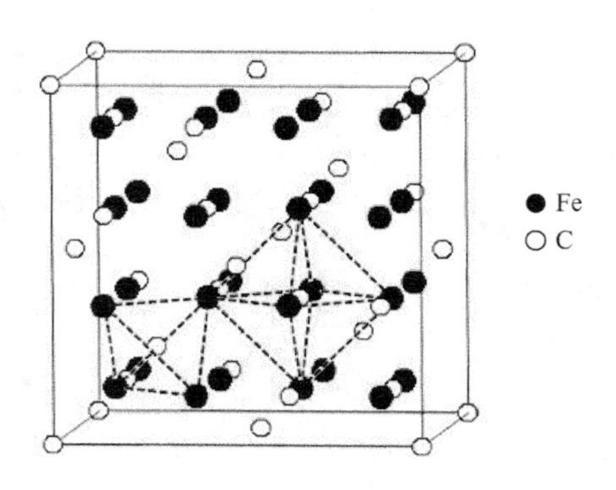

图 6-9　Fe_4C_3晶胞结构

以下根据获得的 Fe_4C_3 的晶体学参量，对管线钢中 M-A 岛的析出物进行标定，并揭示 Fe_4C_3 的形貌特征。图 6-10（a）给出了岛的 TEM 明场像，经离子减薄后，岛中仍然看不到典型的马氏体和奥氏体组织，对其进行衍射如图 6-10（b）所示。中心斑点附近的小斑点是$[\bar{1}12]_{Fe_4C_3}$晶带的衍射，采用 Fe_4C_3 的衍射斑点 2 进行暗场成像，如图 6-10（c）所示，Fe_4C_3 的纳米形态显示出来，纳米 Fe_4C_3 的尺寸在 5～10nm 的量级。

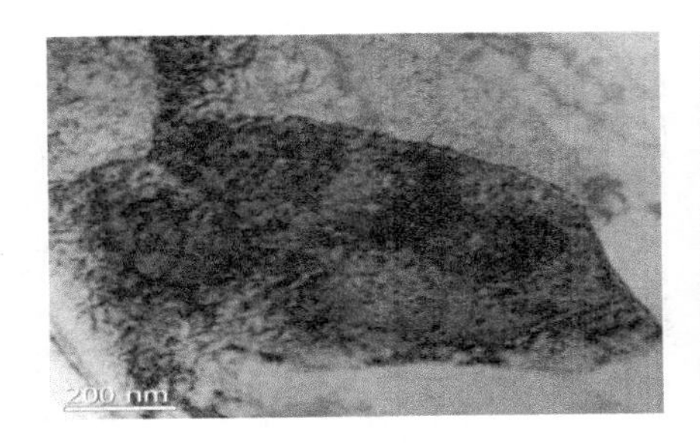

（a）M-A 岛的明场像

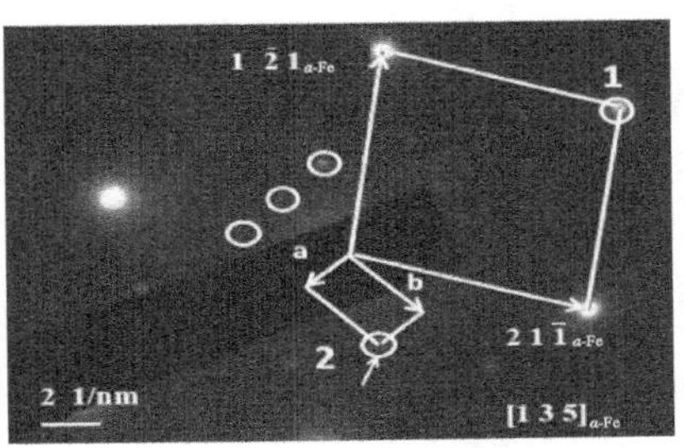

（b）岛状组织的衍射图像

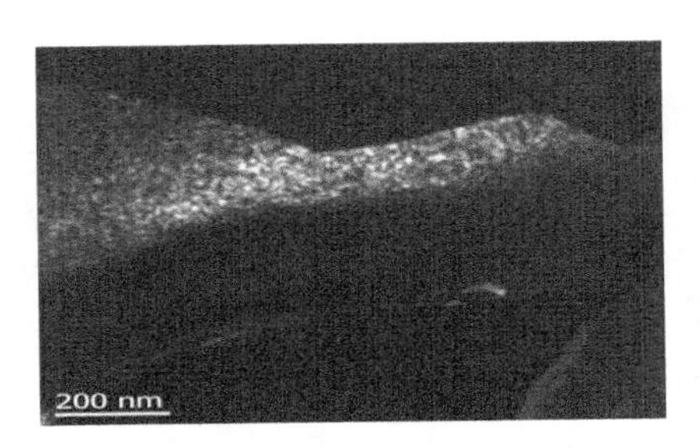

（c）Fe_4C_3 斑点 2 的暗场像

图 6-10　管线钢中两个岛的 TEM 明场像、衍射与暗场像

对岛状组织进行高分辨观察，如图 6-11 所示，图像中有尺寸为 2nm 左右的黑色区域，同时晶格条纹比较紊乱。对其进行傅里叶变换，得出三套不同取向的斑点，对其标定，全部符合 Fe_4C_3 的晶体学参数，证明岛中析出物是 Fe_4C_3，这说明 M-A 岛中不是我们熟知的马氏体与奥氏体。在比较大的岛状组织中可能有马氏体，但是通常见到的岛状组织尺寸比较小，较小的尺寸导致马氏体相变困难（第 7 章进行专题研究）。珠光体相变也变得比较困难，渗碳体不能以常规的方式直接析出，Fe_4C_3 变成了一个过渡产物。

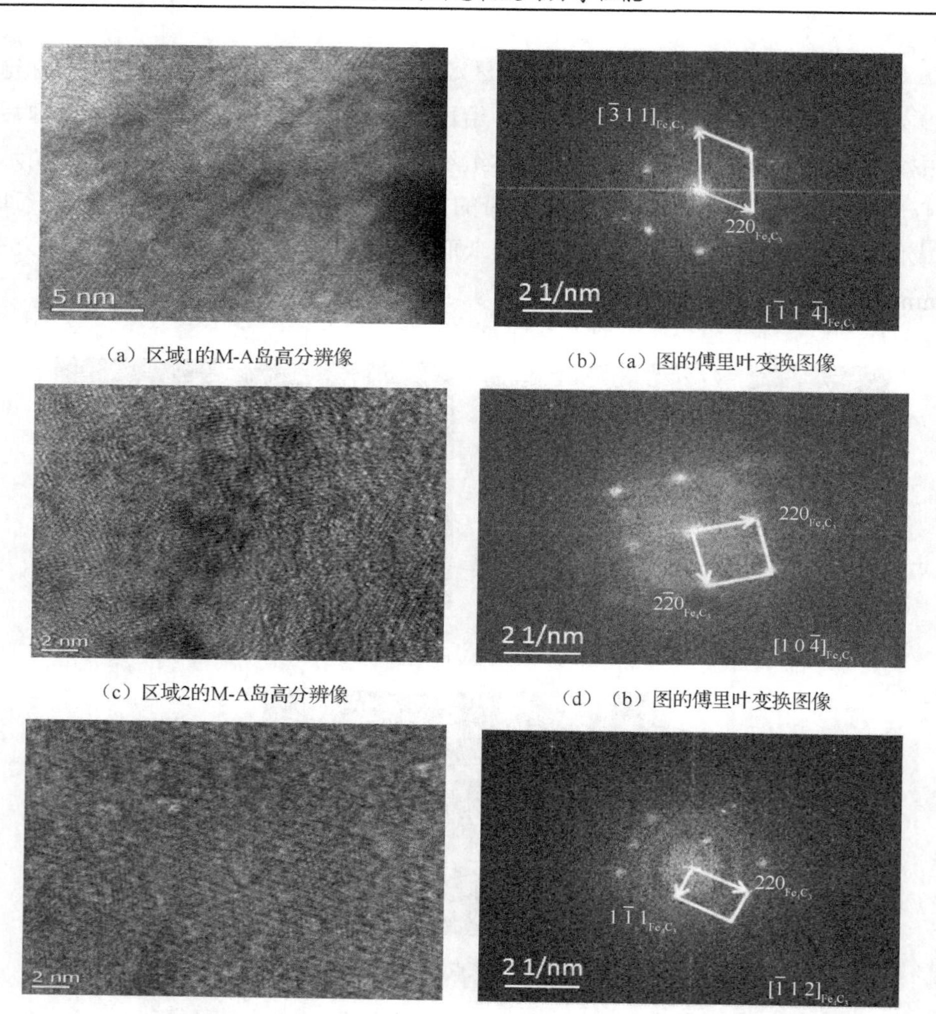

（a）区域1的M-A岛高分辨像　（b）（a）图的傅里叶变换图像

（c）区域2的M-A岛高分辨像　（d）（b）图的傅里叶变换图像

（e）区域3的M-A岛高分辨像　（f）（e）图的傅里叶变换图像

图 6-11　M-A 岛的高分辨像与傅里叶变换图像

6.1.2　其他材料中的 Fe_4C_3

1. 65Mn 钢中的 Fe_4C_3

65Mn 钢是经典的弹簧钢，选择 65Mn 钢是因为其与管线钢中的岛状组织成分相似。虽然管线钢的含碳量比较低，小于 0.1%，但是管线钢中的岛状组织富集了 C 与 Mn，65Mn 钢整体成分就有可能接近岛状组织成分。将购买的棒状材料经锻造后 650℃低温轧制，轧制形变量 75%，空冷到室温。650℃轧制的目的是细化晶粒，以上岛状组织的分析结果表明细化晶粒促进 Fe_4C_3 的形成。图 6-12 是 65Mn

钢 650℃轧制后的组织。650℃轧制后，层片状珠光体的特征已基本消失，只有少量区域还有残存，如图 6-12（a）中方框所示，层片状渗碳体被碎化、圆润化，如图 6-12（b）所示，有一些类似岛状组织的特征，如图 6-12（b）中圆圈标注。铁素体晶粒被细化到 1μm 以下的量级，图 6-12（b）中隐约可见晶界轮廓。

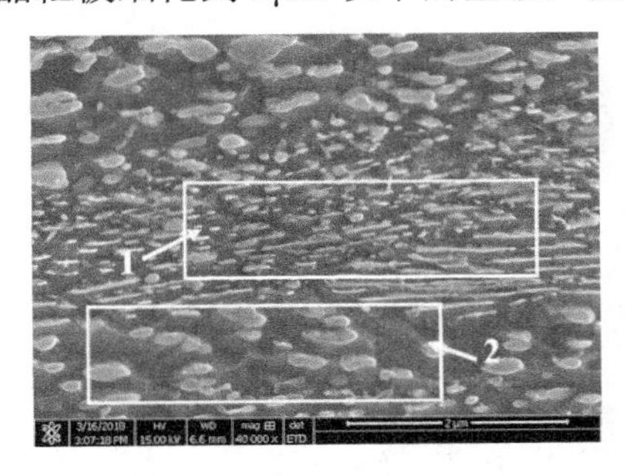

（a）珠光体的残留

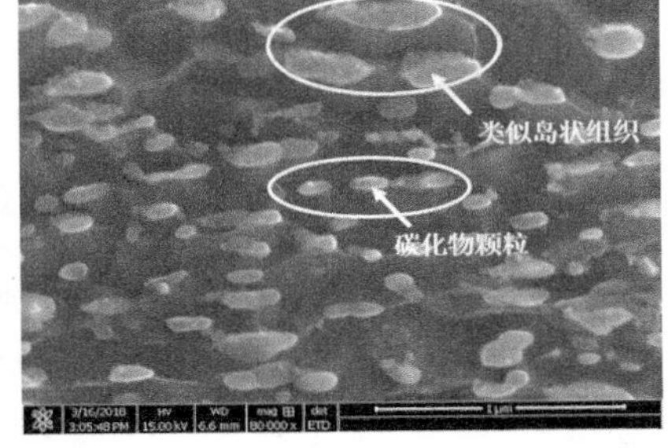

（b）65Mn 钢中的岛状组织与碳化物

图 6-12　65Mn 钢 650℃轧制后的组织

图 6-13 是 65Mn 钢 650℃轧制后组织的 TEM 明场像、衍射图像和暗场像。明场像中白圈部分有一个圆形的渗碳体颗粒，在其周围有黑色的区域，以及下方长条的黑色带，这些区域与管线钢中 M-A 岛在 TEM 下的形貌相似。图 6-13（b）是图 6-13（a）中白圈区域的高倍明场像，对这一区域做衍射如图 6-13（c）所示，除了基体的斑点以外，有$[011]_{Fe_4C_3}$的衍射斑点。以斑点 1 做暗场像如图 6-13（d）所示，渗碳体颗粒周围有 Fe_4C_3 成像，尺寸在 2nm 左右，渗碳体颗粒并没有成像，表明这些衍射斑点不是来自渗碳体。另一视域的 TEM 图像如图 6-14 所示，明场像中有较多的渗碳体颗粒，经保温空冷后，渗碳体颗粒圆润化，与 SEM 图像（图 6-12）中拉长并椭圆化的渗碳体颗粒形貌并不对应。衍射图像中也有 Fe_4C_3 的斑点，Fe_4C_3 的衍射暗场像如图 6-14（c）所示，所有渗碳体颗粒并不成像，但是渗碳体颗粒的边缘出现亮色的圆环，还有右上角基体出现大量的 Fe_4C_3。这种渗碳体被新相包裹的结果与图 5-18 中超细晶珠光体离异共析转变的渗碳体长大过程相似，证明了 Fe_4C_3 相的存在，并且是渗碳体长大的一个前期亚稳相。

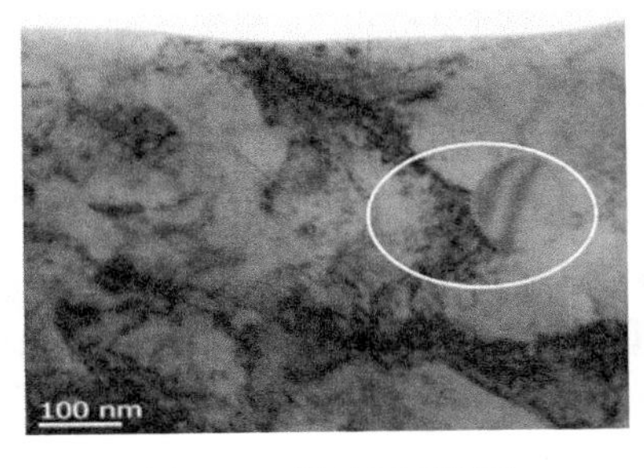

（a）65Mn 钢 TEM 明场像

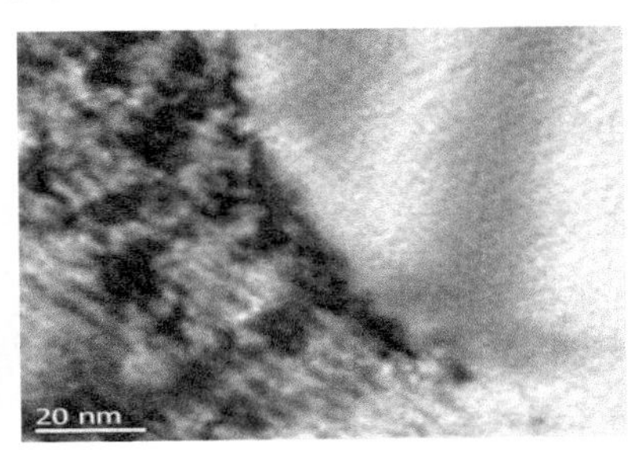

（b）（a）图中白圈区域的局部放大

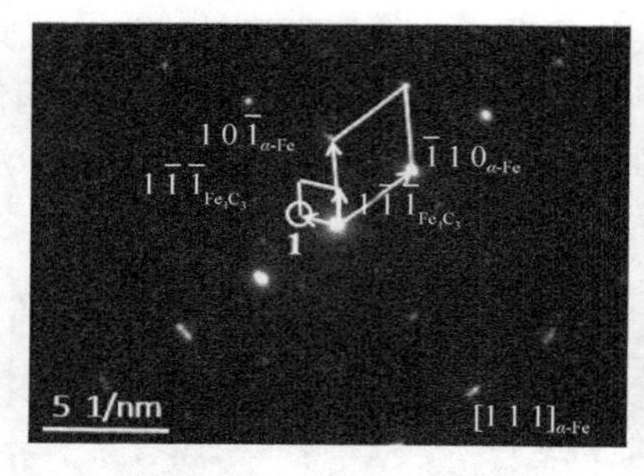

(c)（b）图中黑色的析出物衍射图像

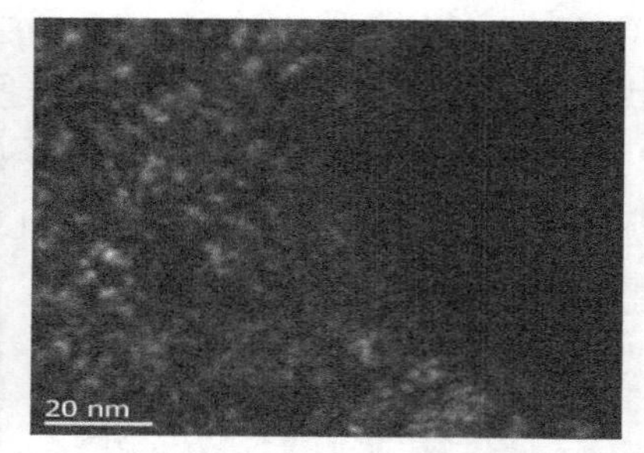

(d)（c）图中 Fe_4C_3 斑点 1 的暗场像

图 6-13　65Mn 钢 650℃轧制后组织的 TEM 明场像、衍射图像和暗场像

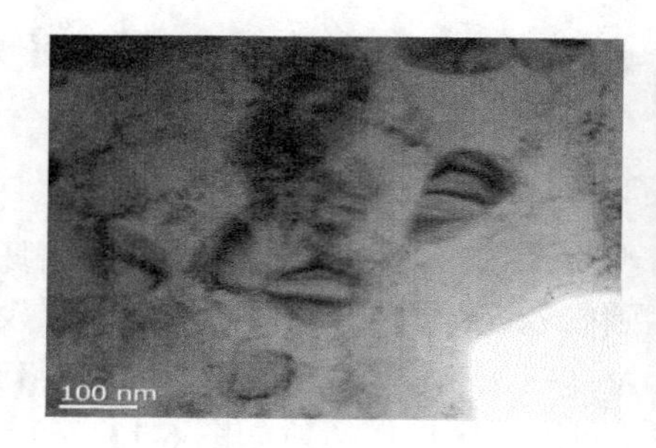

(a) 65Mn 钢 TEM 明场像

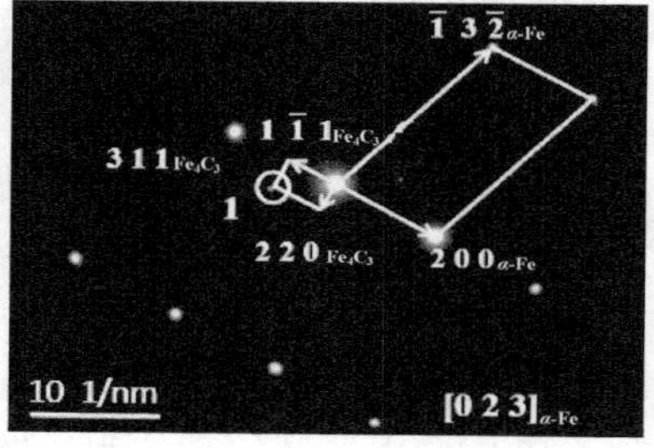

(b)（a）图的衍射图像

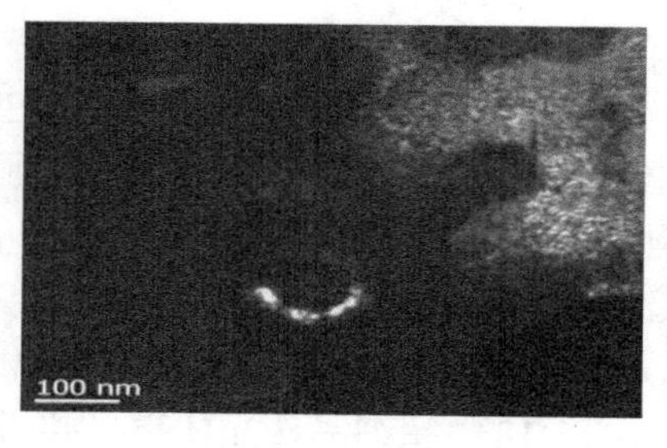

(c)（a）图 Fe_4C_3 斑点 1 的暗场像

图 6-14　65Mn 钢 650℃轧制后组织另一个视域的 TEM 明场像、衍射图像和暗场像

2. 65Cr 钢中的 Fe_4C_3

在合金钢中，合金元素会对碳化物的形成和转变过程产生影响。之前发现在 X80 管线钢和超细晶 65Mn 钢中有 Fe_4C_3 析出相，两个材料中的主量合金元素是 Mn，其质量分数均在 1.1%左右，因此新型析出相属于 Fe_4C_3。作为一种碳化物，它的形成和转变会受到合金元素的影响。为探究元素对于新型析出相的影响，选择合金钢中常用的 Cr 代替 Mn 的主导地位，得到了 65Cr 钢，并通过相同的形变

热处理工艺得到超细晶 65Cr 钢，然后在 TEM 下对其析出相的种类、形态和分布进行探究，与 65Mn 钢对比，从而得到合金元素的影响。

图 6-15 是 65Cr 钢 650℃轧制后的组织，与 65Mn 钢的基本相同，只是已经看不到层片状渗碳体残留，渗碳体全部变为粒状，并有点拉长的特征。图 6-16 是 65Cr 钢 650℃轧制态组织的 TEM 明场像、衍射图像和暗场像。由明场像[图 6-16（a）]可以看出，黑色的区域以外有较多的析出颗粒，尺寸在 100～200nm。对明场像进行衍射分析，见图 6-16（b），除了基体、Fe_4C_3 的衍射斑点以外，还出现了 M_7C_3 型碳化物的衍射斑点，显然这是 Cr 的作用，含 Cr 的钢中通常有 M_7C_3 和 $M_{23}C_6$ 型碳化物。以 Fe_4C_3 衍射的 2 号斑点做暗场像，如图 6-16（c）所示，出现了几个有明显几何形状的颗粒，同时也有半球形的环。再以 M_7C_3 的 1 号斑点做暗场像，如图 6-16（e）所示，与明场像[图 6-16（d）]相比，出现了一个长形的颗粒像。与 65Mn 钢不同，Fe_4C_3 在 65Cr 钢中已经有了明确的几何形状并且与基体有明显的界面。图 6-17 是 65Cr 钢在另外一个视域的明场像、衍射图像和暗场像。图 6-17（a）的明场像倍数比较高，图中只显示了两个析出相的颗粒，对其进行衍射，图像如图 6-17（b）所示。除了基体衍射斑点以外，只有 Fe_4C_3 的衍射。采用 1 号斑点做暗场像，如图 6-17（c）所示，左上角的一个颗粒被点亮，说明这个颗粒是 Fe_4C_3。

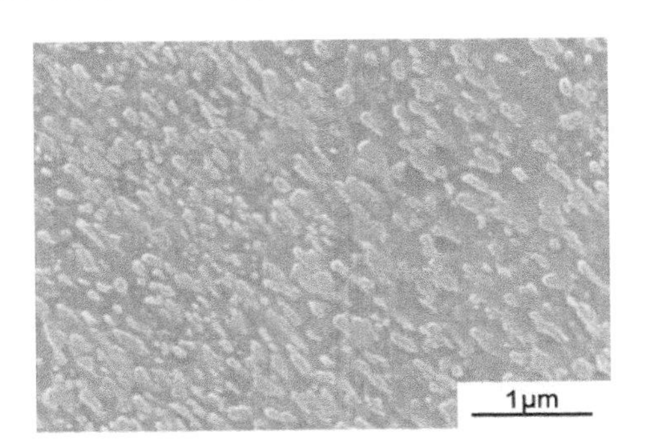

图 6-15　65Cr 钢 650℃轧制后的组织

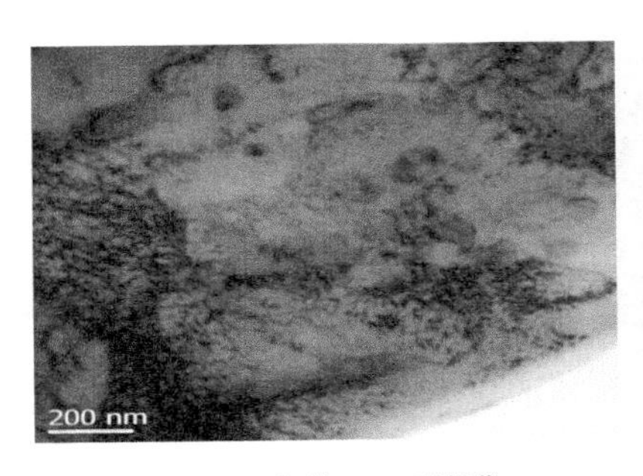

（a）65Cr 钢的 TEM 明场像

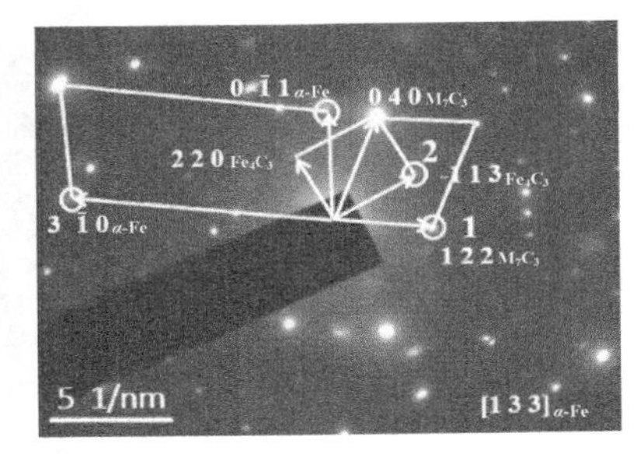

（b）（a）图的衍射图像

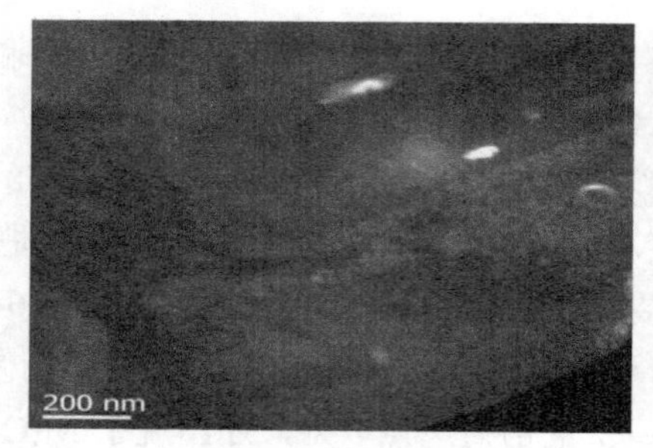

（c）Fe_4C_3 斑点 2 的暗场像

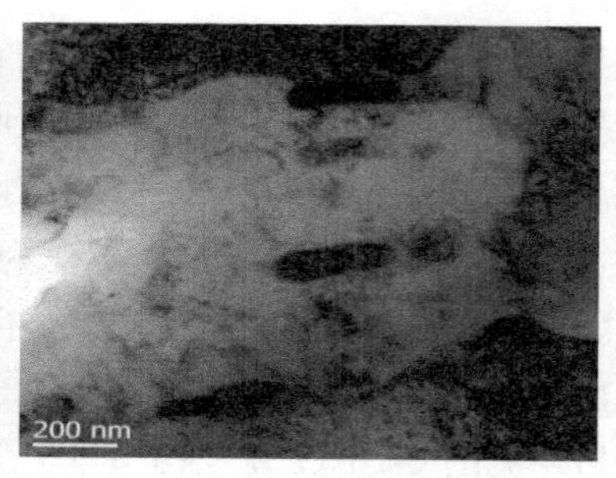

（d）Cr_7C_3 的明场像

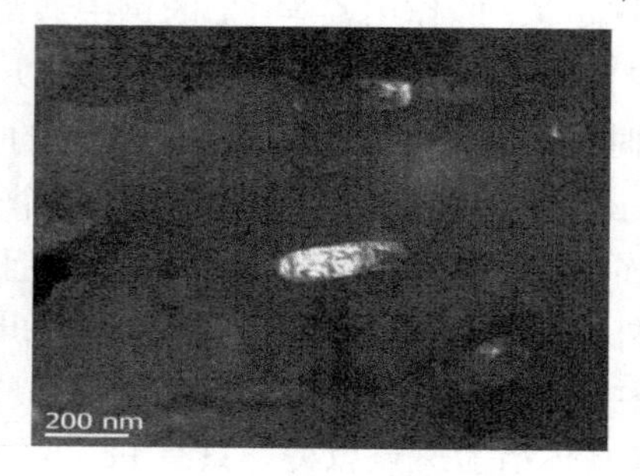

（e）Cr_7C_3 斑点 1 的暗场像

图 6-16　65Cr 钢 650℃轧制态组织的 TEM 明场像、衍射图像和暗场像

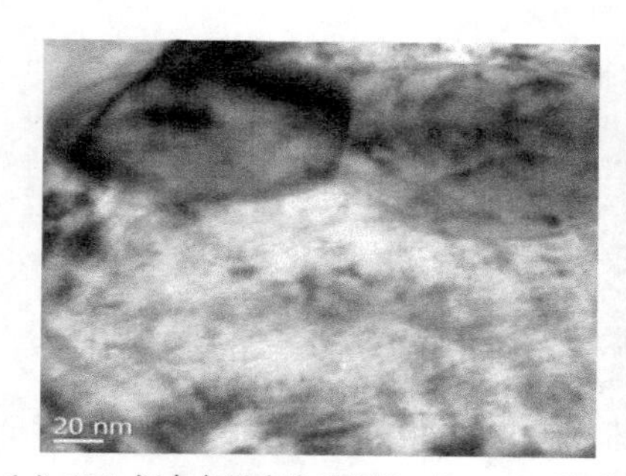

（a）65Cr 钢中有明确边界的第二相 TEM 明场像

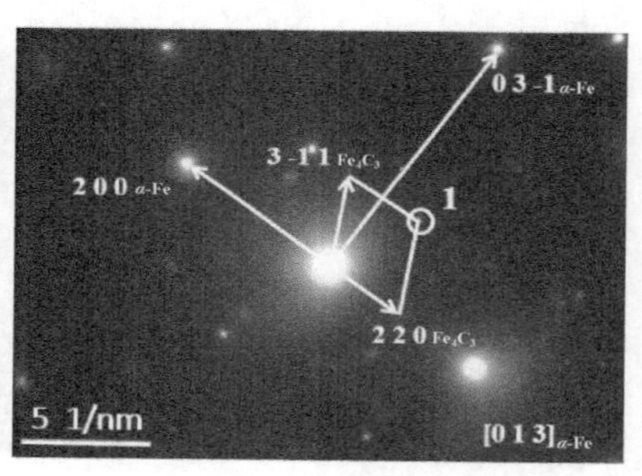

（b）（a）图的选区衍射图像

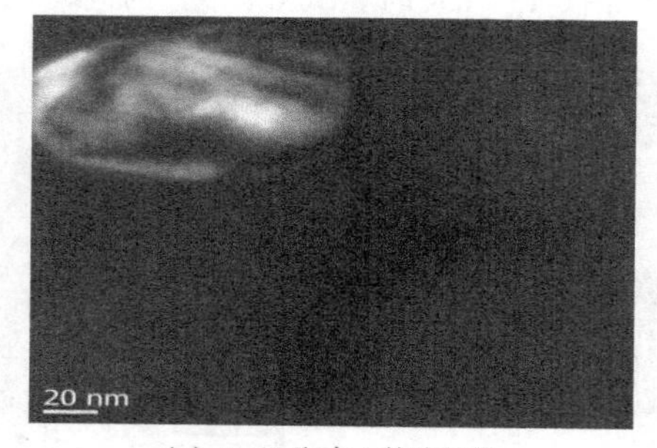

（c）Fe_4C_3 斑点 1 的暗场像

图 6-17　65Cr 钢 650℃轧制态组织另一个视域的 TEM 明场像、衍射图像和暗场像

3. 超细晶 T10 钢中的 Fe_4C_3

在 5.2.1 小节中，图 5-13 高分辨像中出现了一个颗粒两种晶体结构和两种图像的衬度，其傅里叶变换衍射图像中有两套衍射斑点，一套是 Fe_3C 的，另一套标注①、②的两个衍射点，没有给出明确的结论。对比图 6-18（a）、（b），以及图 6-14 中 Fe_4C_3 的半圆环衍射图像，可以得出结论，图 5-13 中的两个未知相的衍射斑点①、②是 Fe_4C_3 的两个(111)晶面。对于高能球磨等离子烧结的样品，基体中有大量的球形离子，半边明亮的是渗碳体，半边黑色的是另外一个相，如图 5-12 和图 5-13 所示。对两相中黑色的部分局部放大并进行衍射分析，结果见图 6-18，图中出现了 Fe_4C_3[111]晶带中的衍射。选用 Fe_4C_3 的斑点①进行暗场成像，如图 6-18（e）所示，环渗碳体一周有 Fe_4C_3，再一次说明 Fe_4C_3 相的存在，它是一个亚稳相，是渗碳体的一个过渡相。T10 钢是不含合金元素的高碳钢，这说明 Fe_4C_3 的存在与合金元素无关，但是合金元素的存在可以影响它的形态。

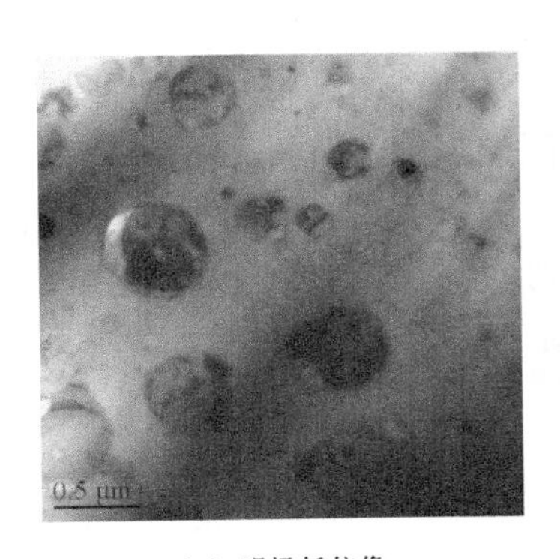

（a）明场低倍像

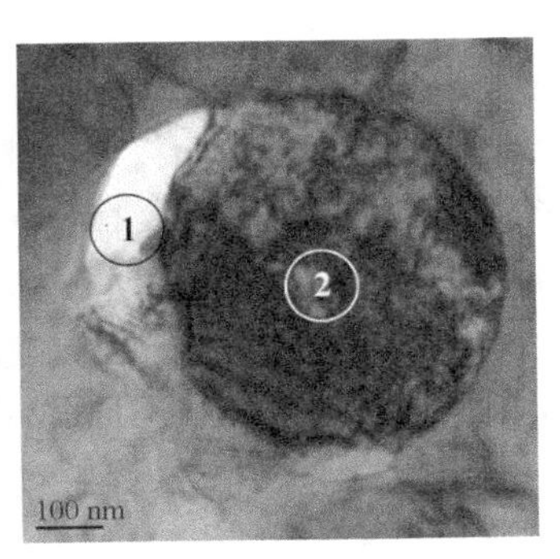

（b）明场高倍像

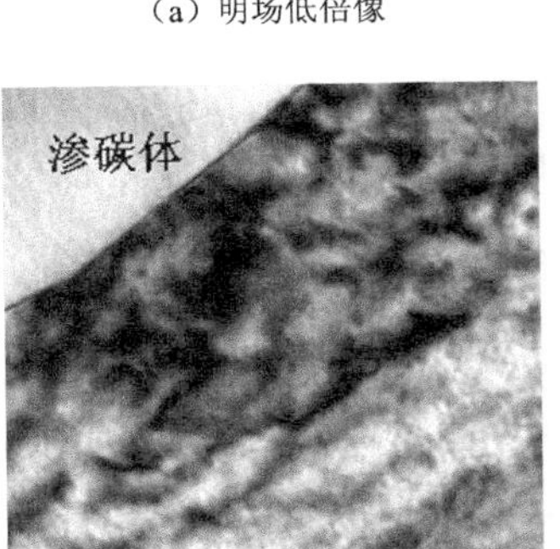

（c）渗碳体周围的高倍组织

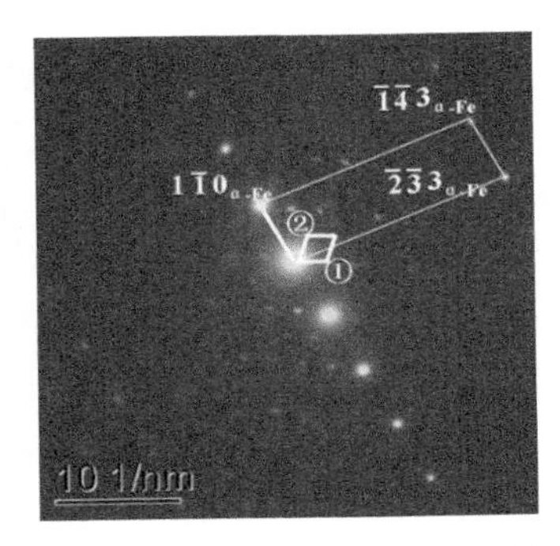

(d)渗碳体颗粒旁黑色部分的衍射图像

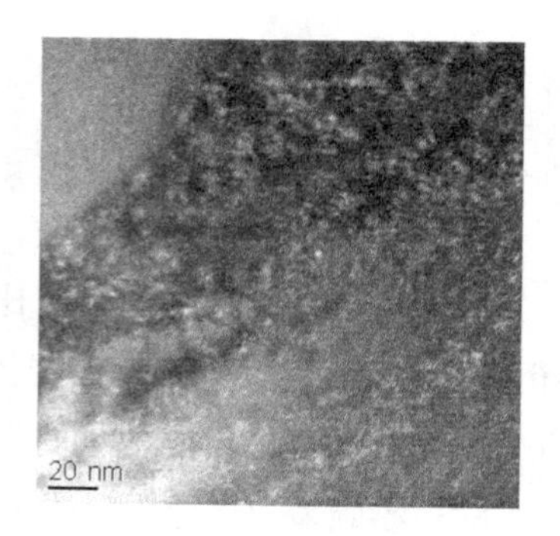

（e）Fe_4C_3 斑点①的暗场像

图 6-18　T10 钢高能球磨等离子快速烧结的超细晶二次加热空冷样品 TEM 明场像、衍射图像和暗场像

4. 1.41w_C[①]超高碳钢中的 Fe_4C_3

这里对一种含碳量为 1.41%超高碳钢珠光体组织进行了观察，同时加入了 1.6%的 Al，Al 有强烈抑制碳化物析出的作用。超高碳钢的晶粒也比较细，尺寸大约为 7μm，第 7 章、第 10 章还有关于超高碳钢的详细论述。将该材料加热到 1000℃，风扇吹冷到室温，组织与衍射图像见图 6-19。SEM 下组织中没有网状渗碳体，如图 6-19（a）所示，但是在珠光体的渗碳体条片间隙中有大量的絮状组织，如图 6-19（b）所示。TEM 观察时也见到了渗碳体条片间的黑色斑点聚集区，见图 6-19（c），对其进行衍射，发现仍然是 Fe_4C_3，如图 6-19（d）所示。这一实验表明，在常规渗碳体析出模式受到阻碍时，会以弥散 Fe_4C_3 的形式析出。常规过共析钢空冷的组织应该是珠光体加网状二次渗碳体，提高冷速或加入抑制碳化物析出元素抑制了二次渗碳体产生，但是被抑制的二次渗碳体中多余的碳出现在哪里了呢？文献及教科书中没有给出解释。图 6-19（b）中显示渗碳体条片中有较多

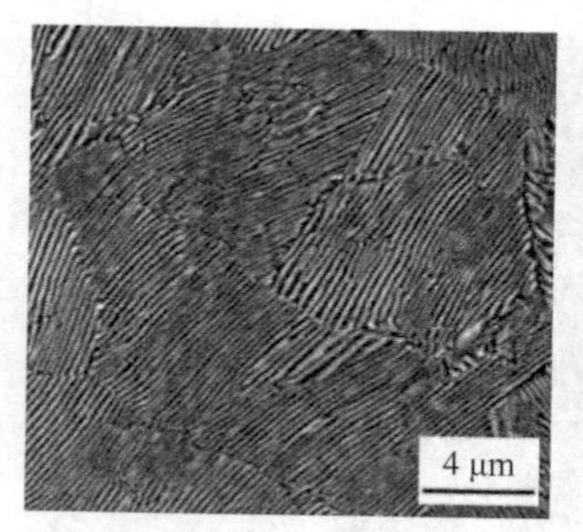

（a）1.41w_C高碳钢空冷SEM下组织

（b）1.41w_C空冷SEM高倍组织

---

① 1.41w_C 表示 w_C=1.41%。

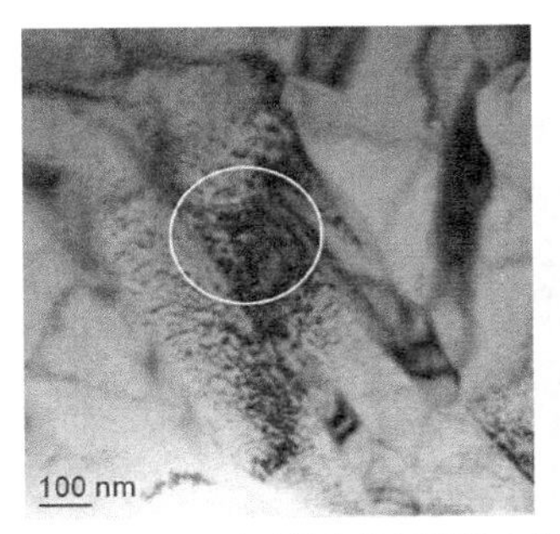

（c）TEM明场渗碳体条片间的析出物

（d）（c）图中圆圈区域的电子衍射图像

图 6-19　1.41w_C的超高碳钢 SEM 和 TEM 下组织与衍射图像

的絮状物，与图 6-19（c）中的纳米析出物相对应，珠光体条片中析出的纳米 Fe_4C_3 正好消耗了原来本应该出现在二次渗碳体中的碳，合理地解释了多余碳的出路。

6.2　Fe_4C_3 的进一步甄别与析出过程

由于 Fe_4C_3 与 Fe_3O_4 的晶体结构与晶体常数高度相似，直到目前并没有文献报道有 Fe_4C_3 的存在，早期的研究主要是刻意设计出膜表面被氧化的样品，研究氧化物的类型、取向等[20, 23]。关于钢铁材料的研究中，只要遇到这类斑点，就默认是 Fe_3O_4[21]，因此 Fe_4C_3 的存在需要不断地验证。图 6-20 给出了通过晶体软件计算的 Fe_4C_3、$Fe_3O_4[\bar{1}12]$的模拟衍射与 65Mn 钢 TEM 选区衍射。图 6-20（a）是 $Fe_4C_3[\bar{1}12]$入射轴的模拟衍射，图 6-20（b）是 $Fe_3O_4[\bar{1}12]$入射轴的模拟衍射。仔细比较两图，虽然衍射斑点的位置、距离、角度都相同，但是它们的消光条件还是有较大的差别。最中心的一行从中心斑点开始向两边延伸，Fe_4C_3 斑点呈现出弱—强—弱—强的规律，而 Fe_3O_4 却呈现出两弱两强的规律。两种化合物模拟衍射图的最上一行和最下一行也呈现相同的规律。图 6-20（c）是 65Mn 钢细晶的 TEM 选区衍射，该图非常干净，从中心斑点开始，向两边延伸，衍射斑点出现了

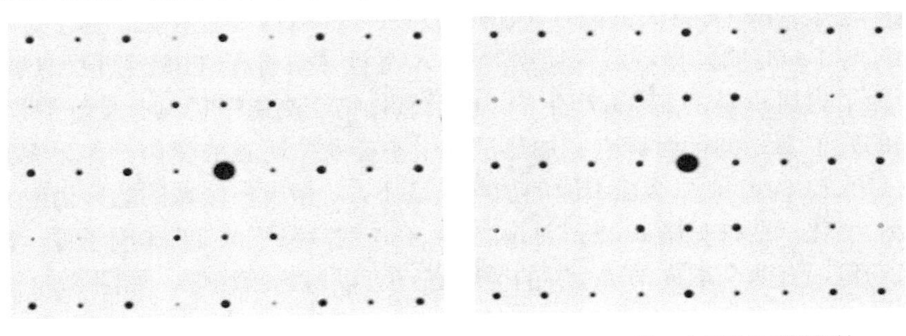

（a）Fe_4C_3 [$\bar{1}12$]入射轴的模拟衍射　　（b）Fe_3O_4 [$\bar{1}12$]入射轴的模拟衍射

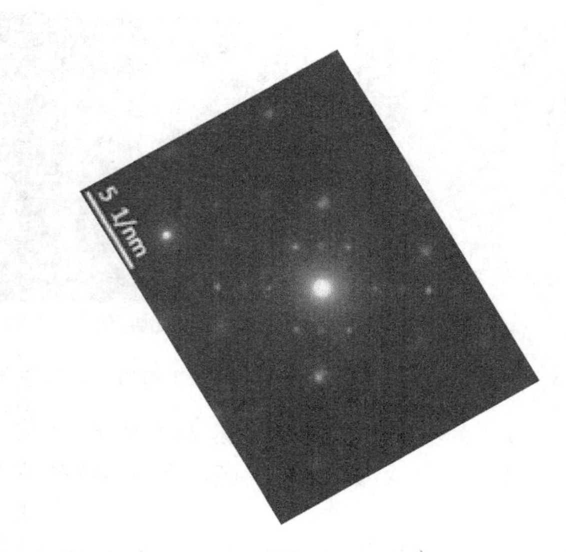

（c）65Mn 钢细晶的 TEM 选区衍射图像

图 6-20 晶体软件计算的 Fe_4C_3 与 $Fe_3O_4[\bar{1}12]$的模拟衍射与 65Mn 钢 TEM 选区衍射图像

为对比模拟衍射与选区衍射图像，将（c）图旋转一定角度

弱—强—弱—强的规律，与模拟的 $Fe_3C_4[\bar{1}12]$斑点完全吻合。这一结果再次证明 Fe_4C_3 确实存在，该构型的分子式得到实验验证。

图 6-21 是 X-80 钢中 M-A 岛元素的原子探针分析结果。结果表明 Mn、O、Si 均匀分布，而 V、Nb、C 不均匀分布，特别是 C，除了两个区域与 V 和 Nb 的分布形态相同外，有较多分布在尺寸为 5nm 左右的偏聚区，与图 6-18（e）中的纳米析出物尺度相同，表明 TEM 中观察到的纳米析出物是碳化物。从另外一个角度来看，O 的分布是非常均匀的，并且质量分数极低，在（1.06×10^{-6}）%量级，如此低的含量不足以形成氧化物，这两个结果都不支持形成氧化物。

Fe_3O_4 是比较稳定的铁氧化物，具有磁性，熔点在 1594℃；居里温度为 585℃，超过这一温度，Fe_3O_4 将失去磁性，加热过程中 Fe_3O_4 应稳定存在。为了进一步展示 Fe_4C_3 与 Fe_3O_4 的差异，对管线钢的 M-A 岛区域进行了 TEM 原位加热实验，假设新相衍射斑点是由 Fe_3O_4 产生的，由于氧化物在高温下仍具有良好的稳定性，观察到的疑似新相的衍射斑点在加热过程中不会发生明显的变化。如果观察到的衍射斑点来自 Fe_4C_3，那么在不同的加热温度下，新相所在区域的选区衍射则会发生相应的变化，结果见图 6-22。图 6-22 是 X80 钢室温下的 TEM 明场像、衍射图像与暗场像，有两个取向的 Fe_4C_3 的衍射斑点可以得到暗场像，如图 6-22（c）和（d）所示。图 6-23 是 X80 钢 200℃下的 TEM 明场像、衍射图像与暗场像，Fe_4C_3 的衍射依然存在，只是少了一个取向。当加热到 400℃，见图 6-24，已经看不到

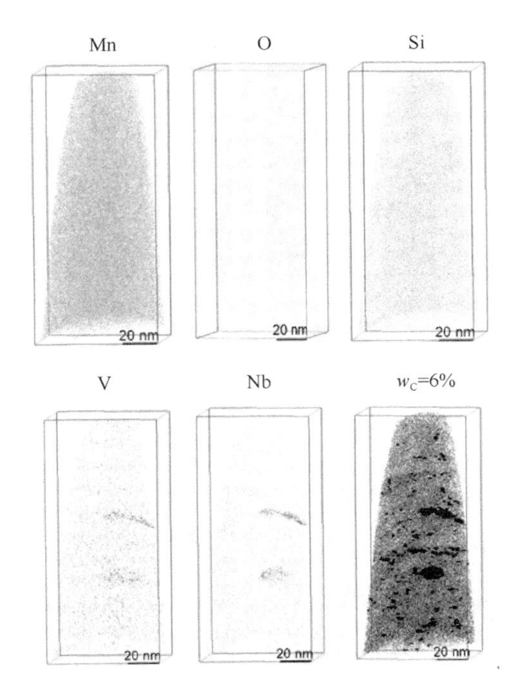

图 6-21　X80 钢中岛状组织元素含量与分布的原子探针分析结果

Fe_4C_3 的衍射，取而代之的是 Fe_3C。这说明 200～400℃时 Fe_4C_3 在向 Fe_3C 转变，但是明场像中看不出什么变化。继续加热到 600℃，见图 6-25，明场像形貌变化不大，只是上边缘已发生再结晶，新生成细小的铁素体晶粒。图 6-25（b）中渗碳体的衍射也消失了。由于 X80 钢的含碳量比较低，渗碳体在 400℃形成后，随着温度的升高会发生进一步的聚集长大，小的渗碳体颗粒会重新溶解，碳原子会扩散到晶界或更大的颗粒周边，在原有的视域没有看到更大的渗碳体颗粒。

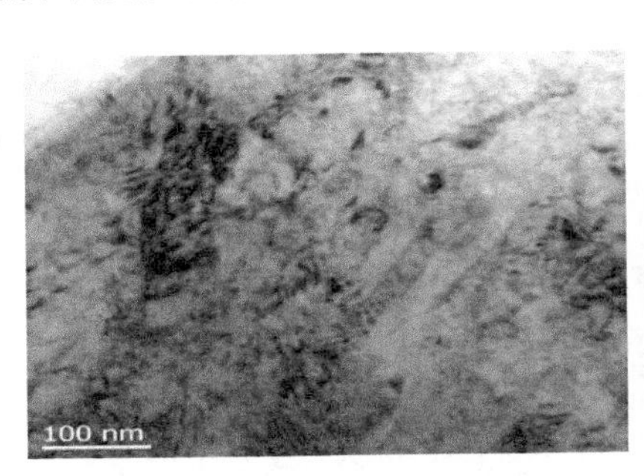

（a）X80 钢的 TEM 明场像

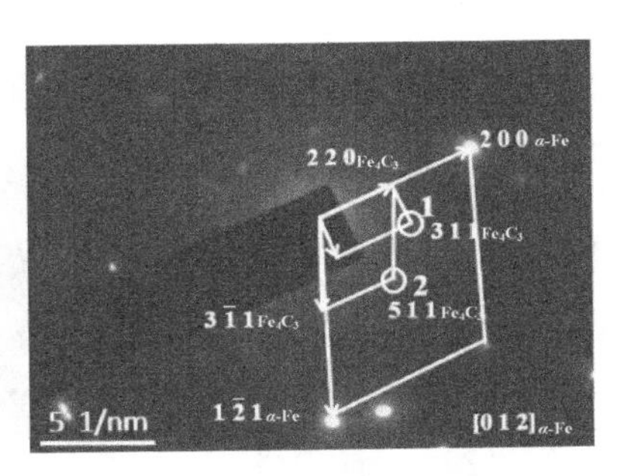

（b）（a）图的衍射图像

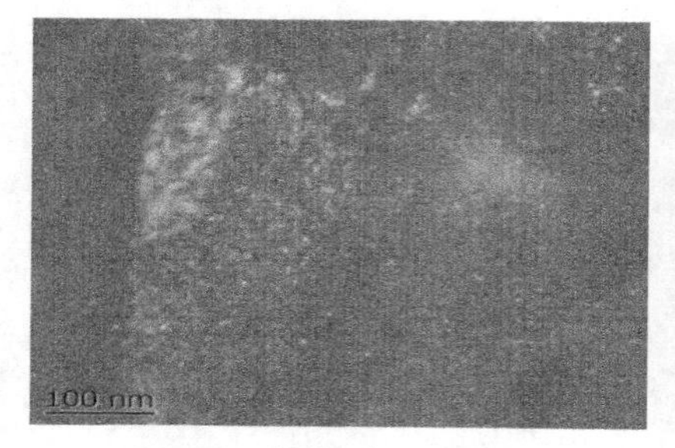

（c）Fe_4C_3 衍射斑点 1 的暗场像

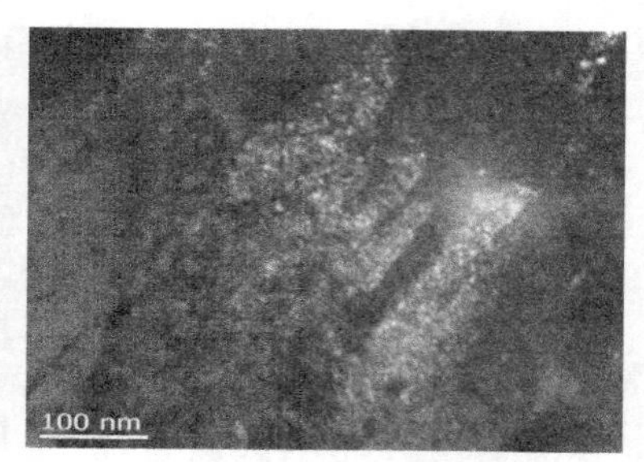

（d）Fe_4C_3 衍射斑点 2 的暗场像

图 6-22　X80 钢室温下的 TEM 明场像、衍射图像与暗场像

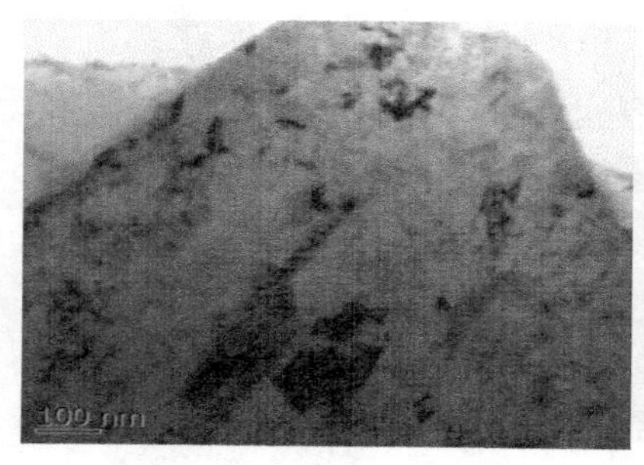

（a）X80 钢的 TEM 明场像

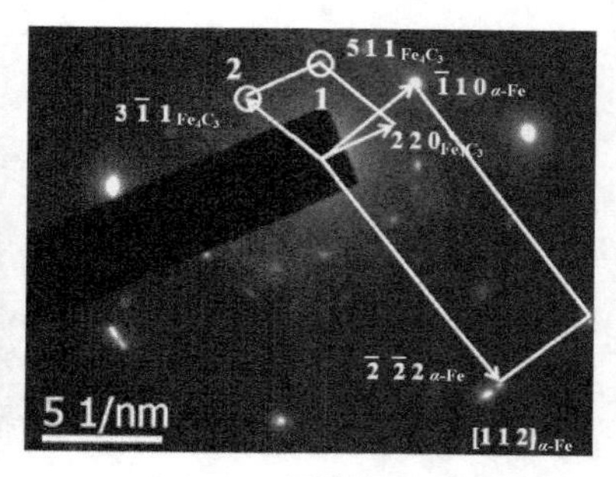

（b）（a）图的衍射图像

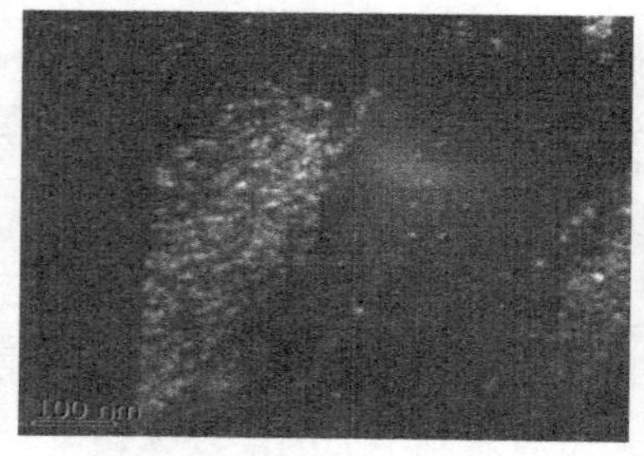

（c）Fe_4C_3 衍射斑点 1 的暗场像

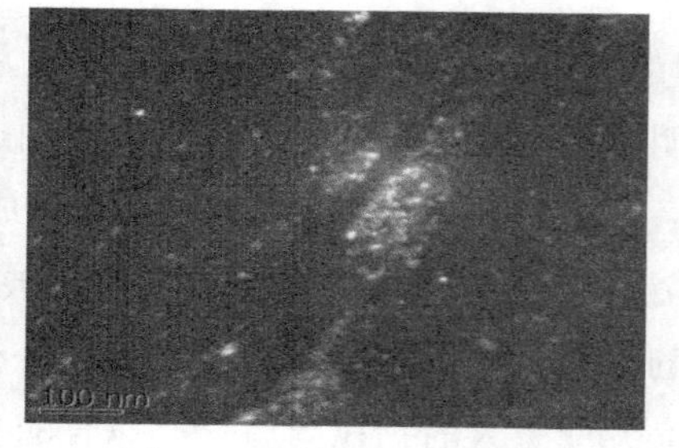

（d）Fe_4C_3 衍射斑点 2 的暗场像

图 6-23　X80 钢 200℃下的 TEM 明场像、衍射图像与暗场像

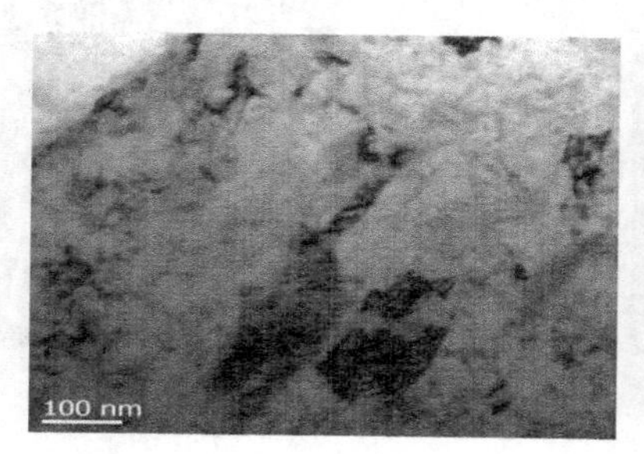

（a）明场像

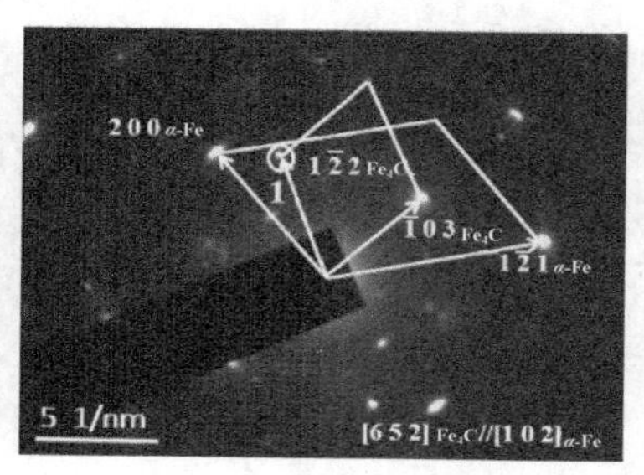

（b）（a）图的衍射图像

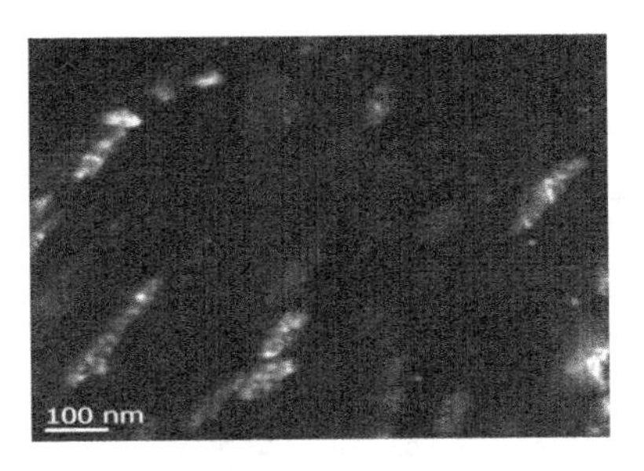

（c）Fe_3C 衍射斑点 1 的暗场像

图 6-24　X80 钢 400℃原位加热下 TEM 明场像、衍射图像与暗场像

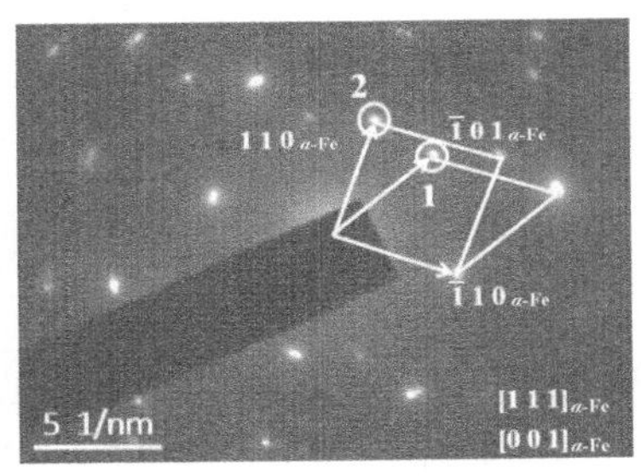

（a）600℃加热的明场像　　（b）（a）图的衍射图像

图 6-25　X80 钢 600℃原位加热下的 TEM 明场像与衍射图像

对 65Mn 钢也进行了 TEM 原位加热实验，Fe_4C_3 的演变过程与 X80 钢的结果相同，到了 400℃以后，Fe_4C_3 全部转变为 Fe_3C。由于 65Mn 钢的含碳量高，600℃加热后，基体中可以看到大量析出的 Fe_3C 颗粒。两个原位加热实验表明，加热温度达到 400℃后，Fe_4C_3 的斑点都消失了，在原位加热实验的温度范围，Fe_3O_4 不可能发生转变。也就是说，这种衍射斑点应该来自 Fe_4C_3，而不是 Fe_3O_4。

还有一个现象需要提及，对于 Fe_4C_3 析出相，尽管析出物的尺寸在 10～50nm，但是获得的衍射斑点都是单晶斑点。这说明在一个晶粒中，析出的 Fe_4C_3 纳米相取向是完全相同的，这与氧化物的衍射斑点有较大的不同，如图 6-6 所示，氧化物是环状衍射，表明氧化物的多晶和非晶特性。Fe_4C_3 的这种衍射特性可以为理解其析出过程提供思路。由于 Fe_4C_3 是尖晶石结构，8 个立方晶胞组成了一个尖晶石的单胞，4 个八面体和 4 个四面体，其中碳原子在八面体中心是一种能量最低的结构，许多化合物就是以这种八面体为基本单元构成的，如图 6-26 所示的 Fe_3C 晶体结构。在奥氏体状态，碳原子就是在这样的八面体中。在超细晶状态，常规的珠光体相变、马氏体相变都受到了抑制，奥氏体被过冷到了比较低的温度，碳原子也在扩散聚集，形成了高浓度富集区，如 X80 钢中的岛，这种含碳原子的八面体以尖晶石结构的方式排列会进一步降低能量，这样就形成了 Fe_4C_3。

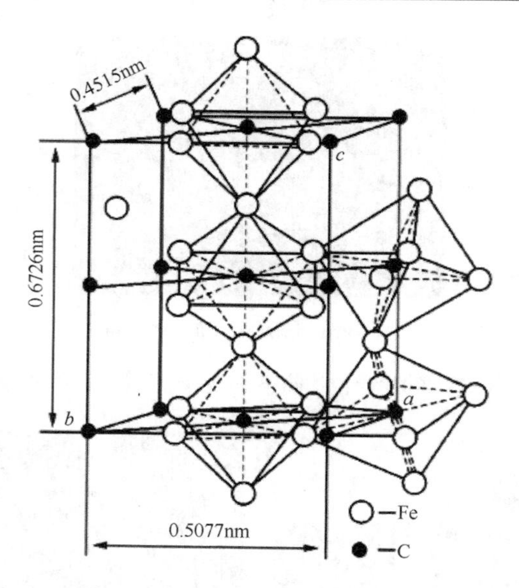

图 6-26　渗碳体 Fe_3C 晶体结构[24]

以上大量 TEM 衍射图像的标定结果中只有铁素体、Fe_4C_3 和渗碳体的衍射斑点，没有发现有奥氏体的衍射斑点。由于马氏体相变的不完整性，如果岛状组织发生了马氏体相变，必定会有奥氏体相伴，这从另外一个角度证明 X80 钢中的岛状组织不是马氏体-奥氏体，而是奥氏体低温分解的产物铁素体与新的碳化物。

6.3　Fe_4C_3 对力学性能的影响

Fe_4C_3 是纳米量级的析出物，其对力学性能有多大的影响呢？本节对 65Mn 钢低温轧制态进行了力学性能实验，结果见图 6-27。从图中可以得出其屈服强度约为 1000MPa，其中包含了 Fe_4C_3 析出相的贡献，也包含着其他强化因素，如未溶渗碳体颗粒的贡献、位错和晶界的贡献。为了消除这些因素的影响，将 65Mn 钢热轧态试样二次加热到 600℃并保温 45min，这样可以将 Fe_4C_3 相溶解掉。前文 TEM 原位加热实验证明，Fe_4C_3 在 400℃就溶解转变为渗碳体，同时铁素体的晶粒和位错密度变化不太大。进一步测试力学性能，见图 6-27 中 600℃二次加热的曲线，屈服强度为 835MPa，相较未处理的 65Mn 钢下降了约 164MPa。600℃二次加热会使位错密度和晶粒尺寸有所变化，但是这些变化比较小，可以认为这一差值是由 Fe_4C_3 相引起的。X90 管线钢的研究表明，M-A 岛的体积分数与屈服强度呈线性关系，M-A 岛体积分数增加 10%，屈服强度变化 100MPa，见图 6-28。研究结果表明，M-A 岛中主要是 Fe_4C_3 相的析出物，屈服强度增加也可以看成是 Fe_4C_3 相对强度的影响。

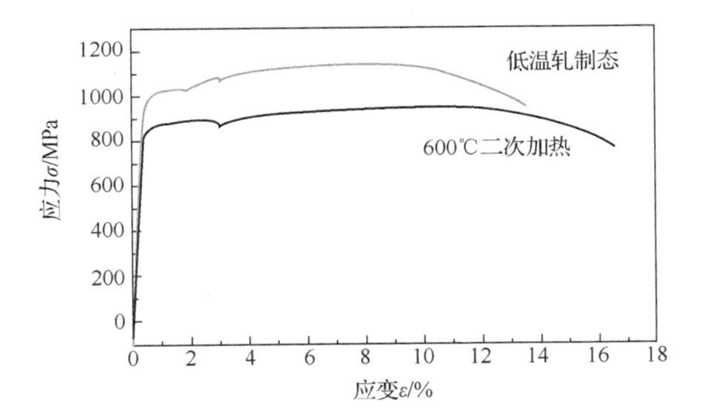

图 6-27　65Mn 钢低温轧制态与 600℃二次加热的应力-应变曲线

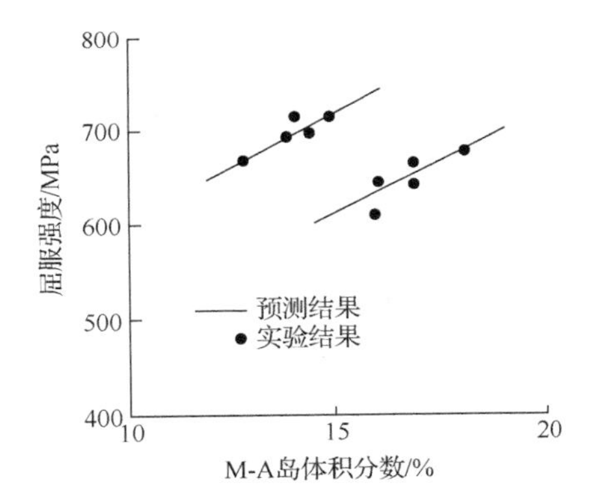

图 6-28　X90 管线钢 M-A 岛体积分数与屈服强度的关系[22]

参 考 文 献

[1] KRAUSE J C, PADUANI C, COSTA M I D. Cluster calculations of the electronic structure of Fe_4C[J]. Hyperfine Interactions, 1997, 108(4): 465-475.

[2] HENRIKSSON K O E, NORDLUND K. Simulations of cementite: An analytical potential for the Fe-C system[J]. Physical Review B: Condensed Matter, 2009, 79(14): 386-396.

[3] RYZHKOV M V, IVANOVSKII A L, DELLEY B. Geometry, electronic structure and energy barriers of all possible isomers of Fe_2C_3 nanoparticle[J]. Theoretical Chemistry Accounts, 2008, 119(4): 313-318.

[4] PETCH N J. The interpretation of the crystal structure of cementite[J]. Journal of Iron Steel Institute, 1944, 149: 143-150.

[5] LIPSON H, PETCH N J. The crystal structure of cementite, Fe_3C[J]. Journal of Iron Steel Institute, 1940, 142: 95-103.

[6] HUME-ROTHERY W, RAYNOR V, LITTLE A T. The lattice spacings and crystal structure of cementite[J]. Journal of Iron Steel Institude, 1942, 145: 143-149.

[7] WESTGREN A, PHRAGMEN G P. X-ray studies on the crystal structure of iron and steel[J]. Journal of Iron Steel Institute, 1922, 105: 241-262.

[8] DUGGIN M J, COX D, ZWEL L L. Strutural studies of carbides(Fe, Mn)$_3$C and(Fe, Mn)$_5$C$_2$[J]. Transactions of The Metallurgical Society of AIME 1966, 236(9): 1342.

[9] JACK K H, WILD S. Crystal structure of hagg iron carbide Fe_5C_2[J]. Acta Crystallographica, 1966, 21: 81.

[10] JACK K H, WILD S W. Nature of χ-carbide and its possible occurrence in steels[J]. Nature, 1966, 212: 248-250.

[11] SMITH W F. Structure and Properties of Engineering Alloys[M]. 2nd ed. New York: McGraw-Hill, 1993.

[12] HIROTSU Y, ITAKURA Y, SU K C, et al. Electron microscopy and diffraction study of the carbide precipitated from martensitic low and high nickel steels at the first stage of tempering[J]. Transactions of Japan Institute of Metals, 1976, 17: 503-513.

[13] TANAKA Y, SHIMIZU K S. Carbide formation upon tempering at low temperatures in Fe-Mn-C alloys[J]. Transactions of Japan Institute of Metals, 1981, 22: 779-788.

[14] JACK K H. Results of further X-ray structural investigations of the iron-carbon and iron-nitrogen system and of related interstitial alloys[J]. Acta Crystallography, 1950, 3: 392-394.

[15] COHN E M, HOFER L J E. Some thermal reactions of the higher iron carbides[J]. The Journal of Chemical Physics, 1953, 21(2): 354-359.

[16] OKETANI S, NAGAKURA S. Electron diffraction studies on the crystal structures of carbides of iron, cobalt and nickel[J]. Journal of the Physical Society of Japan, 1962, 17: 235.

[17] DUGGIN M J. Thermally induced phase transformations in iron carbides[J]. Transcations of the Metallurgical Society of AIME, 1968, 242(6): 1091-1100.

[18] JANG J H, KIM I G, BHADESHIA H K D H. ε-Carbide in alloy steels: First-principles assessment[J]. Scripta Materialia, 2010, 63(1): 121-123.

[19] OHMORI Y, TAMURA I. Epsilon carbide precipitation during tempering of plain carbon martensite[J]. Metallurgical Transactions A, 1992, 23(10): 2737-2751.

[20] 柳永宁, 刘静华. 电镜膜面氧化及对组织分析的影响[J]. 理化检验: 物理分册, 1988(2): 13-16

[21] THOMPSON S W. A two-tilt analysis of electron diffraction patterns from transition-iron-carbide precipitates formed during tempering of 4340 steel[J]. Metallography Microstructure & Analysis, 2016, 5(5): 367-383.

[22] 张继明, 吉玲康, 霍春勇, 等. X90/X100 管线钢与钢管显微组织鉴定图谱[M]. 西安: 陕西科学技术出版社, 2017.

[23] CHEN S H, MORRIS J W J. Electron microscopy study of the passivating layer on iron-nickel martensite[R]. Berkeley: USA Lawrence Berkeley Laboratory, University of California, 1976.

[24] 胡赓祥, 蔡珣, 戎咏华. 材料科学基础[M]. 3 版. 上海: 上海交通大学出版社, 2010.

第 7 章　超细晶钢的马氏体相变

马氏体相变是钢铁材料中一个最重要的相变。马氏体相变最先由德国冶金学家马滕斯（Martens）（1850—1914）于 19 世纪 90 年代在一种硬矿物中发现，在钢铁材料中被研究得最广泛，应用得最成熟。马氏体相变可以产生高密度的位错强化、孪晶强化、固溶强化，以及回火的析出强化，所有这些强化仅仅通过简单的淬火回火热处理就可以实现。虽然马氏体相变的发现和研究有 100 多年的历史，但由于马氏体相变的复杂性，其研究仍然不够完善。马氏体相变的理论是定性和半定性关系与实验观察描述和总结构成的，还不能用马氏体相变理论准确预测马氏体相变的过程，更不能预测后续带来的力学性能变化。本章介绍已有的马氏体相变的理论和主要知识，侧重点是晶粒尺寸对马氏体相变的影响，更重要的是介绍本书作者近些年在晶粒尺寸变化与马氏体相变亚结构关系方面的研究成果。

7.1　马氏体相变的必要条件

并非所有的金属材料都可以产生马氏体相变，例如，Al、Cu、Zn、Mg 等绝大多数有色金属不能产生马氏体相变。能够产生马氏体相变的必要条件是材料在温度变化或其他诱发条件变化时，如应力、磁场等，能够引起材料的晶体结构发生变化，这种晶体结构的变化是在无扩散条件下完成。例如，Fe 在 912℃有一个同素异晶的转变，降温时结构由面心立方变为体心立方，升高温度时，体心立方又转变为面心立方晶体结构。加入 C 后形成 Fe-C 合金，这一同素异晶转变温度逐渐降低到了 727℃，如图 7-1 所示。马氏体相变是将面心立方晶体快速冷却到 727℃以下的某一个温度，转变为体心立方晶体。马氏体相变开始温度为 M_s，马氏体相变结束温度为 M_f。Ti-Al 相图见图 7-2。纯 Ti 在 882℃也有一个同素异晶转变，低于该温度是α相，具有密排六方结构，高于该温度是β相，具有体心立方结构。随着 Al 原子百分数的增加，同素异晶温度升高。Ti 合金也可以发生马氏体相变，相变时，体心立方结构转变为密排六方结构。Ni-Nb 相图见图 7-3，在纯 Nb 一侧，Nb 没有同素异晶转变温度，自 2469℃凝固后一直到室温，晶体结构保持不变，因此不会发生马氏体相变。纯 Ni 的情况也相同，自 1455℃凝固以后，再没有晶体结构的变化，因此也没有马氏体相变。

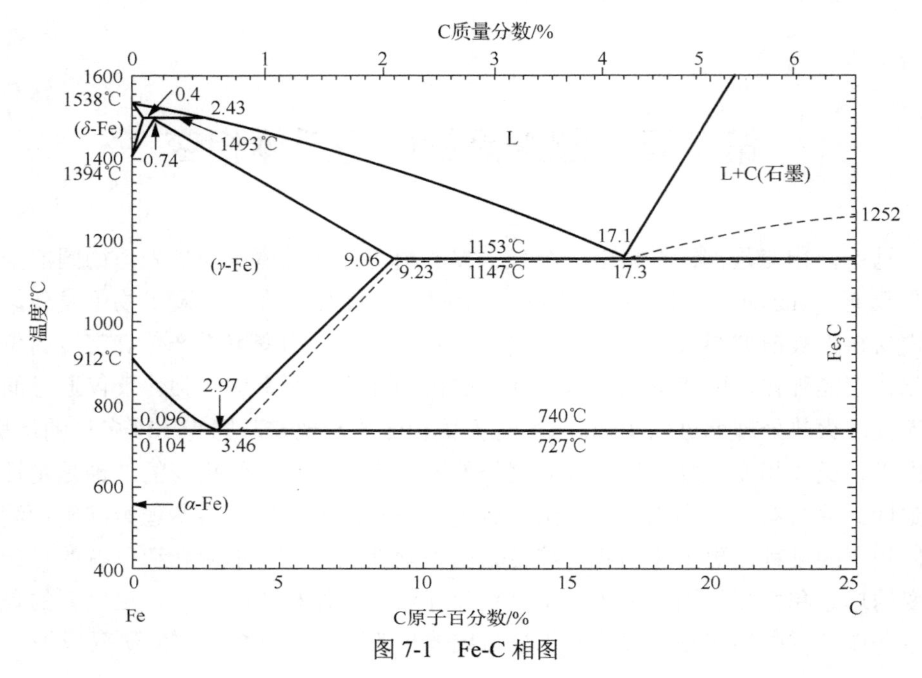

图 7-1　Fe-C 相图

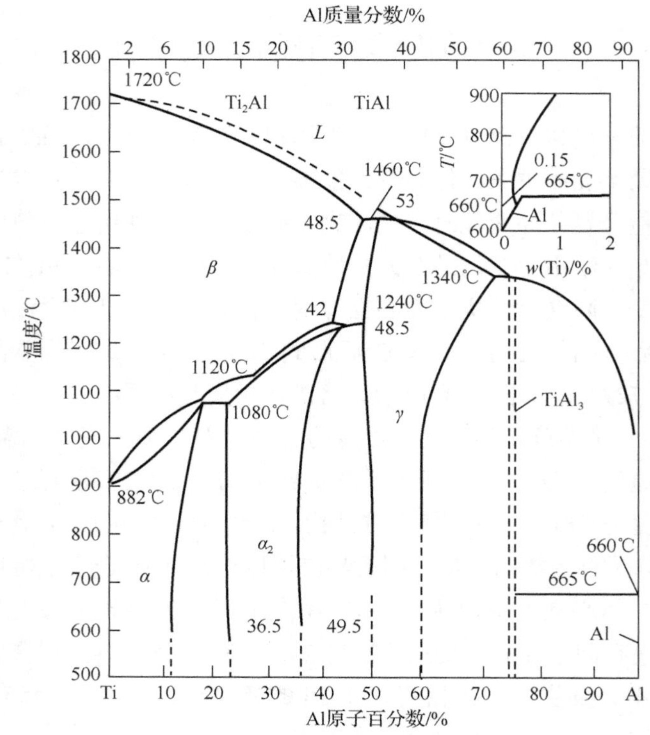

图 7-2　Ti-Al 相图

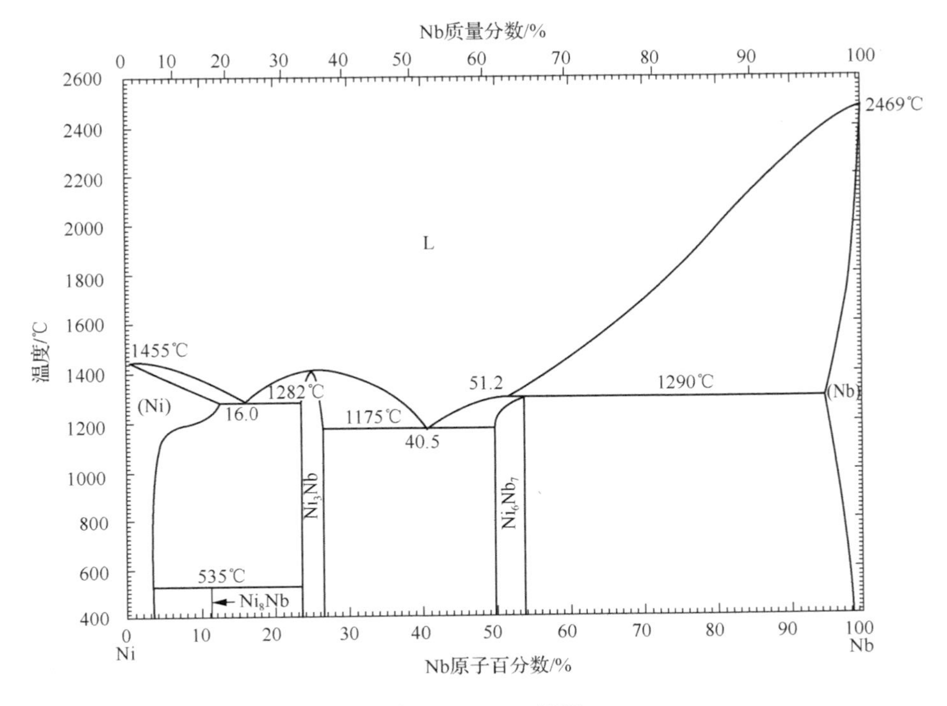

图 7-3　Ni-Nb 相图

并非只有金属材料才有马氏体相变，非金属陶瓷材料也有马氏体相变，最典型的材料是 ZrO_2，见图 7-4。ZrO_2 陶瓷具有 3 种同素异晶结构，即立方晶相、四方晶相和单斜晶相。立方晶相存在的温度范围为 2700～3000℃，四方晶相在 1194～2700℃稳定存在，单斜晶相在低于 1194℃稳定存在。可以说在立方晶相与四方晶相之间、四方晶相与单斜晶相之间都可以发生马氏体相变，但是立方晶相到四方晶相的转变温度比较高，没有实用价值。通常可以被利用的是四方晶相到单斜晶相的转变，当 ZrO_2 在大于 1194℃加热时，ZrO_2 呈四方结构，当冷却到某一温度时变成单斜晶，即发生马氏体相变，并伴随着一定的体积膨胀和晶粒形状的变化，人们利用这一现象，开发出了相变增韧陶瓷。

马氏体的研究大部分来自钢铁材料，马氏体相变使得钢铁材料获得了高强度，但是并非所有的马氏体都能得到高强度。例如，Ti 合金的马氏体相变并没有贡献高强度，原因是 Ti 合金马氏体相变最终产物的晶体结构是密排六方结构，其位错滑移面是密排面(0001)，滑移方向是密排方向$[11\bar{2}0]$，这一滑移系与面心立方的滑移系是等效的，具有低的派-纳力（Peierls-Nabarro force，P-N 力），低的滑移阻力，从而材料的屈服强度较低。钢铁材料的马氏体相变是由面心立方转变为体心立方，体心立方的位错滑移阻力大于面心立方，因而相变后的材料屈服强度高，

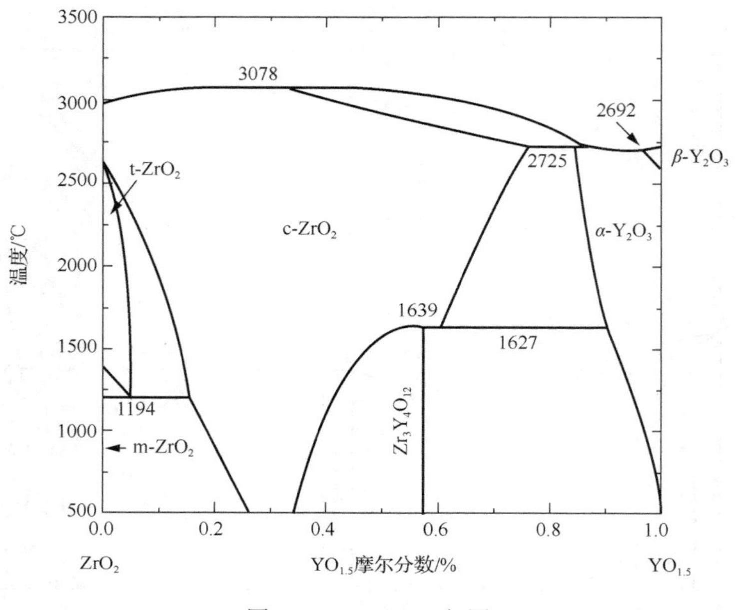

图 7-4　ZrO_2-Y_2O_3 相图

这是一个因素。另一个因素是马氏体相变的阻力大，需要提供大的驱动力，导致相变的不可逆亚结构位错与孪晶增多。当然还有过饱和碳原子的贡献，这些都是钢铁材料中的特有现象。

7.2　马氏体相变的主要特征

7.2.1　无扩散性相变

马氏体相变的无扩散性是指相变中的晶体结构转变不是借助于原子的热激活运动来完成的，马氏体相变以原子的整体切变来完成晶体结构的转变。电阻法测试显示，一片马氏体在 0.5×10^{-7}～5×10^{-7}s 的时间内可以完成切变，相当于变形速率为 1100m/s，达到了声波在金属中传播的速度，并且在 80～250K 都可以以这个速率进行[1]。在 80K 的极低温度，原子基本失去了扩散能力，奥氏体与马氏体中的合金成分是相同的，表明马氏体相变的过程中没有发生原子的扩散。对于低碳钢来说，研究表明 $0.27w_C$ 的合金钢在淬火后的残余奥氏体薄膜中 C 质量分数达到了 0.40%～1.04%，说明碳原子在相变时的确发生了扩散。这是由于低碳钢的马氏体相变 M_s 比较高，如图 7-5 所示。M_s 从 500℃开始随着 C 质量分数的增加而线性降低，在常见的低碳钢范围，0.1～$0.3w_C$，M_s 为 400～500℃。在这个温度下，碳原子是有能力发生扩散的，这与本书第 5 章中图 5-9 和图 5-10 显示的结果类似：淬火超细晶高碳钢没有得到马氏体，却得到了珠光体。因此，马氏体相变无扩散性主要是指置换型合金元素，或合金母体元素如 Fe 基体。对于高碳钢，由于 M_s 比较低，碳原子不发生扩散是有可能的。

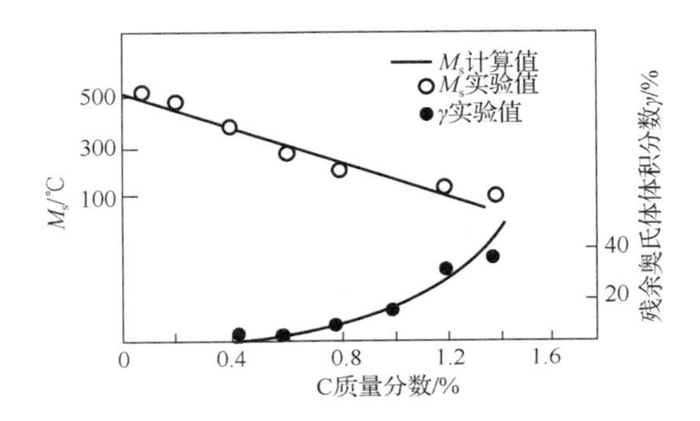

图 7-5　马氏体相变 M_s、残余奥氏体体积分数与 C 质量分数的关系[1]

7.2.2　表面浮凸和惯习面

表面浮凸是马氏体相变在试样自由表面产生的凸起现象，示意图如图 7-6（a）所示，实验证据照片如图 7-6（b）和（c）所示，显示的是一个 $0.2w_C$ 的低碳钢样品，在马氏体相变以前将试样抛光处理，然后在真空环境下完成奥氏体化和马氏体相变。原来抛光的表面经历马氏体相变后，变成如图 7-6（b）所示形貌，表面形成了褶皱。将褶皱二次磨平抛光后腐蚀，看到的组织如图 7-6（c）所示，褶皱的形貌与其下部的组织一一对应，褶皱的形成过程如图 7-6（a）所示，图 7-6（b）所示的褶皱实际就是表面浮凸。表面浮凸是由切变产生的，如图 7-6（a）所示，在奥氏体母相的晶体内产生了一个马氏体晶，其通过切变形成，切变的方向如图中箭头所示。按这样的切变方向产生切变，必然会造成表面的倾动。切变一侧向上移动，导致相邻母体一侧凸起，如图 7-6（a）中的阴影线所示；切变的另一侧向下移动，导致相邻的母体向下凹进。如果相变前在表面划一刻线，如图 7-6（a）中所标注的 ACB 线段，马氏体相变以后，该线段会变成 $ACC'B'$。图 7-6（a）所示的切变方向与表面垂直，如果切变方向与表面呈一定角度，同样会也产生浮凸，这就是图 7-6（b）的浮凸与图 7-6（c）的组织一一对应的原因。不能保证所有浮凸的切变方向都与表面垂直，如果切变的方向与表面垂直，则图 7-6（a）中的 ACB 在马氏体相变切变后仍然是 ACB，不会变为 $ACC'B'$。因此，只有切变方向与表面呈一定的角度，才会变为 $ACC'B'$。

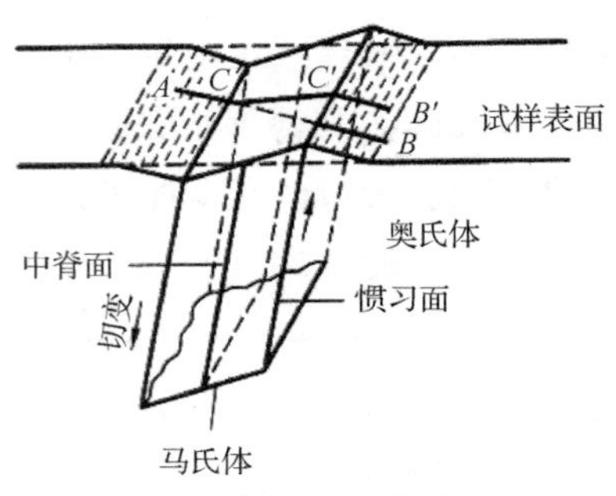

（a）表面浮凸示意图

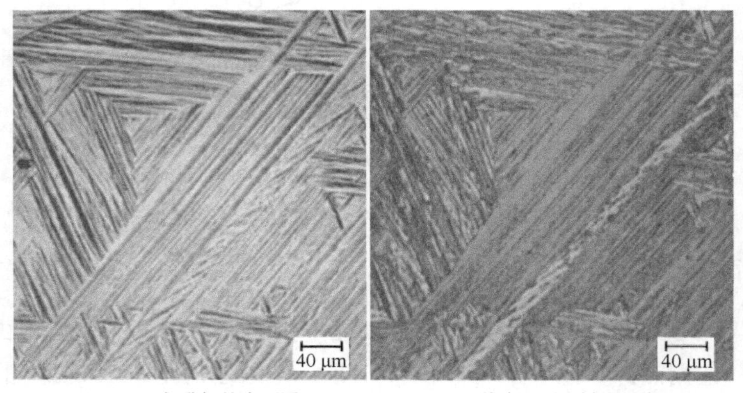

（b）$0.2w_C$低碳钢的表面浮凸　　（c）将表面浮凸抛光后腐蚀对应的马氏体组织

图 7-6　马氏体表面浮凸示意图及 $0.2w_C$ 低碳钢表面浮凸形貌和马氏体组织[2]

图 7-6（a）图中还有一个重要的概念——惯习面。惯习面是母相马氏体没有发生切变与发生切变的分界面，如图中所标注的平面。在该平面上，母相和马氏体保持共格或半共格关系。经测定，0.5～$1.4w_C$ 的 Fe-C 合金惯习面为$(225)_\gamma$，1.5～$1.8w_C$ 的 Fe-C 合金惯习面为$(259)_\gamma$，低碳马氏体合金的惯习面接近$(111)_\gamma$[1]。惯习面在相变中不发生移动和转动，因此都是高指数晶面。图 7-7 为自由表面、惯习面与位错滑移、孪晶之间的关系。由于惯习面是母相与新相之间的分界，与新相之间也有共格关系，很像孪晶的对称晶面，读者很容易将惯习面误当作孪晶面，图 7-7 清晰地给出了这几个面之间的关系。惯习面都是高指数面，而滑移面和孪晶面都是低指数面，这也是惯习面与孪晶面、滑移面的一个重要区别。

表面浮凸和惯习面是马氏体相变为切变过程的一个非常重要的证据。有学者质疑这一结论，认为马氏体相变不是通过切变完成的，依据是实验观察所有过冷奥氏体的转变产物如珠光体、魏氏体、贝氏体等都产生表面浮凸现象，认为这种浮凸是不同相间的比容差造成的，并且实验中没有获得马氏体表面浮凸形貌以及划线出现褶皱现象[4-5]。这可能是实验选材、实验方法等方面存在问题，比如晶粒

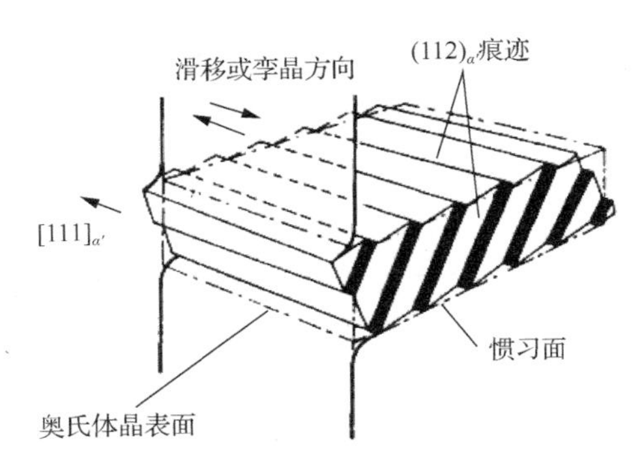

图 7-7　马氏体相变自由表面、惯习面与位错滑移、孪晶之间的关系[3]

尺寸、热处理炉的真空度等。另外，比容差造成的表面浮凸不会产生有棱角的形貌，比容差会造成表面不平整，但是不能否定切变也可以造成浮凸的这个事实，而且是有棱角的浮凸，即产生浮凸的原因不是单一的。图 7-6（b）、（c）非常有力地证明了切变和浮凸与组织的一一对应关系。

7.2.3　位向关系

马氏体相变完成后，新相与母相之间保持着一定的位向关系，钢中常见的关系有 K-S（Kurdjumov-Sachs）关系、西山（Nishiyama-Wassermann，N-W）关系和 G-T（Greninger-Troiano）关系。K-S 关系为$\{111\}_\gamma//\{011\}_{\alpha'}$；$<110>_\gamma//<111>_{\alpha'}$。西山关系为$\{111\}_\gamma//\{011\}_{\alpha'}$；$<112>_\gamma//<110>_{\alpha'}$。G-T 关系与 K-S 关系接近，只是$\{111\}_\gamma//\{011\}_{\alpha'}$平行面之间差 1°；$<110>_\gamma//<111>_{\alpha'}$平行方向之间差 2°。表 7-1 给出了几种马氏体相变的位向关系、惯习面和成分。

表 7-1　几种马氏体相变的位向关系、惯习面和成分[6]

合金体系	结构变化	成分（质量分数）/%	位向关系	惯习面
Fe-C	FCC→BCT(体心四方)	0～0.4 C	K-S 关系	近$(111)_\gamma$
		—	$(111)_\gamma//(011)_{\alpha'}$	—
		—	$[1\bar{1}0]_\gamma//[1\bar{1}1]_{\alpha'}$	—
		0.5～1.4C	—	$(225)_\gamma$
		1.5～1.8C	—	—
Fe-Ni	FCC→BCC	27～34Ni	N-W 关系$(111)_\gamma//(011)_{\alpha'}$；$[1\bar{2}1]_\gamma//[10\bar{1}]_{\alpha'}$	$(259)_\gamma$
Fe-C-Ni	FCC→BCT(体心四方)	0.8C,22Ni	G-T 关系$(111)_\gamma//(101)_{\alpha'}$差 1° $[1\bar{2}1]_\gamma//[10\bar{1}]_{\alpha'}$差 2°	$(3,10,15)_\gamma$
Fe-Mn	FCC→HCP(ε)	13～25Mn	$(111)_\gamma//(0001)_\varepsilon$ $[1\bar{1}0]_\gamma//[1\bar{2}10]_\varepsilon$	$(111)_\gamma$

续表

合金体系	结构变化	成分（质量分数）/%	位向关系	惯习面
Fe-C-Ni	FCC→HCP(ε),BCT(体心四方)(α')	8～18Ni	$(111)_\gamma//(0001)_\varepsilon//(101)_{\alpha'}$ $[1\bar{1}0]_\gamma//[1\bar{2}10]_\varepsilon//[1\bar{1}1]_{\alpha'}$	$(111)_\gamma$
Cu-Znβ	BCC→9R（晶面排列 9 层后重复）	40Zn	$(011)_P//(\bar{1}\bar{1}4)_M$ $[1\bar{1}1]_P//[\bar{1}10]_M$	(2,11,12)
Cu-Sn	BCC→9R（晶面排列 9 层后重复）	25.6Sn	$(011)_P//(\bar{1}\bar{1}4)_M$ $[1\bar{1}1]_P//[\bar{1}10]_M$	$(133)_P$
Cu-Al	FCC→HCP（扭曲）	11.0～13.1Al	$(101)_P//(0001)_M$差 4° $[111]_P//[10\bar{1}0]_M$	$(133)_P$差 2°
纯 Co	FCC→HCP	—	$(111)_P//(0001)_\varepsilon$ $[110]_P//[11\bar{2}0]_\varepsilon$	$(111)_P$
纯 Zr	BCC→HCP	—	$(101)_P//(0001)_\varepsilon$ $[111]_P//[11\bar{2}0]_\varepsilon$	$(596)_P$ (8,12,9)
纯 Ti	BCC→HCP	—	— —	$(334)_P$ $(441)_P$

7.2.4　马氏体内的亚结构

可以在光学显微镜下观察马氏体的形态，在电子显微镜下有比光学显微镜下更细小的微观结构，称为亚结构。马氏体的亚结构通常有两种，位错与孪晶，在高锰钢和有色合金的马氏体中还有层错亚结构。通常低碳马氏体的亚结构是位错，高碳马氏体的亚结构是孪晶。这是一般结论，并非一成不变。在低碳钢中加入大量合金元素 Mn，大幅降低 M_s，可以获得全部孪晶亚结构，见图 7-8。两种低碳合金钢，含碳量基本相同，Mn 含量有较大的差异，形成两种截然不同的位错和孪晶亚结构，由此导致冲击功有较大的差异。孪晶亚结构体现脆性，而位错亚结构体现韧性。本书的研究结果显示，细化晶粒对马氏体亚结构影响比较大，可以导致高碳钢的孪晶亚结构转变为位错，后续有更详细的介绍。

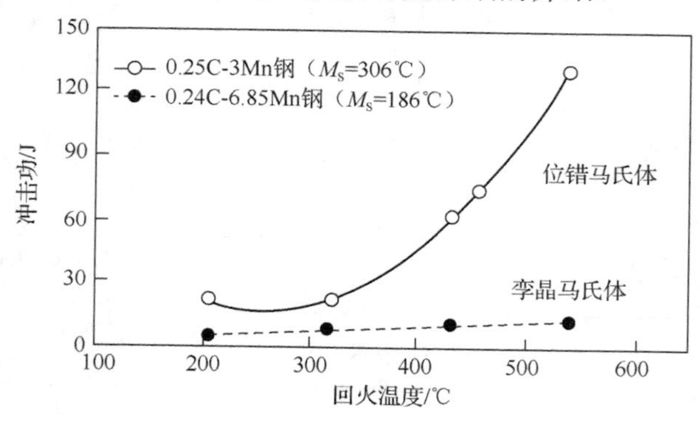

图 7-8　两种低碳合金钢由 Mn 含量不同形成的不同亚结构及冲击功与回火温度的关系[1]

7.2.5　相变的不完整性

不像珠光体相变、贝氏体相变等，马氏体相变不能彻底完成。不论冷却速度多快，冷却温度有多低，转变都不能 100%完成，未转变的部分成为残余奥氏体，与马氏体相伴。在分析马氏体组织时，总会看到薄膜状残余奥氏体，或带状、块状残余奥氏体。马氏体相变的不完整性还体现在马氏体是在降温的过程中形成，一旦在 M_s 以下某个温度停止，马氏体相变也就停止，不会因为等温而继续增加马氏体量，相反，等温后马氏体转变量只会减少。这是因为在 M_s～M_f 某个温度等温，奥氏体会在等温这段时间变得更加稳定，碳在奥氏体中的固溶量比较大，而在马氏体中的固溶量比较小，在奥氏体周围的过饱和马氏体会在等温的时间内向奥氏体中排碳，奥氏体的含碳量增加，M_s 进一步降低，稳定性增加。近年来，人们利用这一现象发展了一种 QP 热处理工艺（Q 是淬火，P 是碳分配），就是利用马氏体相变的不完整性，在 M_s 以下的某个温度等温一段时间，使得马氏体向奥氏体中分配一定量的碳，增加残余奥氏体量，从而达到提高韧性的目的[7-9]。

7.2.6　相变的可逆性

马氏体相变的可逆性是指降温时马氏体进行相变，升温时马氏体逆相变回到母相。这个逆相变一定是通过切变的方式回到母相，而不是扩散性的方式。图 7-9 显示 Co 金属马氏体相变和马氏体逆相变，逆相变用 A_s 和 A_f 分别表示奥氏体开始

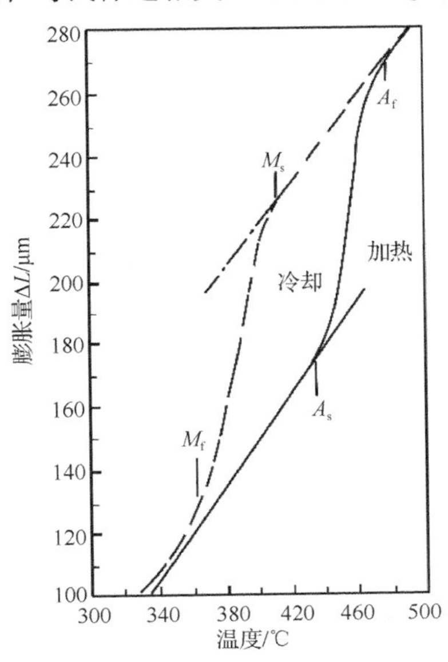

图 7-9　Co 金属马氏体相变和马氏体逆相变

$\Delta L=L_I-L_{200℃}$，其中 L_I 为马氏体相变的长度，$L_{200℃}$ 为马氏体开始相变的长度，相变温区约为 200℃

转变温度和奥氏体转变终了温度。马氏体的正相变和逆相变构成了一个闭合环，称为滞后环。这个环的面积反映了相变热滞的大小，环面积越小，马氏体相变的可逆性越好。形状记忆合金就是利用滞后环小的原理开发出来的，形状的回复就是一个逆相变的过程。钢铁材料马氏体相变的热滞比较大，在逆相变的过程中，由于 A_s 温度比较高，产生了应力应变回复、碳化物析出、位错和孪晶亚结构消失这一系列过程，导致马氏体不可能以逆相变的方式进行。另外，钢铁材料中马氏体相变有位错与孪晶两种亚结构，孪晶是产生逆相变的必要组织，位错是不可逆的缺陷，这也是发生不可逆相变的一个重要原因。

7.3　马氏体相变理论

7.3.1　马氏体相变热力学

钢铁材料由高温冷却到低温将发生晶体结构转变，由面心立方转变为体心立方。这种转变有两种方式，扩散性转变和非扩散性转变。扩散性转变产物为珠光体，而非扩散性转变为马氏体。马氏体相变也要满足热力学能量降低的条件才能进行，如图 7-10（a）所示。当温度过冷到 M_s 时，奥氏体 γ 相与马氏体 α' 相的自由能差 $\Delta G^{\gamma\to\alpha'}$ 就是相变的驱动力。对应图 7-10（b），成分为 C_0 时的相变驱动力也是 $\Delta G^{\gamma\to\alpha'}$。由图 7-10（b），当含碳量升高，奥氏体的自由能降低，驱动力 $\Delta G^{\gamma\to\alpha'}$ 会降低，则需要进一步降低相变温度，提供更大的过冷度，才能进行相变，这就产生了 M_s 随着含碳量增加而降低的现象，如图 7-5 所示。

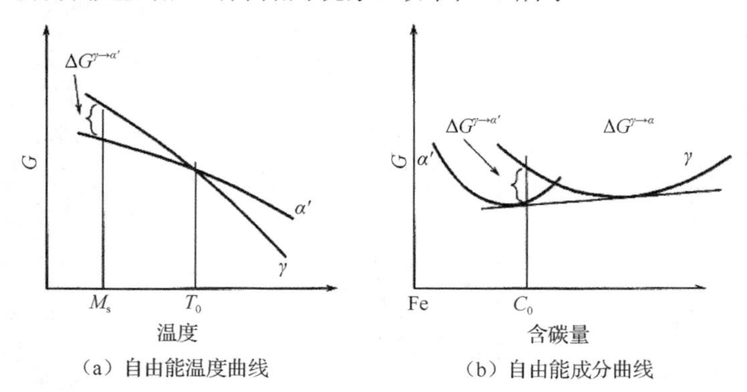

图 7-10　马氏体相变的自由能温度曲线和自由能成分曲线

马氏体相变除了要满足热力学条件以外，还需要克服相变的阻力。相变的阻力来自新相的比容增加、切变产生的弹性应变能、新相产生的表面能、新相和母相的共格应变能。总体可以表达为

$$\Delta G^{\gamma\to M} = \Delta G^{\gamma\to\alpha} + \Delta G^{\alpha\to M} \text{（非化学）} \tag{7-1}$$

式中，$\Delta G^{\gamma\to\alpha}$ 是化学驱动力；$\Delta G^{\alpha\to M}$ 是非化学阻力。当相变的吉布斯自由能小于等于零时，马氏体相变可以进行，即 $\Delta G^{\gamma\to M} \leqslant 0$，由式（7-1）得

$$\Delta G^{\gamma\to\alpha} \geqslant \Delta G^{\alpha\to M} \tag{7-2}$$

即马氏体的相变驱动力必须大于相变阻力，马氏体相变才能自发进行，这就是马氏体相变的热力学条件。

7.3.2　马氏体相变的驱动力

热力学条件给出了马氏体相变的能量条件，即新旧两相的自由能差是相变的驱动力，但没有指出这种能量来自哪里。马氏体相变的驱动力可以产生非常大的能量，它可以造成材料的强度由退火态到淬火态数量级的差异，例如高碳钢的退火态强度为 200～300MPa，淬火后强度可以达到 2000MPa 以上。原来平衡态的材料经马氏体相变后，位错密度可以由退火态 10^{10}～10^{11}m^{-2} 提高到 10^{15}m^{-2}，这相当于大变形加工硬化的结果。这样大的能量只能来自材料的内能。图 7-11（a）是钢铁材料的热膨胀曲线，在 A_1 温度附近，BCC 结构的α相开始向γ相转变。对于纯铁，A_1 温度就是同素异晶转变温度，对于低碳或中碳钢，A_1 温度跨越了一个范围，由共析温度一直到两相区结束完成$\alpha\to\gamma$的转变。在冷却过程中相反，γ相在 A_1 温度附近向 BCC 转变，但是马氏体相变是非扩散性相变，必须将材料快速过冷到 M_s 温度以下，马氏体相变才可以进行。在冷却过程中，γ相的热收缩沿 FCC 的虚线延长线进行，由热膨胀公式：

$$\frac{\Delta l}{a_0} = \alpha a_0 \Delta T \tag{7-3}$$

式中，Δl 是晶格受热后的膨胀量；α是热膨胀系数，对于 BCC 相，$\alpha=15\times10^{-6}\text{K}^{-1}$，对于 FCC 相，$\alpha=22\times10^{-6}\text{K}^{-1}$[10]；$a_0$ 是晶格常数，将 a_0 移到公式右边有

$$\varepsilon = \frac{\Delta l}{a_0} = \alpha \Delta T \tag{7-4}$$

式中，ε是材料的应变。低碳钢的 M_s 一般在 400～500℃，淬火温度一般在 920℃左右，高碳钢的 M_s 一般在 100～200℃，淬火温度一般在 800℃左右，淬火温度与 M_s 的温度差取平均 ΔT =500℃，同时取奥氏体的热膨胀系数，代入式（7-4）得 ε=1.028%。钢铁材料的屈服应变是 0.2%，奥氏体过冷到 M_s 已经积累了 1.028%的弹性储能，由此 M_s 的另一个物理意义可以认为是过冷奥氏体弹性储能的极限，超过这一极限后，塑性大爆发，马氏体相变开始进行。关于奥氏体的弹性储能，玻恩（Born）双原子模型[11]及图 7-11（b）可以很好地解释这一问题。Born 双原子模型有如下关系：

$$U = -\frac{a}{r^m} + \frac{b}{r^n} \tag{7-5}$$

式中，r 是原子间距；m 和 n 是常数，对于晶体材料，m=3，n>m。式（7-5）中的第一项反映的是原子间的吸引力势能，第二项是斥力势能，将式（7-5）用图形来表示就是图 7-11（b）。图中 r_0 是双原子间的平衡距离，在这一位置吸引力和斥力相等，当原子间距小于 r_0，斥力增加得更快。由图 7-11（a），A_1 是α相和γ相平衡共存的温度，在这一温度，γ相的原子间距应该是一个平衡间距，由此温度向下过冷，奥氏体晶中的原子将受到相互间的斥力。由于斥力增加很快，过冷到 M_s 温度，奥氏体中蓄积了巨大的压应力构成弹性储能。这些储能达到了马氏体相变切变需要的能量后，马氏体相变爆发。

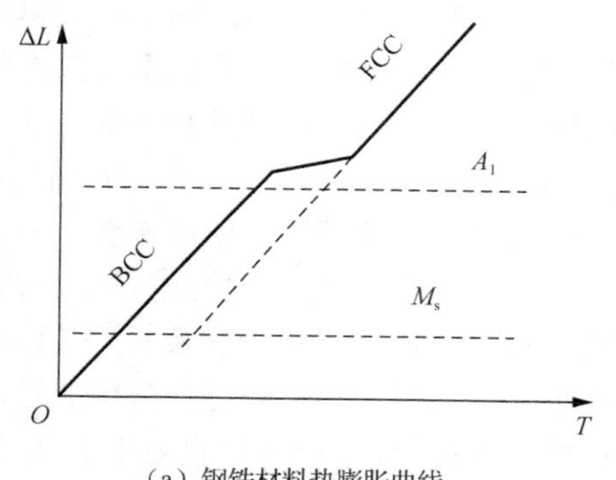

（a）钢铁材料热膨胀曲线

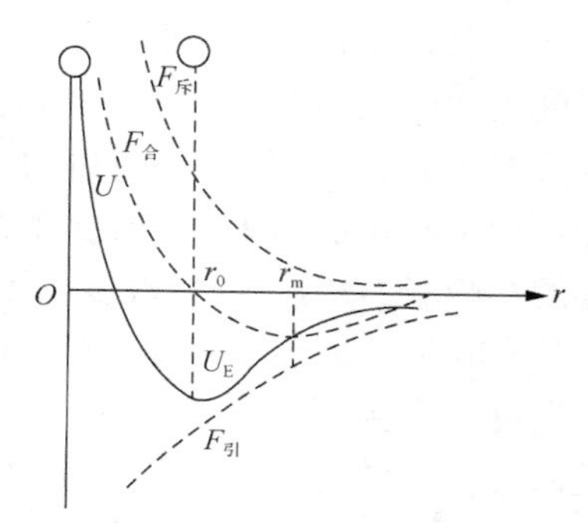

（b）双原子势能U、作用力与原子间距关系

图 7-11　铁原子膨胀曲线和双原子模型

U_E 为斥力 $F_斥$和引力 $F_引$相等时的势能，此时弹性势能最小，从而两个原子达到了平衡位置；r_m 为 $F_斥$和 $F_引$的合力 $F_合$达到最小值时的原子间距

由式 7-4 计算的热膨胀应变达到了 1.028%，将其等效于弹性应变，所产生的弹性储能由式（7-6）计算：

$$U = \frac{1}{2} E\varepsilon^2 V \tag{7-6}$$

式中，E 是弹性模量；ε 是弹性应变；V 是材料的摩尔体积，对于钢铁材料 V=7.5cm^3/mol。取奥氏体的弹性模量 E=200GPa，ε=1.028%，代入式（7-6），得到 U=76.4J/mol。这只是考虑了单向热膨胀效应，真实热膨胀是体膨胀，产生的应变是三向的，体膨胀系数是线膨胀系数的 3 倍[12]，因此，热膨胀产生的弹性储能应该是 229J/mol。文献[13]计算了 0.25w_C 的低碳钢马氏体相变切变能为 118J/mol，这一计算中采用的应变为 0.35%，该应变值远远大于弹性应变范围，可以认为考虑到了屈服到断裂的全过程，即便如此，热膨胀弹性储能也远远大于切变储能。下面再从力的角度分析马氏体相变驱动力的问题。金属材料的弹性变形很小，测量弹性极限的残余应变一般为 0.1%，条件屈服的残余应变为 0.2%。钢铁材料由奥氏体过冷到 M_s 温度，可以产生 1.028%的弹性应变。由胡克定律，产生这样大的弹性变形，其弹性应力可以达到 2000MPa 量级。如果以条件屈服应力作为马氏体相变的临界应力，奥氏体在 M_s 附近的屈服强度约为 200MPa，那么热膨胀产生的过载应力将提高 10 倍以上。这样高的过载应力，可以解释马氏体相变的爆发性和超高速现象。

7.3.3　马氏体相变晶体学

马氏体相变是以无扩散的方式从面心立方晶体转变为体心立方晶体，尚没有一个模型可以将这个转变十分完美地展现出来。Bain 在 1924 年提出了一个模型，可以展现出从面心立方获得体心立方晶体的途径，直到今天，这个模型仍然是教科书或专著中最常被引用的模型[14-15]。Bain 模型如图 7-12 所示，在两个面心立方晶胞中，以 $\frac{a_\gamma}{\sqrt{2}}$ 为新晶胞的两个边长，新晶胞的 c 轴方向长度不变，仍然为原面心立方的 a_γ，构建出一个体心正方晶胞，如图 7-12（a）所示。目前这个新的晶胞还不满足体心立方晶胞的要求，还需要将 c 轴方向压缩 20%，x' 和 y' 轴方向拉伸 12%才成为体心立方晶胞，如图 7-12（b）所示。Bain 提出的这个模型只是表达了面心立方转变为体心立方的可行性，马氏体相变的切变过程与模型的压缩和拉伸没有关系。

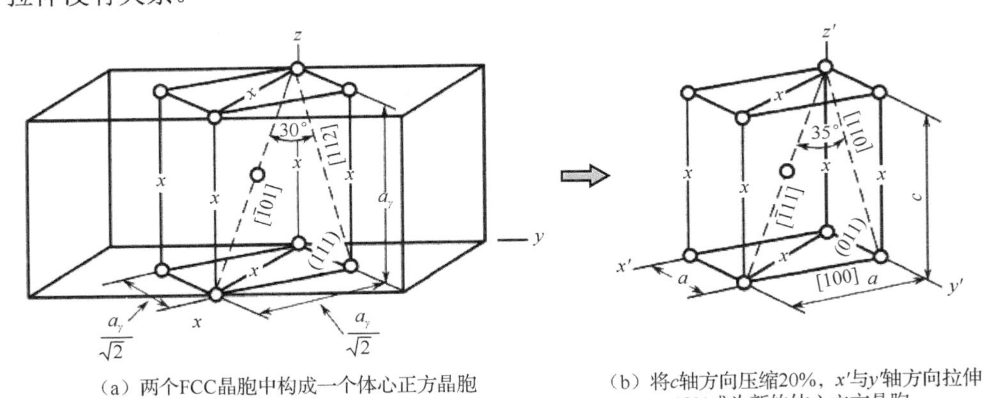

（a）两个FCC晶胞中构成一个体心正方晶胞

（b）将c轴方向压缩20%，x'与y'轴方向拉伸12%成为新的体心立方晶胞

图 7-12　马氏体相变的 Bain 模型

Bain 模型中的确展示出了马氏体相变的一些位向关系。由图 7-12 得 $(111)_\gamma \rightarrow (011)_\alpha$，$[\bar{1}01]_\gamma \rightarrow [\bar{1}\bar{1}1]_\alpha$，$[1\bar{1}0]_\gamma \rightarrow [100]_\alpha$，$[11\bar{2}]_\gamma \rightarrow [01\bar{1}]_\alpha$，这些面和位向符合 K-S 关系和 N-W 关系。原子的位移不是通过切变，而是通过正向

的移动实现的。已知马氏体相变可以造成 1%左右的体积膨胀，按 Bain 模型，马氏体相变的膨胀量要大于 10%，与实际情况相差较大。

由于 Bain 模型不反映滑移过程，20 世纪 30 年代，Kurdjumov 和 Sachs[15]构建了一个通过滑移得到体心立方晶体的 K-S 模型。如图 7-13（a）所示，在面心立方的(111)面上，取一个高度为三层原子的单位倾斜菱形晶胞，其中实心圆是底层原子，带叉圆是第二层原子，空心圆是第三层原子。这个倾斜晶胞与底面呈 93°倾角，见图 7-13（b），将其扶正以后如图 7-13（c）所示。图 7-14 的 K-S 模型平面投影显示了通过滑移使得倾斜菱形晶胞扶正的过程。7-14（a）显示滑移前的单胞原子的平面投影，沿$[\bar{2}11]_\gamma$方向，实心圆、带叉圆和空心圆分别为三层的原子并且等分$[\bar{2}11]_\gamma$方向菱形胞对角线。相变滑移分三步进行：第一步，在$\{111\}_\gamma$面沿$[\bar{2}11]_\gamma$方向使第二层原子移动 0.057nm，第三层原子移动 0.114nm，相当于切变 15°15′，不含 C 时切变为 19°28′；第二步，在$\{110\}_{\alpha'}$面上，沿$[1\bar{1}1]_{\alpha'}$方向进行一个小的切变，使 60°夹角变为 69°，不含 C 时变到 70°32′；第三步做些必要的调整，达到符合实际的面间距。图 7-14（b）显示第一步切变后的情况，图 7-14（c）显示第二步切变后的情况，图 7-14（d）显示第三步调整成 c/a=1.06 的情况，图 7-14（e）显示调整后α-Fe$\{110\}_{\alpha'}$面的原子排列情况。

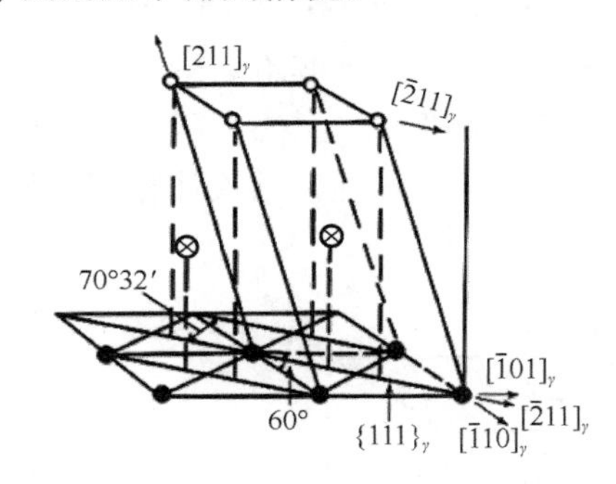

（a）FCC面上一个包含三层原子的倾斜菱柱及基面上两层原子在基面的投影

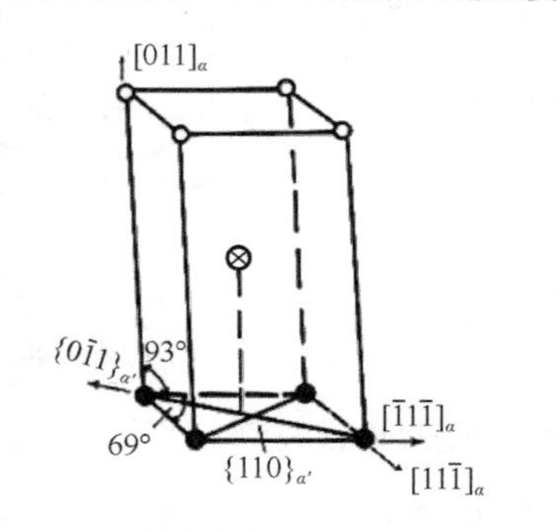

（b）独立的菱柱单元，c轴倾斜93°

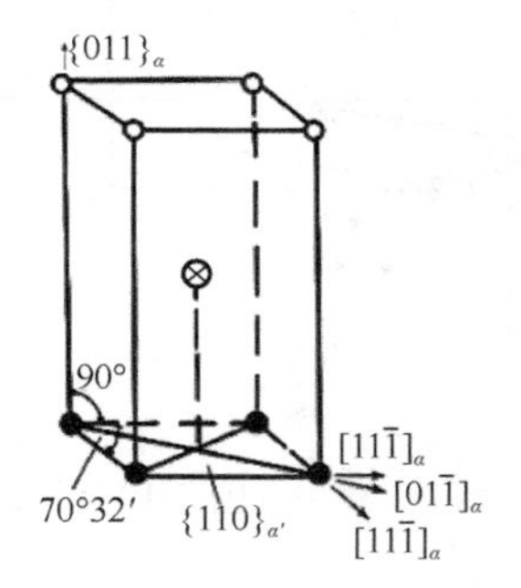

（c）将c轴扶正后的示意图

图 7-13　K-S 关系模型

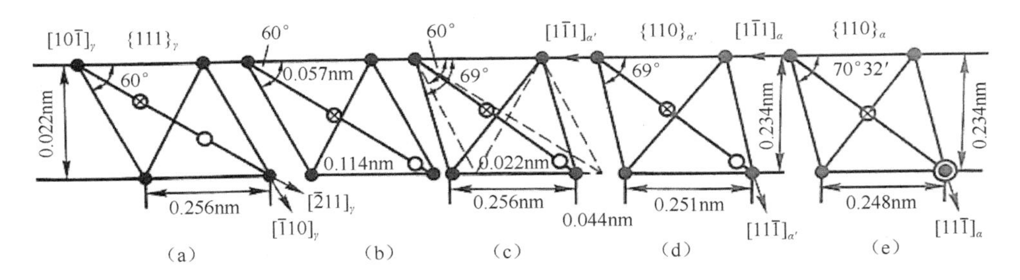

图 7-14 K-S 模型平面投影

(a) 滑移前单胞原子的平面投影图；(b) 沿[$\bar{2}$11]$_\gamma$方向第二层原子滑移 0.057nm，第三层原子滑移 0.114nm；(c) 在{110}$_{\alpha'}$沿[1$\bar{1}$1]$_{\alpha'}$方向一个小的切变使原来的 60°夹角变为 69°夹角；(d)、(e) 原子和晶面进一步做一些小的调整使得原菱柱基面 69°夹角变为 70°32′，原子间距由 0.256nm 变为 0.248nm，原来{111}$_\gamma$转变为{110}$_{\alpha'}$

由 K-S 关系给出的马氏体相变过程需要在[112]$_{\alpha'}$方向切变 19°28′，以及最后在[110]$_{\alpha'}$方向切变 9°才能最终获得立方体晶胞，这样大角度的切变如图 7-15（a）所示，将会产生巨大的应变能，从而超过了相变驱动力所能提供的动力。这就是我国学者质疑马氏体相变是切变的原因。马氏体结构中有位错和孪晶两种亚结构，在切变量尚未达到图 7-15（a）所示的 s 值时，会产生位错滑移或孪晶变形。如图 7-15（b）和（c）所示，总的切变量大大减少，但是切变的局部，如图 7-15（b）中的一个滑移单元中的晶体已完成了马氏体结构转变所需的角度。滑移或孪晶单元中的晶体切变角与图 7-15（a）中的切变角一样，但是总的切变量大大降低，如图 7-15（b）和（c）图中的虚线所示，这两条虚线与图 7-15（a）图中的线条 2 构成了马氏体相变的不变平面，即马氏体相变的惯习面。

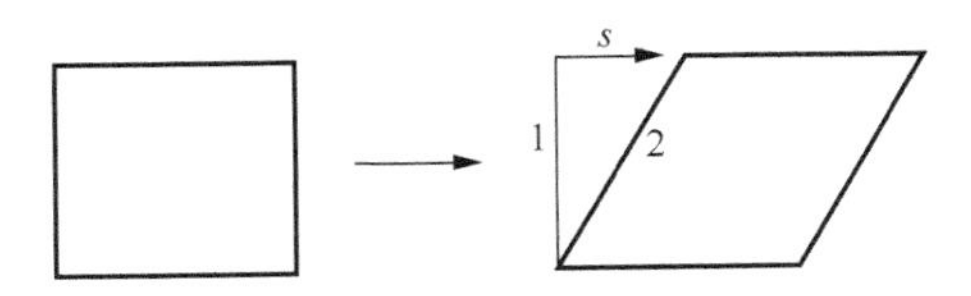

（a）按K-S关系马氏体相变所需要的切变量s

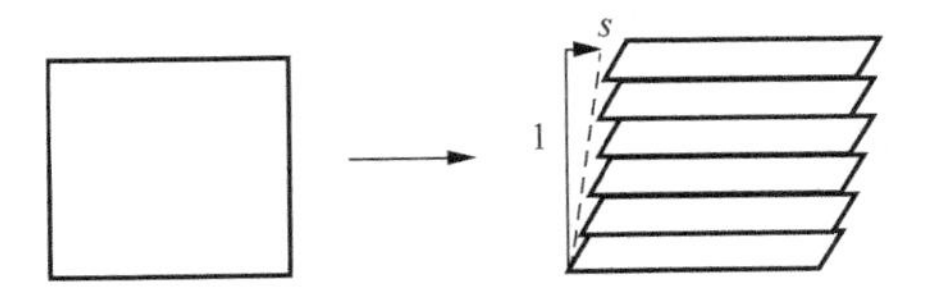

（b）位错滑移参与马氏体相变导致切变量大幅减小

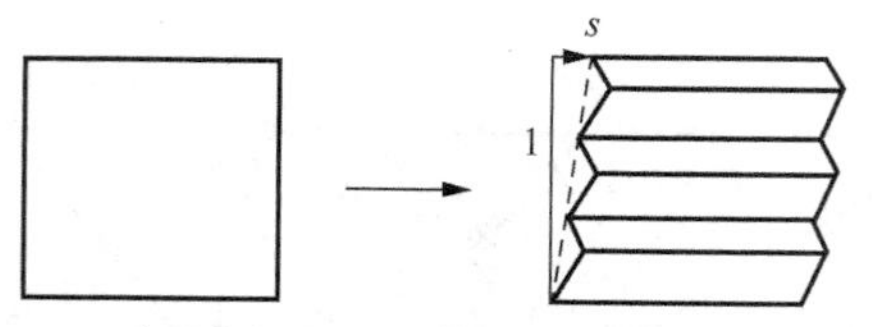

（c）孪晶参与马氏体相变导致切变量大幅减小

图 7-15　奥氏体与马氏体相变的切变模型

7.3.4　碳的过饱和固溶

碳在奥氏体中的平衡溶解度是 2.1%，而在铁素体中 721℃时的溶解度为 0.021%，如果冷却到室温，溶解度降到几乎为零。溶解度的这种差异与奥氏体和铁素体各自的晶体结构有关。奥氏体的单胞尺寸 a_γ=0.365nm，而铁素体的单胞尺寸 a_α=0.287nm。奥氏体中有两种间隙结构，分别为四面体和八面体，它们的间隙尺寸分别为

$$d_4=0.225D$$

$$d_8=0.414D$$

式中，D 是奥氏体原子直径。室温时，奥氏体的原子直径 D=0.252nm，由此得到，d_4=0.0568nm，d_8=0.1044nm。碳原子的直径是 0.154nm，虽然碳原子的直径大于四面体和八面体的最大间隙尺寸，但是相对而言，碳在八面体中产生的畸变最小。

对于 BCC 结构的铁素体，也有两种间隙位置，四面体和八面体的间隙尺寸分别为

$$d_4=0.291D$$

$$d_8=0.155D$$

BCC 中的八面体是非对称的，如图 7-16（a）所示。沿 z 轴方向八面体的间隙远小于沿平面对角线方向。经计算，沿对角线方向的间隙是 0.157nm，而沿 c 轴方向的间隙是 0.0384nm，是碳原子直径的 1/4。尽管如此，碳原子还是愿意待在扁八面体中心，这样产生的是一个沿 c 轴方向的对称应变场，使得系统总的能量最低。由于碳原子在扁八面体中固溶，晶胞在 c 轴方向上伸长，在其他两轴方向缩短，原来的立方晶胞变为体心正方晶胞。如图 7-16（b）所示，马氏体晶胞的 c 轴长度随碳的质量分数增加而增加，a 轴长度随碳的质量分数增加而缩短。由于扁八面体的非对称性，碳原子溶入后会引起 c 轴方向产生较大的内应力，这种应力使得周围的碳原子也沿 c 轴方向排列，比随机分布减小体系的能量。碳原子在奥氏体晶的八面体中固溶产生的是对称应力场，因此在奥氏体晶中，随着含碳量增加，奥氏体晶只产生均匀的体积膨胀。奥氏体快速冷却到马氏体，碳原子

被过饱和到扁八面体中，产生了剧烈的固溶强化，这是马氏体强化的一个重要的原因。

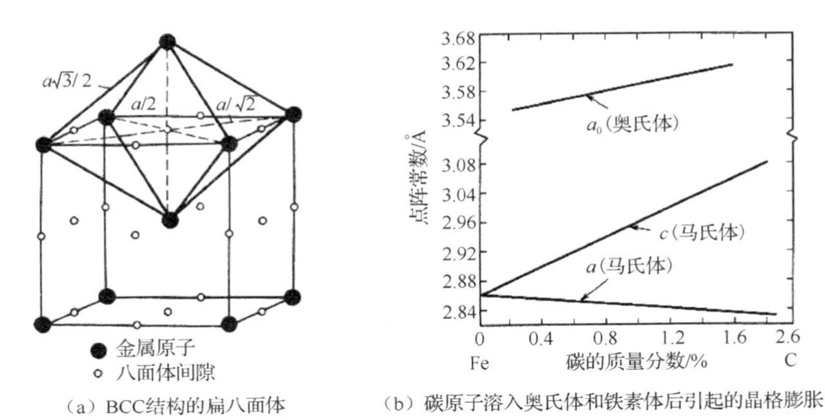

（a）BCC结构的扁八面体　（b）碳原子溶入奥氏体和铁素体后引起的晶格膨胀

图 7-16　BCC 晶胞的间隙位置及碳原子溶入晶体产生的变形

7.3.5　马氏体相变形核理论

钢中马氏体相变以接近声速的速度进行，一个马氏体针在 10^{-7}～10^{-5}s 的时间内就完成了转变。以这样的速度相变似乎不需要形核过程，但是测量电阻的结果证明马氏体相变还是有形核过程，见图 7-17。该图是 Fe-Ni 合金单个马氏体针长大的电阻测量曲线，图中显示铁素体的电阻低于奥氏体，当相变开始的时候，电阻值有一个增加的过程，随后线性降低到铁素体的电阻值。电阻升高代表体系的能量升高，马氏体的核心出现后，会增加周围奥氏体的应变能。如果是缺陷形核，也会使奥氏体局部缺陷密度增加，这些因素都会使电阻增加，这就证明了马氏体相变有一个形核过程。

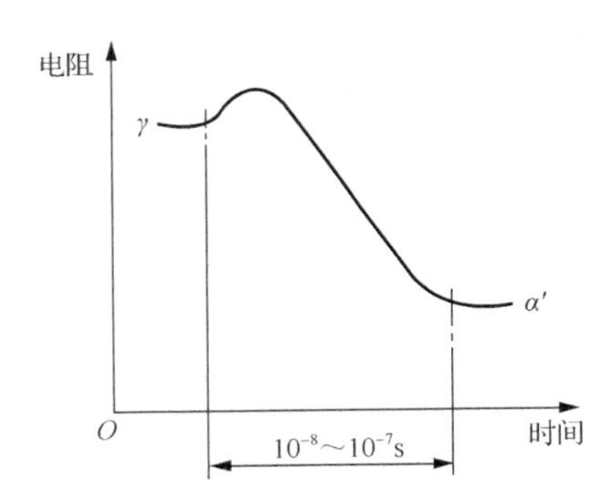

图 7-17　Fe-Ni 合金中单个马氏体针长大的电阻变化曲线[14]

1. 均匀形核

式（7-1）给出了马氏体相变的热力学条件，其中 $\Delta G^{\alpha\to M}$ 是非化学能量，它代表着相变的阻力，与马氏体的应变能、表面能及核心的几何形状有关。假设马氏体的晶核是圆盘状，见图 7-18。这个盘状晶核是中间厚、两边薄，类似铁饼的形状，盘的半径为 a，1/2 厚度为 c，盘的应变为γ，即由应力产生这样一个盘状核心所产生的应变。由式（7-1），具体到盘的几何形状，马氏体的形核功为[14]

$$\Delta G = -\frac{4}{3}\pi a^2 c\Delta G_V + 2\pi a^2\sigma + \frac{4}{3}\pi ac^2\gamma^2\mu \tag{7-7}$$

式中，等号右边第一项是相变驱动力，第二项是新晶核产生的表面能，第三项是产生这样一个晶核所需的应变能；μ为单位体积应变能。对式（7-7）进行偏微分，求极值得到

$$c^* = \frac{2\sigma}{\Delta G_V} \tag{7-8}$$

$$a^* = \frac{4\mu\sigma\gamma^2}{\Delta G_V{}^2} \tag{7-9}$$

$$\Delta G^* = \frac{32\pi}{3}\frac{\sigma^3}{\left(\Delta G_V\right)^4}\gamma^4\mu^2 \tag{7-10}$$

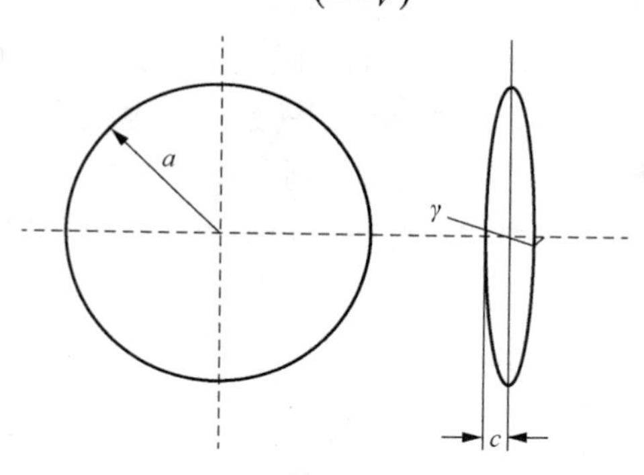

图 7-18　圆盘状马氏体晶核示意图

以上的形核理论是在均匀形核条件下形成的，假设应变γ为 0.2，这相当于钢中的宏观剪切变形；假设界面全共格，其界面能σ取 20mJ/m^2；对于钢铁材料，ΔG_V为 174MJ/m^3。采用这些数据计算的 $c^*/a^* \approx 1/40$，同时得到 $\Delta G^* \approx 20\,\text{eV}$。在 700K 时，热涨落可以提供的能量大约为 kT=0.06eV，形核所需要克服的能垒远远大于温度提供的热涨落形核所需的能量。

2. 位错形核

Knapp 和 Dehlinger[16]提出了一个由位错圈构成的马氏体盘状核心模型，如图 7-19 所示，称为 K-D 模型。K-D 模型认为马氏体胚核预先就存在于母相中，胚核与母相的交界是由螺位错构成的位错圈，因此这一模型不需要克服形核能垒 ΔG^*。降温时晶核长大，新的位错不断形成，这一模型需要借助于位错的不断形成及滑移来完成马氏体晶核的长大。有人对 K-D 模型做了进一步修正，认为位错圈的模型还是有临界晶核尺寸 r^*的，当位错圈晶核的尺寸小于临界晶核尺寸，位错圈不能自发长大，只有位错圈尺寸大于临界晶核尺寸，马氏体晶核才可以自发长大，并计算了热激活能，大约是 10^4J/mol 量级，远小于均匀形核的形核功，与马氏体相变的化学驱动力在一个数量级。因此，马氏体相变的位错圈模型更加接近实际，但是这一模型需要预先存在马氏体的胚核，在实验上还没有获得直接的证据。不过，用相场模拟的方法已证明马氏体相变胚核的确存在[17]，对 Fe-C 合金的模拟证明，胚核有临界尺寸，并且椭圆形的胚核比球形更加容易存在并长大。

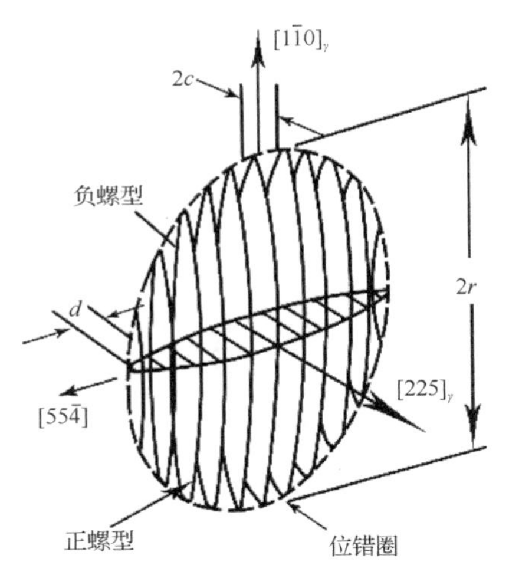

图 7-19　马氏体形核的位错圈模型

3. 层错形核

Bogers 和 Burgers[18]提出通过切变使面心立方转变为体心立方结构的模型，称为 B-B 模型。B-B 模型切变是使面心立方的$\{111\}_\gamma$面上沿<112>方向位移 $\frac{a}{18}<112>$（即$\frac{1}{3}$的$\frac{a}{6}<112>$孪生切变），切变面和共轭面大小不变，其上的其他两层面受应变作用角度由原来面心的 60°转变到体心的 70°32′，成为体心立方的$\{110\}_\alpha$面，这样就形成面心立方向体心立方的过渡，如图 7-20 所示。当体心立方$\{110\}$再切变$\frac{a}{18}<110>$，就成为真正的体心立方结构。在面心立方$\{111\}$面切变$\frac{a}{18}<112>$时，垂直切变面的膨胀量约为 5.4%，而体心$\frac{a}{18}<110>$切变时的膨胀量为 3.6%。这样，由 B-B 模型完成了面心立方向体心立方结构的转变，位向关系服从 K-S 关系。

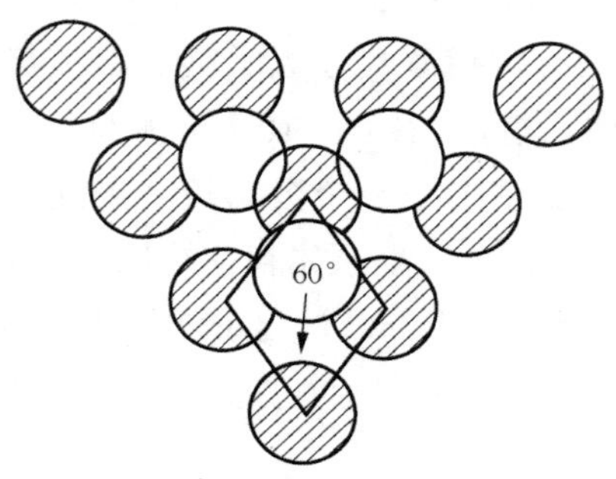

（a）FCC晶体$\{111\}$面上层晶面沿<112>方向位移$\frac{a}{18}<112>$

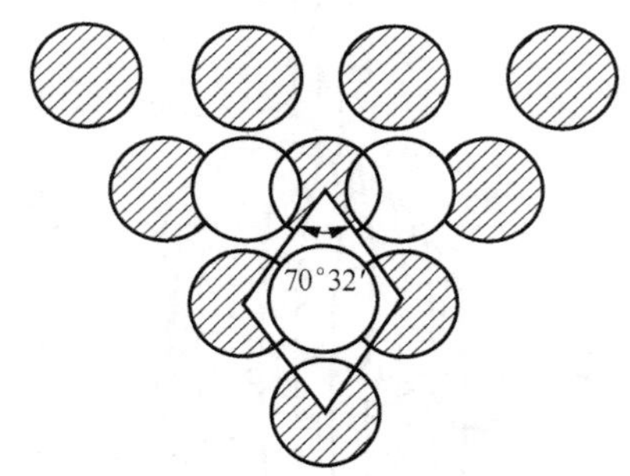

（b）$\{111\}$原子间夹角60°变为70°32′，成为体心立方的$\{110\}_\alpha$面

图 7-20　FCC 两层原子切变转变为 BCC 马氏体模型

7.3.6　长大过程

马氏体相变以接近声音在钢中传播的速度进行，造成研究马氏体的长大过程比较困难。马氏体长大也是一个界面移动过程，长大的驱动力来自化学自由能，阻力来自材料的化学成分、晶体缺陷、界面移动的摩擦力、第二相的阻挡等。马氏体长大过程与母相间的协调也是一个阻力因素。如果界面以弹性方式协调，这时马氏体以热弹性方式长大，这种方式马氏体相变的阻力小，马氏体相变可逆，形状记忆合金是这类马氏体相变的代表。如果相变界面以塑性机制协调，这就是

非热弹性马氏体长大。非热弹性马氏体的相变驱动力巨大，产生大量不可逆的缺陷，如位错与孪晶。钢中马氏体的相变是非热弹性马氏体。

图 7-21 是一个透镜状马氏体长大示意图，马氏体长大沿径向开始，径向长大到一定尺寸后，再沿厚度方向增厚。这一长大模式与透镜高碳马氏体的中脊发生了联系。图 7-22 显示 Fe-Ni 合金片状马氏体形貌与中脊。首先进行中脊生长，然后以中脊为基础向两侧以孪晶的方式继续加厚，孪晶生长到一定尺寸会停止，但是马氏体片的厚度继续增加，这就是马氏体与母相的协调区，见图 7-22（b）。协调区的组织通常是位错，也可能是孪晶。这就是非热弹性马氏体和热弹性马氏体的区别。图 7-22 中看不出中脊是什么亚结构，电子显微镜下的研究表明中脊是更高密度的孪晶[19-20]，中脊孪晶与非中脊孪晶的关系见示意图 7-23。非中脊孪晶是在中脊孪晶的基础上向两侧延伸，但是并非所有的中脊孪晶都可以继续向两侧延伸，马氏体在增厚的过程中，相变驱动力会逐渐降低，只有孪晶活力非常强的部分可以继续长大。随着驱动力进一步减小，所有的孪晶都停止生长，但是这时的驱动力仍然可以驱动位错移动，使孪晶的边缘有位错组织。

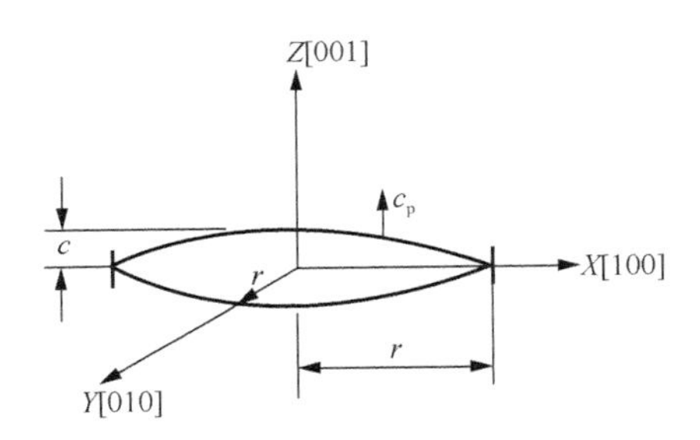

图 7-21　透镜状马氏体沿径向和厚度方向长大示意图[1]

c_p 表示透镜厚度增加方向；r 表示直径增加方向

（a）马氏体片和中脊

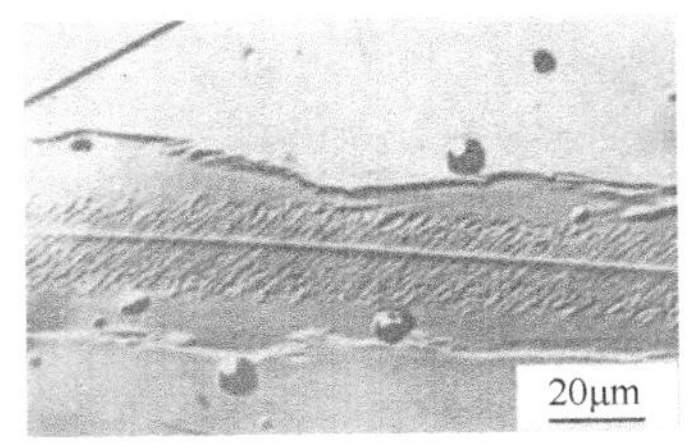

（b）中脊两侧孪晶[1]

图 7-22　Fe-Ni 合金片状马氏体形貌与中脊

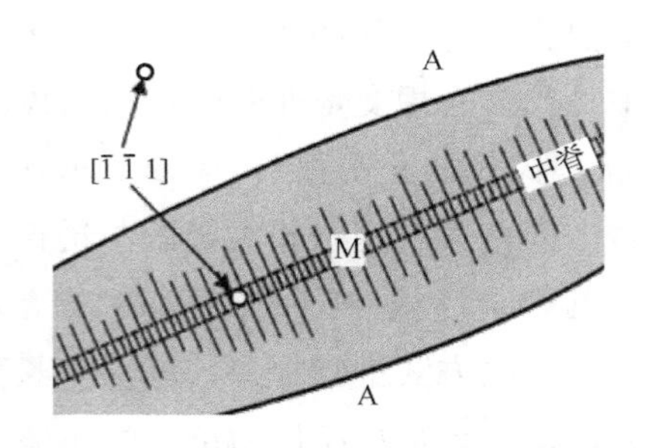

图 7-23　中脊孪晶与非中脊孪晶的关系

Shibata[20]等的研究表明，中脊的产生与马氏体片增厚、相变驱动力和冷却温度有关，制备了 Fe、31Ni、10Co、3Ti（质量分数，%）合金，该合金的 M_s 点在 83K。马氏体中脊与透镜马氏体形成过程见图 7-24。首先，将该合金冷却到 77K，产生了类似中脊的高密度孪晶薄片马氏体。然后，对合金在 77K 和 200K 两个温度进行 1%的拉伸变形，发现在 77K 孪生变形，薄片状高密度孪晶整体增厚，而在 200K 变形，高密度的孪晶片不再增厚，而是高密度孪晶中的部分孪晶向侧面延伸增厚，形成了透镜形态的马氏体。这个实验说明中脊与薄片状马氏体是同样的组织，都是高密度孪晶，如果相变驱动力足够高，中脊可以继续增厚。大部分材料的马氏体相变驱动力一般，因此见到比较多的是如图 7-21 所示的透镜状马氏体形态，首先形成的高密度孪晶片的区域成为中脊。

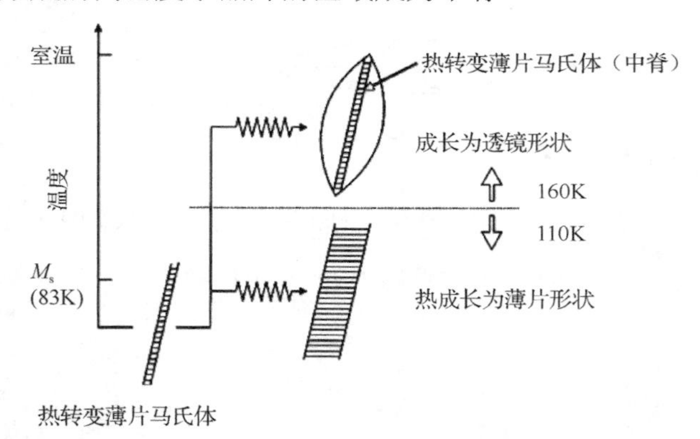

图 7-24　马氏体中脊与透镜马氏体形成过程示意图[20]

理论计算部分支持了以上的马氏体片的长大过程，由于马氏体的长大速度极快，对马氏体长大的研究主要依靠计算机模拟方法。图 7-25 显示的是 Fe、29.2Ni、0.2Mn（质量分数，%）合金马氏体片长大过程的计算结果[21]。计算模型中取了 10 个位错圈的马氏体片，假设马氏体径向长大到 20μm 后随即停止。图中显示，马氏体片的 c/r 在胚核时就达到了一个固定的值 0.02，即 1/50。马氏体的厚度增加始终落后于径向的长大速度，当径向长大停止后，厚度增加仍然在进行，计算的结果与前面的实验和预测一致。图 7-25 和实验观察有不一致的地方，计算结果中的马氏体片径向并非一次就长到了固定的尺寸，径向长大与厚度增加始终在同步进行。当然，计算采用的是位错圈模型，与实验观察的高密度孪晶片的径向长大现象不一致，这是出现差异的主要原因，但是至少证明了径向长大速度高于厚度方向的长大速度。

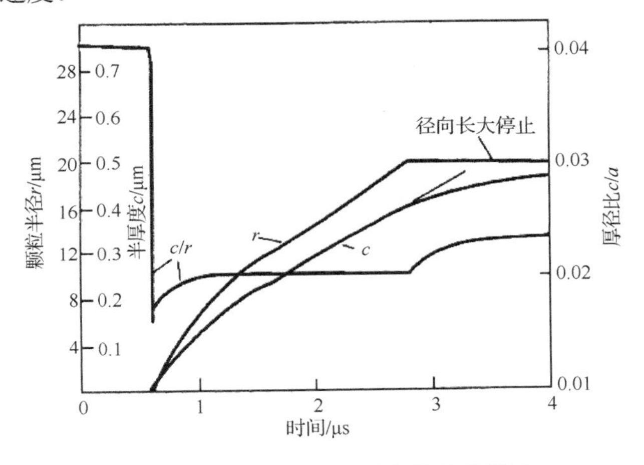

图 7-25　马氏体片长大过程的计算模拟

7.4　马氏体形态、亚结构及影响因素

7.4.1　马氏体形态与亚结构

钢中马氏体的形态主要有两种，在光学显微镜下观察到的形态为板条状和片状或针状，如图 7-26 所示。板条马氏体的形貌是细条状，条与条之间呈小角度晶界，一个奥氏体晶中板条的分布状态如图 7-27（a）所示。一个奥氏体晶粒中有几个马氏体“束”构成，如图 7-27（a）中 A 区域所示，每一束对应奥氏体$(111)_\gamma$（惯习面）晶面组中的一个晶面。每个束内又由几个取向不同的块组成，如图 7-27（a）中 B 区域所示。每个块则由两种特定 K-S 取向的变体群构成，这两个变体群的位相差比较小，通常为 10°。这种变体群称为板条群，是板条马氏体的基本单元。一个马氏体束也可以由同一种位相板条群组成，即一个块，如图 7-27（a）中 C 区域所示。同位相板条群中的板条相互平行。片状马氏体的光学金相显微组织如图 7-26（b）所示，其形态两头尖，中间粗，中间有中脊。刚形核的马氏体更类似针状，如图 7-26（b）中间视域的细小马氏体，因此这种马氏体也称为针状马氏体。为了清楚地显示马氏体形貌，通常晶粒尺寸刻意处理得比较大，在实际应用条件

下，晶粒尺寸远小于这一尺寸，马氏体的形貌远没有图 7-26（b）那么典型，工业界也称这种马氏体为隐针马氏体。片状马氏体的组织如图 7-27（b）所示。通常所形成的第一片马氏体贯通晶粒，但是不穿过晶界，后形成的马氏体也不能穿越先形成的马氏体晶，这样整个奥氏体晶粒不断地被分割。片状马氏体晶与板条马氏体晶的形貌与分布有很大的不同，它们之间是大角度分布，这样形成越晚的马氏体尺寸越小，最终会遗留下很多不能转变的区域，成为残余奥氏体。板条马氏体之间也会有残余奥氏体薄膜。

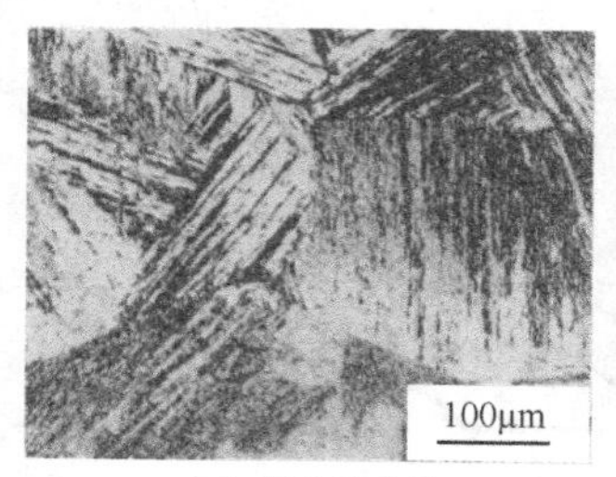

（a）板条马氏体

（b）片状马氏体

图 7-26　板条马氏体与片状马氏体光学显微镜下的形貌

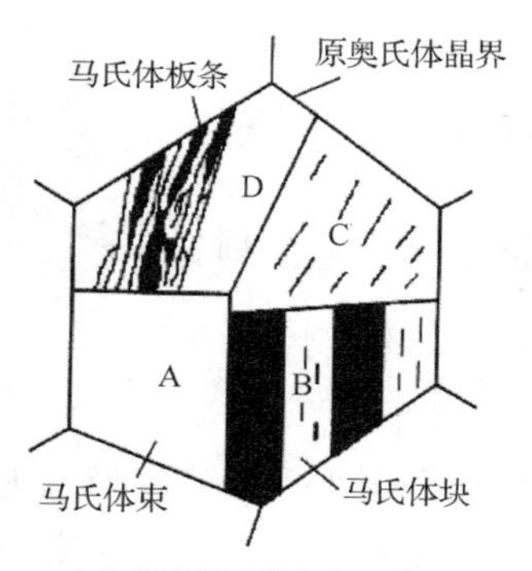

（a）板条马氏体组织示意图

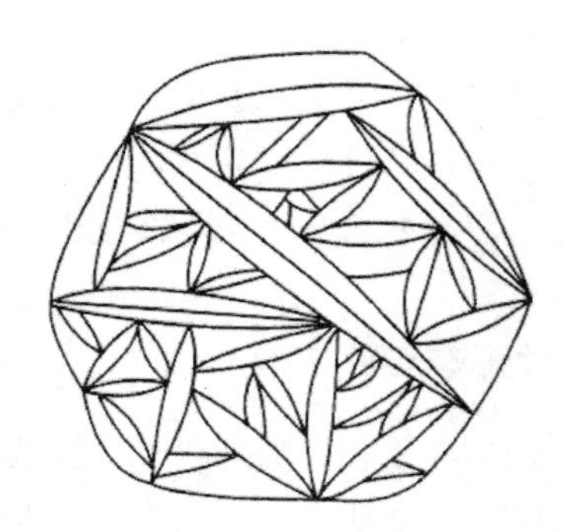
（b）片状马氏体组织示意图

图 7-27　板条马氏体和片状马氏体显微组织与奥氏体晶粒示意图

在电子显微镜下观察板条马氏体和片状马氏体，它们的亚结构是不同的，板条马氏体的亚结构是位错，而片状马氏体的亚结构是孪晶，如图 7-28 所示。图 7-28（a）是板条马氏体亚结构，图中可以见到相互平行的板条束，板条中是高密度位错，板条间黑色的组织是残余奥氏体膜。图 7-28（b）是片状马氏体的孪晶亚结构。通常板条马氏体组织可以达到 100%，少量的残余奥氏体没有计算在内，但是孪晶亚结构却很难达到 100%。一方面有较多的残余奥氏体，另一方面有较多的位错共存，这是由片状马氏体的生长模式和动力学因素决定的，如图 7-22～图 7-24 所示。

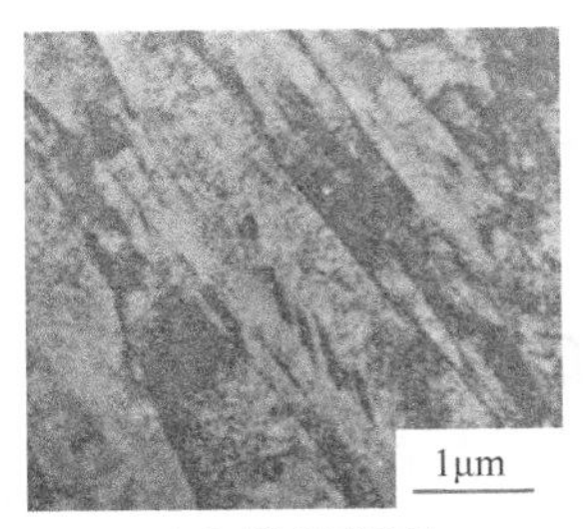

（a）板条马氏体

（b）片状马氏体

图 7-28　电子显微镜下板条马氏体和片状马氏体亚结构

如图 7-15 所示，为了减少马氏体相变时一次切变产生的大应变，马氏体相变采取了滑移和孪晶两种可能的方式来减小形变量。滑移和孪晶两种变形方式都通过分切应力来驱动，因而能量最低或应力最小的方式是决定亚结构的主要原因。图 7-29 给出了滑移和孪晶临界分切应力随温度的变化。随温度降低，孪晶分切应力增加幅度比较小，而滑移分切应力对温度比较敏感，随温度降低大幅上升。滑移过程是一个热激活过程，热能量可以为位错越过能垒提供辅助作用，因而温度升高，滑移分切应力大幅降低。孪晶是一个原子的集体切变过程，个别原子的热运动对孪晶的集体切变行为影响较小。因此，随温度降低，在某个温度滑移的分切应力将大于孪晶应力，表现为低温孪晶应力小，而在相对高温下滑移分切应力小，这就很好地解释了马氏体两种亚结构产生的原因。通常片状马氏体的相变温度比较低，因此片状马氏体的亚结构是孪晶，板条马氏体的相变温度较高，亚结构是位错。

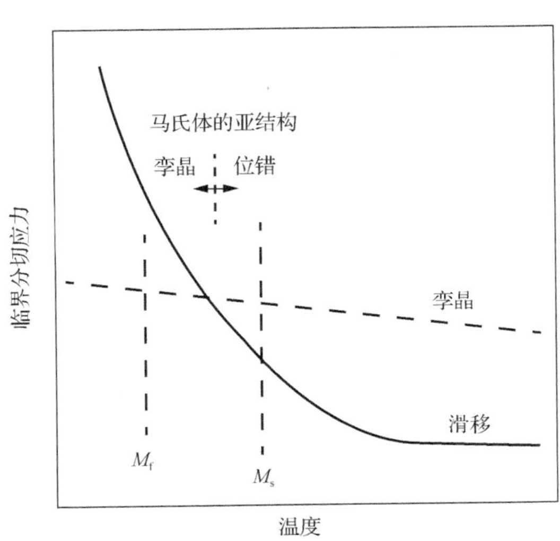

图 7-29　马氏体滑移和孪晶变形示意图

7.4.2 影响马氏体形态的因素

1. 含碳量

对钢中马氏体形态影响最大的因素是含碳量，低碳钢是板条马氏体，高碳钢是片状马氏体。图 7-30 显示了板条马氏体含量与含碳量的关系。含碳量小于 0.4%时，板条马氏体含量变化不大，略有下降，以板条马氏体为主。随后随着含碳量增加，板条马氏体含量快速下降，含碳量达到 1.0%时，板条马氏体含量为零。图中没有给出片状马氏体含量的变化，板条马氏体含量的降低，就意味着片状马氏体含量的增加。图中给出 M_s 随含碳量增加而线性降低，同时残余奥氏体含量随含碳量增加而增加，最高可以达到 40%。

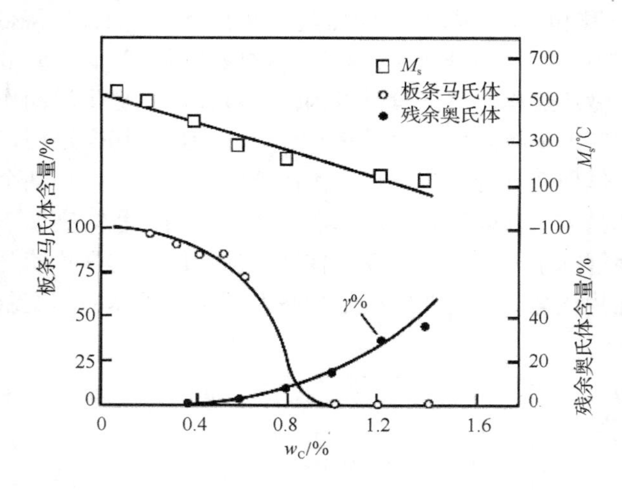

图 7-30　板条马氏体含量、M_s 和残余奥氏体含量与含碳量关系

2. 合金元素

1）Mn 的影响

Mn 是钢中的常用元素，在常规的加量下对马氏体形态没有本质的影响。当 Mn 含量大于 15%后，会形成一种ε-马氏体，见图 7-31（a），ε-马氏体的 TEM 形貌如图 7-31（b）所示。ε-马氏体是六方结构，这些直的薄片中看不出有其他的亚结构。由于 Mn 降低层错能，易于形成层错，这些六方结构马氏体也可以看成是面心立方基体中的层错。这种ε-马氏体在 18-8 型不锈钢中大量存在。

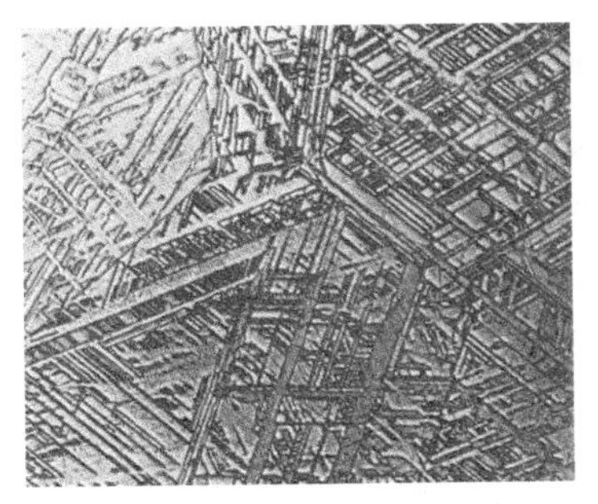

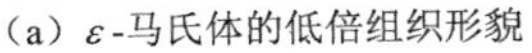
（a）ε-马氏体的低倍组织形貌

（b）ε-马氏体的 TEM 形貌

图 7-31　Fe-15Mn 高锰钢ε-马氏体形貌[1]

2）Ni 的影响

Ni 和 Mn 都是扩大奥氏体的元素，可以大幅降低 M_s，可以通过调整这些元素的加入量使马氏体相变在所需的温度范围，因此 Ni 是研究马氏体相变机理最常用的元素。Fe-Ni（极低碳）合金在 M_s 点以上 5～30℃于试样表面形成表面马氏体，其马氏体针的深度约为 5～30μm，长大速度较整体马氏体小很多，为 0.01～1mm/s[22]。冷却到 M_s 附近，在试样表面以下出现蝴蝶状马氏体，如图 7-32（a）所示。这种马氏体对应力比较敏感，磨制试样时手工加压力的大小都会影响其转变量。对其施加应力会改变蝴蝶马氏体的形态，不同温度下，施加不同的应变对马氏体的形貌有较大的影响。图 7-32（b）的蝴蝶状马氏体两翼厚度明显加大，在向片状马氏体形态过渡。施加更大的应变，如图 7-32（c）所示，已发展为片状马氏体，可见蝴蝶状马氏体是片状马氏体的一种过渡形态。

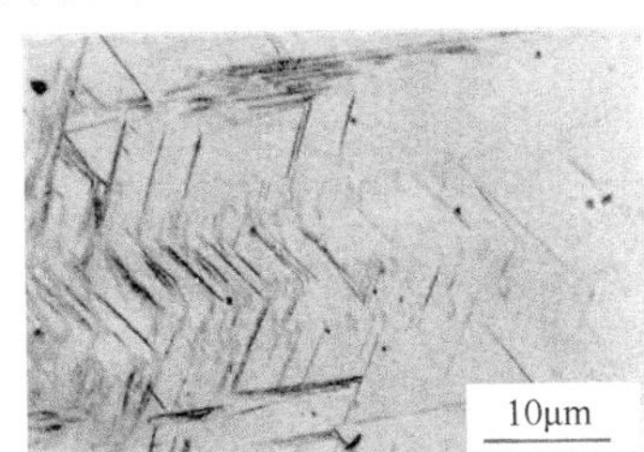

（a）Fe-30Ni-0.04C合金单晶内的蝴蝶状马氏体

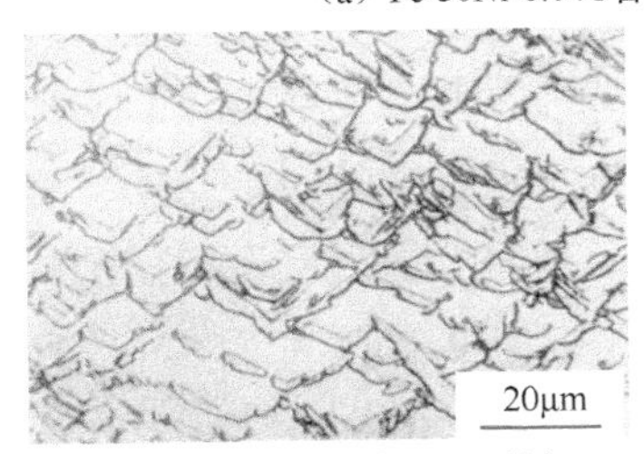

（b）Fe-29Ni-0.26C合金−30℃形变20%

（c）Fe-29Ni-0.26C合金0℃形变40%

图 7-32　温度和形变量对 Fe-Ni 低碳合金蝴蝶状马氏体形态的影响

Fe-Ni 及 Fe-Ni-C 合金单纯相变形成的马氏体，其形态会出现下列三种类型：

（1）在较高温度（−30℃）以上形成蝴蝶状马氏体；

（2）在较低温度（−150～−20℃）形成片状马氏体；

（3）在更低温度（<−150℃）形成薄片状马氏体。

3. *应力影响*

应力不仅可以影响马氏体的形态，还可以影响马氏体相变的起始温度。通常拉伸应力升高 M_s 点，压缩应力降低 M_s 点。应力对马氏体形态的影响主要表现在马氏体片的厚度随应力增加而加厚，图 7-24 和图 7-32 已经显示了应力的作用。在常规材料中，马氏体相变的速率极快，无法显示应力的作用。应力的作用通常在高 Ni、高 Mn 合金中可以看到，在这些合金中，M_s 点被调整到室温以下或极低温度，马氏体可以在应力的控制下生长。在形状记忆合金和热弹性马氏体中，应力的作用十分显著，这些合金中，马氏体亚结构是孪晶型，加载应力马氏体生长，卸载应力马氏体收缩，从而产生记忆效应和热弹性。

7.4.3　截面法揭示板条马氏体和片状马氏体空间形态

在光学显微镜和电子显微镜下观察到的马氏体形貌是二维的，或平面的。片状马氏体在文献中和教科书中也常用到透镜马氏体这一名称，这是片状马氏体的三维空间形态的名称。板条马氏体的名称在平面和空间的名称只有一种。板条马氏体的形态最早是由 Krauss 等[23]提出，采用电解抛光截面法在光学显微镜下连续观察固定目标的板条马氏体，最终还原出板条马氏体的空间形貌。图 7-33 是 0.2w_C 低碳钢板条马氏体电解抛光减薄显示目标马氏体板条 A、B 的变化，每一次电解抛光后减薄 1.5μm，总共减薄了 30μm，每一次电解抛光后，腐蚀观察同一目标马氏体板条 A 和 B。目标马氏体板条尺寸不断在变化，同时位置也在变，最终还原出目标马氏体板条 A 和 B 的三维形貌如图 7-33（d）所示，其形态的确是细长条状，板条的横截面仍然是扁的形态，两头尖中间粗。观察图 7-33（a）、（b）和（c），似乎马氏体板条的真实形态与图 7-33（d）的形态有较大的差异。Krauss 等也意识到这个问题，板条的横截面更接近矩形，给出的可能解释是光学显微镜的分辨率不够。另外，原图中没有给出标尺，似乎板条 A 的宽度远大于文献报道的尺寸，通常板条的长度为 100μm，宽度为 3μm，厚度为 0.3μm[24]。

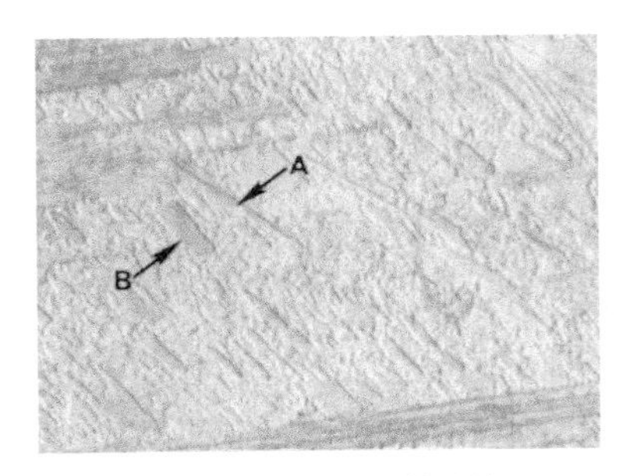

（a）起始抛光马氏体形貌

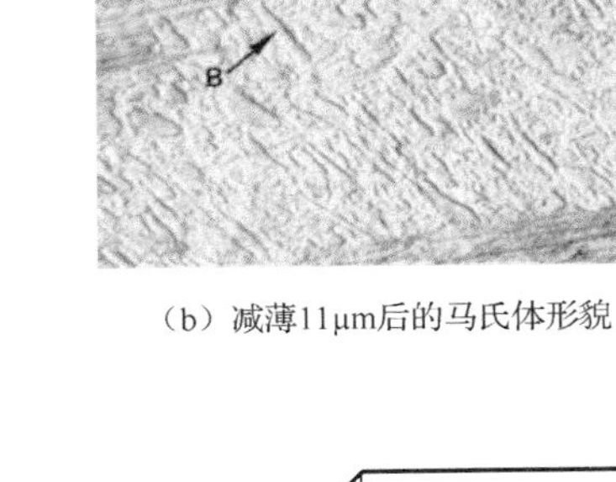

（b）减薄11μm后的马氏体形貌

（c）减薄18μm后的马氏体形貌

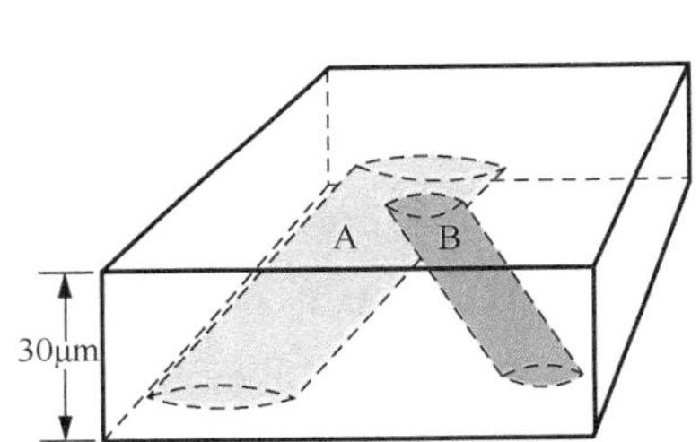

（d）减薄30μm后还原目标马氏体板条A和B的三维形貌

图 7-33　0.2w_C 低碳钢板条马氏体电解抛光减薄显示目标马氏体板条 A、B 的变化[23]

Krauss 等[23]也研究了片状马氏体空间形态，但是对于片状马氏体 Krauss 等并没有采用电解抛光截面法，而是采用了两个垂直面上的同一高碳马氏体拍照后拼接显示片状马氏体的三维形貌，如图 7-34 所示。该图显示马氏体的形貌中间厚，边缘逐渐变薄，这张照片成为高碳马氏体三维形貌是透镜状的最重要的证据[1]。透镜状的这一术语传达了两个基本概念：①所描述的对象中间厚，两边薄；②所描述的对象是圆形。另外，马氏体的理论模型，即图 7-18 透镜状马氏体模型和图 7-19 位错圈模型，都假设马氏体是透镜形的，但是图 7-34 给出的信息是马氏体两翼的尺度不等，不能证明是圆形的。如果马氏体的三维形貌是透镜形的，那么至少沿着平行透镜盘的平面截面，得到的马氏体形貌图像应该是圆形，但是这么多年以来，从发表的文献中基本看不到圆形马氏体的图像。这就让人产生怀疑，高碳片状马氏体的空间形貌是否为透镜形。本书的作者近几年在这方面做了一些工作，采用的方法与 Krauss 等采用的截面法相同，也是截面抛光逐层显示固定目标马氏体的形貌，测量马氏体片的长度和宽度，然后还原马氏体的三维形貌，结果见图 7-35[25]。该实验采用的是 1.37w_C 超高碳钢，为了更清楚地观察马氏体形态，将超高碳钢加热至 1100℃，保温 40min，使奥氏体晶粒长得尽可能大，以获得较大尺寸的马氏体片，为避免淬火应力，采用油作为淬火介质。采用了激光打孔定位与样品方位结合的方法，确保每次观察的都是同一视域与同一目标马氏体片。试验中控制每次减薄 5μm 左右，用千分尺测量减薄厚度。每次观察拍照后，只进行细抛光工序，将前一次腐蚀的痕迹抛除后即可进行下一次腐蚀观察。图 7-35 中的箭头所指是目标马氏体，图中右下角的圆弧是激光打孔的痕迹，这样确保每次观察的是同一个马氏体。测量马氏体针的长度和宽度，记录对应的减薄厚度变化，将这些信息绘图，见图 7-36。测量的减薄厚度累加值作为 x 轴，测量的马氏体片的长度和宽度作为 Y 轴并且对称分布。图 7-36 中厚度和长度的两个曲线比较接近半个椭圆，由于截面厚度方向的尺寸大于测量的长度，故马氏体针的空间形态是一个三个轴不等的椭球体，以减薄厚度累加方向为椭球的 a 轴，测量的长轴方向为椭球的 b 轴，测量的宽度方向为椭球的 c 轴。图 7-36（a）和 7-36（b）图显示，半椭圆的轨迹已超过了 a 轴的最大点，对其进行适当修正，以 b 轴最大值为椭圆 a 轴的对称点，对测量数据沿 a 轴对称映射，得到 a-b 平面图与 a-c 平面图，见图 7-37。结果显示马氏体的形态是扁的椭球体。实验中连续测量了多个马氏体的变化。所有测量值的 a/b 在 1.26～1.83，a/c 在 7.44～13.09。

图 7-34　1.85w_C 高碳钢片状马氏体的 90°两个截面的拼接图

（a）开始截面的目标马氏体

（b）减薄12μm后的目标马氏体

（c）减薄34μm后的目标马氏体

（d）减薄约45μm后的目标马氏体

图7-35　1.37w_C高碳钢截面减薄法定点跟踪同一视域目标马氏体的变化

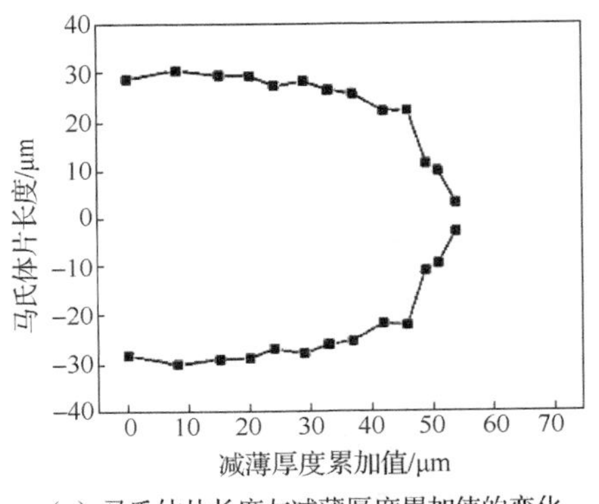

（a）马氏体片长度与减薄厚度累加值的变化

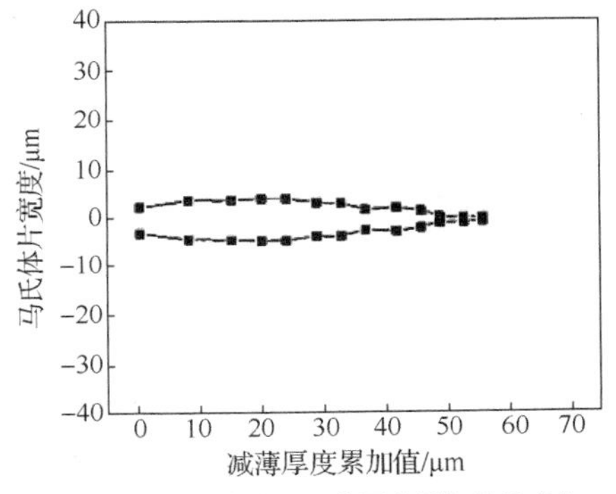

（b）马氏体片宽度与减薄厚度累加值的变化

图7-36　目标马氏体片长度、宽度与减薄厚度累加值的变化

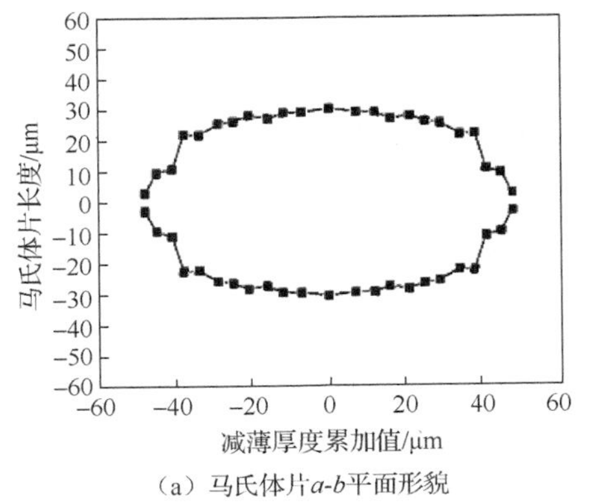

（a）马氏体片*a-b*平面形貌

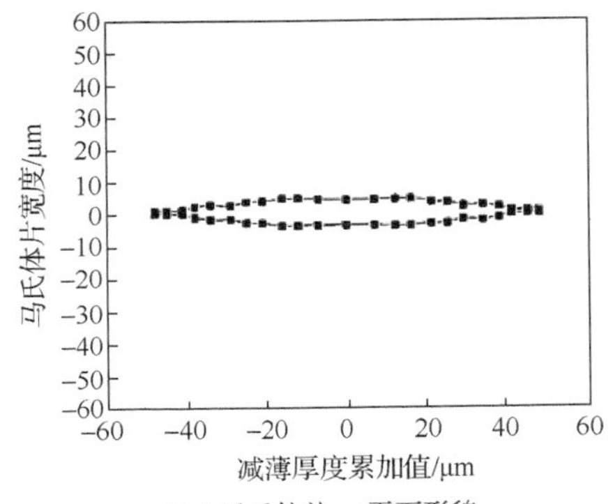

（b）马氏体片*a-c*平面形貌

图7-37　马氏体测量轨迹沿*a*轴对称映射得到的*a-b*平面图与*a-c*平面图

在恢复马氏体形态时，以测量的厚度累加方向作为马氏体椭圆体的长轴，这样是假设椭圆的长轴垂直于磨面。但是，实际情况是马氏体以不同的倾角分布于

基体中，如图 7-38（a）所示，图中的水平虚线为实验截面，针片长轴与截面有一倾角β，针片绕长轴有一旋转角γ。若每次磨样减薄的厚度为 h，β和γ都在 0～90°变化，则针片长轴 a 的实际值大于测量值，b 和 c 的值小于测量值。取 $a=a'/\sin\beta$，$b=b'\cos\gamma$, $c=c'\cos\gamma$（a'、b'、c'分别为 a、b、c 的测量值）。由于 a/b 和 a/c 中有一个 $1/(\sin\beta\cos\gamma)$参量，该参量在$\beta=\gamma=45°$时获得极小值 2，由此 a/b 的取值区间为 2.52～3.60，a/c 的取值区间为 14.80～26.18。综合以上分析并取平均值，可得马氏体椭圆的几何参数 $a/b\approx3$，$a/c\approx20$。

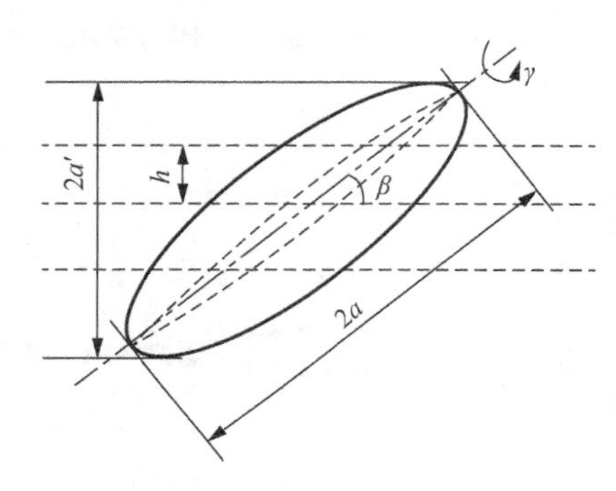

（a）马氏体针倾斜于基体中的分布情况

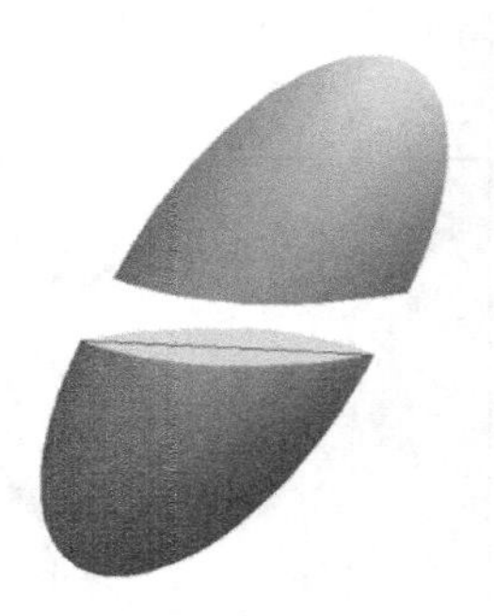

（b）复原马氏体扁椭球体形貌

（c）超高碳钢马氏体光学金相形貌

图 7-38　马氏体空间分布、复原后的扁椭球体形貌及金相观察到的超高碳钢马氏体形貌

由此可见，高碳钢片状马氏体的空间形态是一个扁椭球体，如图 7-38（b）所示。这样可以解释为什么看不到圆形的马氏体形貌，椭球形的马氏体任意方位的截面，看到的图形都是针状或竹叶状。即便是平行椭球 a-b 平面的截面，即椭球的最大平面截面，也是一个比较宽的针状形貌，如图 7-38（c）箭头所指，这片马氏体比较宽，没有中脊，应该是切到了平行 a-b 面的马氏体。

7.4.4　马氏体形态的理论预测

关于马氏体的形态，多年来主要依靠实验观察的方法进行研究，到现在没有完整的理论能够预测马氏体的形态。本书的作者在多年研究马氏体的过程中，发现马氏体的热力学形核理论可以很好地预测马氏体的形态。由透镜状晶核模型得到了马氏体的形核功表达式为式（7-7），对其圆盘的半径和 1/2 厚度进行微分并求极值，得到式（7-8）和式（7-9），最终得到了临界形核功 ΔG^* [式（7-10）]。由于得到了均匀形核所需能量太高的这一结论，所有文献研究到此为止。如果将式（7-8）和式（7-9）相比，将得到[26]

$$\frac{c^*}{a^*}=\frac{\Delta G_V}{2\mu\gamma^2} \tag{7-11}$$

将式（7-11）代入式（7-10），将得到

$$\Delta G^*=\frac{8\pi}{3}\frac{\sigma^3}{\left(\Delta G_V\right)^2\left(\dfrac{c^*}{a^*}\right)^2} \tag{7-12}$$

与式（7-10）相比，临界形核功不仅与材料的特性和化学驱动力有关，还与晶核的几何形状有关，这符合热力学原理。材料微观组织中出现形形色色的几何形状，这都是为了适应能量最小原理。考虑 $\frac{c^*}{a^*}$ 的变化以及对应的几何形状，有以下几种可能：

（1）$\frac{c^*}{a^*}<1$，盘状或透镜状；

（2）$\frac{c^*}{a^*}=1$，球状；

（3）$\frac{c^*}{a^*}>1$，针状或枣核状；

（4）$\frac{c^*}{a^*}>>1$，杆状。

对于第一种情况 $\frac{c^*}{a^*}<1$，马氏体晶应该呈盘状或透镜状。由式（7-12），将 $\frac{c^*}{a^*}<1$ 代入后，会引起临界形核功增大，因而透镜状马氏体通常在较低的温度下形成，通过增大过冷度，体积自由能 ΔG_V 可以提供更高的能量来弥补 $\frac{c^*}{a^*}<1$ 减小带来的临界形核功升高。由 7.4.3 小节截面法测试和分析的结果，透镜状马氏体不是圆形的，而是一个扁椭球体，$a>b>>c$。在式（7-12）中，$\left(\frac{c^*}{a^*}\right)^2$ 可以写成 $\frac{\left(c^*\right)^2}{a^*b^*}$，当 $b^*=a^*$ 时就是透镜状，当 $b^*<a^*$ 时是扁椭球体，这时 $\frac{\left(c^*\right)^2}{a^*b^*}>\left(\frac{c^*}{a^*}\right)^2$ 可以进一步减小临界

形核功。这样从能量角度解释了马氏体不是透镜状而是扁椭球体的合理性。另外，马氏体相变是依靠切变来进行的，在一个滑移系或孪晶方向中，最有利于变形的方向只有一个，沿着一个方向变形形成椭圆形的可能性比形成圆形的可能性要大。这样，椭圆的长轴平行于切变方向比较合理。马氏体晶核的相场模拟计算表明，当马氏体的晶核是椭球体时，能量最低[17]，这进一步证明了理论分析和截面法测试的马氏体 3D 形貌是扁椭球体的结论是正确的。

当 $\frac{c^*}{a^*}>1$ 时，马氏体晶核的形状是针状或枣核状。显微镜下看到的针状马氏体其实都是扁椭球体沿不同取向截面磨样后的平面效果，空间形态不是真正的针状，但是枣核马氏体确实可被观察到。谈育熙等早在 1989 年就报道了枣核马氏体，并介绍了采用样品台倾动的方法确定其形态[27]。系统的研究表明，枣核马氏体在 T8、GCr15、65Mn、CrWMn 等常见的高碳钢中都出现过[28]。枣核马氏体的形态是圆形截面，中间粗，两头细，其出现的区域如图 7-39 所示。图中 LM 是板条马氏体，JM 是枣核马氏体，F 是铁素体，PM 是片状马氏体，SC 是二次碳化物，A_{c3} 和 A_{cm} 分别是 Fe-C 相图中亚共析钢和过共析钢的奥氏体最大溶解曲线，竖直线是含碳量 0.5%的分界线。含碳量小于 0.5%时，只有在两相区加热会有少量的枣核马氏体；含碳量大于 0.5%时，在渗碳体和奥氏体两相区加热以及 A_{cm} 以上中等温区加热都会有大量的枣核马氏体，在高温区加热时是片状马氏体和枣核马氏体的混合组织。显然，枣核马氏体的出现与加热温度有关，温度偏低有利于枣核马氏体生成。此外，枣核马氏体易于在高碳钢中出现，虽然图 7-39 中低碳钢在铁素体和奥氏体两相区加热会有枣核马氏体，但是两相区中奥氏体的含碳量基本已达到了高碳的水平。

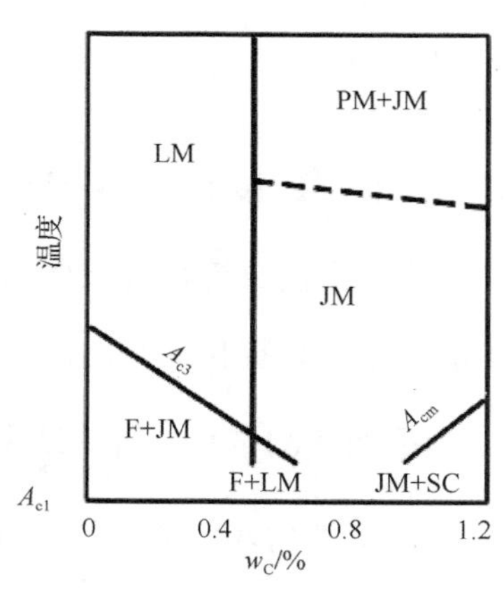

图 7-39　枣核马氏体出现的区域图

本书作者在 1.58w_C 超高碳钢中也发现了枣核马氏体[26, 29]，如图 7-40 所示。

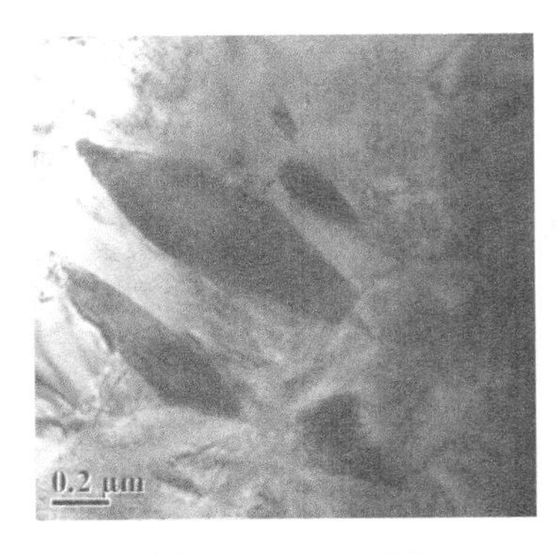

(a) TX=1.9°, TY=6.6°

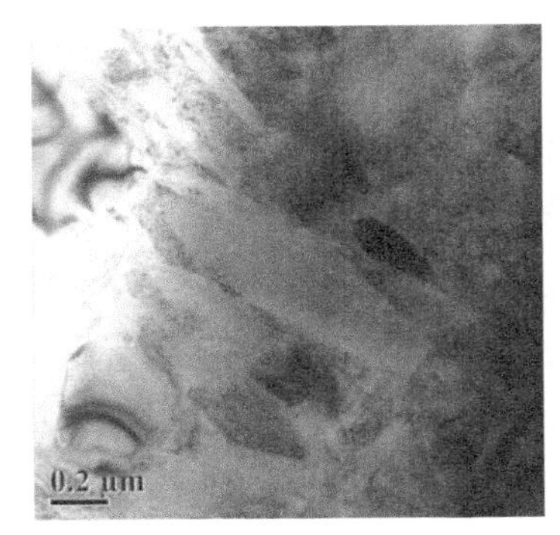

(b) TX=−12.4°, TY=−10.3°

图 7-40 倾转前后枣核马氏体的 TEM 形貌

TX 表示绕 X 轴倾角；TY 表示绕 Y 轴倾角

图 7-40（a）是倾转之前的马氏体形貌，图 7-40（b）图是大角度倾转后的形貌，马氏体形貌没有变化，说明马氏体的截面是圆形的。枣核马氏体的尺寸：直径为 0.1～0.3μm，长度为 0.5～1μm。

枣核马氏体的亚结构主要是位错，里面有大约 15%～40%的孪晶[28]。1.58w_C超高碳钢中的枣核马氏体亚结构全部是位错，见图 7-41（b）。晶格像中有很多灰暗、模糊的区域，在这些区域中晶格严重畸变。仔细观察这些晶格严重畸变区，发现其中都有一个或多个位错，多数能够清晰地看到半原子面，表明这些位错是刃型的，部分区域的位错用“⊥”标记出。图中无法识别螺型位错，也看不到孪晶。统计表明，在晶格像区域里能识别出的位错有 49 个，位错密度高达 $10\times10^{12}cm^{-2}$[29]，高于通常板条马氏体内的位错密度 0.3×10^{12}～$0.9\times10^{12}cm^{-2}$[30]。

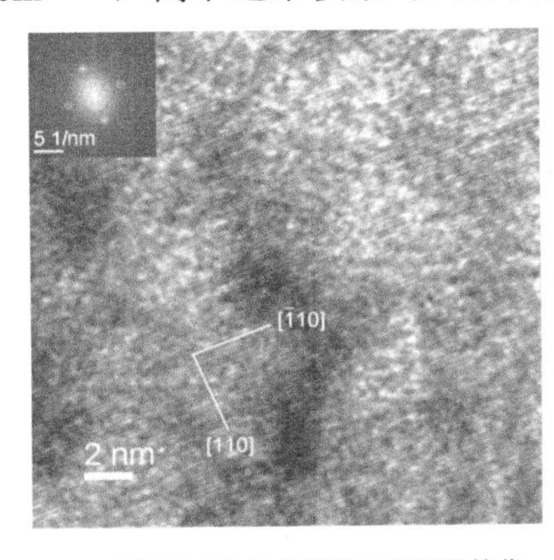

(a) 枣核马氏体高分辨率电子显微镜像

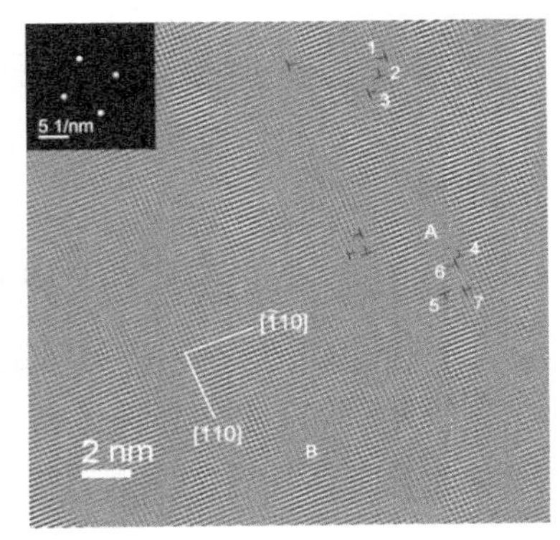

(b) (a) 图的反傅里叶像

图 7-41 图 7-40 中枣核马氏体的高分辨率电子显微镜像及其晶格条纹图像显示刃位错（用“⊥”表示）

当$\frac{c^*}{a^*}>>1$，马氏体晶核是杆状，这是否就是板条马氏体？低碳马氏体是板条状，马氏体为什么会采取这样的形态相变呢？板条状的界面能大于盘状和针状，这是由于马氏体相变的驱动力ΔG_V与含碳量有关，见图7-42。图中显示，马氏体相变的驱动力随着含碳量的降低而降低，由式(7-12)，相变的临界形核功与$(\Delta G_V)^2$成反比，这将引起ΔG^*剧烈增加。

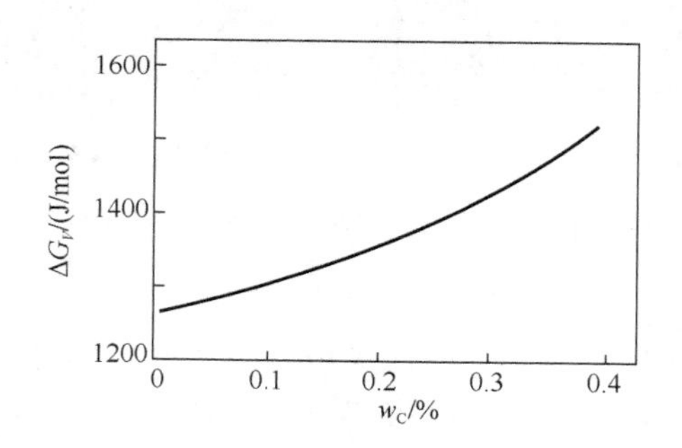

图7-42　马氏体相变驱动力与含碳量的关系[1]

为了减小这一变化，马氏体采取细长条的形态，即$\frac{c^*}{a^*}>>1$可以抵消$(\Delta G_V)^2$这种变化。此外，$\left(\frac{c^*}{a^*}\right)^2$也可以演化为$\frac{(c^*)^2}{a^*b^*}$，圆杆演化成扁椭圆形杆，$\frac{(c^*)^2}{a^*b^*}>\left(\frac{c^*}{a^*}\right)^2$，进一步增大$\frac{c^*}{a^*}$，使形核功降低，最终成为板条马氏体。

7.5　马氏体相变点及其影响因素

7.5.1　M_s的概念

M_s是马氏体相变开始温度，M_f是马氏体相变终了温度。马氏体相变完成以后，其转变量也达不到100%，这就是马氏体相变的不完全性。M_s是一个重要的参数，由热力学原理可知，马氏体相变必须低于T_0温度才能进行，如图7-43所示。T_0-M_s称为马氏体相变的热滞，也可以反映相变驱动力的大小。通过热力学可以计算α'和奥氏体的自由能温度曲线，通过测量M_s点，可以得到相变的驱动力ΔG_V。

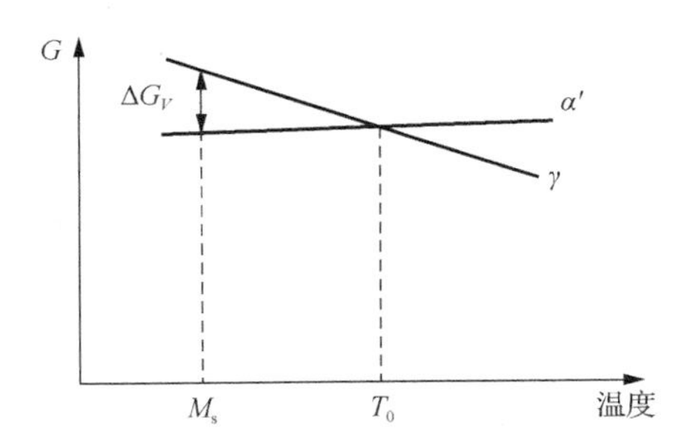

图 7-43　马氏体相变自由能曲线示意图

7.5.2　合金元素对 M_s 的影响

对钢中马氏体相变 M_s 影响最大的因素是含碳量，见图 7-44。除了碳以外还有其他几种常见的合金元素。相比之下，碳的影响最大，Fe-C 合金中含 1%的 C 会使 M_s 降低 320℃，钢中分别含 1%的 Mo、Cr、Ni、Mn 会使 M_s 降低 7℃、12℃、17℃、30℃。碳对 M_s 的影响比其他合金元素大一个数量级以上，对于低碳钢，通常其他合金元素的含量比含碳量大一个量级以上，因此，在低碳钢中，必须考虑合金元素对 M_s 的影响。

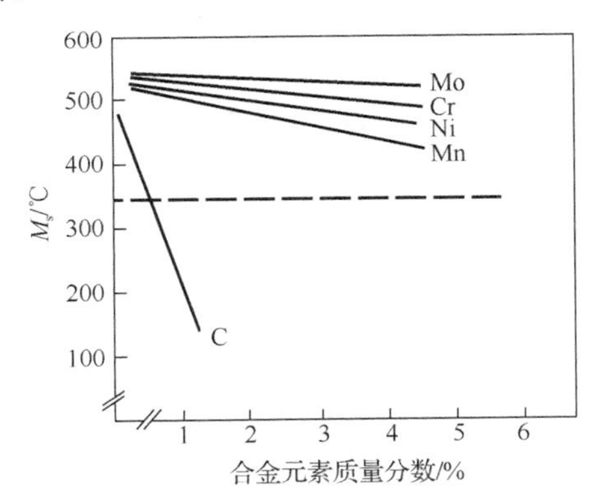

图 7-44　合金元素质量分数对 M_s 的影响

根据实验测试与统计计算方法，给出了一些计算 M_s 的经验公式。例如，对于含 0.1～0.55C，0.1～0.35Si，0.2～1.7Mn，≤5.6Ni，≤3.6Cr，微量～1.0Mo 的钢（质量分数，%），奥氏体化时碳化物完全溶解，则 M_s 可以由式（7-13）计算[31]：

$$M_s=561-474C-33Mn-17Ni-17Cr-21Mo \tag{7-13}$$

式中，C、Mn、Ni、Cr 和 Mo 分别为合金元素的质量分数，由式（7-13）计算的 M_s 可靠性大于 90%，误差小于 20℃。

碳和其他合金元素之间有交互作用，在合金钢中，C 降低 M_s 的作用比纯 Fe-C 要大。同样，在含碳的合金钢中，其他合金元素降低 M_s 的作用也因碳的存在而增强。考虑碳与其他合金元素之间的交互作用，M_s 的经验公式可以写为

$$M_s=512-453C-16.9Ni+15Cr-9.5Mo+217C^2-71.5CMn-67.6CCr \quad (7\text{-}14)$$

7.5.3　晶粒尺寸对 M_s 的影响

晶粒尺寸对 M_s 有比较大的影响，绝大部分实验表明减小晶粒尺寸会降低 M_s。图 7-45 给出了几种 Fe-Ni、Fe-Ni-C 合金奥氏体晶粒尺寸与 M_s 的关系，晶粒尺寸与 M_s 的关系在晶粒尺寸小于 100μm 时比较显著，当晶粒尺寸减小时，M_s 降低，当晶粒尺寸大于 100μm 后，变化幅度越来越小[32]，几种合金的变化趋势都相同。文献[33]研究了一个低合金普通低碳钢的晶粒尺寸与 M_s 的关系，所用材料的成分为 Fe、0.15C、1.9Mn、0.2Si、0.2Cr、0.03Al（质量分数，%），基本规律与图 7-45 相似，但是临界晶粒尺寸在 5μm 左右，当晶粒尺寸小于 5μm 以后，M_s 降低比较显著。

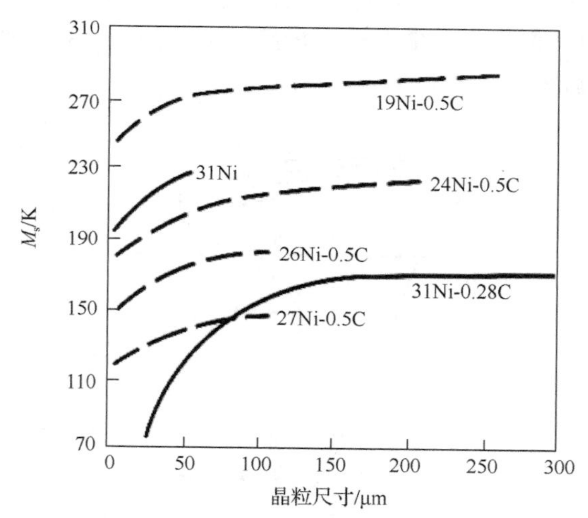

图 7-45　几种 Fe-Ni、Fe-Ni-C 合金奥氏体晶粒尺寸与 M_s 的关系

图 7-46 给出了一种成分为 0.04C、15Mn（质量分数，%）的高锰钢不同晶粒尺寸下降温时的差示扫描量热分析曲线[34]。降温的过程中，该材料会产生 ε 马氏体相变，图中箭头所指的位置是 M_s，随着晶粒尺寸 d 由 130μm 减小到 4μm，M_s 降低了大约 25℃，同时放热峰也相应减小了，这说明相变产物随着晶粒尺寸减小也减少了。这种现象在其他材料中也出现过，将 Fe-31.5Ni 合金的晶粒细化到不同的尺寸，然后冷却到−196℃进行马氏体相变并测量残余奥氏体量，结果如表 7-2 所示。当平均晶粒尺寸为 60.0μm 时，残余奥氏体量为 5%，当平均晶粒尺寸减小

为 0.6μm 时，残余奥氏体量增加到了 74%。这表明晶粒尺寸越小，马氏体相变越困难。在 Ti-Ni 合金中也发现了类似现象，当奥氏体晶粒尺寸小于 50nm 时，马氏体相变被完全抑制[35]。

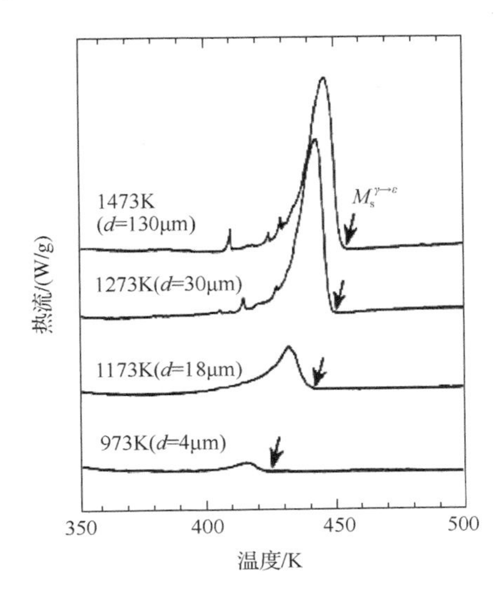

图 7-46　$15w_{Mn}$ 高锰钢不同晶粒尺寸的差示扫描量热分析曲线

表 7-2　Fe-31.5Ni 合金在−196℃时的晶粒尺寸与残余奥氏体量

平均晶粒尺寸/μm	晶粒度	残余奥氏体量 φ_γ/%
60.0	5.5	5
9.4	11	12
0.6	19	74

也有学者认为马氏体相变开始温度 M_s 与相变点的奥氏体强度有关。同一种钢经 850℃加热 1s，奥氏体在 300℃时的屈服强度为 240MPa，M_s 为 283℃；经 1200℃加热 100s，奥氏体在 300℃时的屈服强度为 8MPa，M_s 提高至 322℃。这两种实验得出的结论并不矛盾，屈服强度与晶粒尺寸符合 Hall-Petch 关系，晶粒尺寸对马氏体相变的影响实质是屈服强度随着晶粒尺寸减小而增加，强度增加导致相变阻力增加。由式（7-7）可知，相变的阻力，即应变能与切应变的平方成正比，屈服强度升高直接导致应变能升高，阻力增大，体系需要提供更大的相变驱动力来进行相变，即增加过冷度，因此 M_s 会随着晶粒尺寸减小而降低。晶粒细化后，界面面积会增加，可以为马氏体形核提供更多的位点，这是促进马氏体相变的因素，会升高 M_s。大量的实验没有支持这一机制，表明晶粒细化对增大相变阻力的作用更大。

有少量的报道表明，晶粒尺寸减小会升高 M_s，见图 7-47[1]。该图所用的材料是 1.5C、0.75Si、3.4Mn（质量分数，%）钢，奥氏体晶粒尺寸的变化基本还是在粗晶范围，晶粒比较粗。在 0.5～2.0mm，M_s 基本不受晶粒尺寸的影响；在 0.1～0.5mm，随晶粒尺寸减小 M_s 增加。图 7-47 中的最小晶粒仍然在粗晶的范围，这一结果并不能反映晶粒尺寸小于 100μm 的情况。有研究报道[36]，在 0.2C、2.0Mn（质量分数，%）低碳钢中，当 Al 质量分数增加到 1.5%时，晶粒尺寸减小会引起 M_s 升高；当 Al 质量分数在 0.5%时，M_s 随晶粒减小仍然是下降的趋势；当 Al 质量分数达到 1.0%时，已经开始出现 M_s 增加的趋势，但是不太明显，只有 Al 质量分数达到 1.5%时，M_s 增加比较显著。文献中没有给出具体的晶粒尺寸，只是用奥氏体和温度来定性反映晶粒的大小，奥氏体化的温度在 950～1150℃，M_s 显著增加对应的温度为 1000～1050℃，该温度对应的晶粒尺寸应该在 100μm 以上，这一实验结果仍然不能推出晶粒尺寸在 100μm 以下的结果。另外，文献作者认为 M_s 随晶粒尺寸减小而升高的原因是 Al 在晶界偏聚。

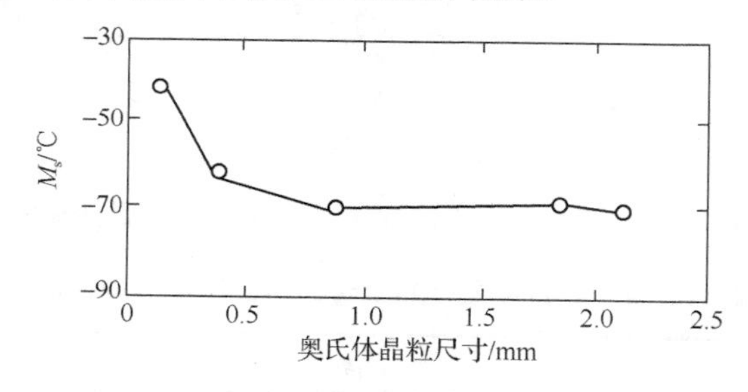

图 7-47　1.5C、0.75Si、3.4Mn 钢的奥氏体晶粒尺寸与 M_s 的关系

7.5.4　粉体材料颗粒尺寸对 M_s 的影响

7.5.3 小节介绍的晶粒尺寸与马氏体相变 M_s 的相关研究大部分是晶粒尺寸在 100μm 以上的结果，通过升高温度控制晶粒长大。当晶粒尺寸到了微米或纳米量级，制备出块体材料，再研究块体材料晶粒尺寸与马氏体相变的关系难度比较大。在二次加热奥氏体化的过程中，超细晶粒会快速长大，难以控制。直到现在，几乎看不到这方面的研究。粉体材料的制备及颗粒尺寸的控制相比块体材料容易进行，更细尺度的马氏体相变研究多在粉体材料中进行。Cech 等[37]最早提出粉体材料中颗粒尺寸对马氏体相变开始温度 M_s 有影响，提出小颗粒相变过程中缺乏马氏体形核的核胚。Kajiwara 等[38]制备出了真正的纳米晶 Fe-Ni 粉体（20～200nm），发现在室温及室温以下，仅仅通过温度作用马氏体相变非常难以进行。经形变的奥氏体颗粒拥有大量的晶格缺陷，冷却到−200℃下也很难发生马氏体相变。该实验否定了 Cech 等的小尺寸晶粒奥氏体不发生马氏体转变是“缺少马氏体形核核胚”的结论。Kajiwara 等认为室温以下马氏体相变很难进行可能是由于马氏体形核需

热激活能。Zhou 等[39]用浮熔法制备出了晶粒尺寸在 10～200 nm 的 Fe-Ni 合金（19～26w_{Ni}）颗粒。实验结果表明，颗粒的结构（FCC 或 BCC）在制备颗粒的过程中已完成相变，颗粒是单一的 BCC 结构或 FCC 结构，其中 FCC 颗粒的稳定性取决于制备方法，同时也取决于颗粒的尺寸，这也支持了 Kajiwara 等的观点。Kuhrt 等[40]用机械合金化方法制备出了颗粒尺寸为 25～35nm 的 Fe-Ni 粉体，得到了纳米尺寸颗粒抑制马氏体相变，而对逆相变影响较小的结果。Haneda 等[41]制备出纳米尺度的 FCC 铁颗粒，可以在室温稳定存在，连续观察 3 年的时间没有发生变化。Meng 等[42]采用热力学理论计算纳米 Fe 颗粒的稳定性，结果表明纳米 FCC 结构的颗粒比 BCC 结构的颗粒有更低的自由能，因此，在室温条件下，FCC 结构的纳米颗粒可以稳定存在。

以上分析晶粒尺寸对 M_s 影响的研究发现，晶粒尺寸主要集中在大于 100μm 和小于 200nm，在 0.2～10.0μm 的研究非常少。这主要是因为制备超细晶块体材料的难度比较大，但是这一尺寸范围正是微米到纳米的过渡范围，是屈服强度受晶粒尺寸影响最大的范围，也是马氏体相变及其他相变的尺寸范围，这一尺寸范围正是本书后续介绍相变的重点。

7.5.5　应力和应变对 M_s 的影响

应力对 M_s 的影响见表 7-3[1]。表中显示单相拉伸应力和单相压缩应力都升高 M_s，只有三相压缩应力会降低 M_s。单相拉伸应力和单相压缩应力作用下，其剪切应力分量会和马氏体相变的某些切变分量方向一致，这相当于为马氏体切变提供了部分驱动力，因此 M_s 会升高。在三相压缩应力条件下，受力物体处于体积收缩的过程，但是马氏体相变是一个比容增加的过程，如表 7-4 所示。表 7-4 中给出了钢中各种组织的比体积与含碳量的变化影响。马氏体的比体积是 0.1271+0.00265（w_C），奥氏体的比体积是 0.1212+0.0033（w_C），不考虑含碳量的影响，马氏体相变会产生 4.8%的体积增加。因此三相压缩应力约束马氏体相变，最终导致 M_s 降低，需要体系提供更多的能量来克服三相应力的作用。

表 7-3　应力对几种材料马氏体相变温度 M_s 的影响

应力/MPa	Fe-0.5C-20Ni 单相拉伸	Fe-0.5C-20Ni 单相压缩	Fe-30Ni 三相压缩
7	1.0℃（实验值）	0.65℃（实验值）	−0.57℃（实验值）
	1.07℃（计算值）	0.72℃（计算值）	−0.38℃（计算值）
10.5	15℃（实验值）	10℃（实验值）	−5.8℃（实验值）
	16℃（计算值）	10℃（计算值）	−5.7℃（计算值）

表 7-4　钢中各种组织的比体积（20℃）

组织	比体积/（cm^3/g）	组织	比体积/（cm^3/g）
铁素体	0.1271	奥氏体	0.1212+0.0033（w_C）
渗碳体	0.130±0.001	铁素体+渗碳体	0.1271+0.0005（w_C）
ε-碳化物	0.140±0.002	贝氏体	0.1271+0.0015（w_C）
马氏体	0.1271+0.00265（w_C）	0.25w_C 马氏体+ε 碳化物	0.12776+0.0015（w_C−0.25）

对过冷奥氏体施加塑性变形，会产生两种效果，前期促进马氏体相变，后期会阻碍马氏体相变。施加塑性变形既有应力的作用，又有产生位错缺陷的作用。施加塑性变形一般是在拉伸、压缩（轧制）方式下进行，这两种变形方式都是促进马氏体相变的加载模式，因此表现为初期促进马氏体相变。塑性变形会产生位错缺陷，又会对相变产生阻力，这种阻碍随着变形增大而增大。图 7-48 显示了 Fe、22.7Ni、3.1Mn（质量分数，%）合金形变及形变量对马氏体相变的影响。图中虚线是没有形变的马氏体转变量的曲线，随着温度降低，转变量逐渐增加，当温度达到−150℃时，转变量达到了 60%。由图可以看出该材料的 M_s 在 20℃左右，在 M_s 以上对过冷奥氏体变形。随着形变量由 5%增加到 72%，形变诱发的马氏体转变量由 3%左右增加到 82%左右。随后，随着温度降低，马氏体的转变量也逐渐降低。当温度降低到−150℃左右，5%的形变还可以产生 40%的马氏体，当形变量达到 72%以后，继续冷却到−150℃，马氏体转变量几乎为零。这一结果表明形变对马氏体相变的影响远大于单纯应力的影响。

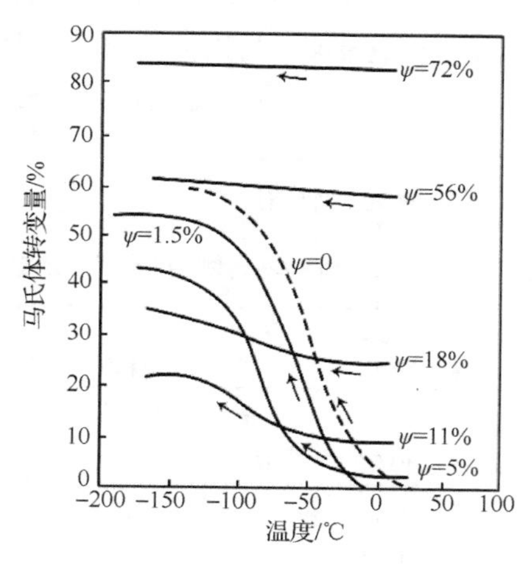

图 7-48　预变形对 Fe、22.7Ni、3.1Mn 合金马氏体转变量的影响

7.6　晶粒尺寸对马氏体亚结构的影响

7.6.1　低碳马氏体形态演化

正如图 7-27 所示，低碳马氏体组织中的最小单元是板条，在一个原奥氏体晶中，可以有板条束、块和板条三种尺度的组织。束是由几个块组成，也可以是一个块。块中有多根板条组织，它们之间有一定的位相差，通常是 10°以内的小角度晶界。这种结构组成了多变体的板条马氏体群。一个变体是单个的板条或位向关系完全相等的几个板条组成的群。下面来看一下细化原奥氏体晶粒对低碳马氏体的组织结构有什么影响。

Furuhara 等[43]研究了工业用钢 SCM435 细化晶粒与珠光体相变和马氏体相变的关系，这种材料的化学成分为 Fe、0.35C、1.05Cr、0.17Mo（质量分数，%），采用了循环热处理来细化奥氏体晶粒。在 1123K 加热不同时间后淬成马氏体，然后再加热到 1123K。随着循环的进行，每次加热的时间减少，由 300s 减少到 30s，总共循环了 6 次，晶粒尺寸最小细化到了 5μm 左右。6 次循环的效果实际在第一次循环后就达到了，后续的 5 次循环晶粒尺寸基本没有变化。关于马氏体的研究结果表明，随着原奥氏体晶粒细化，马氏体的“束”和“块”尺寸都随着晶粒尺寸减小而减小。由于该文献的作者将晶粒尺寸最小细化到 5μm，马氏体的组织没有本质的变化，只是感觉到晶粒尺寸细化到 5μm 以下后，晶粒中“束”和“块”的数量减少。Morito 等[44]在两种低碳钢 Fe-0.2C 和 Fe、0.2C、2.0Mn（质量分数，%）中也得到了这样的关系，Morito 等的实验中晶粒尺寸变化范围比较大，从 5μm 到 400μm，而且晶粒尺寸与板条马氏体束数量、尺寸的变化是线性关系。由此得出了板条束的尺寸与屈服强度符合 Hall-Petch 关系，并且钢中含有的 Mn 不影响 Hall-Petch 关系的斜率。Morito 等的另一项相同材料的实验表明[45]，当晶粒尺寸减小到 2μm，原奥氏体晶粒中只形成一个板条束，束中含有块，而且块中还有亚块（sub-block）。Galindo-Nava 等[46]的理论研究表明，在一个奥氏体晶粒中有 4 个可能的板条束，这是由于低碳马氏体与母相位向关系服从 K-S 关系，其滑移面是{111}面，而等效的{111}面的个数是 4。每一个束中含有 6 个块，每个块中又包含 2 个亚块，亚块之间的位相差极小。由这些关系得出板条束、块与奥氏体晶粒尺寸的关系如下：

$$d_{\mathrm{packet}}=0.4D_{\mathrm{g}} \tag{7-15}$$

$$d_{\mathrm{bolck}}=0.067D_{\mathrm{g}} \tag{7-16}$$

式中，d_{packet}和d_{bolck}分别为板条束和板条块的尺寸；D_g为奥氏体晶粒尺寸。大量的实验数据很好地验证了这两个公式。

以上的实验中晶粒尺寸被细化到2μm，Takaki等[47]将晶粒细化到1μm以下，所采用的材料为Fe、16Cr、10Ni（质量分数，%）的高合金钢，M_s为330K，室温下是亚稳的奥氏体。对这一材料进行90%形变量的拉拔预变形，使其全部转变为马氏体，然后在不同温度进行二次奥氏体化保温0.6ks，获得了一系列不同奥氏体晶粒尺寸，最小的晶粒尺寸为0.8μm，最大的尺寸为80μm。对这一材料进行深冷处理，使其转变为马氏体，结果发现，随着晶粒尺寸减小，马氏体转变越发困难。即使冷却到77K，对于细晶和超细晶钢，马氏体转变量也非常少。观察已转变的马氏体，其板条束的尺寸也在减小，且板条束中的变体也在减少。晶粒尺寸达到0.8μm后，一个奥氏体晶中只有一个板条束，并且束中只有一个马氏体变体，其结果如图7-49所示。无论板条束和块如何变化，其中的位错亚结构始终没有变化。

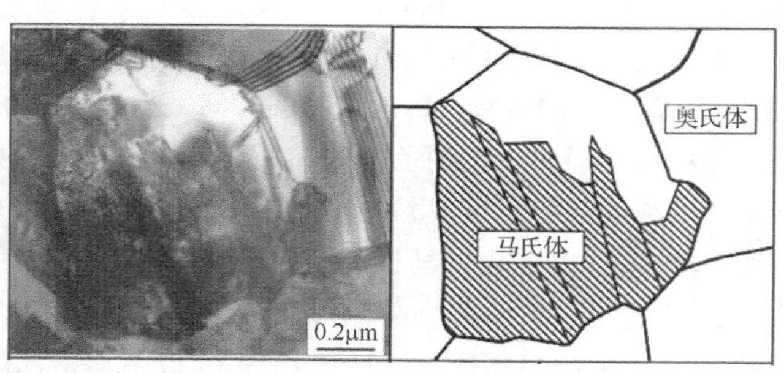

（a）奥氏体晶粒尺寸小于2μm时的马氏体形貌　（b）（a）图马氏体束和块的形貌示意图

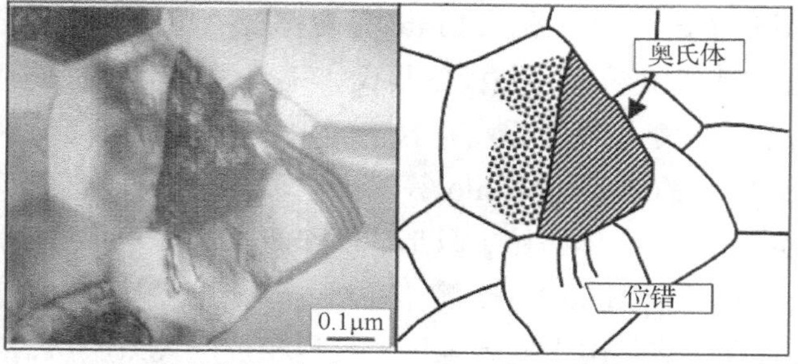

（c）奥氏体晶粒尺寸小于0.8μm时的马氏体形貌　（d）（b）图马氏体束和块的形貌示意图

图7-49　Fe、16Cr、10Ni钢奥氏体晶粒尺寸分别小于2μm和0.8μm时的马氏体形貌与示意图[47]

晶粒尺寸减小使板条马氏体的束和块的尺寸相应减小，这是理所应当的事情。因为马氏体被限制在原奥氏体晶的内部，马氏体相变的亚结构不可能超越奥氏体晶粒，板条马氏体的束和块都随着晶粒尺寸减小而减小，变体数量也随之减少，似乎预示着每个变体是一个独立形核过程。随着晶粒尺寸减小，形核越发困难，但是能够形核的变体一旦形核完成后，长大过程所需的能量大幅减小，完成长大比形核更容易，因此变体长大直到占满奥氏体晶。随着晶粒尺寸进一步减小，形核变得更加困难，马氏体相变被终止。

7.6.2　高碳马氏体亚结构的变化

关于高碳马氏体的晶粒尺寸与马氏体相变 M_s 和相变亚结构关系的研究，鲜有文献报道，主要原因是高碳马氏体具有硬而脆的特点，在结构材料中难以找到应用点。人们更多地关注具有应用价值的低中碳马氏体，细化晶粒可以提高强度与韧性，已有大量相关的研究文献报道。本书作者的团队在高碳马氏体相变亚结构与晶粒尺寸间关系的方面进行了一些有益的探索，取得了一些重要的发现，以下分别介绍用各种细化晶粒方法制备不同成分的高碳超细晶钢，通过二次奥氏体化淬火获得不同晶粒尺寸的马氏体，观察亚结构随晶粒尺寸的变化。

1. 温控轧制细化晶粒

温控轧制是工业级别可以大规模制备超细晶钢的有效方法，选择不同轧制温度、轧制形变量可以获得不同的晶粒尺寸。本实验将终轧温度选择在 600℃，实验材料选用工业典型的轴承钢 GCr15，其含碳量为 1.0%。制备超细晶钢的轧制工艺流程如图 7-50 所示。1200℃保温是为了均匀化合金成分，850～900℃多道次轧制是为了获得最后温轧所需的尺寸，同时也对材料进行了一次预细化轧制处理。然后 600℃二次加热保温 1.5h，进行多道次轧制，轧制形变量为 75%，随后温度升高到 650℃退火 2h，使碳化物球化，最终所获得的组织如图 7-51 所示。

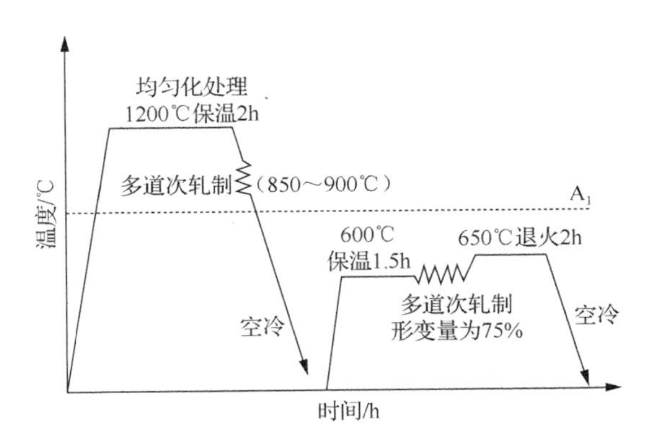

图 7-50　温控轧制工艺流程图

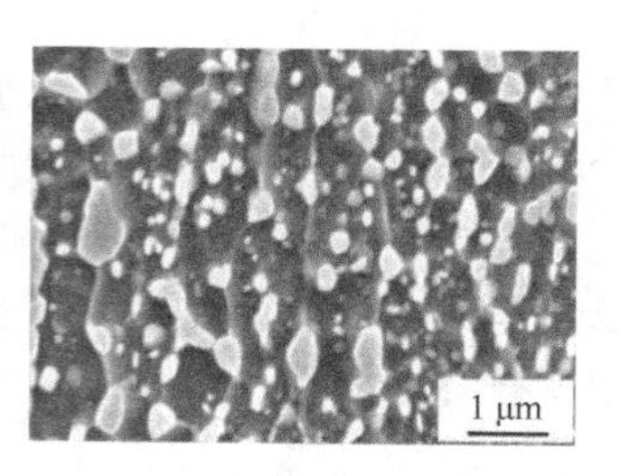

图 7-51　GCr15 钢温轧并 650℃退火后的组织

图 7-51 是 GCr15 钢温轧并 650℃退火后的组织，图中亮的颗粒是碳化物，晶界清晰可见，尺寸在 1μm 的量级。超细晶 GCr15 钢二次奥氏体化在不同温度下加热 3min 后淬水，晶粒形貌及晶粒尺寸、硬度与加热温度的关系如图 7-52 所示。800℃加热时晶粒长大至 4μm，见图 7-52（a）；850℃加热时晶粒长大至 5.3μm，见图 7-52（b）；当加热温度进一步提高至 900℃时，晶粒长大至 16.8μm（已经到了常规晶粒尺寸），见图 7-52（c）。图 7-52（d）显示不同加热温度下材料硬度与晶粒尺寸的变化。在所有的加热温度下，材料的硬度都达到了 60HRC 以上，说明淬火组织是马氏体。另外，晶粒尺寸在 850℃以前长大比较缓慢，800～850℃晶粒由 4μm 长大到 5.3μm，850～900℃长大速度加快，由 5.3μm 长大到 16.8μm。

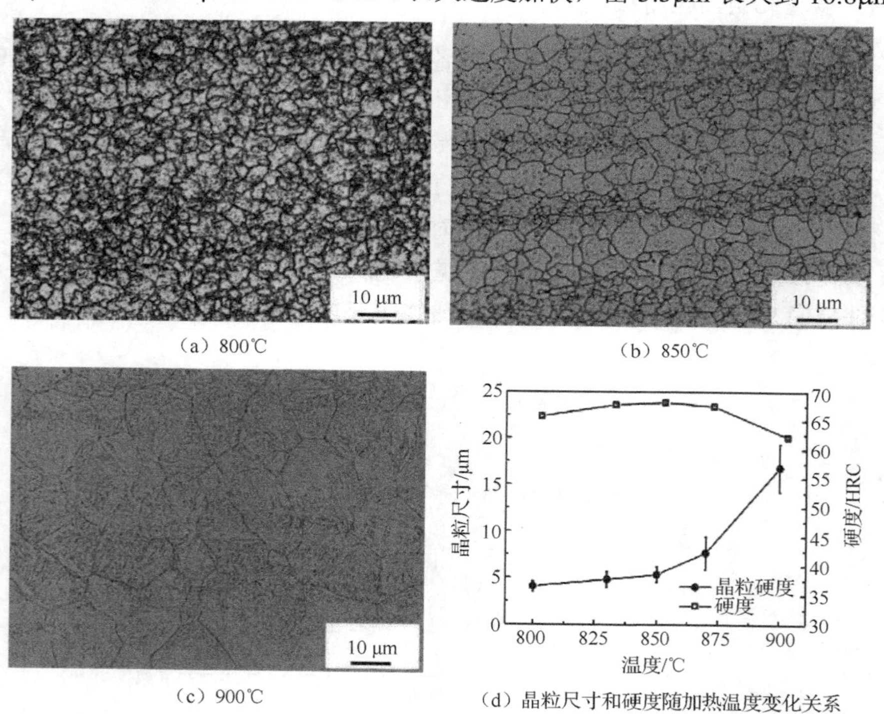

（a）800℃　（b）850℃

（c）900℃　（d）晶粒尺寸和硬度随加热温度变化关系

图 7-52　GCr15 超细晶钢不同温度下加热 3min 后水淬晶粒形貌及晶粒尺寸、硬度与加热温度的关系

将上述试样在 TEM 下观察组织变化，结果如图 7-53 所示。当晶粒尺寸为 4μm 时，马氏体亚结构为位错，大量观察均未发现孪晶，马氏体形态呈透镜状，但厚径比增大，如图 7-53（a）所示。此外，组织中还存在许多未溶碳化物，如图 7-53（a）中箭头所示，这是因为 800℃加热时仍处于渗碳体和奥氏体共存的两相区，这些未溶碳化物在加热过程中会阻碍晶粒长大。当加热温度升高到 850℃，奥氏体晶粒长大至 5.3μm 时，孪晶马氏体开始出现，但此时马氏亚结构仍以位错为主，如图 7-53（b）所示。当温度进一步升高到 900℃，晶粒长大至 16.8μm 时，此时的组织主要为孪晶马氏体，与常规高碳马氏体组织一致，如图 7-53（c）所示。统计分析不同晶粒尺寸下孪晶马氏体的体积分数，每一晶粒尺寸下至少统计 30 张 TEM 照片（10000×）取平均值。图 7-53（d）为孪晶马氏体体积分数与晶粒尺寸的关系，可以看出孪晶马氏体体积分数随晶粒尺寸增大而增加，由晶粒尺寸 4μm 时的 0 增加到 16.8μm 时的 60%。这一试验结果表明，晶粒尺寸会对马氏体的亚结构产生重要影响，当晶粒尺寸小于 4μm 时，高碳马氏体的亚结构由孪晶转变为位错。

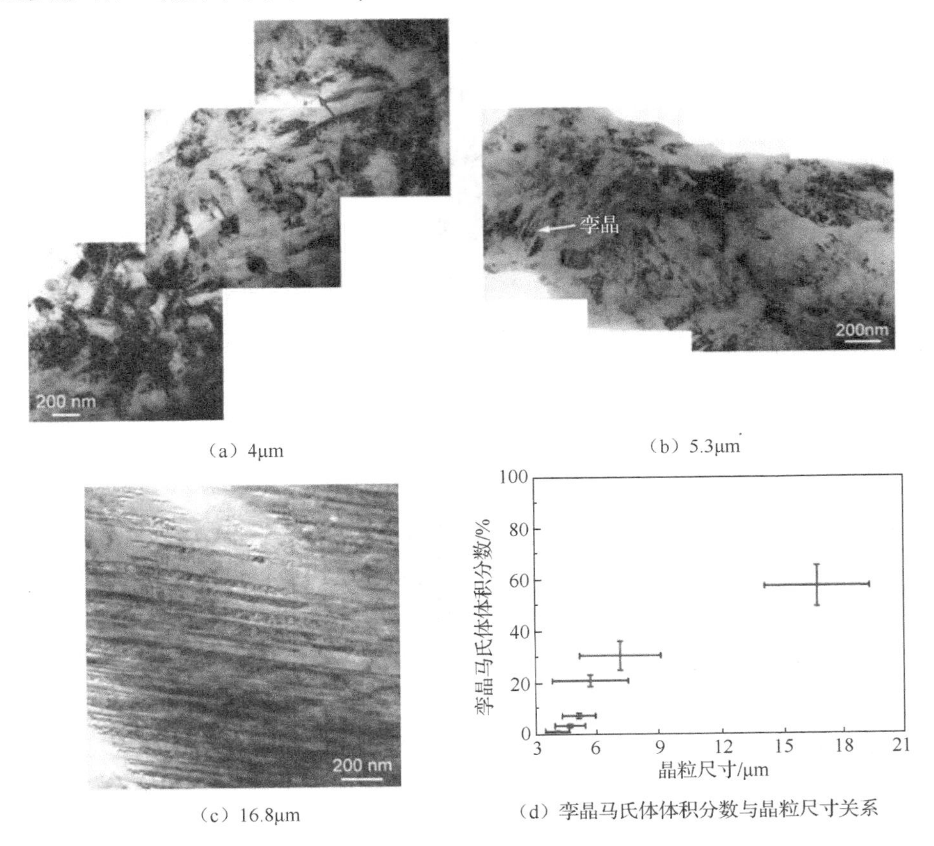

（a）4μm　（b）5.3μm　（c）16.8μm　（d）孪晶马氏体体积分数与晶粒尺寸关系

图 7-53　GCr15 钢中奥氏体晶粒尺寸对马氏体亚结构的影响[48]

在细晶马氏体中存在许多未溶碳化物，未溶碳化物导致马氏体基体中含碳量低于材料实际成分中含碳量（低于 1.0%），那么，是不是基体中含碳量未能达到高碳钢水平而导致马氏体组织中未出现孪晶？为了探究这一问题，采用原子探针层析技术来研究碳在马氏体基体中的分布与含量。图 7-54 示出超细晶 GCr15 钢在 800℃加热 3min 后水淬试样的碳原子分布图，此时晶粒尺寸约为 4μm，碳原子在基体中分布均匀，基体中含碳量为 0.78%，马氏体基体中含碳量已达到了高碳钢的水平。依据图 7-30 给出的含碳量与板条马氏体含量的关系，当含碳量在 0.78%时，板条马氏体含量在 30%～40%左右，这一结果与测量的粗晶结果是一致的。图 7-53（d）中晶粒尺寸在 16.8μm 时，孪晶马氏体体积分数在 60%左右，除去一定量的残余奥氏体，板条马氏体体积分数应该在 30%～40%。图 7-30 的结果应该是在常规晶粒尺寸下测量的，根据传统的马氏体相变知识，在此含碳量下主要形成孪晶马氏体。图 7-53 显示晶粒尺寸在 4～5μm 时马氏体基本是位错型亚结构，这表明在细晶 GCr15 钢中位错型马氏体的产生是晶粒细化引起的。

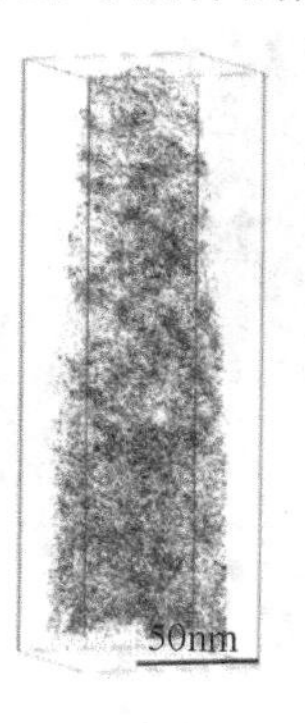

图 7-54　原子探针层析技术重构 GCr15 钢 800℃加热 3min 水淬后碳原子在细晶马氏体中的三维分布

图 7-30 中的纵坐标是板条马氏体含量，板条马氏体的亚结构是位错，因而板条马氏体也成为位错马氏体的同义词。在本小节实验中，如图 7-53（a）所示，位错亚结构的马氏体形态并不是板条形，更接近高碳马氏体的片状形貌或扁透镜形态，也就是说，板条马氏体形态不是构成位错亚结构的唯一条件，非板条形态也可以由位错亚结构来构成。因此，在超细晶高碳钢中位错马氏体不可以用板条马氏体的术语来描述或等同。

2. 高能球磨快速烧结细化晶粒

前文采用控制轧制制备的超细晶初始材料晶粒尺寸在 1μm 左右，经二次热处理加热可以得到最细的原奥氏体晶粒尺寸在 4μm 左右，加热过程中晶粒长大了

3μm。另外，为了控制加热温度，从而控制奥氏体晶粒长大，采用了 800℃和 850℃二次奥氏体化加热，这两个温度都在奥氏体和渗碳体两相区中，最终淬火组织中有未溶渗碳体，未溶渗碳体的存在会降低奥氏体的含碳量，导致获得的马氏体含碳量小于 GCr15 钢的原始含碳量。为了解决这一问题，本小节采用高能球磨方法制备超细 GCr15 高碳钢粉，快速烧结制备块体超细晶材料，然后再次奥氏体化淬火处理，观察马氏体亚结构的变化[49]。本书作者在超细晶钢固态相变的多年研究中发现，粉末冶金压制的样品在随后奥氏体化加热的过程中，晶粒长大的倾向非常小，这样可以在更高的温度进行奥氏体化，减少奥氏体中未溶渗碳体的数量，使得奥氏体中的含碳量接近钢的名义含碳量，最终获得真正的高碳马氏体。

将 GCr15 钢块体材料经车床加工成碎屑，在液氮温度下初步粉碎，然后转入高能球磨机中球磨。经不同的球磨时间后得到了不同尺寸的粉体材料，如图 7-55 所示。球磨 1h 的颗粒尺寸为 100～300μm，球磨 20h 后颗粒尺寸达到了 10～30μm，球磨 100h 后的颗粒尺寸在 10μm 以下，没有成比例地减小。球磨 20h 以后，粉体颗粒就发生了团聚，球磨 100h 的粉体颗粒发生了严重的团聚，见图 7-55（c）。

（a）球磨1h （b）球磨20h （c）球磨100h （d）热压烧结的样品

图 7-55 不同球磨时间的 GCr15 钢粉体颗粒形貌和热压烧结的样品

将 GCr15 钢的原始块体材料和球磨不同时间等离子活化烧结的样品二次加热到 900℃保温 5min，淬水后腐蚀原奥氏体晶粒形貌，结果如图 7-56 所示。经统计，对应原始块体材料和图 7-55（a）～（c）的晶粒尺寸分别为 17±7μm、9±4.8μm、

3±1.0μm、0.54±0.17μm。虽然经历了 900℃加热，但是粉体热压烧结块体材料奥氏体晶粒没有明显长大。对于球磨 20h 和球磨 100h，奥氏体晶粒的尺寸显著小于图 7-55 显示的粉体颗粒尺寸，这说明球磨时的粉体团聚现象并不影响后续烧结的晶粒尺寸。前文采用轧制方法已经将初始材料的晶粒细化到 1μm，但是 900℃加热仅 3min，奥氏体晶粒就长大到了 16.8μm，与图 7-56（a）显示的块体材料 900℃二次加热 5min 的晶粒尺寸相当。粉末冶金方法制备的块体材料 900℃加热，其晶粒尺寸可以维持在 0.54μm 的水平，如图 7-56（d）所示。这是一个巨大的差别，说明粉末冶金制备的块体材料晶界是真正的大角度晶界，晶界的移动只能通过原子的扩散来完成，而不能通过滑动或借助位错的滑移来完成晶界的迁移，因此粉末冶金方法制备的块体材料晶粒长大很慢。虽然轧制方法也可以细化晶粒，但是轧制方法细化晶粒是通过大变形、恢复再结晶实现的，这种晶界是由位错的滑移和积累形成的。因此，相邻晶粒的位相差小，在加热的过程中，晶粒长大仍然可以借助位错的滑移或位错相互抵消来完成晶界的迁移，长大得比较快。综上，不同制备方法的晶界迁移问题值得深入研究。

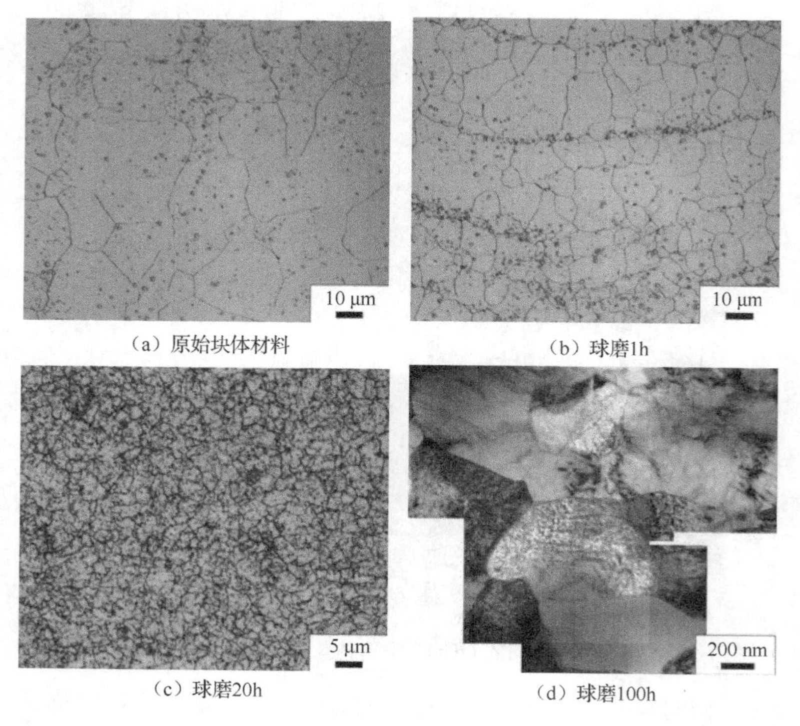

（a）原始块体材料　（b）球磨1h

（c）球磨20h　（d）球磨100h

图 7-56　原始 GCr15 钢块体材料和球磨不同时间快速烧结的样品经 900℃二次加热 5min 后淬水的原奥氏体晶粒形貌

以下继续研究细化晶粒对 GCr15 钢马氏体亚结构的影响。图 7-57 显示的是 GCr15 钢常规块体试样 900℃加热 5min 淬水的 TEM 明场像照片，图中是高密度的马氏体孪晶，多个图拼接的是一个马氏体片中的孪晶，总长度达到了几微米。孪晶线的长度在 1μm 的量级，孪晶的宽度在几纳米到几十纳米的量级。

图 7-57　GCr15 钢常规块体试样 900℃加热 5min 淬水的 TEM 明场像

球磨 1h 烧结的试样经同样的加热温度和保温时间淬水后的马氏体亚结构如图 7-58 所示，马氏体亚结构也主要是孪晶，同时有少量的位错。在这个条件下，奥氏体晶粒的尺寸是 9μm，马氏体亚结构仍然以孪晶为主。球磨时间延长到 20h 后，几乎看不到孪晶了，见图 7-59，图中的视域显示的全部是位错亚结构，左上角小图的衍射是在圆圈内区域进行的，是典型的体心立方α相，没有出现奥氏体衍射斑点。对应这一状态的奥氏体晶粒尺寸为 3μm 左右。这一结果与前文孪晶马氏体消失的临界晶粒尺寸 4μm 是一致的。这一结果说明，晶粒尺寸减小的确可以影响高碳马氏体的亚结构。

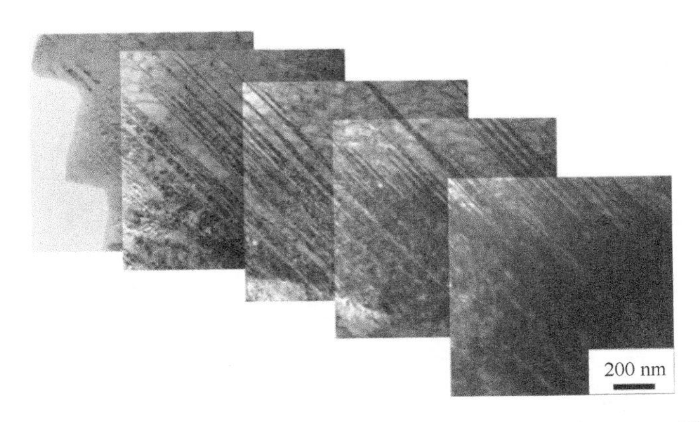

图 7-58　GCr15 钢球磨 1h 烧结试样 900℃加热 5min 淬水的 TEM 明场像

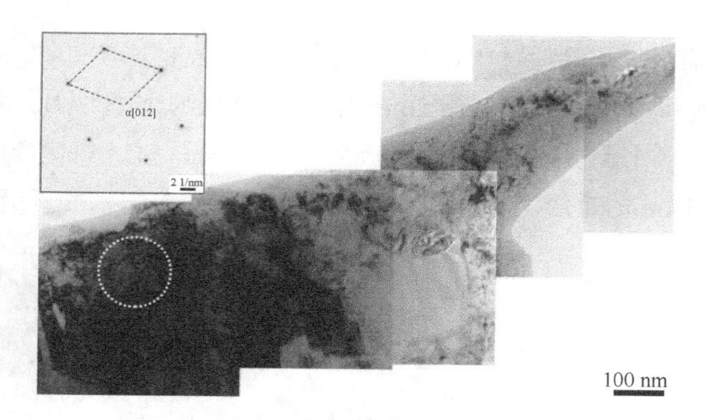

图 7-59　GCr15 钢球磨 20h 烧结试样 900℃加热 5min 淬水的 TEM 明场像

继续延长球磨时间达到 100h，晶粒尺寸细化到了 0.5μm 量级，900℃淬火后的组织如图 7-60 所示。图 7-60（a）显示的是位错与残余奥氏体，奥氏体呈薄膜状。图 7-60（b）是衍射花样，显示出奥氏体和马氏体的两套斑点，母相奥氏体与马氏体之间符合 N-W（Nishiyama-Wassermann）关系。图 7-60（c）是另外一个视域的明场像，马氏体也是位错型的，残余奥氏体呈条状分布在马氏体基体上，但是这幅图中的残余奥氏体的厚度明显比图 7-60（a）中的残余奥氏体厚。图 7-60（d）的衍射花样也显示了马氏体和奥氏体两套斑点，但这两套斑点之间符合 K-S（Kurdjumov-Saches）关系。普通碳钢中马氏体与奥氏体之间的位向关系符合 K-S 关系，N-W 关系通常出现在高 Ni 的马氏体钢中，见表 7-1。现在的结果是本实验采用的高碳钢中根本不含 Ni，只含少量的 Cr，明显与以往的研究结果不一致，这也可以看作是超细晶马氏体相变的一个反常现象。图 7-60（e）是球磨 100h 样品的原子探针元素分布图，C、Cr、Mn 均匀分布，其中平均含碳量达到了 0.89%，这已经是标准的高碳钢含量，并且分布均匀。这表明晶粒细化的确影响了高碳马氏体的亚结构，高碳马氏体在超细晶的条件下，不再遵循经典知识中描述的规律：高碳马氏体亚结构是孪晶。高碳马氏体也可以全是位错亚结构，这为韧化高碳钢、设计超高强度钢打开了新的思路。第 10 章中将介绍以位错亚结构为主要缺陷的高碳钢的超高强度和高塑性。

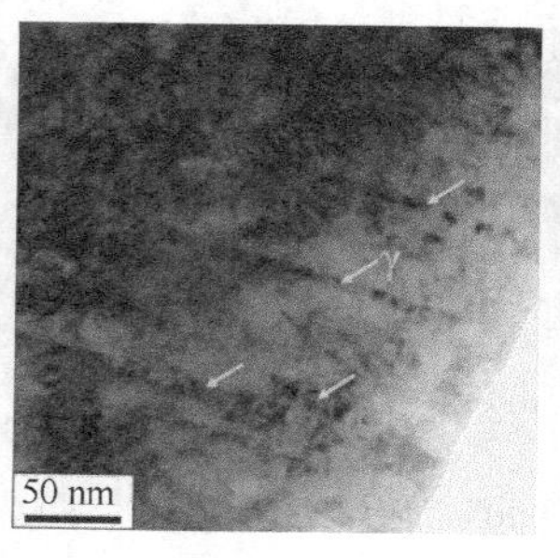

（a）明场中位错与残余奥氏体

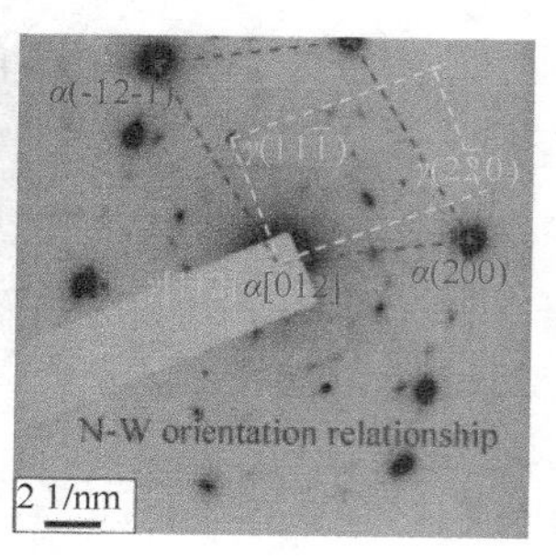

（b）（a）图的衍射花样

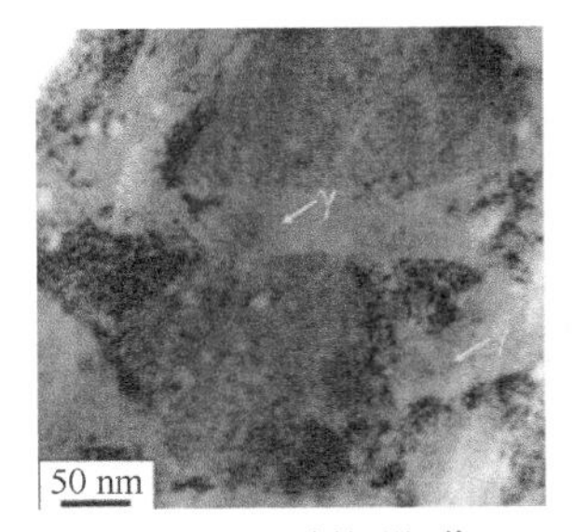

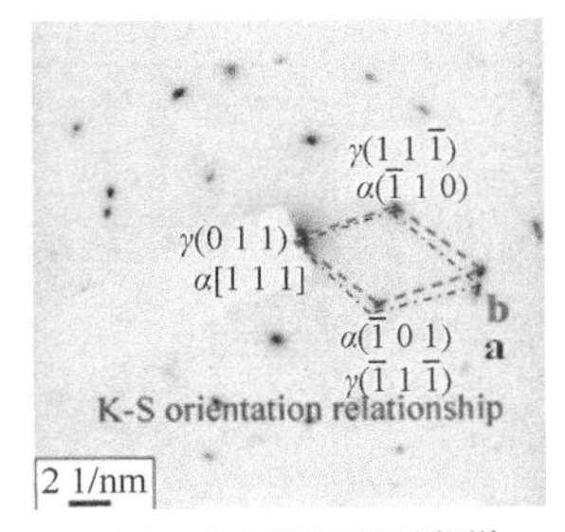

（c）另一视域的明场像　　（d）（c）图的衍射花样

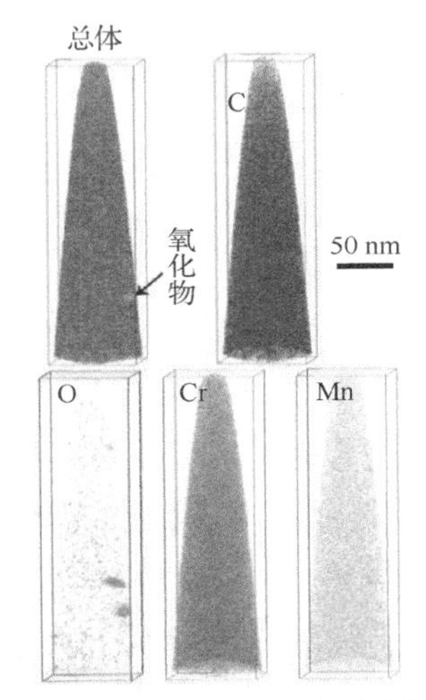

（e）球磨100h样品的原子探针元素分布

图 7-60　GCr15 钢球磨 100h 烧结试样 900℃加热 5min 淬水的 TEM 明场像、衍射花样和原子探针元素分布图

图 7-61 显示了残余奥氏体体积分数及硬度随试样球磨时间，即晶粒尺寸的变化。试样的编号含义：NP 是常规 GCr15 钢试样，PM 后面的数字是不同的球磨时间（h）。残余奥氏体的体积分数随着球磨时间延长而增加，在球磨 20h 后大幅增加，100h 其含量达到了 30%以上，见图 7-61（a）。图 7-61（b）给出硬度的变化，淬火后硬度都超过了 60HRC，但是球磨 100h 的样品硬度明显低于其他三个状态，显然这是残余奥氏体增多的结果。图 7-61 表明，晶粒尺寸减小，残余奥氏体量增多，这是马氏体相变阻力增大的结果。晶粒尺寸减小，奥氏体的屈服强度升高，切变阻力增大，弹性应变能升高，这是马氏体相变阻力升高的原因，这与之前大多数文献报道的结果是一致的。在残余奥氏体增多的同时，还伴随着马氏体亚结构的变化，这一点是前人文献中没有报道的。

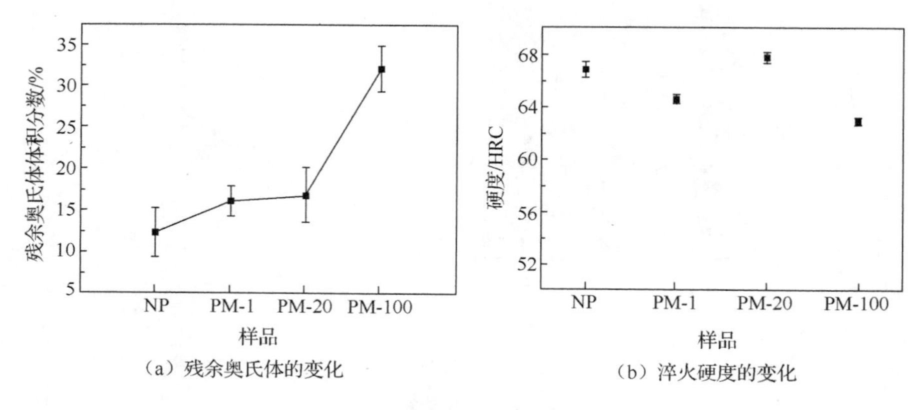

(a) 残余奥氏体的变化　　　　(b) 淬火硬度的变化

图 7-61　GCr15 钢球磨不同时间烧结并淬火的样品

3. 马氏体回火轧制细化晶粒

马氏体回火轧制细化晶粒的方法是由日本科学家 Kimura 等最早报道的[50]。Kimura 等对一种中碳钢 0.4C、2.0Si、1.0Cr、1Mo（质量分数，%）进行马氏体淬火，随后在 500℃回火的同时进行轧制，可以将晶粒细化到 1μm 以下的量级，其显微组织如图 2-22 所示，铁素体晶粒为压扁的条形，纳米级的碳化物分布在铁素体晶粒的周围。该工艺是对马氏体在 A_1 温度以下进行的轧制细化，并没有产生相变。本小节的内容采用马氏体回火轧制细化晶粒，将这些被细化晶粒的材料作为初始材料，二次再加热到奥氏体区，通过调节加热温度和保温时间，获得不同晶粒尺寸的奥氏体后淬火得到马氏体，观察晶粒尺寸对马氏体亚结构的影响。材料选用 65Cr 和 $60Si_2Mn$ 两种高碳钢，以下分别介绍实验结果。

1）65Cr 钢

65Cr 钢的化学成分为 0.66C、1.42Cr、0.40Si、0.42Mn、0.48Ni、0.07V、0.002P、0.005S（质量分数，%）。这一成分是根据 GCr15 钢的成分改造的（在一定误差范围内），只是将 GCr15 钢的含碳量由 1.0%降低到 0.65%，加了少量的 Ni。虽然降低了含碳量，但是仍然在高碳的成分范围，一方面观察晶粒尺寸对马氏体相变亚结构的影响，另一方面针对位错型的高碳马氏体组织可消除高碳马氏体脆性，获得优良力学性能。关于力学性能的结果将在第 10 章中单独介绍。

图 7-62 是 65Cr 钢材料热处理工艺流程图，1200℃加热 2h 是为了均匀化组织，轧制到所需的尺寸后淬火得到马氏体；对马氏体组织进行回火轧制处理，在 500℃加热 1h 后进行轧制，形变量 85%，空冷到室温；进行二次淬火处理，在 850℃保温不同时间后淬入水中，200℃回火消除淬火应力，得到回火马氏体组织。

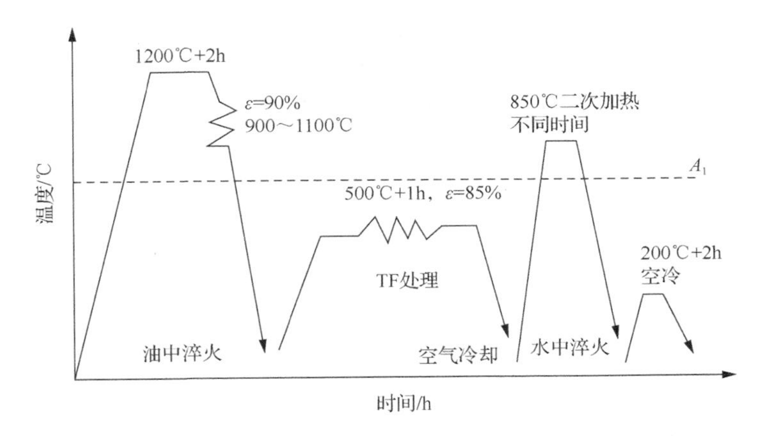

图 7-62　65Cr 钢的回火轧制与二次淬火热处理工艺[51]

图 7-63 显示的是回火轧制组织与二次淬火处理后的组织。图 7-63（a）、（b）和（c）分别是 850℃二次加热 3min、5min 和 15min 后淬火的组织。组织都是淬火马氏体、残余奥氏体和未溶解的碳化物，随着加热时间延长，未溶碳化物减少，马氏体针尺寸变大。图 7-63（d）是未溶碳化物的尺寸分布，碳化物的平均尺寸为 150nm，明显小于传统低温轧制二次加热淬火的碳化物尺寸。

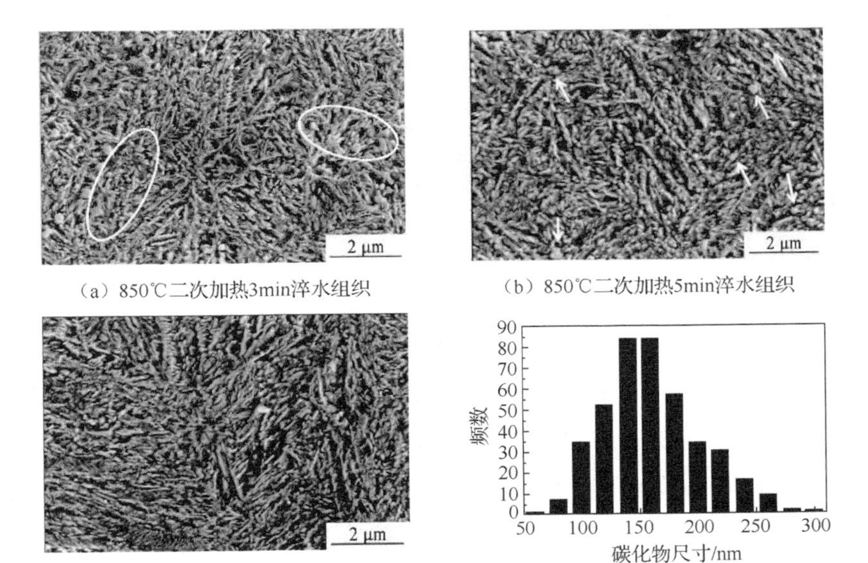

（a）850℃二次加热3min淬水组织

（b）850℃二次加热5min淬水组织

（c）850℃二次加热15min淬水组织

（d）850℃保温3min淬水组织中未溶碳化物尺寸分布

图 7-63　65Cr 钢不同热处理后的组织及未溶碳化物尺寸分布

图 7-64 显示 850℃加热不同时间后的晶粒尺寸变化，对应三个加热时间为

TFR3、TFR5、TFR15，晶粒尺寸分别为 2.4±1μm，4.2±1.9μm 和 5.5±2.5μm。随着加热时间延长，晶粒开始长大，混晶现象加重，这是大晶粒吃小晶粒的长大模式导致的。与直接轧制细化（图 7-52）和球磨烧结制备的块状超细晶（图 7-56）的晶粒图像相比，晶粒的不均匀性明显增大。回火轧制细化晶粒的工艺中，析出的碳化物比较细小和弥散，在二次加热的过程中，细小的碳化物容易溶解，阻碍晶粒长大的作用减弱，从而产生混晶现象。

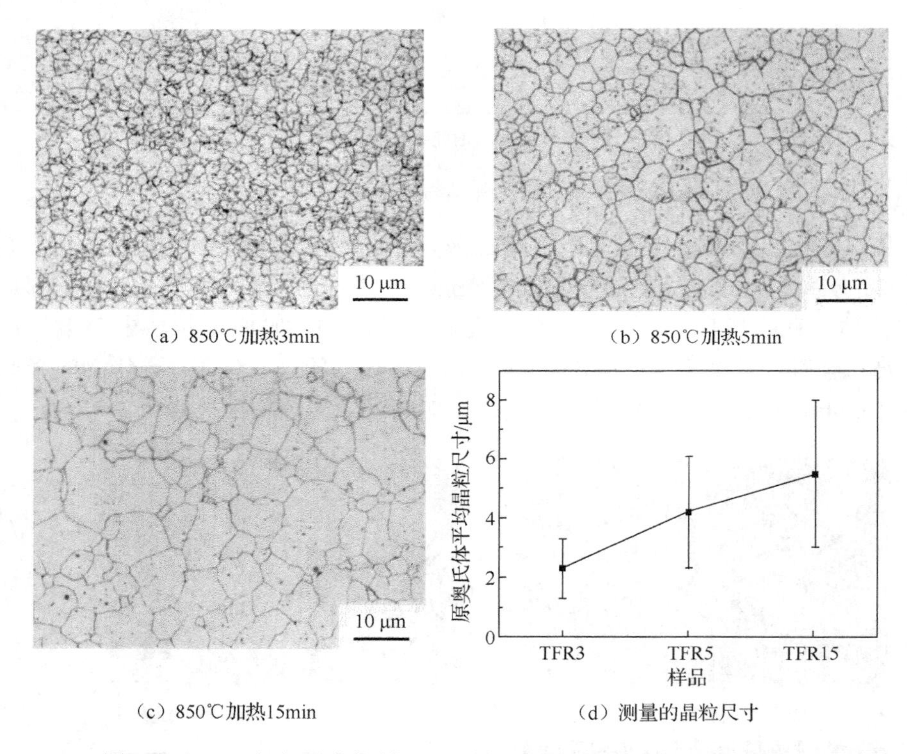

（a）850℃加热3min　（b）850℃加热5min

（c）850℃加热15min　（d）测量的晶粒尺寸

图 7-64　65Cr 钢经回火轧制、850℃加热不同时间淬火后的晶粒尺寸

图 7-65 显示的是二次加热到 850℃ 3min、5min 和 15min 淬火的马氏体组织亚结构。图 7-65（a）中的亚结构全部是位错，有少量的未溶碳化物；图 7-65（b）中也基本是位错；图 7-65（c）中已明显出现孪晶，但仍然有大量的位错。虽然出现孪晶所对应的晶粒尺寸是 5.5μm，比前文的晶粒尺寸要大，但是回火轧制细化的晶粒在后续二次热处理淬火时产生的混晶现象比较明显，测量的晶粒误差在 ±2.5μm。大晶粒的尺寸已达到了与前文相同的临界尺寸，全位错的临界晶粒尺寸为 4.2μm，与前文的结果一致。

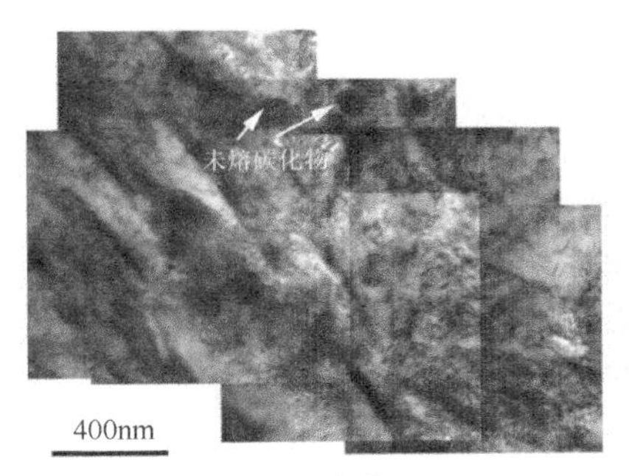

（a）850℃加热3min

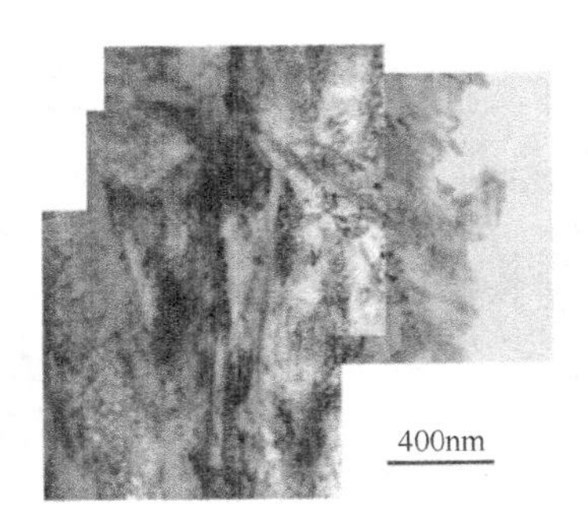

（b）850℃加热5min

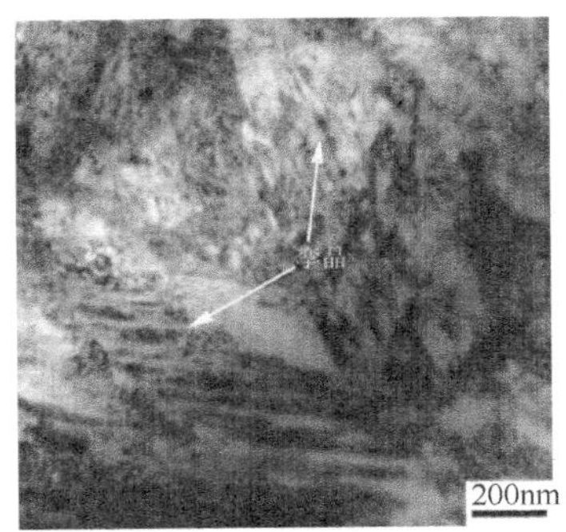

（c）850℃加热15min

图 7-65　回火轧制 65Cr 钢二次加热不同时间淬火后马氏体的亚结构[51]

2）65Mn 钢

65Mn 钢是一种弹簧钢，含碳量为 0.65%。材料是市场购买的ϕ50mm 的棒料，回火轧制工艺与 65Cr 钢的基本相同，差异在于 65Mn 钢的首次淬火加热温度为 830℃，而 65Cr 钢的首次淬火加热温度为 1200℃。原因是 65Cr 钢中的 Cr 型碳化物比较难溶解，需要较高的温度溶解碳化物，而含 Mn 的碳化物熔点低，且 Mn 促进晶粒长大，这两个因素导致加热温度不同。将直径ϕ50mm 的棒料切割成（40×20×200）mm^3方料，830℃淬火，在 500℃回火 1h 后开始轧制，压下量为 80%，由厚度 20mm 轧到 3mm，然后在 780℃、790℃、820℃三个温度分别加热 4min 后进行油淬火，250℃回火 2h 后观察组织。结果表明 780℃显示出最细晶粒马氏体的组织，随着淬火温度升高，马氏体组织逐渐变粗。

原始棒料经 790℃加热 4min，奥氏体平均晶粒尺寸为 18.7μm，二次加热淬火并没有细化原始晶粒，但是经过回火轧制处理后再进行二次加热淬火处理，晶粒明显细化。780℃处理后，原奥氏体平均晶粒尺寸只有 4.6μm，790℃处理后达到 5.6μm，820℃处理后达到 7.2μm，见图 7-66。这说明回火轧制工艺可以非常有效地细化后续二次热处理的晶粒，当然，还要合理选择加热温度和保温时间。

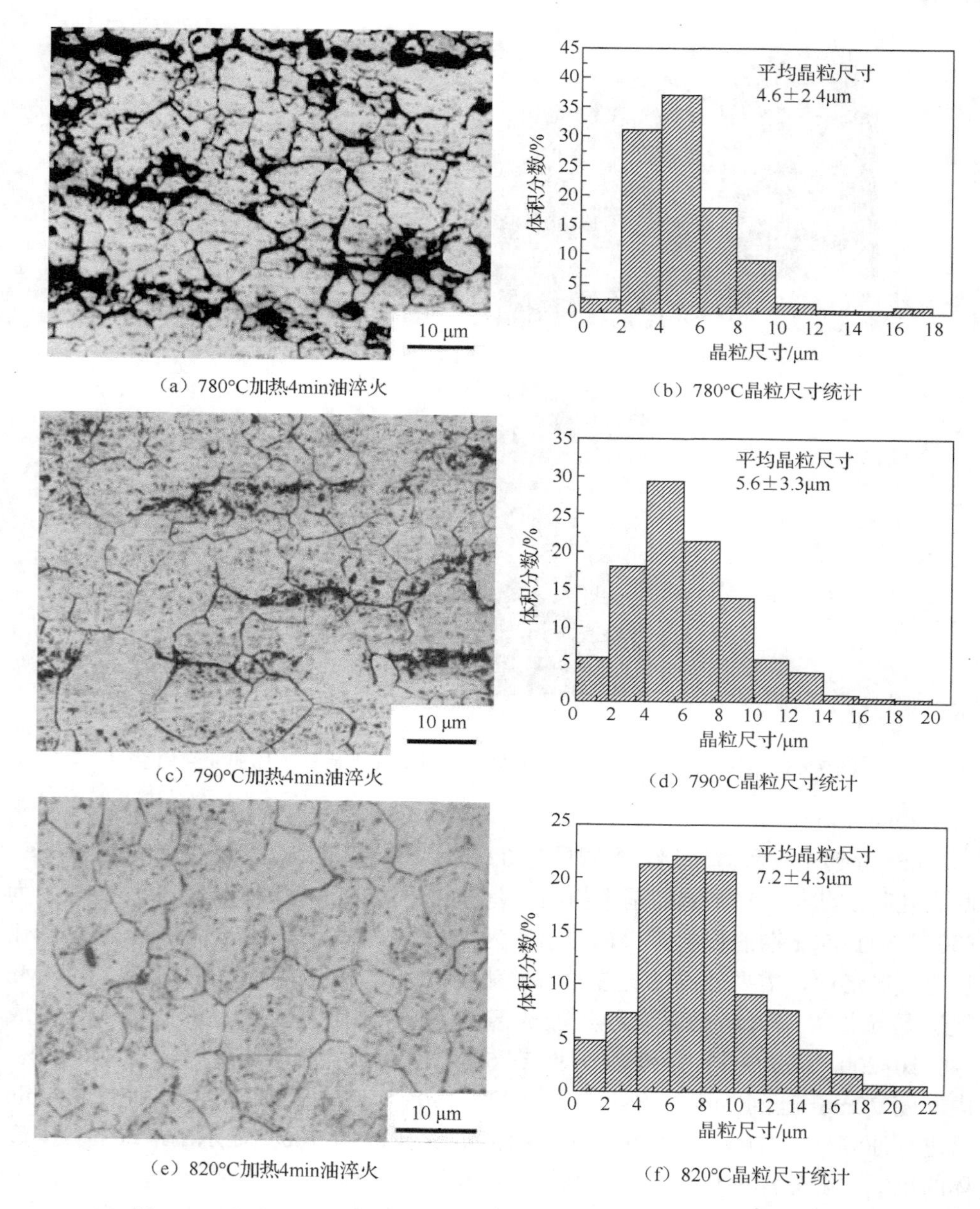

（a）780°C加热4min油淬火　（b）780°C晶粒尺寸统计

（c）790°C加热4min油淬火　（d）790°C晶粒尺寸统计

（e）820°C加热4min油淬火　（f）820°C晶粒尺寸统计

图 7-66　回火轧制的65Mn钢二次奥氏体化不同温度晶粒尺寸统计[52]

图 7-67 显示的是回火轧制后经 790℃加热 4min 油淬火的 TEM 明场像。图 7-67（a）中显示的主要是位错型的马氏体，条状的马氏体没有像低碳板条马氏体那样平行排列，排列方式不太规律。图 7-67（b）显示的是原始棒料经 790℃二次加热 4min

油淬火后的组织，以孪晶组织为主。对图中圆圈区域进行衍射操作，结果如图 7-67（c）所示，图中显示两套铁素体斑点，其中一套是发生了孪晶切变后的取向，以孪晶斑点做暗场像，如图 7-67（d）所示，与明场孪晶形貌对应。原始棒料经 790℃加热 4min 油淬火的晶粒尺寸是 18.7μm，同样材料经马氏体回火轧制之后 790℃加热 4min 油淬火的晶粒尺寸为 5.6μm。这再一次显示原奥氏体晶粒尺寸对马氏体相变亚结构的影响，细晶粒可以导致传统的孪晶亚结构转变为位错。

（a）回火轧制TEM明场像

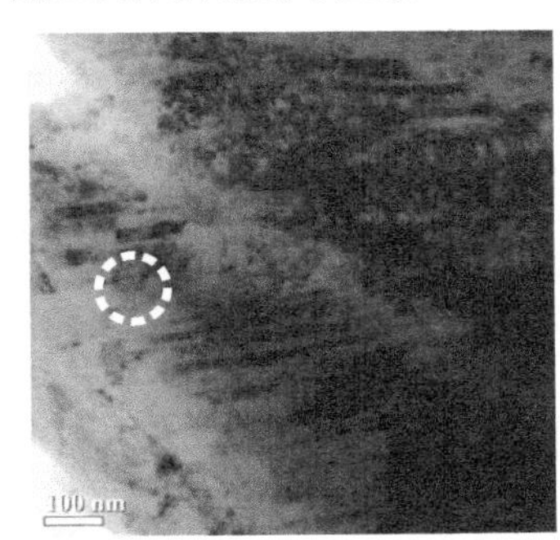

（b）原始棒料TEM明场像

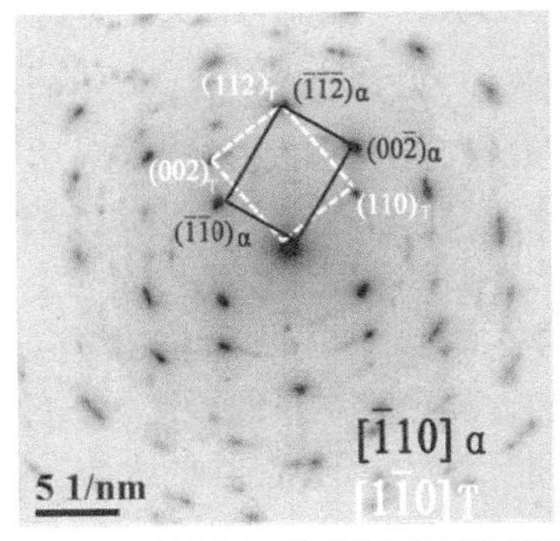

（c）（b）图中圆圈区域孪晶的选区衍射图像

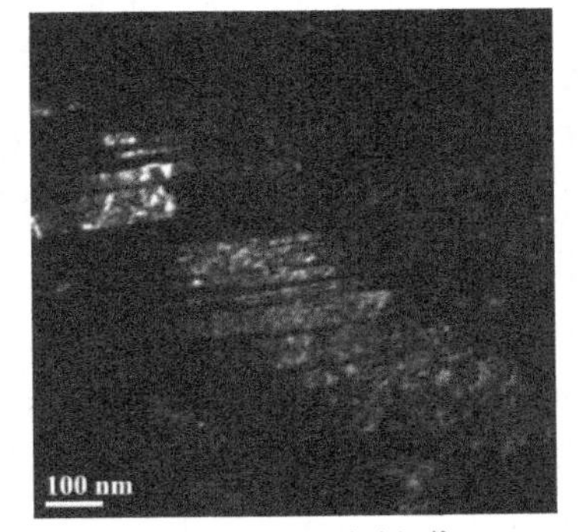

（d）孪晶衍射的暗场像

图 7-67　65Mn 钢回火轧制和原始棒料经 790°C 加热 4min 油淬火的 TEM 明场像、衍射图像与暗场像[52]

3）60Si2Mn 钢

前文介绍的马氏体亚结构与晶粒尺寸的研究结果主要集中在 Cr 系和 Mn 系的高碳钢中，分别采用了回火轧制方法细化晶粒，得出的规律是相同的，即晶粒尺寸对高碳马氏体亚结构有重要的影响。当晶粒尺寸小于临界值（3～4μm）时，马氏体亚结构由孪晶转变为位错。本小节介绍在 Si-Mn 合金体系中的实验结果，观察不同合金体系中晶粒尺寸的效应，采用的材料为 60Si2Mn 钢，该材料也是一种典型的弹簧钢，从市场购买材料。

细化初始晶粒的方法与 65Cr 钢和 65Mn 钢的方法相同，也是采用回火轧制方法细化初始材料晶粒。二次淬火热处理探索了两个温度，淬火后硬度与加热保温时间的关系见图 7-68，在 850℃加热保温 3min 就可以完成奥氏体化，淬火后的硬度达到了 65HRC 以上。但是在 815℃加热，保温时间需要延长到 5min 以后，硬度才可以达到 65HRC，表明这时才完成奥氏体化。为了更好地控制晶粒长大，后续实验采用 815℃进行二次淬火热处理。

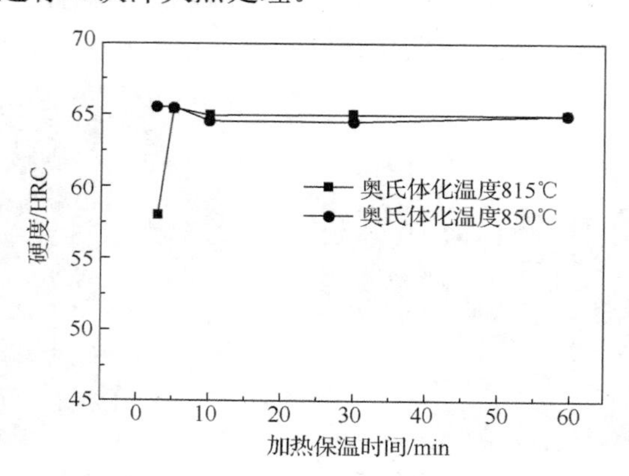

图 7-68　60Si2Mn 钢淬火后硬度与加热保温时间的关系

图 7-69 显示的是 60Si2Mn 钢 815℃加热保温不同时间淬火组织的光学金相照片，由于 60Si2Mn 钢的特性，采用电化学腐蚀方法没有腐蚀出淬火后的原奥氏体晶粒，只好采用马氏体片的长度来近似反映原奥氏体晶粒的大小，最长的马氏体片的长度不能超出原奥氏体晶粒的范围，可以近似用马氏体晶的长度来定性表征原奥氏体晶尺寸。测量结果如图 7-70 所示，图 7-70（a）～（d）是与图 7-69（a）～（d）所对应的不同保温时间马氏体片长度的分布，测量时尽量选取比较长的马氏体片，最长的马氏体片横贯奥氏体晶粒，最有可能代表奥氏体晶粒的大小。由此方法得到的平均晶粒尺寸如各分图中右上角所示，对于 Si-Mn 系列钢，815℃加热 5min 奥氏体晶粒就长大到了 7.7μm。与图 7-64 的 65Cr 钢相比，晶粒长大得比较快。65Cr 钢 850℃保温 5min 的晶粒尺寸只有 4μm 左右。

（a）5min

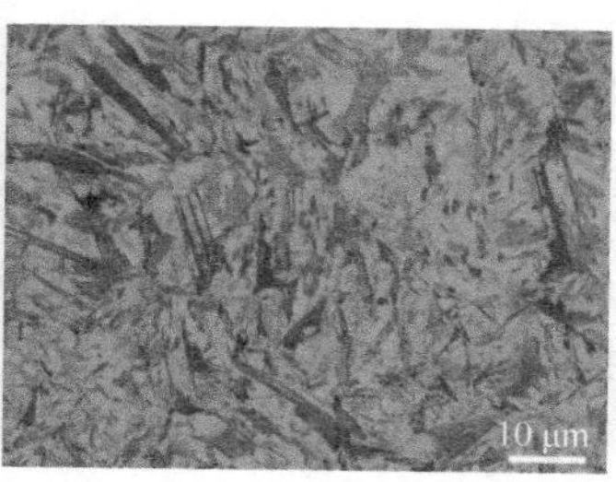

（b）10min

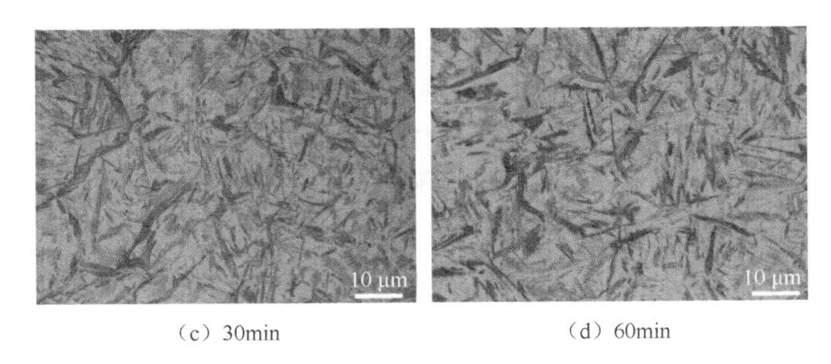

（c）30min　　（d）60min

图 7-69　60Si2Mn 钢 815℃加热保温不同时间淬火组织光学金相照片

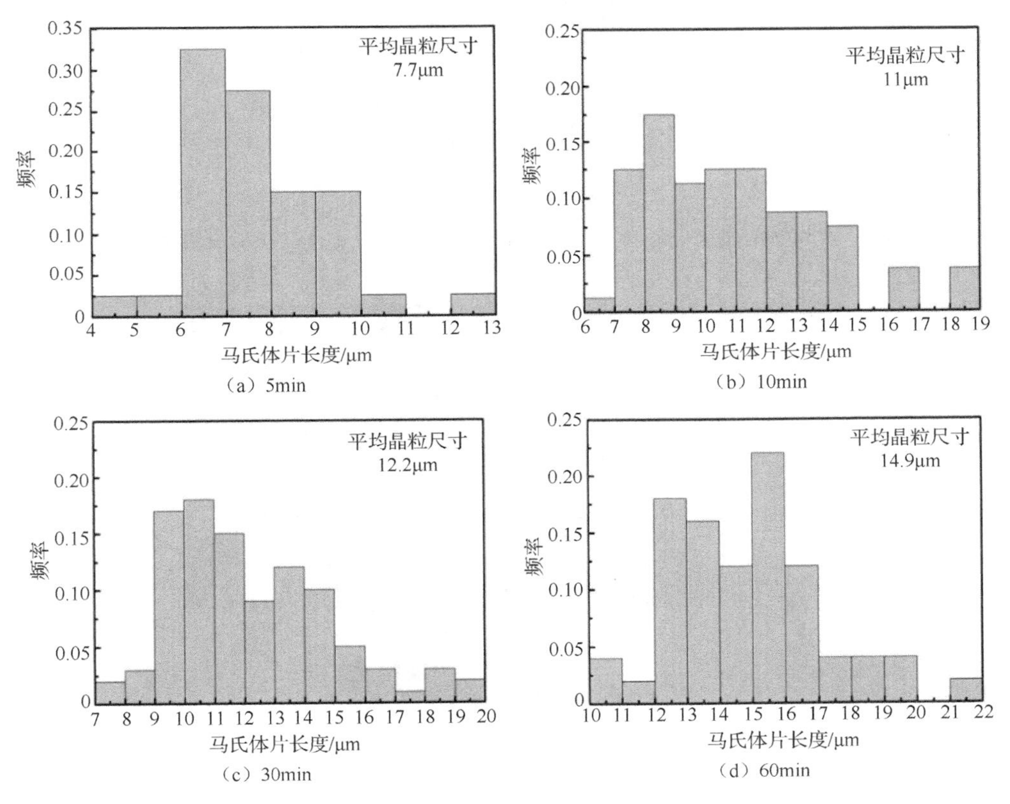

（a）5min　　（b）10min

（c）30min　　（d）60min

图 7-70　60Si2Mn 钢 815℃加热保温不同时间马氏体片长度分布

图 7-71 显示的是 60Si2Mn 钢回火轧制后 815℃加热 5min 淬水处理的马氏体组织，图中连续 4 幅图片显示的全部是位错亚结构，但是在这个状态已经出现少量的孪晶，如图 7-72（a）所示。当加热时间延长到 10min，出现大量孪晶，如图 7-72（b）所示。30min 后孪晶的量和尺寸都增大，见图 7-72（c）。合金体系由 Cr 系、Mn 系变为 Si-Mn 系，晶粒尺寸对高碳马氏体亚结构的影响规律没有发生改变。虽然在 815℃加热 5min 出现了少量的孪晶，但是位错仍占绝大部分。出现

孪晶的主要原因是这一状态最小的晶粒尺寸达到了 7.7μm，已经超过了 GCr15 钢和 65Cr 钢马氏体孪晶向位错转化的临界尺寸。推测 60Si2Mn 钢的临界晶粒尺寸也在 3～4μm 的量级。这一状态的马氏体获得了非常好的力学性能，强度达到了 2500MPa，同时还保持 9%的延伸率，这从另一个方面证明了这一状态的亚结构是位错为主。第 10 章关于超细晶高碳马氏体的力学性能有更详细的介绍。

图 7-71　60Si2Mn 钢回火轧制后 815℃加热 5min 淬水处理的马氏体组织 TEM 照片

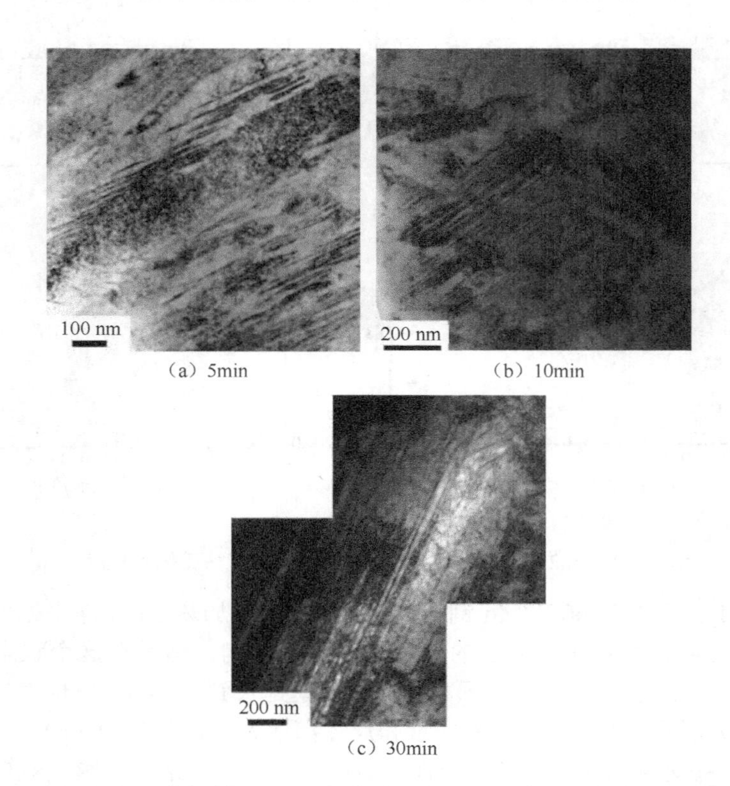

（a）5min　　（b）10min

（c）30min

图 7-72　60Si2Mn 钢回火轧制后 815℃加热不同时间淬水的马氏体孪晶组织 TEM 照片

4. 超高碳钢中的马氏体亚结构

超高碳钢是含碳量在 1.0%～2.1%的高碳钢[53-54]。传统高碳钢既硬又脆，没有工业应用价值，但是将超高碳钢中的碳化物进行球化处理后，可以获得超塑性性能，可以制备成复杂几何形状的机械零件。超塑性加工的条件之一是材料的晶粒尺寸比较细。超高碳钢由于有比传统高碳钢更多的过剩碳化物，在进行奥氏体化加热时晶粒可以保持比较细的尺寸，Sherby 等、Sunada 等在超高碳钢的研究中报道这种材料的晶粒尺寸在 2μm 的量级[53,55]，但是 Sherby 等获得的晶粒尺寸并不是直接测量的结果，而是由测量 TEM 照片中马氏体针的尺寸间接获得的。本书作者通过电化学方法腐蚀出了超高碳钢的晶粒尺寸，如图 4-6（e）所示，平均晶粒尺寸在 6.9μm，并非 Sherby 等测量的 2μm 的量级。图 7-73 是一种 1.41C、0.52Si、0.45Mn、1.46Cr、1.72Al、0.0080S、0.013P、0.015V（质量分数，%）超高碳钢的 TEM 下组织，图中有大量的位错马氏体，圆形小球是未溶渗碳体。虽然是位错型的马氏体，但是形态仍然是针状或片状，与孪晶马氏体形态相似。图 7-73（a）显示马氏体在原奥氏体晶界形核，向晶内生长，可以看出一个马氏体针（箭头所指）在原奥氏体晶界形核，终止在一个碳化物颗粒边界；图 7-73（b）显示了多个马氏体围绕着一个未溶碳化物，但并不是由碳化物界面形核，有两个马氏体针终止在碳化物颗粒边界，如图中箭头所指。这一实验现象可以解释为什么 Sherby 等以测量的马氏体针长度来近似代表的奥氏体晶粒尺寸要小于本书中采用化学方法测量的原奥氏体晶粒尺寸。如图 4-6（e）所示，超高碳钢中有大量的未溶碳化物，马氏体针在长大时遇到碳化物也会终止长大，因此，超高碳钢中马氏体针大部分终止在碳化物的界面，测量的马氏体针的尺寸小于奥氏体晶的尺寸。其实 Sunada 等在超高碳钢马氏体显微组织的研究中早已报道过大量位错亚结构的现象[55]，但是这种反常的现象并没有引起他们的注意，并没有给这种现象以合理的解释。虽然 Sherby 等已经默认超高碳钢的晶粒尺寸在 2μm，但是他们并没有意识到这种马氏体亚结构与晶粒细化有关，后续再没有相关的研究报道。图 4-6（e）所示的超高碳钢的平均晶粒尺寸在 6.9μm，已经进入了超细晶的范围。前面关于 GCr15 钢控制轧制与高能球磨细化晶粒的研究表明，马氏体亚结构孪晶向位错转化的临界晶粒尺寸在 3～4μm，大于这个尺寸后，孪晶量逐渐增多，见图 7-53（d），当晶粒尺寸在 7μm 量级时，大约会有 20%的孪晶。目前超高碳钢的晶粒尺寸就在 7μm 量级，也是孪晶与位错的混合组织，见图 7-73（c）。

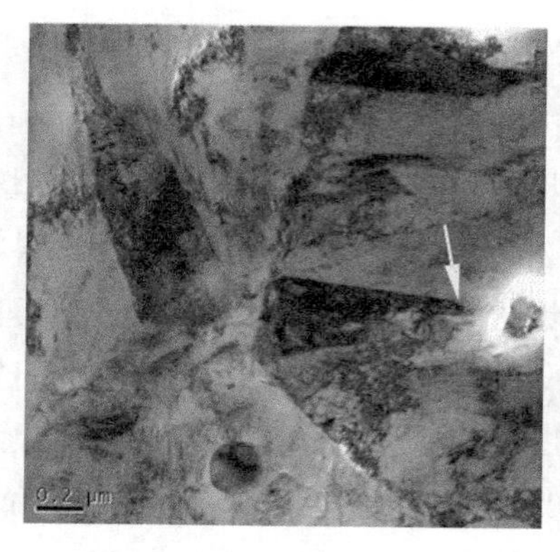

（a）位错马氏体在原奥氏体晶界形核　　（b）围绕着一个碳化物有多个位错型的马氏体

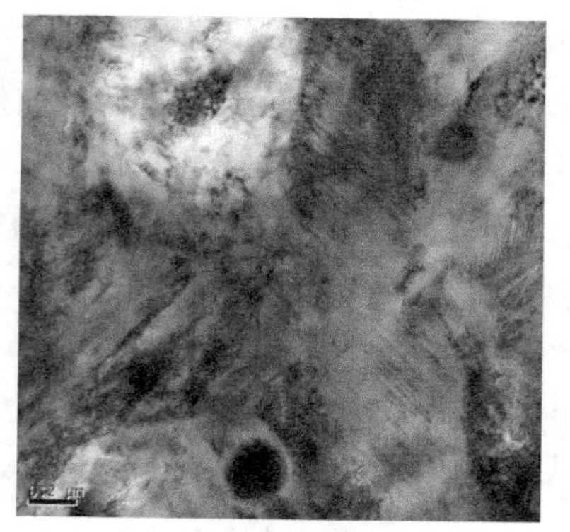

（c）位错与孪晶的混合组织

图 7-73　1.41%超高碳钢淬火组织的 TEM 下组织

本书作者早期对超高碳钢的显微组织研究过程中也发现了这种现象[56]，即超高碳钢中含有大量的位错马氏体，其形态有板条形的，也有孪晶针状和片状的，细化晶粒对马氏体亚结构的影响在当时就已形成思路。

7.6.3　孪晶向位错转化机理

晶粒细化对孪晶与位错的转化不仅在马氏体相变中存在，在晶体材料的塑性变形中也存在。Barnett 等[57-58]对一个系列的 Mg 及 Mg-Al-Zn 合金的形变研究中发现，随着晶粒尺寸逐渐减小，晶粒中的孪晶数量越来越少，存在一个临界晶粒尺寸，当晶粒尺寸小临界值后，晶粒中再看不到孪晶了。常规晶粒尺寸的 Mg 合金在室温下的变形机制是以孪晶为主，晶粒尺寸减小以后，孪晶变形明显受到了抑制。Ti 及 Ti 合金的变形机制也是以孪晶为主，Yu 等[59]将一种 Ti-5Al（质量分数，%）单晶样品尺寸减小到 1μm 以下，即 0.4～0.7μm 的微米小柱子，在 TEM

下进行原位压缩变形，发现试样尺寸减小到 0.4～0.7μm，变形机制由孪晶转变为位错滑移。虽然形变与相变是两个完全不同的材料变化过程，但是它们的微观亚结构随着晶粒尺寸的变化现象却是高度一致。以下将通过理论分析来揭示这一现象产生的原因。

Hall-Petch 关系如式（2-2）所示，其材料屈服强度与 $d^{-1/2}$ 成正比，对于位错滑移，式（2-2）中的常数为σ_{S0}、k_S。Hall-Petch 关系也可以描述孪晶变形，对于孪晶变形，这两个常数变为σ_{T0}、k_T，即式（2-3）。对于孪晶变形，k_T 明显大于 k_S，见表 2-3。

也有实验表明，在孪晶过程中孪晶应力与 d^{-1} 成正比关系[59-60]，即

$$\sigma_S = \sigma_{T0} + k_T d^{-1} \tag{7-17}$$

这表明孪晶的屈服强度对晶粒尺寸的变化更加敏感。实际上采用 d^{-1} 和 $d^{-1/2}$ 都可以与孪晶应力形成很好的拟合关系，用 d^{-1} 拟合会得到较小的 k_T，用 $d^{-1/2}$ 拟合会得到较大的 k_T，最终结论是一样的，即孪晶屈服强度对晶粒尺寸变化更加敏感。

马氏体相变中的亚结构变化也对应着位错滑移和孪晶变形两种微观机制。不像晶体变形受到了直接的外力作用，马氏体相变没有外力的直接作用，由体系的自由能差ΔG_V来驱动，自由能对距离的导数就是驱动马氏体相变的直接驱动力。因此，对马氏体相变中的亚结构分析可以转化为对位错滑移和孪晶变形的应力变化分析。定义

$$\tau_S = \tau_T \tag{7-18}$$

为位错滑移和孪晶变形相互转化的临界条件，τ_S、τ_T 分别是位错滑移应力和孪晶变形应力，两者相等就是滑移向孪晶或孪晶向滑移转变的临界条件。滑移的屈服强度由式（2-2）给出，假设孪晶变形应力符合弹性应力应变条件，有

$$\tau_T = G\gamma_T \tag{7-19}$$

式中，G 是剪切弹性模量；γ_T 是孪晶剪切应变，应变较小时成为切变角度。图 7-74 给出了一个马氏体片中孪晶切变示意图，在马氏体片长度一半的位置取一个直角三角形，三角形的两个直角边分别垂直和平行孪晶面，并且三角形的直角短边与孪晶切变方向 $[11\bar{2}]$ 一致。这样孪晶切变角度 γ_T、孪晶切变方向上的位移和三角形的高度产生了联系，通过三角形的高度与马氏体片的厚度 c 产生了联系。由这个三角形得

$$\gamma_T = \frac{na}{c(\cos\theta)} \tag{7-20}$$

式中，a 是孪晶切变方向$[11\bar{2}]$上两相邻原子间距离；θ是孪晶切变方向与马氏体片长轴方向夹角；n 是孪晶在切变方向上移动的原子间距数。

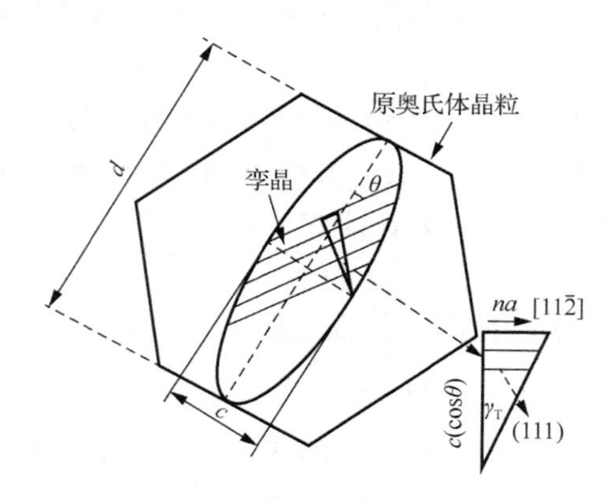

图 7-74　马氏体中孪晶切变示意图

假设马氏体片的厚径比为β，由图 7-74 可以得到

$$\beta = \frac{c}{d} \tag{7-21}$$

将式（7-20）、式（7-21）代入式（7-19）得

$$\tau_{\mathrm{T}} \propto Gna\left(\cos\theta\right)^{-1}\beta^{-1}d^{-1} \tag{7-22}$$

通过模型推导，我们得到了孪晶变形应力与晶粒尺寸呈 d^{-1} 关系，这与 Yu 等[59]实验测试和分析的结果一致。如果考虑孪晶变形的门槛应力，得到

$$\tau_{\mathrm{T}} = \tau_{\mathrm{T0}} + Gna(\cos\theta)^{-1}\beta^{-1}d^{-1} \tag{7-23}$$

这与式（7-17）是一致的，即通过模型分析得到了马氏体相变时的孪晶变形应力与晶粒尺寸的 Hall-Petch 关系，其中，

$$k_{\mathrm{T}} = Gna(\cos\theta)^{-1}\beta^{-1} \tag{7-24}$$

根据经典的 Hall-Petch 关系式（2-2）与式（7-23），绘制屈服强度与 $d^{-1/2}$ 的关系，如图 7-75 所示。可以将孪晶屈服强度公式中的 d^{-1} 看成$(d^{-1/2})^2$，因此孪晶变形应力随晶粒尺寸减小有更快的增长趋势。如果位错滑移门槛应力τ_{S0}比孪晶变形的门槛应力τ_{T0}更高，两条曲线必然会有交点，所对应的交点就是孪晶变形向位错滑移的临界晶粒尺寸 d_{c}。当晶粒尺寸小于 d_{c}，位错滑移的分切应力更小，变形机制将由孪晶转化为位错滑移。现在的问题是位错滑移门槛应力τ_{S0}是否比孪晶变形的门槛应力τ_{T0}更高？表 7-5 是 Barnett 等[58]测量的 Mg-Al-Zn 合金孪晶变形与位错滑移 Hall-Petch 关系中门槛应力和斜率。τ_{T0}差不多是τ_{S0}的 1/4。还有其他牌号

的大量 Mg 合金也显示出了类似的规律，孪晶变形的门槛应力远小于位错滑移的门槛应力[61-62]。由此可见，位错滑移与孪晶变形的 Hall-Petch 关系曲线出现交点是必然的。当然也有没有交点的曲线，Zhu 等[63]给出与图 7-75 类似的曲线，但是没有交点，孪晶的曲线斜率明显大于滑移。Zhu 等的研究重点在纳米尺寸范围，给出的晶粒尺寸范围应该在小于 d_c 的区域，不能涵盖图 7-75 的晶粒范围。

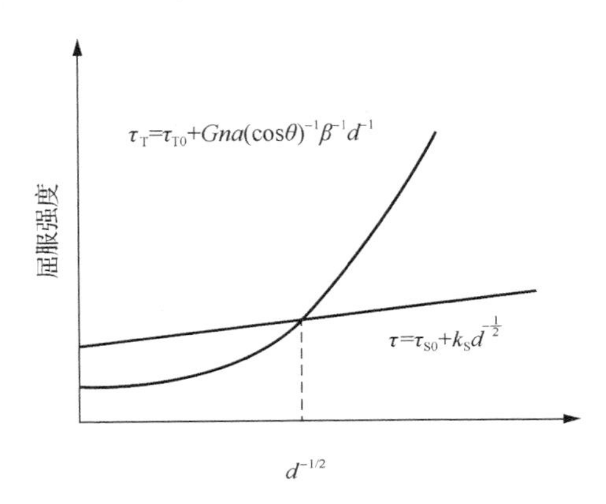

图 7-75　位错滑移和孪晶变形屈服强度与晶粒尺寸关系

表 7-5　Mg-Al-Zn 合金孪晶变形与位错滑移门槛应力和斜率[58]

T/℃	孪晶变形		位错滑移	
	σ_{T0}/MPa	k_T/（MPa·mm$^{1/2}$）	σ_{S0}/MPa	k_S/（MPa·mm$^{1/2}$）
25	40±8	9.4±0.7	—	—
100	36±14	9.6±1.3	—	—
150	26±10	9.3±1.1	98±5	2.5±0.4
200	21±24	8.6±3.1	86±15	0.7±1.23

由滑移和孪晶的转化条件[式（7-18）]，将 Hall-Petch 关系[式（2-2）]的正应力形式转换为切应力形式，并与式（7-23）代入式（7-18）可以获得转化的临界晶粒尺寸：

$$d_c=\frac{k_S^2+2Gna\left(\tau_{S0}-\tau_{T0}\right)\left(\cos\theta\right)^{-1}\beta^{-1}-k_S\left[4Gna\left(\tau_{S0}-\tau_{T0}\right)\left(\cos\theta\right)^{-1}\beta^{-1}+k_S^2\right]^{\frac{1}{2}}}{2\left(\tau_{S0}-\tau_{T0}\right)^2}\tag{7-25}$$

由于文献中并没有高碳钢在 M_s 时对应的 k_S 和 τ_{S0} 相关数据，实验实测又非常困难，因此，计算临界晶粒尺寸时选取奥氏体钢和低碳钢中的一些相关数据进行估算，见表 7-6。

表 7-6　文献报道的钢中 k_S 和 τ_{S0} 值

组号	材料	τ_{S0}/MPa	k_S/（$MPa\cdot\mu m^{1/2}$）	参考文献
1	AISI 301LN	250.0	290.0	[64]
2	低碳钢	99.8	551.2	[65]
3	纯铁	100.0	600.0	[66]～[67]
4	不锈钢	100.0	600.0	[67]

采用式（7-25）计算临界晶粒尺寸时还要用到τ_{T0}、a、n、β和 G 等一些参数。由表 7-5 以及更多的数据[58]可以看出，τ_{T0} 大约是τ_{S0} 的 1/4。这些数据是在 Mg 合金中得到的，目前在钢中还无法得到这些数据，主要原因是钢在常温下变形是位错滑移机制，无法得到孪晶变形的数据，只能假设τ_{T0}=1/4τ_{S0} 在钢中也成立。7.6.2 小节中大量的实验数据证明，高碳钢中马氏体相变的确存在孪晶向位错亚结构的转化现象，至少说明$\tau_{T0}<\tau_{S0}$ 在高碳马氏体钢中是成立的；另外，Barnett 等[57-58]观察到 Mg 合金中孪晶的临界晶粒尺寸不再出现在 10μm 以下，这一尺寸范围与 7.6.2 小节中孪晶向位错亚结构转变的临界晶粒尺寸 3～4μm 在一个量级。这从另外一个方面说明这种假设有一定的合理性。a 是孪晶切变方向的原子间距，对于在奥氏体状态的纯铁或合金，孪晶切变方向是$[11\bar{2}]$，则孪晶切变方向移动一个原子间距为 $a=\frac{\sqrt{6}}{2}\times 0.254\text{nm}$，0.254nm 是铁原子的直径。$n$ 是孪晶切变方向移动的原子间距数，其含义如图 7-74 所示。通常，孪晶面是(111)，在孪晶方向移动一个原子间距需要(111)面三层原子协同移动，才能完成顶层原子移动一个间距，图 7-76 示意出了这一过程。通过测量孪晶的厚度，就可以得到孪晶位移参数 n。三层(111)面的厚度为 $\frac{3\sqrt{3}}{4}a_0$，a_0 为晶格常数，对于面心立方铁，a_0=0.364nm，弹性模量 G=80GPa。孪晶形貌及厚度测量值分布见图 7-77，马氏体片的形貌及厚径比β测量值分布见图 7-78。当孪晶厚度取图 7-77（b）频率最大值时，孪晶厚度为 4～6nm，对应的 n 值为 8.5～12.7，即孪晶原子在孪晶方向最大位移 9～13 个原子间距。孪晶切变角度测量值θ=35°，见图 7-78（a），β取图 7-78（b）中最大频率所对应的值，为 0.20～0.25。将以上这些数据代入式（7-25），计算得到的临界晶粒尺寸 d_c 为 2.7～7.6μm，这一结果与实验得出的马氏体亚结构转变的临界晶粒尺寸 3～4μm 有非常高的吻合度。这表明马氏体相变中的亚结构是由形变产生的，本质上与材料宏观形变没有本质的差异。马氏体相变中的形变是为了完成晶体结构由 FCC 转变为 BCC 结构所产生的必要形变，细化晶粒引起高碳马氏体亚结构由孪晶转变为

位错，是由于位错滑移和孪晶变形对晶粒尺寸有不同响应，粗晶有利于孪晶变形而细晶有利于位错滑移。

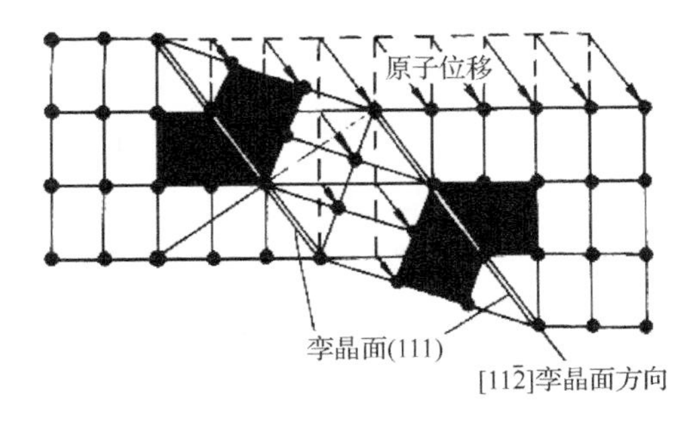

图 7-76　孪晶面、孪晶方向与原子位移关系

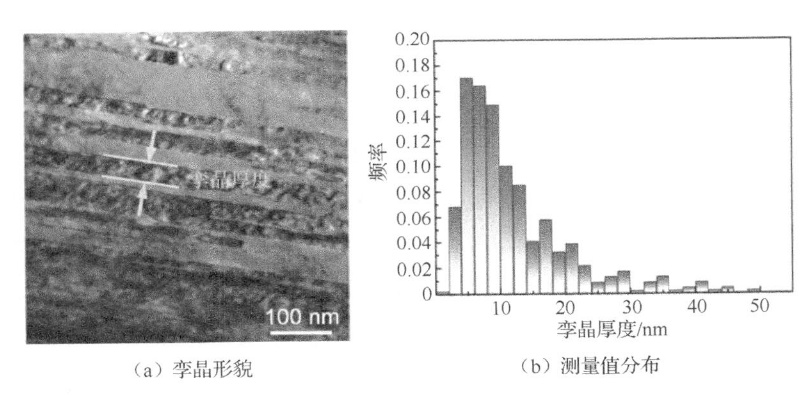

（a）孪晶形貌　（b）测量值分布

图 7-77　孪晶形貌及厚度测量值分布

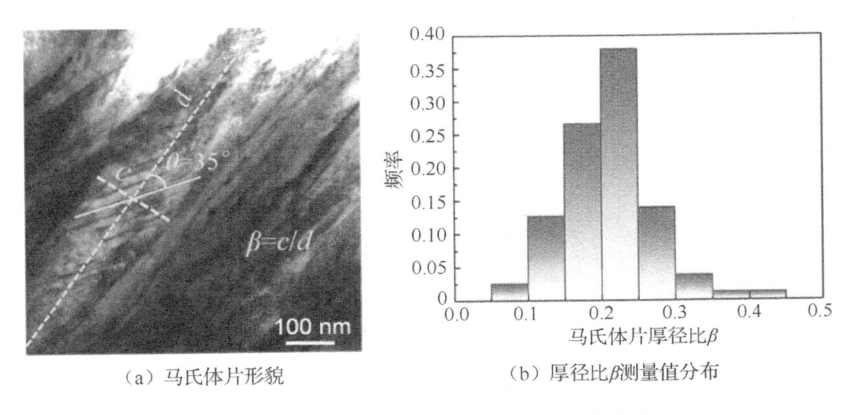

（a）马氏体片形貌　（b）厚径比β测量值分布

图 7-78　马氏体片形貌与厚径比测量值分布

7.6.4　晶粒尺寸对马氏体形态的影响

马氏体的亚结构是由多种因素决定的，除了本书介绍的晶粒尺寸以外，含碳量、合金元素、冷却温度等都会产生影响。其中，含碳量是最重要的一个因素。通常含碳量小于 0.3%是位错亚结构，大于 1.0%是孪晶亚结构[68]，介于两者间的是混合型。位错亚结构的马氏体形貌是板条形；孪晶亚结构的马氏体是针状或片状，空间形貌是扁椭球形或扁凸透镜形。对于位错型的亚结构，板条马氏体几乎是位错马氏体的同义词，说到板条马氏体一定是位错亚结构，说到位错亚结构一定是板条马氏体。这在常规晶粒尺寸范围没有问题，但是在超细晶的高碳马氏体中这一规律不再正确。由本小节介绍的内容来看，细化晶粒除了对马氏体亚结构有影响以外，对马氏体的形貌以及与亚结构的关系也有较大的影响。

含碳量为 1.0%的 GCr15 轴承钢及含碳量为 0.6%的 60Si2Mn 弹簧钢中马氏体形貌见图 7-79。图中的马氏体都是针状形貌，即典型的孪晶马氏体形貌，但是其中的亚结构是位错，而不是孪晶。图 7-79（a）显示的是 GCr15 钢晶粒细化到 4μm 时的马氏体形貌。虽然是位错马氏体，但是没有典型的板条形貌，更接近片状马氏体的形貌，*c*/*a* 变大。图 7-79（b）是 60Si2Mn 钢晶粒细化到 7μm 时的马氏体形貌，与图 7-79（a）相似，亚结构是位错，但是没有板条马氏体的形貌特征。图 7-53（a）、（b），图 7-60（a）、（b），图 7-65（a）、（b）和图 7-71 都显示了同样的规律：高碳钢晶粒细化后导致位错马氏体的形貌没有低碳马氏体板条特征，而更接近高碳钢孪晶马氏体的形貌。这说明含碳量不是决定马氏体形貌和亚结构的唯一因素，晶粒尺寸也有重要影响。

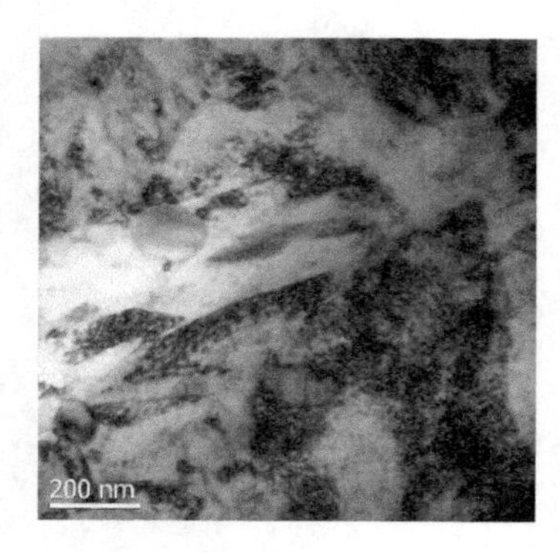

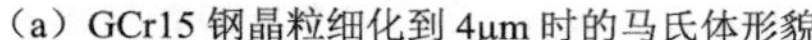
（a）GCr15 钢晶粒细化到 4μm 时的马氏体形貌

（b）60Si2Mn 钢晶粒细化到 7μm 时的马氏体形貌

图 7-79　两种高碳钢位错型马氏体形貌

图7-80是GCr15钢球磨100h烧结细化晶粒到0.5μm量级，900℃加热5min淬水的马氏体形貌。这时的马氏体形貌发生了重大的变化，既没有板条形态也没有针状形态，马氏体完全是原奥氏体的晶粒形貌，三张分图是同一样品的不同区域，这种马氏体的形貌与Takaki等[47]将Fe、16Cr、10Ni（质量分数，%）的高合金钢晶粒细化到0.8μm时，所获得的单变体低碳马氏体的形貌完全相同（图7-49）。常规晶粒中低碳马氏体是板条形，一个马氏体变体代表独立取向的单个板条，变体之间是小角度晶界。高碳马氏体中的变体是独立的马氏体片或针，它们之间是大角度晶界，马氏体空间形态是扁椭圆凸透镜，是由切变形成的。当晶粒尺寸细化到1μm以下，马氏体充满了原奥氏体晶粒，样品的硬度已超过了60HRC，说明是马氏体，而不是其他非马氏体组织。图7-80（b）和（c）显示了这种马氏体的生长过程。图7-80（b）箭头所指的黑色区域是一个马氏体晶在晶界形核，此后马氏体沿着核的厚度方向向晶粒内部扩展。图7-80（c）中箭头所指是另外一个奥氏体晶粒中的马氏体，这个晶粒中的马氏体已占据了大约2/3的晶粒面积。虽然晶粒细化后晶界面积增加，可以提供马氏体形核的位置增多，但是图7-80显示的结果表明，在超细晶粒的条件下，马氏体在晶界形核似乎比较困难，而是更容易在已有的少量核心基础上长大。Takaki等[47]观察到的马氏体形貌与提出的生长模式[图7-49（c）和（d）]，与当前图7-80的现象高度一致。这种现象该如何解释？超细晶马氏体相变过程是否仍然遵循着切变滑移机制？高速相变的马氏体通过切变充满这样一个没有规律的奥氏体晶粒而不留死角，似乎有点不可思议，这种形态的马氏体相变规律还是值得深入研究的。

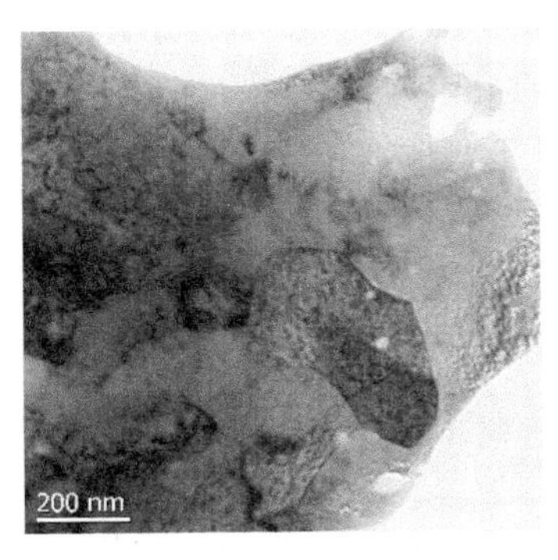

（a）充满原奥氏体晶粒的马氏体形貌

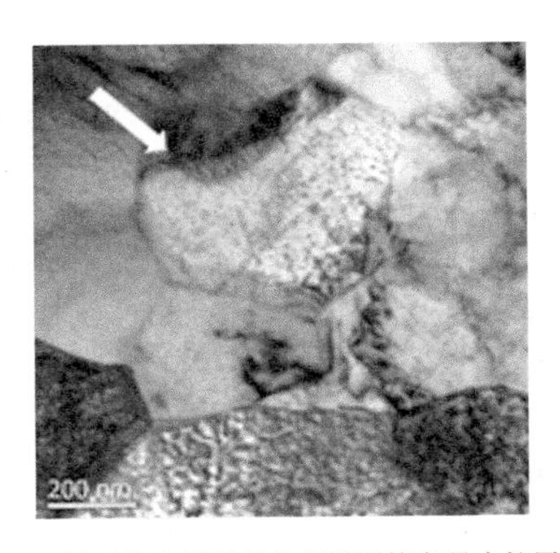

（b）马氏体在原奥氏体晶界形核向晶内扩展

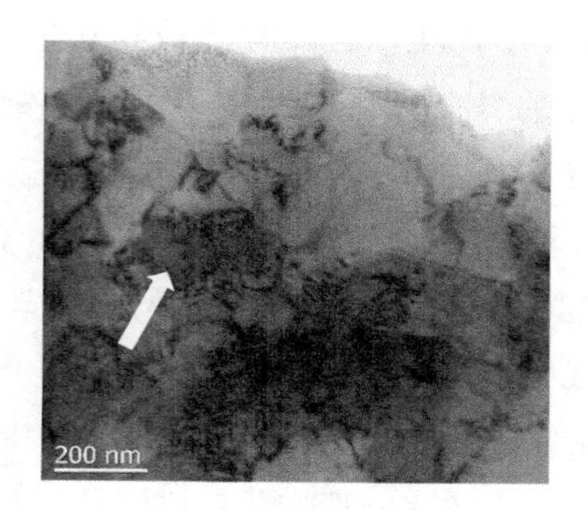

（c）马氏体已充满一个奥氏体晶粒的大部分

图 7-80　GCr15 钢球磨烧结细化晶粒到 0.5μm 量级，900℃加热 5min 淬水的马氏体形貌

参 考 文 献

[1] 徐祖耀. 马氏体相变与马氏体[M]. 2 版. 北京: 科学出版社, 1999.

[2] KRAUSS G. STEELS—Processing, Structure, and Performance[M]. Ohio: ASM International, 2005.

[3] MACKENIE J K. Martensite: Fundamentals and technology[J]. Journal of Applied Crystallography, 1971, 4(5): 402-403.

[4] 刘宗昌, 许云萍, 林学强, 等. 三评马氏体相变的切变机制[J]. 金属热处理, 2010, 35(2): 1-5.

[5] 刘宗昌, 任慧平, 安胜利. 马氏体相变[M]. 北京: 科学出版社, 2012.

[6] 哈森. 材料的相变[M]. 刘治国, 等, 译. 北京: 科学出版社, 1998.

[7] LIU H P, LU X W, JIN X J, et al. Enhanced mechanical properties of a hot stamped advanced high-strength steel treated by quenching and partitioning process[J]. Scripta Materialia, 2011, 64(8): 749-752.

[8] LIU H P, SUN H, LIU B, et al. An ultrahigh strength steel with ultrafine-grained microstructure produced through intercritical deformation and partitioning process[J]. Materials & Design, 2015, 83(10): 760-767.

[9] WU R M, LI J W, LI W, et al. Effect of metastable austenite on fracture resistance of quenched and partitioned(Q&P)sheet steels[J]. Materials Science and Engineering A, 2016, 657(3): 57-63.

[10] 操龙飞, 徐光, 邓鹏, 等. 钢的热膨胀特性研究[J]. 北京科技大学学报, 2014, 36(5): 639-643.

[11] 马如璋, 蒋民化, 徐祖雄. 功能材料学概论[M]. 北京: 冶金工业出版社, 1999.

[12] 朱敏. 功能材料[M]. 北京: 机械工业出版社, 2002.

[13] 张骥华, 戎咏华. 马氏体相变切变机制的现代试验验证和切变能的计算——再评“马氏体相变的非切变机制”[J]. 金属热处理, 2013, 38(5): 40-47.

[14] PORTER D A, EASTERLING K E, SHERIF M Y. Phase Transformations in Metals and Alloys[M]. London: Tailor & Francia groups LLC, 1992.

[15] KURDJUMOV G, SACHS G. Über den mechanismus der stahlhärtung[J]. Zeitschrift für Physik, 1930, 64: 325-343.

[16] KNAPP H, DEHLINGER U. Mechanik und kinetik der diffusionslosen martensitbildung[J]. Acta Metallurgica, 1956, 4(3): 289-297.

[17] YEDDU H K, BORFENSTAM A, ÅGREN J. Effect of martensite embryo potency on the martensitic transformations in steels—A 3D phase-field study[J]. Journal of Alloys & Compounds, 2013, 577(12): S141-S146.

[18] BOGERS A J, BURGERS W G. Partial dislocations on the {110} planes in the B. C. C. lattice and the transition of the F. C. C. into the B. C. C. lattice[J]. Acta Metallurgica, 1964, 12(2): 255-261.

[19] PATTERSON R L, WAYMAN G M. The crystallography and growth of partially-twinned martensite plates in Fe-Ni alloys[J]. Acta Metallurgica, 1966, 14(3): 347-369.

[20] SHIBATA A, MURAKAMI T, MORITO S, et al. The origin of midrib in lenticular martensite[J]. Materials Transactions, 2008, 49(6): 1242-1248.

[21] 张伟强. 固态金属及合金中的相变[M]. 北京: 国防工业出版社, 2016.

[22] KLOSTERMANN J A, BURGERS W B. Surface martensite in iron-nickel[J]. Acta Materialia, 1964, 12(4): 355-360.

[23] KRAUSS G, MARDER A R. The morphology of martensite in iron alloys[J]. Transactions of the ASM, 1967, 60(9): 2343.

[24] 谈育煦, 王静宜. 钢的电子显微金相学[M]. 济南: 山东科学技术出版社, 1993.

[25] 柳永宁, 张贵一, 李伟. 马氏体形态的平行多层截面法研究[J]. 金属学报, 2010, 46(8): 930-934.

[26] 张占领, 柳永宁, 余光. 超高碳钢中枣核状马氏体形态及亚结构[J]. 金属学报, 2009, 45(3): 280-284.

[27] 谈育煦. 论马氏体形态对工业用钢力学性能的影响[J]. 西安交通大学学报, 1989, 23: 142.

[28] 谈育煦, 王静宜. 论钢中的枣核状马氏体[J]. 材料科学与工艺, 1992, 11(3-4): 37-42.

[29] 赵品, 谢辅洲, 孙文山. 材料科学基础[M]. 哈尔滨: 哈尔滨工业大学出版社, 1999.

[30] 张占领, 柳永宁, 张柯柯, 等. 高碳钢中马氏体形貌及其结构[J]. 材料热处理学报, 2010, 31(9): 33-36.

[31] STEVEN W. The temperature of formation of martensite and bainite in low-alloy steel[J]. Journal of Iron & Steel Institute, 1956, 183: 349-359.

[32] UMEMOTO M, OWEN W S. Effects of austenitizing temperature and austenite grain size on the formation of athermal martensite in an iron-nickel and an iron-nickel-carbon alloy[J]. Metallurgical Transactions, 1974, 5(9): 2041-2046.

[33] GARCIA-JUNCED A A, CAPDEVIL A C, CABALLERO F G, et al. Dependence of martensite start temperature on fine austenite grain size[J]. Scripta Materialia, 2008, 58(2): 134-137.

[34] TAKAKI S, NAKATSU H, TOKUNAGA Y A, et al. Effects of austenite grain size on ε martensitic transformation in Fe-15mass%Mn alloy[J]. Materials Transactions, 1993, 34(6): 489-495.

[35] WAITZ T, KARNTHALER H P. Martensitic transformation of NiTi nanocrystals embedded in an amorphous matrix[J]. Acta Materialia, 2004, 52: 5461-5469.

[36] ZHU K, MAGAR C, HUANG M X. Abnormal relationship between Ms temperature and prior austenite grain size in Al-alloyed steels[J]. Scripta Materialia, 2017, 134: 11-14.

[37] CECH R E, TURNBULL D. Heterogeneous nucleation of the martensite transformation[J]. Journal of Metals, 1956, 8(2): 124-132.

[38] KAJIWARA S, OHNO S, HONMA K. Martensitic transformations in ultra-fine particles of metals and alloys[J]. Philosophical Magazine A, 1991, 63(4): 625-644.

[39] ZHOU Y H, HARMELIN M, BIGOT J. Preparation of ultra-fine metallic powders. A study of the structural transformations and of the sintering behaviour[J]. Materials Science and Engineering A, 1991, 133(15): 775-779.

[40] KUHRT C, SCHULTZ L. Phase formation and martensitic transformation in mechanically alloyed nanocrystalline Fe-Ni[J]. Journal of Applied Physics, 1993, 73(4): 1975-1980.

[41] HANEDA K, ZHOU Z X, MORRISH A H, et al. Low-temperature stable nanometer-size fcc-Fe particles with no magnetic ordering[J]. Physical Review B, Condensed Matter, 1992, 46(21): 13832-13837.

[42] MENG Q, ZHOU N, RONG Y, et al. Size effect on the Fe nanocrystalline phase transformation[J]. Acta Materialia, 2002, 50(18): 4563-4570.

[43] FURUHARA T, KIKUMOTO K, SAITO H, et al. Phase transformation from fine-grained austenite[J]. The Iron and Steel Institute of Japan International, 2008, 48(8): 1038-1045.

[44] MORITO S, YOSHIDA H, MAKI T, et al. Effect of block size on the strength of lath martensite in low carbon steels[J]. Materials Science & Engineering A, 2006, 438(1): 237-240.

[45] MORITO S, SAITO H, OGAWA T, et al. Effect of austenite grain size on the morphology and crystallography of lath martensite in low carbon steels[J]. Transactions of the Iron & Steel Institute of Japan, 2005, 45(1): 91-94.

[46] GALINDO-NAVA E I, RIVERA-DÍAZ-DEL-CASTILLO P E J. A model for the microstructure behaviour and strength evolution in lath martensite[J]. Acta Materialia, 2015, 98: 81-93.

[47] TAKAKI S, FUKUNAGA K, SYARIF J. Effect of grain refinement on thermal stability of metastable austenitic steel[J]. Materials Transactions, 2004, 45(7): 2245-2251.

[48] SUN J J, LIU Y N, ZHU Y T, et al. Super-strong dislocation-structured high-carbon martensite steel[J]. Scientific Reports, 2017, 7(1): 6596.

[49] JIANG T, SUN J J, WANG Y J, et al. Strong grain-size effect on martensitic transformation in high-carbon steels made by powder metallurgy[J]. Powder Technology, 2020, 363(2): 652-656.

[50] KIMURA Y, INOUE T, YIN F, et al. Inverse temperature dependence of toughness in an ultrafine grain-structure steel[J]. Science, 2008, 320(5879): 1057-1060.

[51] WANG Y J, SUN J, JIANG T, et al. A low-alloy high-carbon martensite steel with 2.6 GPa tensile strength and good ductility[J]. Acta Materialia, 2018, 158: 247-256.

[52] WANG Y J, SUN J J, JIANG T, et al. Super strength of 65Mn spring steel obtained by appropriate quenching and tempering in an ultrafine grain condition[J]. Materials Science & Engineering A, 2019, 754: 1-8.

[53] SHERBY O D, WALSTER B, YOUNG C M, et al. Superplastic ultrahigh carbon steels[J]. Scripta Metallurgica, 1975, 9(5): 569-574.

[54] 罗光敏，吴建生，史海生. 国外超高碳钢的研究进展材[J]. 料热处理学报, 2003, 24(1): 14-18.

[55] SUNADA H, WADSWORTH J, LIN J, et al. Mechanical properties and microstructure of heat-treated ultrahigh carbon steels[J]. Materials Science and Engineering A, 1979, 38(1): 35-40.

[56] ZHU J W, XU Y, LIU Y N. Lath martensite in 1.4%C ultra-high carbon steel and its grain size effect[J]. Materials Science & Engineering A, 2004, 385(1): 440-444.

[57] BARNETT M R. A rationale for the strong dependence of mechanical twinning on grain size[J]. Scripta Materialia, 2008, 59(7): 696-698.

[58] BARNETT M R, KESHAVARZ Z, BEER A G. Influence of grain size on the compressive deformation of wrought Mg-3Al-1Zn[J]. Acta Materialia, 2004, 52(17): 5093-5103.

[59] YU Q, SHAN Z W, JU L, et al. Strong crystal size effect on deformation twinning[J]. Nature, 2010, 463(7279): 335-338.
[60] CHRITIAN J W, MAHAJAN S. Deformation twinning[J]. Progress in Materials Science, 1995, 39: 1-175.
[61] BARNETT M R. A taylor model based description of the proof stress of magnesium AZ31 during hot working[J]. Metallurgical & Materials Transactions A, 2003, 34(9): 1799-1806.
[62] TAKAHASHI H, OISHI Y, WAKAMATSU K, et al. Tensile properties and bending formability of drawn magnesium alloy pipes[J]. Materials Science Forum, 2003, 419: 345-348.
[63] ZHU Y T, WU X L, NARAYAN J. Grain size effect on deformation twinning and detwinning[J]. Journal of Materials Science, 2013, 48(13): 4467-4475.
[64] RAJASEKHARA S, FERREIRA P J, KARJALAINEN L P, et al. Hall-Petch behavior in ultra-fine-grained AISI 301LN stainless steel[J]. Metallurgical & Materials Transactions A, 2007, 38(6): 1202-1210.
[65] HAN B Q, YUE S. Processing of ultrafine ferrite steels[J]. Journal of Materials Processing Technology, 2003, 136(1): 100-104.
[66] TAKAKI S. Review on the Hall-Petch relation in ferritic steel[J]. Materials Science Forum, 2010, 654-656(1): 11-16.
[67] TAKAKI S, KAWASAK K I, KIMURA Y. Mechanical properties of ultra fine grained steels[J]. Journal of Materials Processing Technology, 2001, 117(3): 359-363.
[68] 崔振铎, 刘华山. 金属材料及热处理[M]. 长沙: 中南大学出版社, 2010.

第 8 章　超细晶钢的回火相变

回火相变是马氏体相变的重要内容，只有经过回火处理，马氏体才能获得所需的组织和力学性能。淬火态马氏体比较脆，即低碳位错型马氏体，淬火态有较大的内应力，会导致零件早期失效。回火不但可以消除淬火内应力，而且会产生一系列的组织变化，这些变化是马氏体组织特有的。晶粒细化对马氏体相变有重要的影响，那晶粒细化对马氏体回火组织有没有影响呢？在回答这一问题之前，有必要了解一下常规晶粒尺寸条件下的马氏体组织回火相变过程。

8.1　常规晶粒马氏体回火

马氏体是碳过饱和的铁素体，在共析温度，铁素体中可以最大溶解 0.021%的碳。在缓慢冷却条件下，这些碳还要在铁素体晶界析出成为三次渗碳体，也就是在室温条件下，碳在铁素体中的溶解度要大幅低于 0.021%。含碳量大于 0.021%的各种碳钢和合金钢淬火后，碳被过饱和在铁素体中，产生了巨大的过饱和固溶强化，但是这些碳处于热力学不稳定状态，提高温度将使这些碳原子析出。图 8-1 给出了三种不同含碳量的马氏体中含碳量随回火温度升高的变化。尽管含碳量差别比较大，但当回火温度升高到 150℃左右，三种马氏体的含碳量趋于相同，含碳量越高，这种变化越快。如图中 1.42w_C 的马氏体，回火温度在 80℃时，含碳量就剧烈降低。当回火温度达到 250℃，所有马氏体的含碳量都达到 0.2%左右，即低碳钢的水平。多年来，马氏体的高强度、高硬度被认为来源于碳在马氏体中的过饱和固溶[1]，碳原子处于 BCC 晶体的扁八面体中，如图 7-16 所示，产生了非对称畸变，含碳量越高，这种畸变越大，产生的强化效果越强。由图 8-1 可知，回火到 250℃，所有马氏体中固溶的含碳量都在 0.2%左右，高碳马氏体的硬度应该大幅降低，但实际情况是，200～250℃回火，高碳马氏体的强度和硬度降低很少。这说明马氏体低温回火产生的析出相具有重要贡献，弥补了过饱和固溶降低产生的强度和硬度损失。

马氏体的回火过程主要包括三个阶段：第一阶段是马氏体分解，过渡性碳化物如ε-碳化物、χ-碳化物析出；第二阶段是残余奥氏体分解；第三阶段是渗碳体析出和过渡性碳化物消失。这三个阶段的回火温度互相有重叠，如图 8-2 所示。

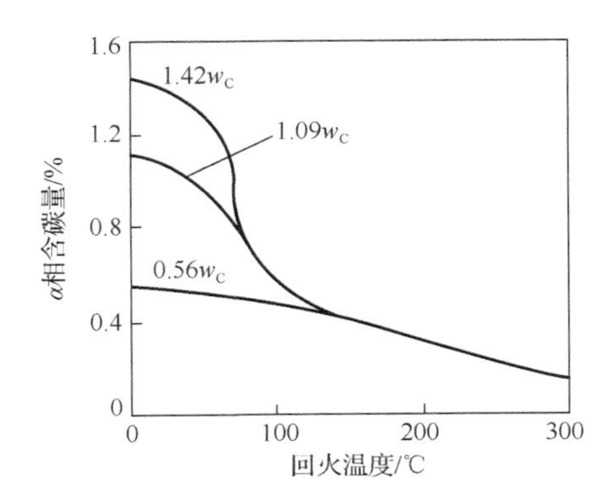

图 8-1　三种不同含碳量的马氏体随回火温度升高其含碳量的变化[2]

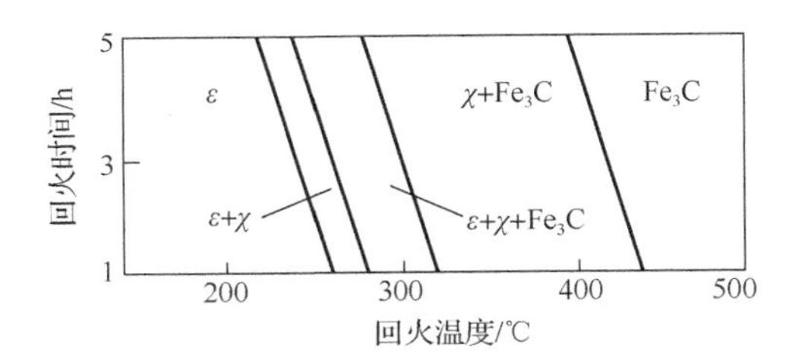

图 8-2　淬火高碳钢回火过程中碳化物的析出过程与回火温度和回火时间的关系[2]

回火的碳化物除了受温度影响以外，回火时间也有较大的影响，延长时间，碳化物可以在更低的温度析出和转变。

回火的第一阶段发生在 250℃以下，在这个阶段，除了马氏体中的过饱和碳析出以外，最重要的组织变化是ε-碳化物析出。ε-碳化物具有密排六方点阵，a=0.275nm，c=0.435nm[3]，分子式为 $Fe_{2.4}C$，与基体保持共格并存在一定的位向关系，惯习面为$\{100\}_{\alpha'}$。由于ε-碳化物的析出，马氏体组织易被腐蚀，在光学显微镜下，马氏体形貌变为黑色。在电子显微镜下，ε-碳化物呈尺寸为 100nm 的薄片状，平行于基体$\{100\}_{\alpha'}$面。由于$\{100\}_{\alpha'}$族在空间是相互垂直的，因此 TEM 下观察到的ε-碳化物也是相互垂直的，同时也取决于观察的取向，不一定都能看到相互垂直的形貌。在高分辨电子显微镜下，片状的ε-碳化物由尺寸为 5nm 左右的颗粒组成。ε-碳化物通常是普通碳钢和低合金钢在 100～200℃回火时析出。一些低碳钢经 100～200℃回火时会析出η-碳化物，η-碳化物具有正交晶系，晶格常数为 a=0.471nm，b=0.433nm，c=0.284nm[4]，分子式为 Fe_2C。ε-碳化物和η-碳化物的分子式和几个晶面间距比较相近，两者的衍射花样在一些特定的取向几乎相同，析出的形貌也比较相似，分析时容易搞混[5]。

回火的第二阶段发生在 200～300℃，在这一阶段马氏体中发生的变化是残余奥氏体分解和ε-碳化物分解，一种新的过渡碳化物——χ-碳化物析出。χ-碳化物具有单斜晶胞，晶格常数为 a=1.156nm，b=0.457nm，c=0.506nm，β=97.73°，分子式为 Fe_5C_2[6]。χ-碳化物通常是高碳工具钢在 200～300℃回火时析出的。并非所有的钢中都有χ-碳化物析出。

回火的第三阶段是ε-碳化物、η-碳化物和χ-碳化物这些过渡碳化物溶解，渗碳体型碳化物析出并长大，伴随铁素体产生恢复与再结晶。这一过程从 300℃开始，可以持续到 500～600℃。渗碳体又名θ-碳化物，是正交晶系，晶格常数为 a=0.452nm，b=0.509nm，c=0.674nm[7]，分子式为 Fe_3C，是钢中最常见也是最稳定的碳化物。

以上回火组织转变与碳化物析出的过程是在常规晶粒尺寸基础上观察到的，晶粒细化到超细量级，即 10μm 以下，是否还是这个规律？这是一个全新的问题，目前还没有见到相关的研究报道。以下是本书作者在这方面做的一些探索。

8.2 超细晶钢残余奥氏体分解

图 8-3（a）是超细晶 65Mn 钢 790°C 加热 4min 淬火后分别在不同温度回火的 X 射线衍射（X-ray diffraction，XRD）测试曲线，在这个状态，晶粒尺寸为 4.6μm[8]。淬火态材料中有大量的残余奥氏体，但是在 200℃回火 2h 后，残余奥氏体量几乎降为零，250℃就完成了分解，再也看不到残余奥氏体峰了。这说明残余奥氏体在 200℃以下就开始分解。通常，残余奥氏体分解是在回火的第二阶段才开始，即 200～300℃开始分解，此处显示超细晶马氏体中残余奥氏体分解的温度明显低于常规晶粒尺寸。图 8-3（b）显示的是超细晶 90Mn2 钢不同温度淬火态的 XRD 测试曲线。该材料经过马氏体回火轧制预处理，初始晶粒尺寸应该在 1μm 的量级。随着加热温度升高，晶粒逐渐长大，815℃加热 4min 时，奥氏体晶粒尺寸在 3μm 量级；当加热温度升高到 850℃，奥氏体晶粒长大到 6μm 量级，其残余奥氏体量随加热温度升高而增加，对应的体积分数为 5.7%、18.4%及 26.1%。残余奥氏体增加比较流行的解释是，温度升高碳化物溶解增加，奥氏体中含碳量增加，使残余奥氏体量增加。恰好在这个过程中，奥氏体晶粒尺寸也随奥氏体化温度升高而增加，奥氏体晶粒尺寸对残余奥氏体的量是否也产生了影响呢？目前还不能下这一结论，数据还不够充分。结合图 8-3（a），晶粒细化导致了残余奥氏体的稳定性降低，残余奥氏体分解的温度明显降低，那么晶粒减小导致残余奥氏体量减少是有可能的。

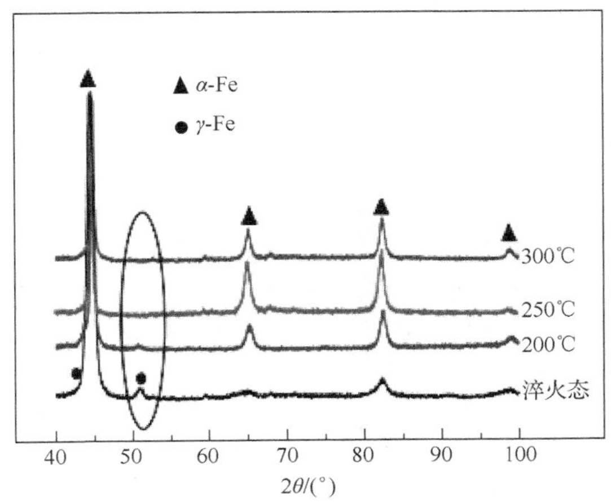

（a）超细晶65Mn钢790℃加热4min淬火后分别在不同温度回火的XRD测试曲线[8]

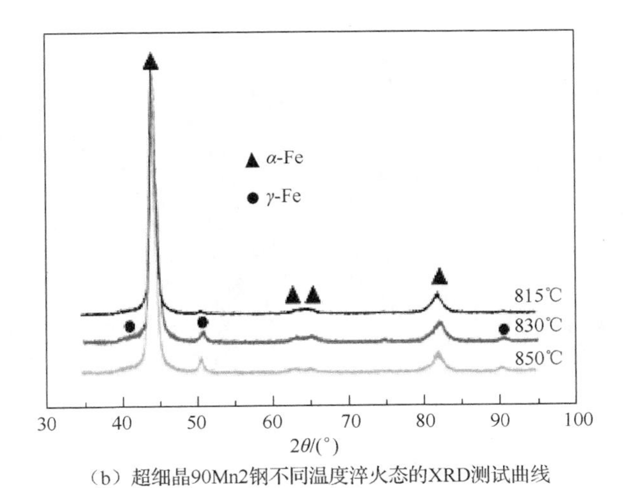

（b）超细晶90Mn2钢不同温度淬火态的XRD测试曲线

图 8-3　两种超细晶钢材料不同热处理工艺的 XRD 测试曲线

8.3　超细晶钢回火碳化物析出

8.3.1　超细晶 65Mn 钢

图 8-4 给出了超细晶 65Mn 钢 790℃加热 4min 淬火后在 200℃回火的析出物明场像、衍射图像及暗场像。图 8-4（a）是 200℃回火的马氏体明场像，图中有条状组织，对图 8-4（a）进行衍射，结果如图 8-4（b）所示，图中有θ和ε两个

相的两套斑点。分别采用ε相的$(\bar{2}110)_\varepsilon$和θ相的$(\bar{2}10)_\theta$斑点做暗场像，结果分别如图 8-4（c）和图 8-4（d）所示。ε相呈条形分布，但是条并不是连续的，而是由尺寸为 5nm 左右的颗粒组成，这与前人研究的结果一致。θ相的形貌没有规则，是比较随机的分布。

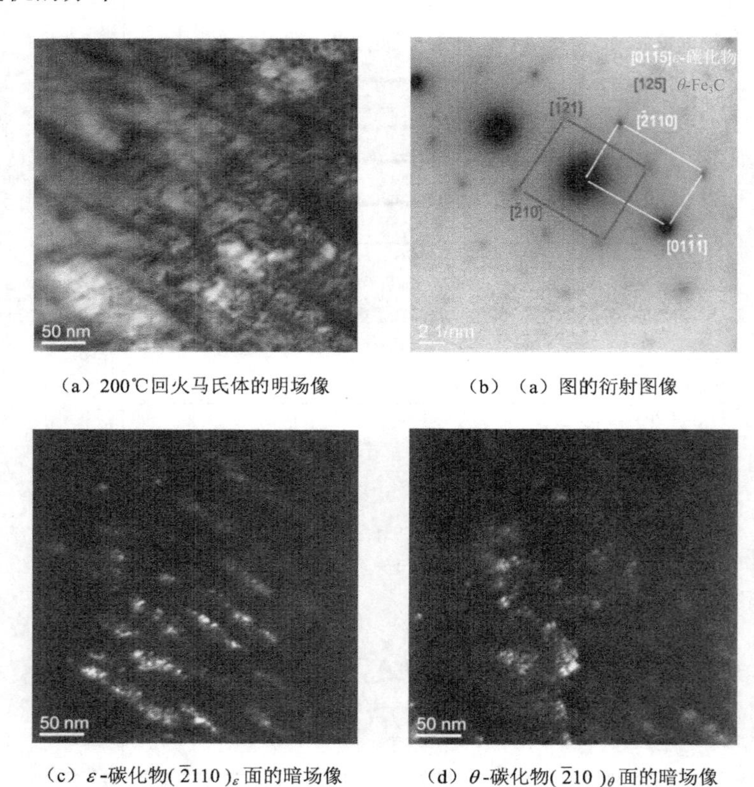

（a）200℃回火马氏体的明场像　　（b）（a）图的衍射图像

（c）ε-碳化物$(\bar{2}110)_\varepsilon$面的暗场像　　（d）θ-碳化物$(\bar{2}10)_\theta$面的暗场像

图 8-4　超细晶 65Mn 钢 790℃加热 4min 淬火后在 200℃回火的析出物明场像、衍射图像及暗场像

观察 250℃回火的形貌［图 8-5（a）］，发现马氏体中没有条状析出物的特征，衍射分析后发现主要是基体和θ相两套衍射斑点，见图 8-5（b）。采用θ相的$(\bar{1}1\bar{2})_\theta$做暗场像，结果见图 8-5（c）。渗碳体出现了尺寸为 5～10nm 的颗粒并随机分布。与常规晶粒尺寸的回火马氏体相比，渗碳体在 300℃开始析出，在超细晶状态，渗碳体析出的温度降低了约 100℃，这与图 8-3 中显示的奥氏体分解温度大幅降低是一致的。奥氏体分解必然要有碳化物析出，但为什么不按常规的途径先析出ε-碳化物，再转变为渗碳体？这还是一个难以解释的问题。

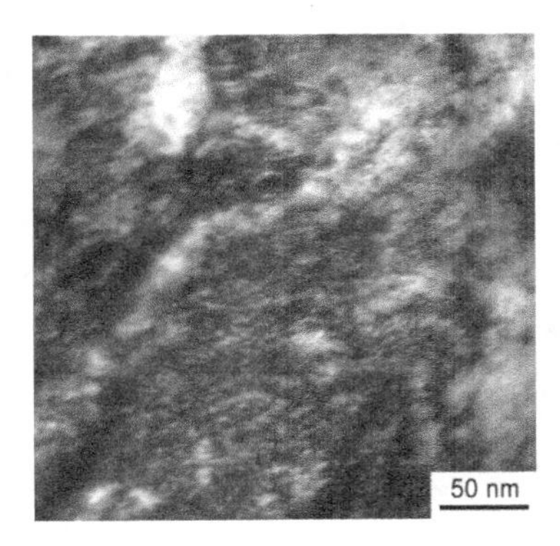

(a) 250℃回火马氏体的明场像

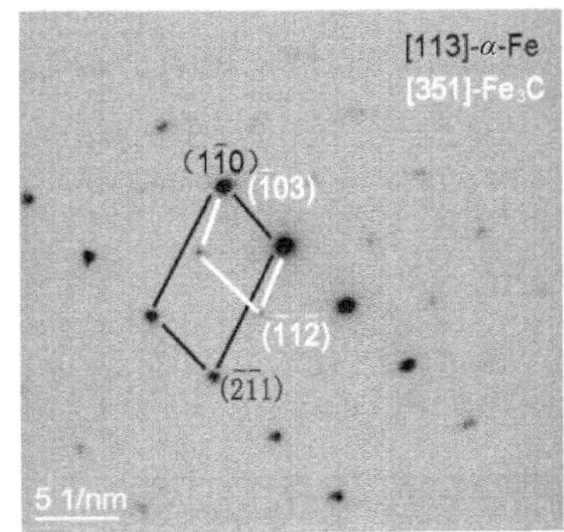

(b) (a) 图的衍射图像

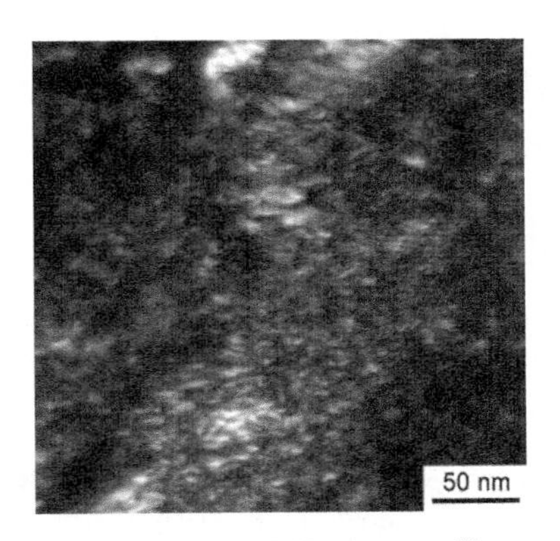

(c) θ-碳化物($\bar{1}1\bar{2}$)$_\theta$的暗场像[8]

图 8-5　超细晶 65Mn 钢 790℃加热 4min 淬火后在 250℃回火的析出物明场像、衍射图像及暗场像

8.3.2　超细晶 65Cr 钢

65Cr 钢的化学成分为 0.66C、1.42Cr、0.40Si、0.42Mn、0.48Ni、0.07V、0.002P、0.005S（质量分数，%）。与 65Mn 钢相比，主量合金元素由 1.0Mn 变为 1.42Cr，其他合金元素差异较小。主要考察 Cr 对于析出相的影响。图 8-6 是 65Cr 钢经回火轧制处理后 850℃加热 3min 淬火、250℃回火 2h 的明场像、衍射图像及暗场像，在这个状态下，晶粒尺寸为 2.4μm[9]。明场像显示的是马氏体组织，见图 8-6（a），中间的黑色圆球是未溶解的碳化物，经过回火轧制，不但晶粒被细化，碳化物也明显细化。经过二次加热，大部分碳化物溶解了，保留的碳化物被充分球化圆润了，这是非常理想的强化相。除了碳化物以外，马氏体主要是位错亚结构，在位错线的周围有尺寸 10nm 以下的纳米颗粒，对位错形成了阻碍。图 8-6（b）是图 8-6（a）

中圆圈区域的衍射图像，图中有三套衍射斑点，除了马氏体基体斑点以外，还有θ-碳化物和χ-碳化物的衍射斑点。分别以 Fe_5C_2 相($\bar{4}\,\bar{2}0$)晶面和 Fe_3C 相($\bar{1}03$)晶面的衍射点做暗场像，结果如图 8-6（c）和（d）所示，分别得到了χ相和θ相的暗场形貌。两者没有本质的区别，都是无规则的分布，只是χ相显得尺寸稍大一些。与图 8-2 比较，回火的第一阶段是ε-碳化物析出，θ-碳化物出现的温度应该在 300℃左右。图 8-6 显示超细晶的 65Cr 钢中没有出现ε-碳化物，或者ε-碳化物在 250℃以下就已经完成了向θ相或χ相的转变。

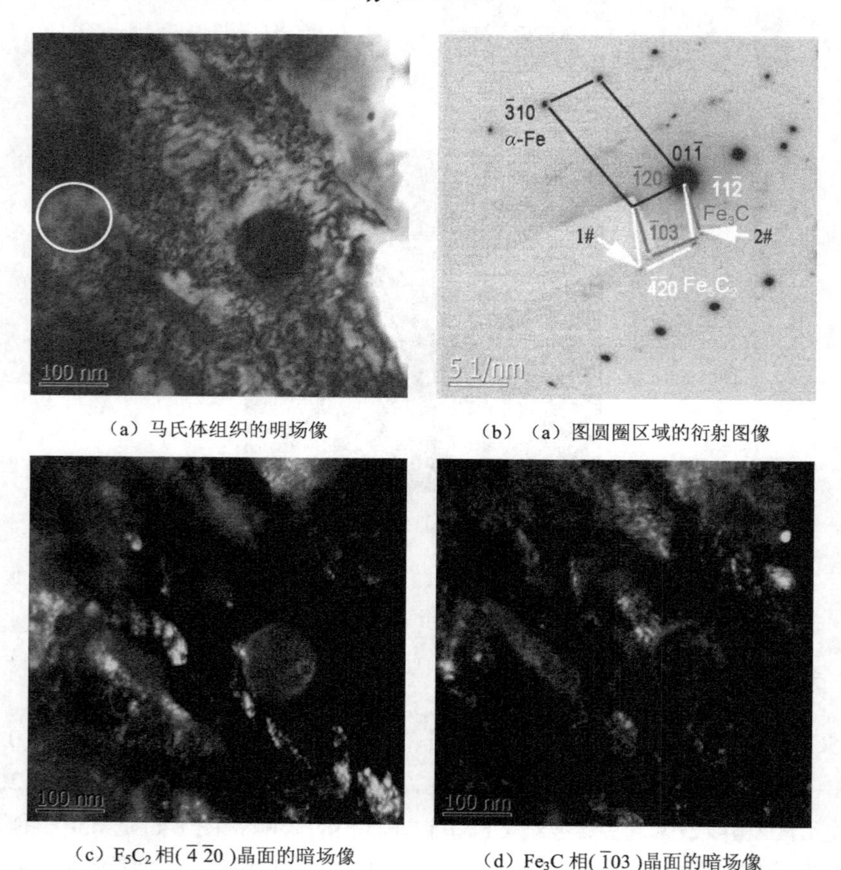

（a）马氏体组织的明场像　　（b）（a）图圆圈区域的衍射图像

（c）F_5C_2 相($\bar{4}\,\bar{2}0$)晶面的暗场像　　（d）Fe_3C 相($\bar{1}03$)晶面的暗场像

图 8-6　65Cr 钢经回火轧制处理后 850℃加热 3min 淬火、250℃回火 2h 的明场像、衍射图像及暗场像[9]

进一步观察降低回火温度的实验结果，图 8-7 是 65Cr 钢经回火轧制处理后 860℃加热 3min 淬火、200℃回火 2h 的 TEM 下组织。图 8-7（a）是明场像，右上角小图是这个区域的衍射图像，经标定后，确认是ε-碳化物。以图中$(\bar{1}01)_\varepsilon$斑

点做暗场像，如图 8-7（b）所示，与明场像的析出物有对应关系，表明明场像中的条状析出物是ε-碳化物，与图 8-4 中的结果一致。这说明 65Cr 钢超细晶马氏体在 200℃回火时有ε-碳化物析出。那么渗碳体在 200℃及以下是否可以析出呢？为此进行了淬火态的组织观察如图 8-8 所示。图 8-8 是 65Cr 钢经回火轧制处理后 860℃加热 3min 淬火态的 TEM 下组织，图 8-8（a）是明场像，图中有一些小尺寸的马氏体片和位错组织，并没有看到明显的析出物。图 8-8（a）的衍射图像如图 8-8（b）所示，显示出多晶环的图像。除了基体的环以外，还出现了三圈θ相的衍射环。基体衍射环的出现是由于高碳马氏体片之间的取向差比较大，形成了大角度晶界，在马氏体内部析出的渗碳体也继承了马氏体片的位相，彼此间形成了大角度晶界，因此衍射出现了环状的图像。以图 8-8（b）中的$(200)_\theta$环做暗场像，如图 8-8（c）所示。暗场像中出现了纳米形态的渗碳体，由照片估计尺寸在 5～10nm。在第 4 章中分析 Fe_4C_3 纳米析出相时，虽然 Fe_4C_3 相的尺寸也在 5～10nm，但是 Fe_4C_3 相可以形成完整的单晶衍射斑点，这里的 Fe_3C 也是同样的尺寸，却得到的是环状多晶衍射。这说明 Fe_3C 析出相之间有较大的位相差，这样的位相差应该是由马氏体片之间的大角度位相差导致的。由图 8-8（b）可见，马氏体衍射也呈多晶环状，Fe_3C 应该是在马氏体的固定晶面和方向上形核生长，使其衍射也呈多晶环现象。以上的结果表明，超细晶对碳化物析出的确产生了影响，渗碳体析出的温度大幅降低，淬火态的马氏体中就可以析出渗碳体。虽然淬火态中观察到了纳米量级的渗碳体，但是并不能确定这些渗碳体是淬火完成后在室温下析出的，因为从 M_s 到室温，先形成的马氏体在随后的余热作用下，会产生自回火，需要做更严格的实验来验证这一现象。至少可以说在超细晶的条件下，马氏体中析出渗碳体所需的回火温度大幅降低。与 65Mn 钢相比，65Cr 钢中发现有χ-碳化物析出，而在 65Mn 钢中没有看到χ相。

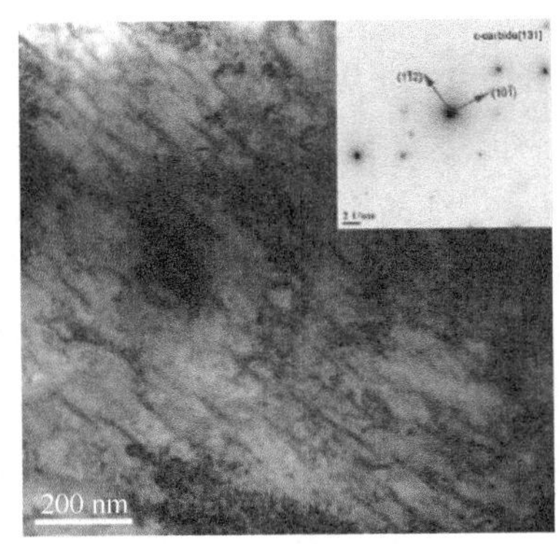

（a）明场像（右上角小图是该区域的衍射图像）

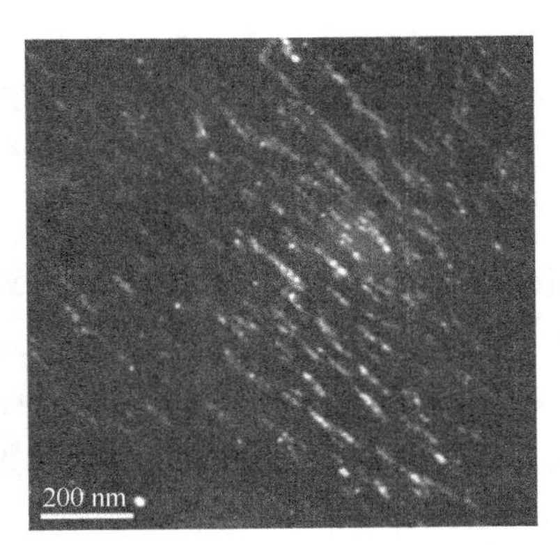

（b）（a）图中$(\bar{1}01)_\varepsilon$斑点的暗场像

图 8-7　65Cr 钢经回火轧制处理后 860℃加热 3min 淬火、200℃回火 2h 的 TEM 下组织

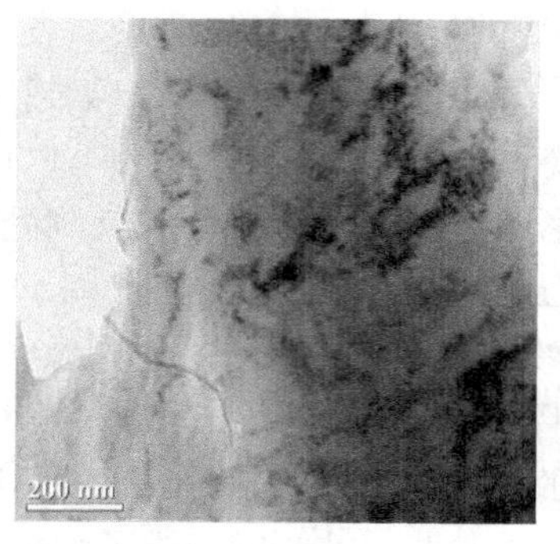

（a）明场像

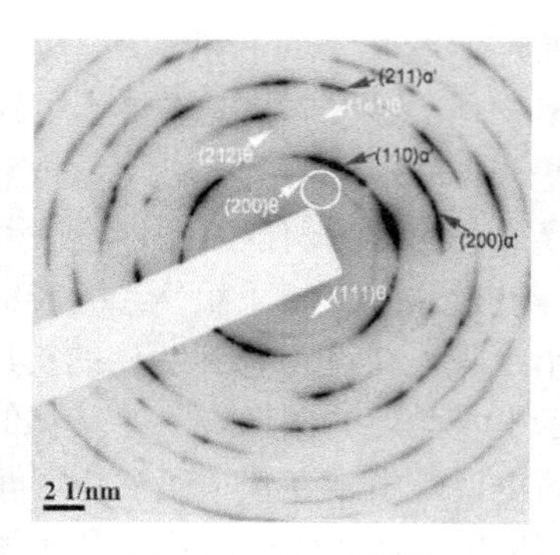

（b）（a）图的衍射图像

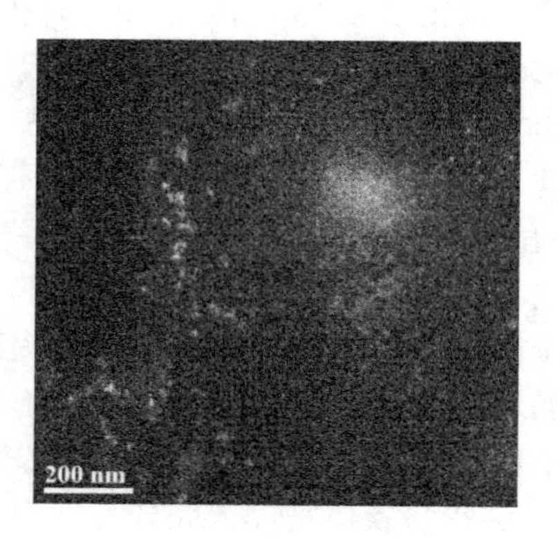

（c）以（b）图中的$(200)_\theta$环做暗场像

图 8-8　65Cr 钢经回火轧制处理后 860℃加热 3min 淬火态的 TEM 下组织

8.3.3　超细晶 55CrSi 钢

55CrSi 钢是典型的弹簧钢，其化学成分为 0.59C、1.48Si、0.62Mn、0.60Cr、0.005P、0.004S（质量分数，%）。55CrSi 钢与 65Cr 钢相比，成分中多了 1.08%的 Si，Cr 有 0.82%的差异，其他合金元素差别不大。55CrSi 钢采用的是不同形变量的冷拔钢丝，控制奥氏体化温度也可以获得超细的原奥氏体晶粒，淬火后获得位错型的高碳马氏体。最小原奥氏体晶粒尺寸可以达到 4.6μm。图 8-9 是 55CrSi 冷拔钢丝经 820℃加热淬火、300℃回火 2h 后的 TEM 下组织，图 8-9（a）是明场像，有明显的析出相，其形貌与ε-碳化物相同，呈现条状。对明场区域进行衍射，衍射图像如图 8-9（b）所示，经标定，除了基体斑点以外，只有一套χ相的衍射斑点。用基体$(\bar{1}0\bar{1})$面做暗场像如图 8-9（c）所示，基体呈现均匀的形貌。用χ相的$(311)_\chi$面做暗场像，如图 8-9（d）所示，其χ相仍然显示条形的形貌，与明场对应。表明χ相是由原来的ε相转变而来的，继承了ε相的形貌。图 8-9（e）和（f）显示的是χ相的高分辨图像和反傅里叶变换图像，显示此时析出相与基体仍然保持共格关系，析出相的尺寸在 2～5nm。

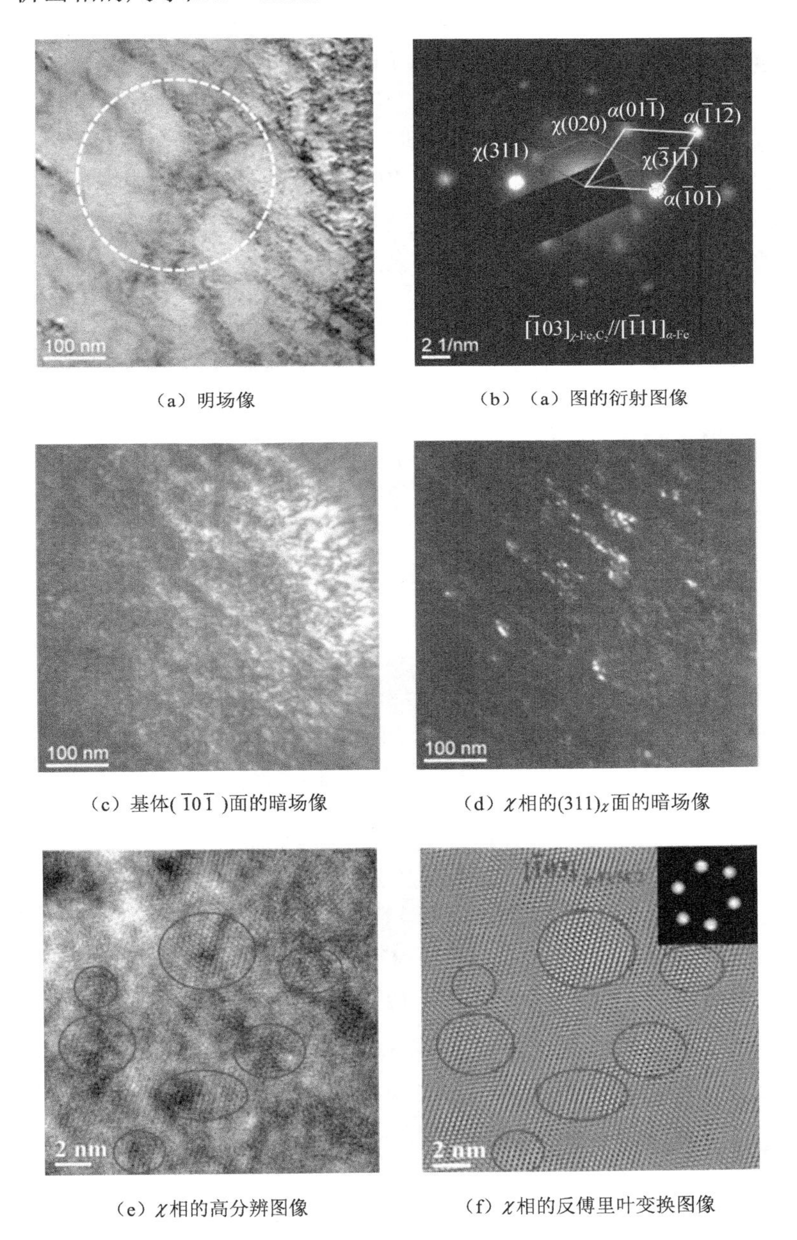

（a）明场像　（b）（a）图的衍射图像

（c）基体($\bar{1}0\bar{1}$)面的暗场像　（d）χ相的$(311)_\chi$面的暗场像

（e）χ相的高分辨图像　（f）χ相的反傅里叶变换图像

图 8-9　55CrSi 冷拔钢丝经 820℃加热淬火、300°C 回火 2h 后的 TEM 下组织

8.3.4　超细晶 60Si2Mn 钢

与 65Mn 钢相比，60Si2Mn 钢中增加了 1.7%的 Si，其他元素没有太大的差异，这样可以显示出 Si 在超细晶马氏体回火中的变化，结果见图 8-10。该图是 60Si2Mn 钢超细晶样经 815℃保温 5min 淬火、250℃回火 2h 后的 TEM 下组织，从明场像[图 8-10（a）]中看到，析出相是条状，衍射图像如图 8-10（b）所示，除了基体斑点以外，有ε相的衍射斑点。采用ε相(303)面做暗场像，如图 8-10（c）所示，与明场形貌对应。与 65Mn 钢相比（图 8-5），250°C 回火以后，基本没有ε-碳化物了，观察到的主要是渗碳体。这说明 Si 有稳定ε-碳化物的作用。

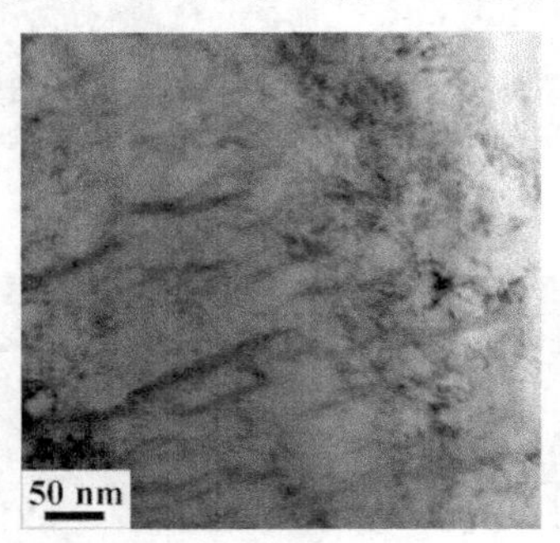

（a）明场像

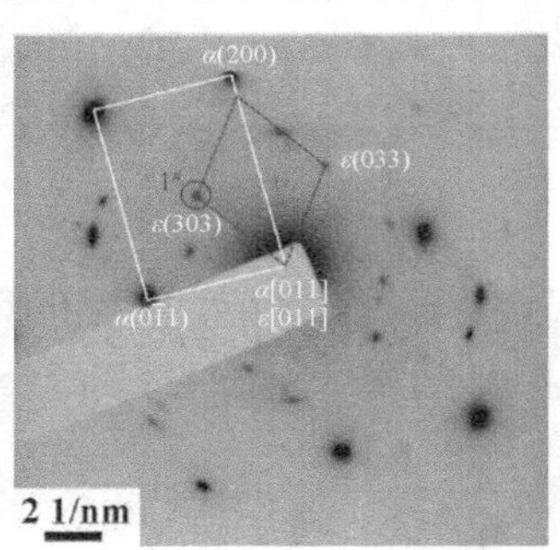

（b）（a）图的衍射图像

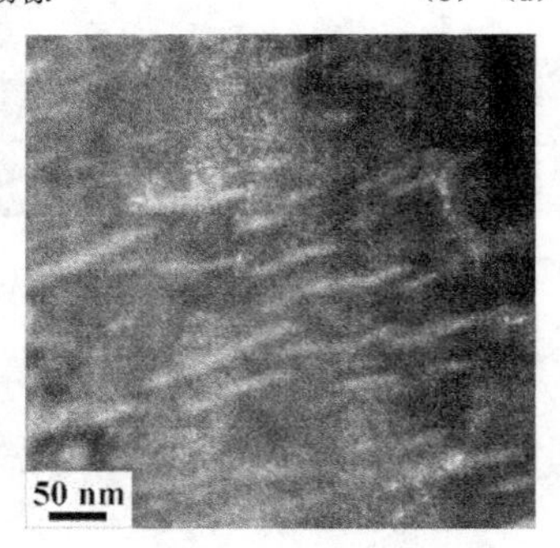

（c）ε相(303)面的暗场像

图 8-10　60Si2Mn 钢超细晶样经 815℃保温 5min 淬火、250℃回火 2 h 后的 TEM 下组织

综合分析四种材料的析出相，可以获得以下主要结论。

（1）细化晶粒对回火马氏体中析出相有很大的影响，明显降低θ相和ε相析出的温度。

（2）Cr 促进θ相析出，例如 65Cr 钢超细晶马氏体在淬火态就析出了渗碳体。同时，Cr 促进ε相向χ相的转变，在 65Cr 钢和 55CrSi 钢超细晶马氏体中 250℃和 300℃回火时都发现了χ-碳化物。

（3）Si 有稳定ε-碳化物的作用，60Si2Mn 钢超细晶马氏体回火到 250℃，ε-碳化物仍然稳定存在。

（4）残余奥氏体的稳定性大幅降低，65Mn 钢淬火态有残余奥氏体，回火过程中残余奥氏体发生转变的温度比常规晶粒尺寸材料大幅降低，200℃已完成了分解。

这些现象与传统马氏体回火的三个阶段的反应温度和反应产物有明显的不同，这都表明晶粒细化对马氏体回火相变产生了重要的影响。这些影响主要体现在马氏体亚结构产生了变化，位错亚结构为碳化物形核提供了不同于孪晶的基底，同时位错提供了碳原子扩散的快速通道。这些差异都会对碳化物的析出产生影响，使碳化物析出类型和温度发生变化。

参考文献

[1] 石德珂. 材料科学基础[M]. 2 版. 北京：机械工业出版社, 2003.

[2] 崔振铎, 刘华山. 金属材料及热处理[M]. 长沙：中南大学出版社, 2010.

[3] JACK K H. Results of further X-ray structural investigations of the iron-carbon and iron-nitrogen system and of related interstitial alloys[J]. Acta Crystallogr, 1950, 3: 392-394.

[4] NAGAKURA S, HIROTSU Y, KUSUNOKI M, et al. Crystallographic study of the tempering of martensitic carbon steel by electron microscopy and diffraction[J]. Metallurgical Transactions A, 1983, 14(5): 1025-1031.

[5] KRAUSS G. STEELS—Processing, Structure, and Performance[M]. Ohio: ASM International, 2005.

[6] HAGG G. Powder photograph of a new iron carbide[J]. Zeitcshrift Kristallographie, 1934, 89: 92-94

[7] HUME-ROTHERY W, RAYNOR V, LITTLE A T. The lattice spacings and crystal structure of cementite[J]. Journal of Iron Steel Institute, 1942, 145: 143-149.

[8] WANG Y J, SUN J J, JIANG T, et al. Super strength of 65Mn spring steel obtained by appropriate quenching and tempering in an ultrafine grain condition[J]. Materials Science & Engineering A, 2019, 754: 1-8.

[9] WANG Y J, SUN J, JIANG T, et al. A low-alloy high-carbon martensite steel with 2.6 GPa tensile strength and good ductility[J]. Acta Materialia, 2018, 158: 247-256.

第 9 章　超细晶钢的贝氏体相变

贝氏体相变是钢中一种重要的相变，贝氏体组织有上贝氏体和下贝氏体，此外还有粒状贝氏体和无碳化物贝氏体等。贝氏体相变发生在珠光体相变的下限温度（通常在 500℃），与马氏体相变的上限温度（M_s）之间。在 500～350℃等温处理时会得到上贝氏体组织，在 350℃到 M_s 等温处理时会得到下贝氏体组织。贝氏体相变时，基体原子不扩散，而是通过类似马氏体相变的切变方式完成由面心立方的奥氏体向体心立方的贝氏体铁素体转变。碳原子发生两种扩散，一种是由转变完成后的铁素体向未转变的奥氏体中扩散，发生碳分配，使得近邻奥氏体中的碳浓度升高，最终析出断续片状渗碳体，构成上贝氏体碳化物；另一种扩散是贝氏体铁素体中的碳原子扩散，当贝氏体相变温度降低，处于下贝氏体转变区，碳原子扩散速率减慢，贝氏体铁素体中的碳不能完全扩散到奥氏体中，部分碳会在铁素体中发生短程扩散聚集，最终析出下贝氏体碳化物。这种碳化物比上贝氏体中的碳化物更细小。这两种碳化物由于形态和尺寸的差异，形成上贝氏体和下贝氏体两种不同形貌的组织，由此产生了不同力学性能。上贝氏体比较脆，而下贝氏体有比较好的强度与韧性，因而近年来在非调质钢、轨道钢、车轮钢中大量使用。

9.1　贝氏体常规组织

9.1.1　上贝氏体

图 9-1（a）显示的是典型的上贝氏体组织，其形态像鸟的羽毛，如图中间的部分[1]。大部分组织中看不到如此典型的羽毛形态，比较多的形态是条片状或束状（sheaf），即图 9-1（a）中其他黑色的组织。白色的基体是未转变的残余奥氏体，或者是未转变的残余奥氏体在后续冷却中形成的马氏体组织。实际中看到的上贝氏体如图 9-1（b）所示，这是 4150 钢在 460℃等温形成的上贝氏体组织，颜色比较黑的及平行排列的直条都是上贝氏体组织，白色的基体是残余奥氏体或随后形成的马氏体。在图 9-1（b）看不到羽毛状形貌，上贝氏体羽毛状的形貌特征只是个例，大部分是黑色的条状或块状形貌。图 9-2（a）显示的是一个上贝氏体束组织的微观示意图，其中白色的条是贝氏体铁素体条片，断续的黑色条是碳化物。同一束中的贝氏体条相互平行，有相同的晶体取向和相同的惯习面。不同束

间的贝氏体是大角度位相差。单一的贝氏体条片厚度为 0.2μm，长度约 10μm。贝氏体长大也是切变机制，与马氏体生长相同，也会产生表面浮凸。由于贝氏体的相变温度高，相变的驱动力比马氏体相变的驱动力小，在奥氏体晶界形核后向晶内生长，受到切变诱发的塑性变形的影响，在生长的过程中会在奥氏体晶内停止，因此贝氏体条片的尺寸远小于奥氏体晶粒的尺寸。上贝氏体中的碳化物形态受含碳量的影响，当含碳量升高，碳化物由颗粒状变为链珠状、短杆状、断续状，直到连续状。图 9-2（b）给出了 4360 钢在 460℃ 等温处理的上贝氏体组织 TEM 照片。由图可见，碳化物是连续的条状[2]，按上贝氏体组织的定义，这个组织不应该属于上贝氏体，而应该是超细珠光体或屈氏体。屈氏体是珠光体中最细的组织，在光学显微镜下看不到层片状的组织特征，只有在透射电镜下才能看到层片状铁素体和渗碳体的形貌，如图 5-9 和图 5-10 所示。屈氏体与上贝氏体的转变温度范围有可能发生重叠，只凭 TEM 很难给出准确的结论，需要结合其他测试方法来区分。

（a）羽毛状上贝氏体

（b）4150 钢 460℃等温上贝氏体

图 9-1　上贝氏体组织

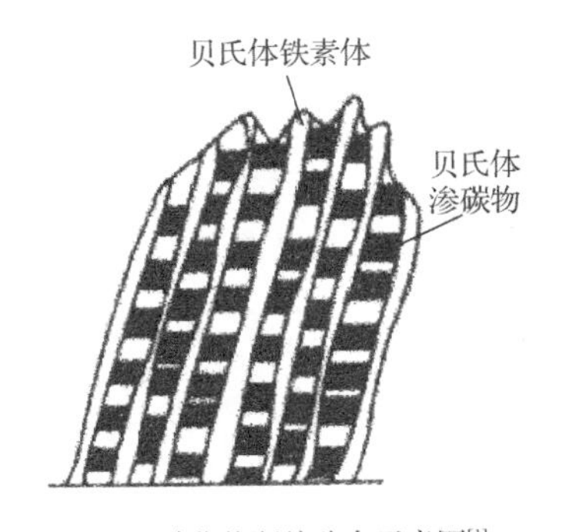

（a）碳化物断续分布示意图[1]

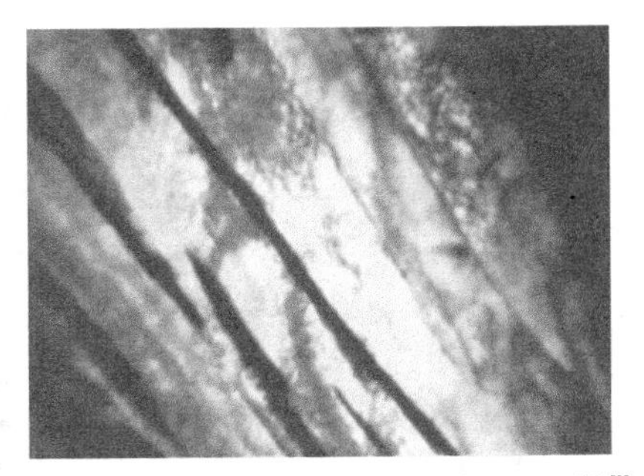

（b）4360钢460℃等温上贝氏体组织TEM照片[2]

图 9-2　上贝氏体碳化物分布形态

9.1.2　下贝氏体

典型的下贝氏体组织如图 9-3 所示，下贝氏体形貌类似针状，两头尖、中间粗，与高碳片状马氏体的形貌很相像。空间形态也是扁的椭球体，有人采用截面三维立体成像方法测量了贝氏体铁素体的空间形貌，其长、宽、厚比例为 36∶6∶3[3]，和第 7 章中截面法测量片状马氏体的形貌一致。下贝氏体与上贝氏体的一个重要差别是下贝氏体中有碳化物析出，析出类型主要是渗碳体，有几纳米厚，几百纳米长，与贝氏体针的方向呈 55°～60°，如图 9-3（b）所示。图 9-3（b）所示的贝氏体碳化物都是一个取向分布，但实际情况并非都是一个取向，也有两个取向分布的贝氏体碳化物，如图 9-4（a）所示。在下贝氏体铁素体条中析出了两个取向的渗碳体，其中两个方位的夹角接近 90°。当下贝氏体中含 Si 比较多时，析出碳化物会成为ε-碳化物。下贝氏体中的亚结构以位错为主，许多下贝氏体条中有中脊，如图 9-4（b）所示[2]，在中脊中出现无位错或少位错区，同时中脊中有层错[4]。由于下贝氏体存在位错亚结构和纳米量级的析出碳化物，下贝氏体有非常优异的强度和韧性。

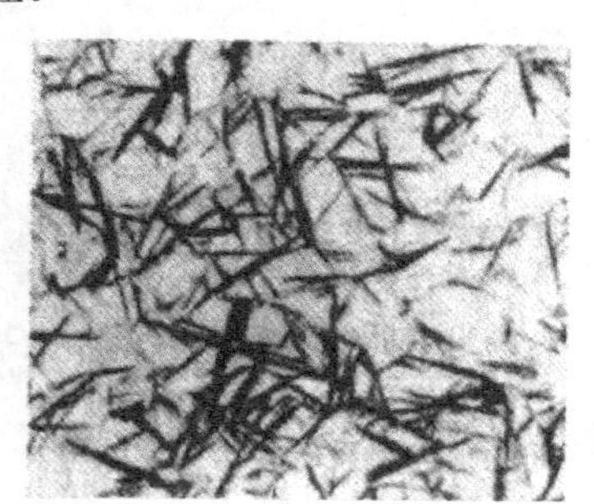

（a）下贝氏体光学金相组织

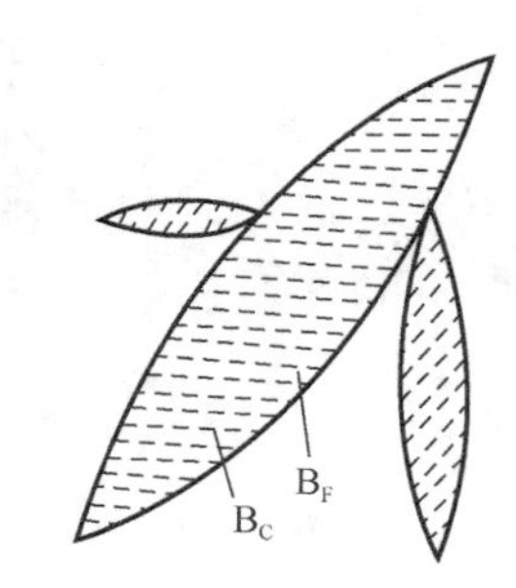

（b）下贝氏体中碳化物分布示意图[1]

图 9-3　下贝氏体组织

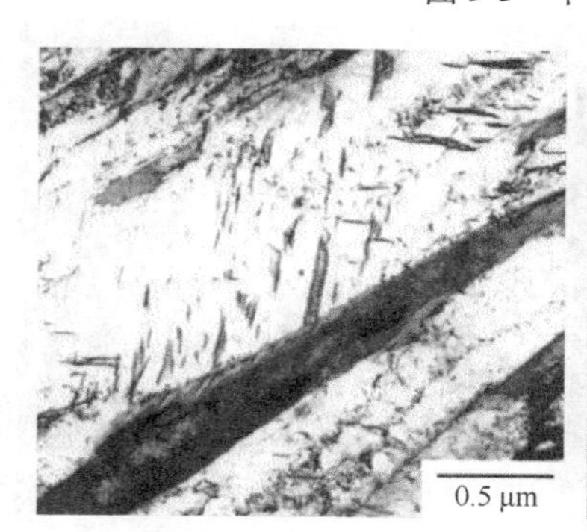

（a）下贝氏体中的两个取向的渗碳体析出相

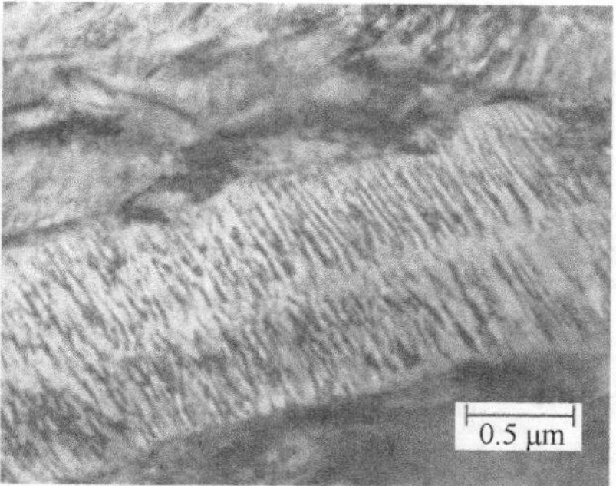

（b）下贝氏体中的中脊[2]

图 9-4　Fe、0.4C、2Si、3Mn（质量分数，%）钢 300℃等温下贝氏体组织 TEM 照片

9.1.3　粒状贝氏体

低中碳合金钢以一定的速度冷却，在上贝氏体温区等温会形成粒状贝氏体，如图 9-5（a）所示。在正火、热轧空冷或焊接热影响区组织中也可以发现粒状贝氏体。粒状贝氏体通常与先共析铁素体共存，铁素体的析出使未转变的奥氏体中富集碳，奥氏体中的含碳量达到比较高的水平。随后冷却过程中这种富碳的奥氏体可以转变为马氏体和残余奥氏体，或分解为铁素体与碳化物，但是没有报道析出的是什么类型的碳化物。最终这些残余奥氏体区可以一直不发生转变被保留下来。这三种可能性的转变取决于含碳量、合金元素与晶粒大小。当含碳量比较低，如管线钢（含碳量通常小于 0.1%），同样可以形成富碳的奥氏体和大量的铁素体，富碳的奥氏体区成为岛状组织。通常管线钢是通过控轧空冷方法制备的，因此它的晶粒比较细，这些富碳的奥氏体岛很难转变为马氏体，但又没有达到奥氏体稳定到室温以下所需的碳含量和合金含量，这些奥氏体岛最终发生分解，析出 Fe_4C_3 型碳化物，这就成为第 6 章所讲的内容。当含碳量逐渐升高，富碳的奥氏体岛也逐渐增多，析出如图 9-5（a）形态的组织，图中黑色的区域是原来富碳的奥氏体区，这些区域最终是马氏体还是奥氏体的分解产物，取决于含碳量、合金含量和晶粒尺寸。晶粒尺寸的影响是全新的观点，需要进一步的验证。

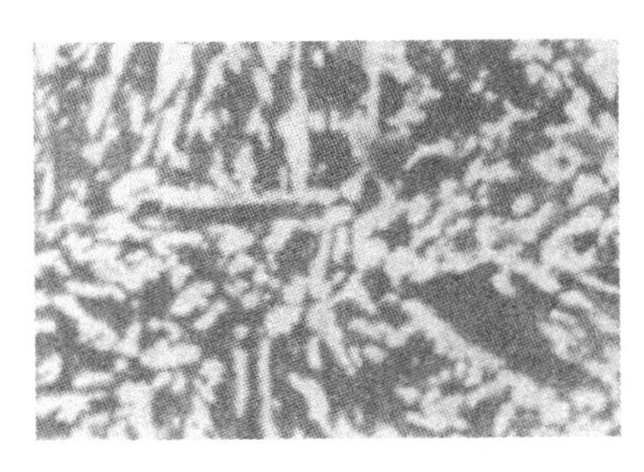

（a）粒状贝氏体

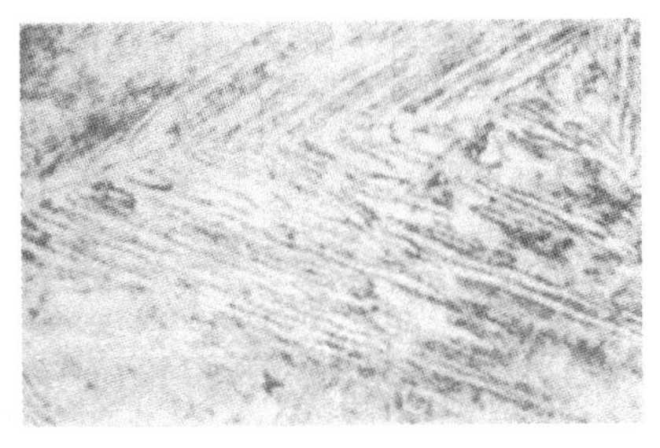

（b）无碳化物贝氏体

图 9-5　其他形态的贝氏体[1]

9.1.4　无碳化物贝氏体

无碳化物贝氏体是由低碳合金钢连续冷却或在上贝氏体温区等温时出现的一种组织，如图 9-5（b）所示。无碳化物贝氏体中的铁素体条比较细、直、长，铁素体条相互平行，条和条之间相隔一定距离。在贝氏体铁素体条形成过程中，将碳元素排斥到相邻奥氏体中，随后这些奥氏体会分解为铁素体与碳化物，或转变为马氏体。并没有直接的证据证明可以形成马氏体，这一观点是根据相变的原理推测出来的。无碳化物贝氏体是相对上贝氏体和下贝氏体而言，铁素体条内没有碳化物析出，条间没有类似上贝氏体的断续碳化物。

9.2　纳米贝氏体

纳米贝氏体（也有文献称为超级贝氏体）的概念是 Bhadeshia 等首先提出并报道的[5-6]。Bhadeshia 等采用一种高碳高硅材料，成分为 Fe、0.79C、1.59Si、1.94Mn、1.33Cr、0.30Mo、0.02Ni、0.11V（质量分数，%），在 125～300℃等温 14～29d，获得了一种纳米结构的无碳化物贝氏体，其组织结构为铁素体条片与奥氏体条片交替排列的层片结构，如图 9-6 所示。其中，贝氏体铁素体片的厚度为 20～40nm，这是纳米贝氏体得名的基础，在长度与宽度方向，贝氏体铁素体条片都是微米尺度。实际上，将这种形态的贝氏体称为纳米贝氏体有点牵强，钢中这一尺度的亚结构比较多，如马氏体片之间的残余奥氏体薄膜也是纳米量级。如果需要获得纳米贝氏体，钢中的 Si 和 Al 含量要足够高，通常要大于 1%。Al 和 Si 不溶解在渗碳体中，贝氏体相变时抑制了碳化物的析出，导致大量的碳原子被排斥到奥氏体中。由于 Si 和 Al 的存在，富含 C 的奥氏体不能析出渗碳体发生转变，而被保留到了室温，变成了这种纳米贝氏体。纳米贝氏体的特征不仅仅代表贝氏体铁素体是纳米厚度，与铁素条相邻的相是奥氏体而不是传统贝氏体中的渗碳体，这是纳米贝氏体的另外一个特征。获得纳米贝氏体的另一个条件是含碳量比较高，在高碳范围。这样在铁素体形核长大过程中，足够多的 C 被排到奥氏体中，使得奥氏体中的含碳量远高于钢的名义含碳量，这样奥氏体才能够稳定到室温而不发生转变。

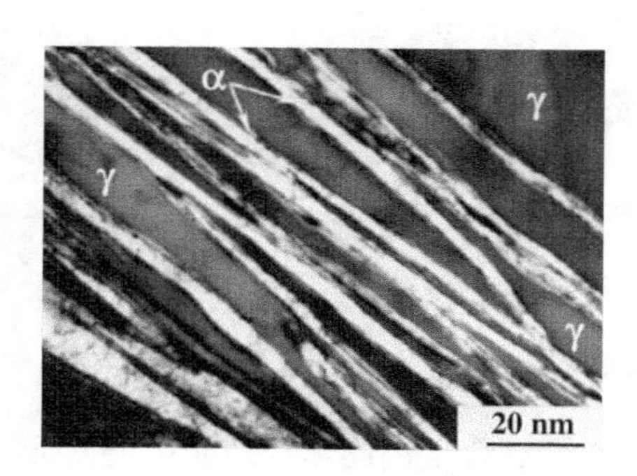

图 9-6　纳米贝氏体 TEM 形貌

纳米贝氏体的这种组织特征和比较高的含碳量，使得纳米贝氏体获得了比较高的强度与塑性，文献报道的最高强度达到 2.5GPa[6]。这一强度是在压缩条件下得到的，在拉伸加载条件下，没有出现这样高的报道，通常的拉伸强度在 1800～

2200MPa，延伸率在 7%～12.5%[7]。由于纳米贝氏体中有比较多的残余奥氏体，在外力的作用下，会产生相变诱发塑性（phase transformation induced plasticity，TRIP）效应，材料在高强度的同时还保持较好的塑性。纳米贝氏体有较好的静态断裂韧性，但是其冲击功比较低，只有 5J 左右[8]，原因是残余奥氏体在冲击载荷的作用下转变为新鲜马氏体，并且是高碳马氏体，这些马氏体得不到回火而表现为脆性。

9.3　晶粒尺寸对贝氏体相变的影响

9.3.1　晶粒尺寸对常规贝氏体相变的影响

以第 7 章和第 8 章研究马氏体相变和回火相变晶粒尺寸效应的材料 65Cr 钢，来研究晶粒尺寸对常规贝氏体相变的影响。初始晶粒的细化仍然采用马氏体回火轧制方法，分别 850℃加热 3min 后在 250℃、300℃和 400℃三个温度等温 10min 后空冷，900℃加热 20min 后在 250℃、300℃和 400℃等温 10min 后空冷。850℃加热 3min 是为了获得超细的奥氏体晶粒，900℃加热 20min 是为了获得相对较粗的晶粒。两种晶粒尺寸试样的等温温度和时间参数是一样的，这样保证两种不同晶粒尺寸的样品在相同的贝氏体相变工艺条件下进行，实验结果见图 9-7。

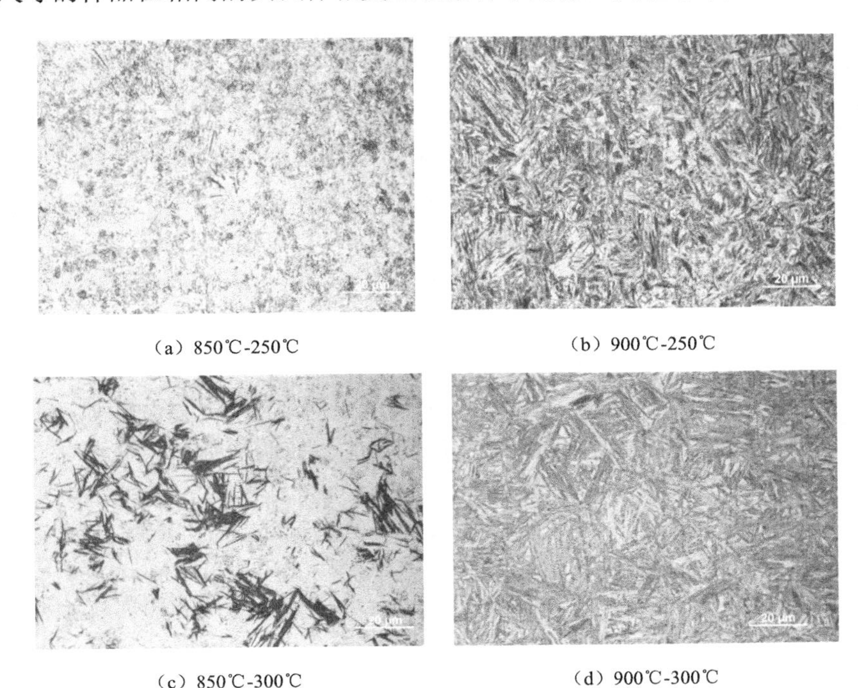

（a）850℃-250℃　（b）900℃-250℃

（c）850℃-300℃　（d）900℃-300℃

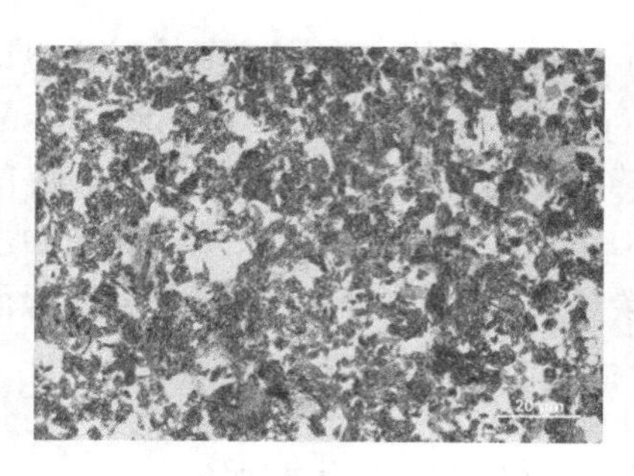

（e）850℃-400℃

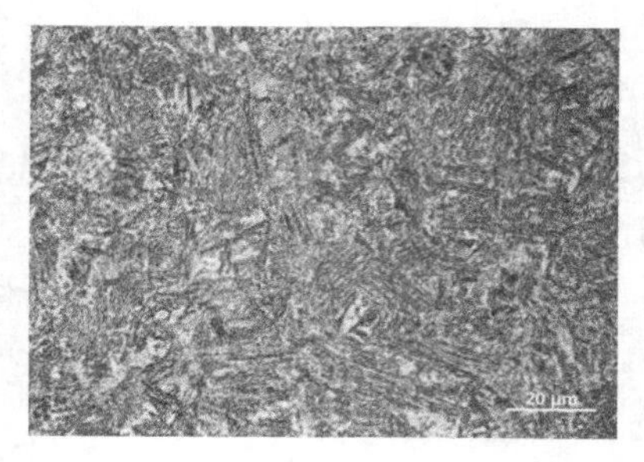

（f）900℃-400℃

图 9-7　65Cr 钢不同温度等温 10min 后的贝氏体组织光学金相图

（a）、（c）、（e）为 850℃加热 3min，（b）、（d）、（f）为 900℃加热 20min

从金相组织可以看出，晶粒尺寸对贝氏体相变有非常大的影响，这种影响不仅体现在转变速率方面，而且组织类型也发生了变化。首先来看细晶粒的转变，即图 9-7（a）、（c）、（e）。在 250℃等温 10min 后空冷组织如图 9-7（a）所示，似乎贝氏体刚开始转变，图中只有极少量的下贝氏体组织。当等温温度提高到 300℃，下贝氏体量明显增多，如图 9-7（c）所示，其转变量大约为 30%。当等温温度提高到 400℃，贝氏体转变量大幅增加，但是贝氏体形态发生了明显的变化，不再是下贝氏体的针状形态，更像是块状形态。是否为上贝氏体组织，需要进一步观察其中的碳化物形态。其次来看粗晶的贝氏体相变过程，如图 9-7（b）、（d）、（f）所示。在 250℃等温 10min 后，其贝氏体相变组织如图 9-7（b）所示，与细晶的贝氏体相变有巨大的差异，250℃等温完成了贝氏体相变。等温温度升高到 300℃，贝氏体也完成了相变，但是下贝氏体针的尺寸要比 250℃等温的大。这一现象可以用贝氏体相变的理论很好地解释。贝氏体相变与马氏体相变类似，也是通过切变来实现奥氏体向铁素体转变。马氏体相变的温度比较低，相变驱动力比较大，通常第一片马氏体的针片尺度贯穿整个原奥氏体晶粒，但是贝氏体由于相变驱动力小，其贝氏体针通常受到前方塑性变形的影响，会在原奥氏体晶内终止[9]。奥氏体等温温度较低时，母材的屈服强度高，贝氏体针在增长的过程中遇到的阻力比高温等温时的更大。因此，250℃等温形成的贝氏体显得比 300℃等温的尺寸小。对于小晶粒，贝氏体等温的时间比大晶粒明显延长，这一现象更加证明贝氏体相变是切变过程。与马氏体相变的机理相似，母相晶粒细小，屈服强度就比粗晶的要高，切变产生的阻力将会增大，因而细晶贝氏体等温相变所需的时间大幅增加。随着等温温度升高，转变速率加快，当温度达到 400℃时，贝氏体的形貌发生了重要的变化，如图 9-7（f）所示，具有由原来的针状变为块状的趋势。是否已经转变为上贝氏体，需要观察贝氏体中析出碳化物的形态来定，见图 9-8。

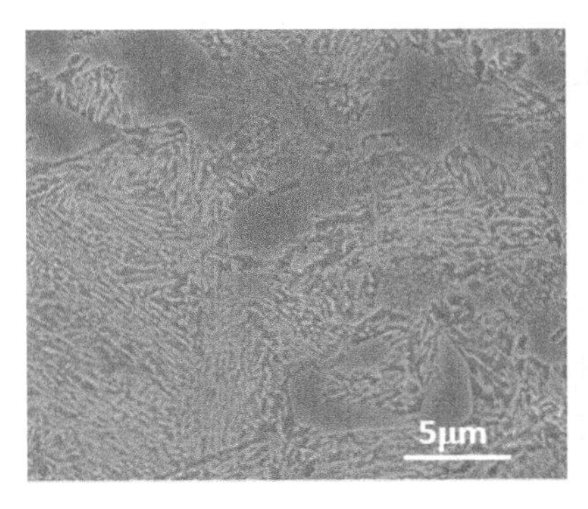

(a) 细晶贝氏体组织

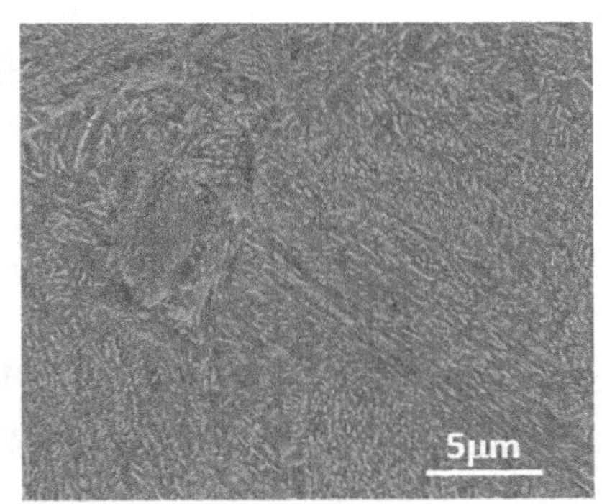

(b) 粗晶贝氏体组织

图 9-8　65Cr 钢 400℃等温 10min 贝氏体 SEM 形貌

图 9-8 是 65Cr 钢细晶和粗晶经 400℃等温 10min 后的 SEM 图像。图 9-8（a）对应细晶贝氏体组织，图中许多没有特征的块状组织对应光学金相组织的白色区域，是未转变的奥氏体在等温后冷却到室温形成的马氏体组织。仔细观察细条状的碳化物，它们大部分是平行排列的，这与上贝氏体组织的特征比较吻合，即断续平行排列的碳化物与贝氏体铁素体条间隔分布。图 9-8（b）中碳化物比较细，同时与铁素体条成一定的角度，这说明粗晶 65Cr 钢在 400℃等温形成的仍然是下贝氏体。这表明细晶贝氏体相变不仅动力学减慢了，而且相变的温区也被改变，晶粒细化降低了上贝氏体转变温度。对比图 9-8（a）与（b）发现，细晶贝氏体中的碳化物明显比粗晶的粗。这是由贝氏体相变的特征所决定的，贝氏体相变时基体铁原子和合金原子不发生扩散，而碳原子可以发生扩散。晶粒细化后虽然切变的阻力升高，但是间隙原子的扩散会加快，这与前文细晶对珠光体相变的影响是一个道理，更多的晶界为碳原子扩散提供了通道，碳原子更加容易在铁素体条片间析出。仔细观察图 9-8（a），除了平行排列的碳化物以外，还有大量的不规则分布的碳化物，这说明是上贝氏体和下贝氏体之间的一个过渡态。

总结如下：晶粒细化后对贝氏体相变动力学产生了极大的影响，细晶贝氏体相变明显滞后；细晶同时改变了贝氏体相变的类型，使得上贝氏体转变温度下移，即在比常规晶粒更低的温度下就可以得到上贝氏体。

9.3.2　细化晶粒对纳米贝氏体相变的影响

纳米贝氏体是近年来钢铁材料的一个研究热点。纳米贝氏体钢是高碳钢，同时含有较高的 Si 和 Al。为了增加残余奥氏体的稳定性，要让足够多的碳溶解到奥氏体中，通常要将钢在 900～1000℃进行奥氏体化，使得未溶碳化物能够充分溶解，在随后的贝氏体等温相变时，铁素体中可以有更多的碳分配到奥氏体中，得到纳米贝氏体。为了获得高的强度，纳米贝氏体等温的温度比较低，这样等温的时间将非常长，从几天到几十天[10-11]。这样长的等温时间将降低钢的生产效率，因此，降低纳米贝氏体等温时间是纳米贝氏体钢研究的重点。

由于纳米贝氏体等温的温度比较低，为125～300℃，特别是在200℃以下等温时，碳原子扩散能力差是等温相变时间长的主要原因，为此本小节研究了不同晶粒尺寸对纳米贝氏体相变的影响。采用的合金成分为Fe、0.8C、1.5Si、2.0Mn、1.0Cr、0.24Mo、1.0Al、1.6Co（质量分数，%），其中含0.8C、1.5Si和1.0Al，是典型的纳米贝氏体钢成分[12]。试样首先在1200℃高温加热，接着热轧到900℃后空冷到 600℃继续温轧，最终获得的铁素体晶粒尺寸为 0.3μm。在此基础上再对超细的铁素体样品进行820℃加热10min、900℃加热10min和980℃加热1h，随后转入250℃盐浴中等温1h、3h、6h、12h、36h。试样经820℃加热10min、900℃加热10min和980℃加热1h后，奥氏体的晶粒尺寸分别为3μm、18μm和53μm。将这三个温度加热的样品转入到 250℃盐浴等温不同时间后，纳米贝氏体的转变量如图9-9所示。在等温的早期，贝氏体相变比较快，等温5h后，对于奥氏体晶粒尺寸为3μm的样品，转变量就达到了85%，随后继续等温，转变量增加比较缓慢，等温35h后转变量达到90%左右。对于奥氏体晶粒尺寸为18μm的样品，等温11h贝氏体转变量才达到85%，等温14h后，转变量达到95%左右，随后基本不再变化。

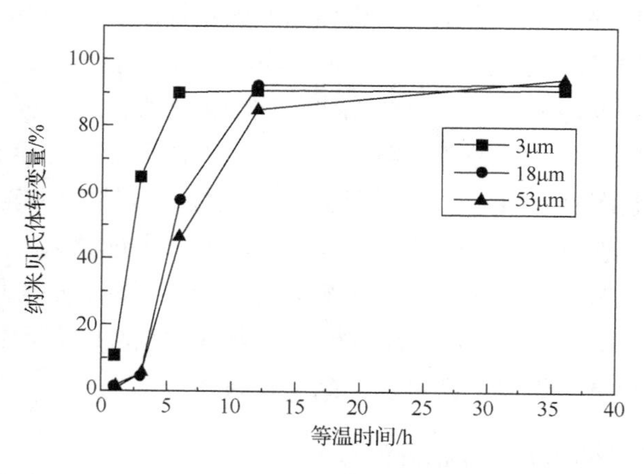

图9-9　三种不同晶粒尺寸样品在250℃纳米贝氏体转变量与等温时间的关系

对于奥氏体晶粒最粗的样品，达到85%转变量大约需要14h，随后等温到35h后达到转变量达到95%。由图9-9可以看出，晶粒尺寸在3μm量级时，纳米贝氏体相变速率大幅提高，奥氏体晶粒尺寸在 18～53μm 时，纳米贝氏体相变速率差异比较小。由此可见，细化晶粒可以大幅提高纳米贝氏体相变速率。这一现象似乎与 9.3.1 小节常规贝氏体的实验结果相矛盾，图 9-7 的实验结果显示，晶粒细化滞后下贝氏体转变。图 9-7 的结果主要反映了细化晶粒对贝氏体铁素体形成时切变的影响，晶粒细化使母相材料的屈服强度升高，相变切变所需的驱动力长大，因此相变滞后。从时间角度看，常规贝氏体等温时间只有 10min，与纳米贝氏体等温的时间相比，还是比较短的。对于纳米贝氏体，对相变起控制作用的是碳分配，晶粒细化后，碳原子扩散的速率增加，碳分配需要的时间大幅缩短，因而表现为相变时间缩短。

接下来分析贝氏体组织结构的差异，如图 9-10 所示。图 9-10 是三种晶粒尺寸纳米贝氏体组织的 SEM 照片。变化最大的是奥氏体晶粒尺寸为 3μm 的贝氏体组织，在这个状态下，基本看不到纳米贝氏体的特征了，组织以不规则的块状残余奥氏体为主，有极少量的层片结构。这一现象与第 5 章中超细晶的珠光体相变现象有点相似，晶粒尺寸细化到 4μm 以下，珠光体不能以传统的层片状方式转变，而以粒状珠光体的方式进行，转变得到了粒状珠光体。晶粒尺寸细化到微米量级，晶界对扩散的贡献导致体扩散的速率大幅提高，铁素体生长前沿的碳和侧向分配的碳很快被均匀化，始终达不到所需的高浓度梯度，因而容易得到块状组织。纳米贝氏体最典型的组织见图 9-10（b），即奥氏体晶粒尺寸为 18μm 时的转变产物，主要是纳米贝氏体的层片结构，有少量的块状残余奥氏体。当晶粒尺寸为 53μm 时，块状残余奥氏体比较多，且块的尺寸也比较大。由于样品等温时间为 12h，对于大晶粒尺寸样品来说，转变并没有完成，因此残余奥氏体量比较多。

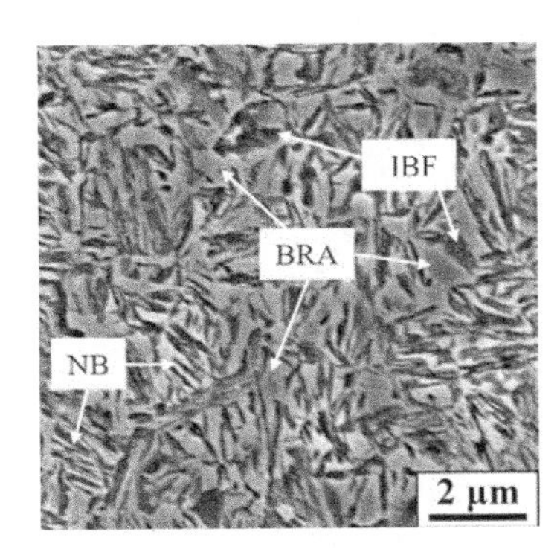

（a）奥氏体晶粒尺寸为 3μm

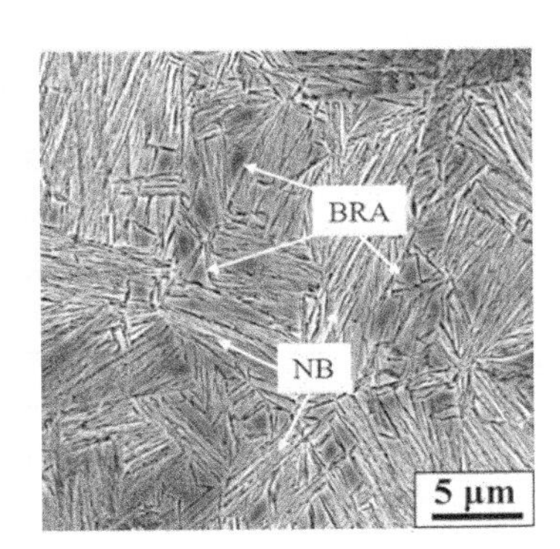

（b）奥氏体晶粒尺寸为 18μm

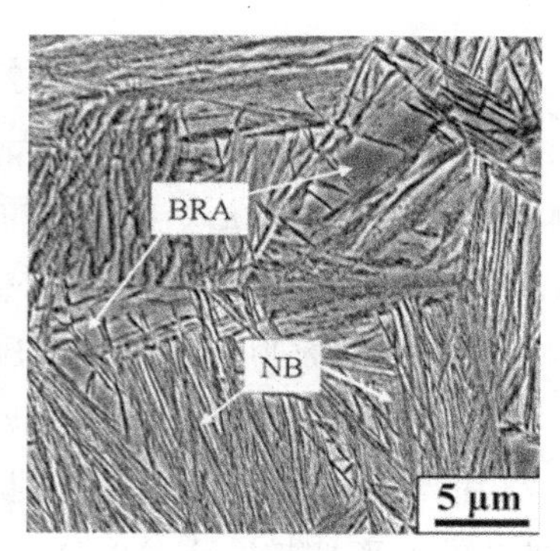

（c）奥氏体晶粒尺寸为 53μm

图 9-10　三种晶粒尺寸奥氏体在 250°C 等温 12h 组织的 SEM 形貌[12]

BRA 是块状残余奥氏体；NB 是纳米贝氏体；IBF 是不规则贝氏体铁素体

图 9-11 显示的是三种晶粒尺寸纳米贝氏体组织的 TEM 形貌。图 9-11（a）显示的是最细晶粒的纳米贝氏体组织，除了块状残余奥氏体以外，还有贝氏体铁素体和残余奥氏体薄膜，其中奥氏体条比较细，量比较少，铁素体条状不规则。这反映出晶粒比较细时，贝氏体转变量大，残余奥氏体少，与图 9-9 对应。随着晶粒尺寸增大，奥氏体条的宽度逐渐加宽，如图 9-11（b）、（c）所示，即晶粒尺寸越大，残余奥氏体量越多。XRD 测试得到了同样的结果，见图 9-12，该图是三种晶粒尺寸的纳米贝氏体中残余奥氏体量及拉伸试验后残余奥氏体的变化。首先，残余奥氏体量是随着晶粒尺寸的增加而增加，经过拉伸试验后，残余奥氏体量大幅减少，但是减少的规律与晶粒尺寸变化不一致。晶粒尺寸 3μm 和 53μm 试样的残余奥氏体量减少得最多，大约减少了一半，而晶粒尺寸 18μm 的试样残余奥氏体量减少得比较少，约 12%。从 SEM 和 TEM 照片的分析结果看，3μm 和 53μm 两个尺寸的块状残余奥氏体较多，块状残余奥氏体是不稳定的结构，在变形的过程中容易发生应力诱发转变。而晶粒尺寸 18μm 的试样中主要是薄膜型的残余奥氏体，稳定性比较高。另外，比较厚的残余奥氏体膜的稳定性比较差，53μm 试样中包含了大量的这种尺寸较厚的残余奥氏体膜。

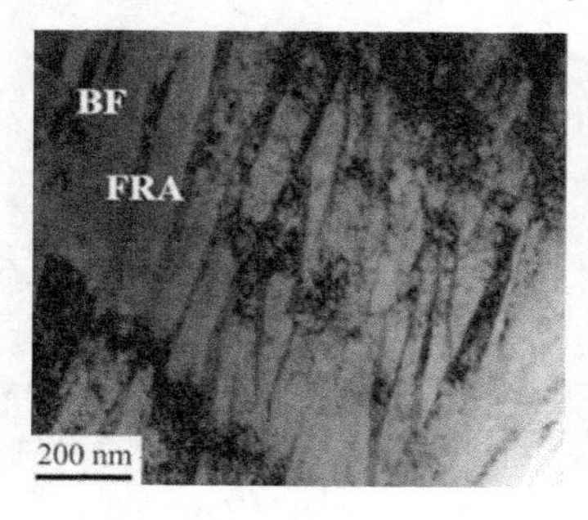

（a）奥氏体晶粒尺寸为 3μm

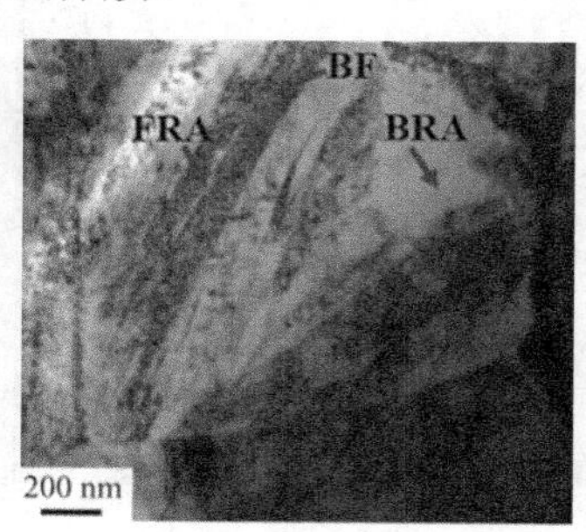

（b）奥氏体晶粒尺寸为 18μm

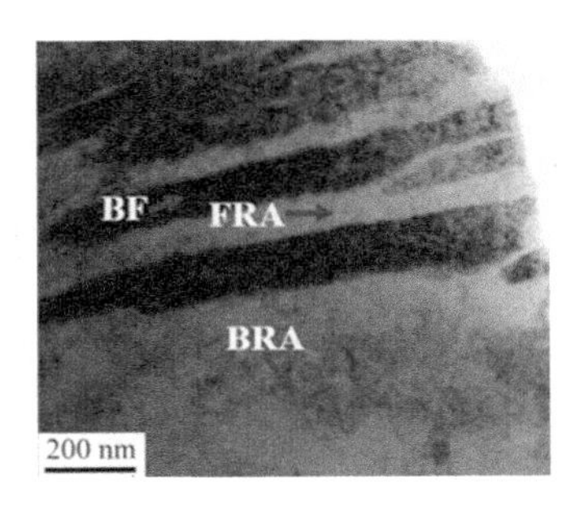

（c）奥氏体晶粒尺寸为 53μm

图 9-11　三种晶粒尺寸纳米贝氏体组织的 TEM 形貌

BRA 是块状残余奥氏体；BF 是贝氏体铁素体；FRA 是膜状残余奥氏体

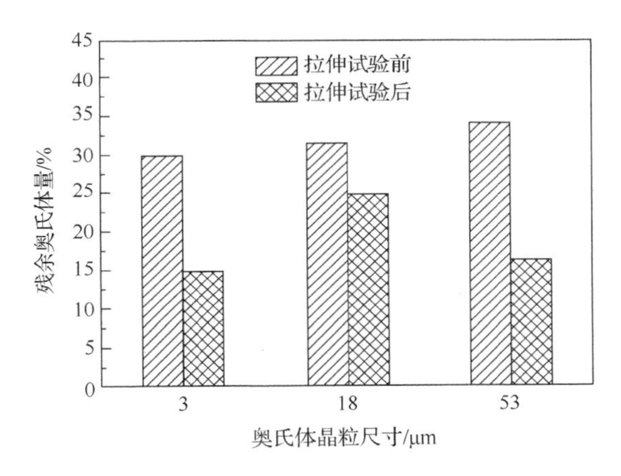

图 9-12　三种晶粒尺寸的纳米贝氏体中残余奥氏体量及拉伸试验对残余奥氏体的影响

图 9-13 显示的是这三种晶粒尺寸纳米贝氏体的力学性能。图 9-13（a）是三种材料的拉伸应力-应变曲线。屈服强度的变化与晶粒尺寸的变化相一致，随着晶粒尺寸减小，屈服强度升高，符合 Hall-Petch 关系。抗拉强度变化不大，但是延伸率差异比较大，最大的延伸率出现在晶粒尺寸 18μm，达到了 14.3%，对应的抗拉强度为 2034MPa。晶粒尺寸最大的状态得到了最小的延伸率。图 9-13（a）还显示，三种晶粒尺寸的加工硬化率都比较低。这三种材料中都含有大量的残余奥氏体，应力诱发残余奥氏体转变会贡献塑性，同时会提高加工硬化率，但是这一效应似乎在这三种纳米贝氏体钢中没有产生贡献，这还是一个无法解释的现象。图 9-13（b）显示的是三种晶粒尺寸的冲击韧性，晶粒尺寸 18μm 的冲击韧性取得了最大值，达到了 $51J/cm^2$。晶粒尺寸最小时，冲击韧性降低了接近一半。这一结果与拉伸试验的结果是一致的，再一次说明块状残余奥氏体对力学性能是一种不利的组织。

Bhadeshia 在研究中报道，纳米贝氏体的冲击功只有 5J 左右[8]，我们的研究结果比 Bhadeshia 的要高一些，虽然 $51J/cm^2$ 的水平并不算高，但是对于强度 2000MPa 的材料，已经是比较高的水平。这说明残余奥氏体不是越多越好，为了追求较多的残余奥氏体，将高碳钢加热到超高温度（900℃～1000℃），在随后的等温中使得较多的碳被分配在奥氏体中，从而获得较多的残余奥氏体，这一工艺并不是最佳的方法，会导致奥氏体晶粒粗大，同时产生的残余奥氏体膜比较厚，这是冲击韧性降低的原因。

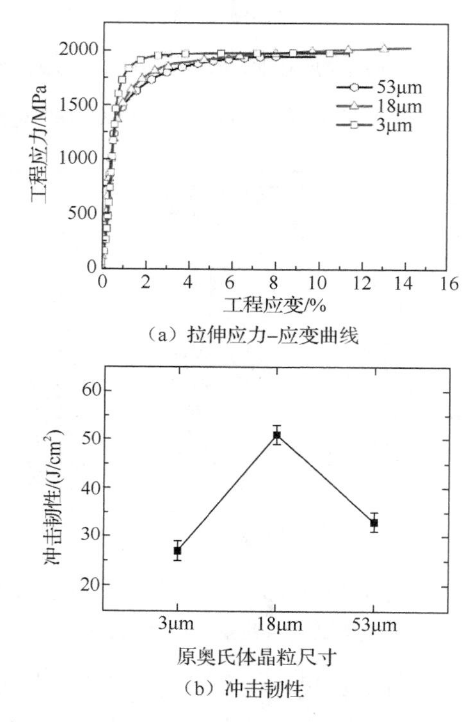

（a）拉伸应力–应变曲线

（b）冲击韧性

图 9-13　三种晶粒尺寸纳米贝氏体的力学性能

参 考 文 献

[1] 崔振铎, 刘华山. 金属材料及热处理[M]. 长沙: 中南大学出版社, 2010.

[2] KRAUSS G. STEELS—Processing, Structure, and Performance[M]. Ohio: ASM International, 2005.

[3] WU K M. Three-dimensional analysis of acicular ferrite in a low-carbon steel containing titanium[J]. Scripta Materialia, 2006, 54(4): 569-574.

[4] 栾道成, 魏成富. 准下贝氏体相变研究[J]. 钢铁研究学报, 1997, 9(4): 34-37.

[5] CABALLERO F G, BHADESHIA H K D H. Very strong bainite, current opinion[J]. Solid State and Materials Science, 2004, 8: 251-257.

[6] CABALLERO F G, BHADESHIA H K D H, MAWELLA K J A, et al. Very strong low temperature bainite[J]. Materials Science and Technology, 2002, 18: 279-284.

[7] GARCIA-MATEO C, CABALLERO F G, SOURMAIL T, et al. Tensile behaviour of a nanocrystalline bainitic steel containing 3 wt% silicon[J]. Materials Science and Engineering A, 2012, 549: 185-192.

[8] BHADESHIA H K D H. Nanostructured bainite[J]. Proceedings of The Royal Society A, 2010, 466: 3-18.

[9] BHADESHIA H K D H, HONEYCOMBE R W K. Steels: Microstructure and Properties[M]. Oxford: Elsevier Ltd. , 2006.

[10] GARCIA-MATEO C, CABALLERO F G, BHADESHIA H K D H. Development of hard bainite[J]. The Iron and Steel Institute of Japan International, 2003, 43(8): 1238-1243.

[11] WANG X, WU K, HU F, et al. Multi-step isothermal bainitic transformation in medium-carbon steel[J]. Scripta Materialia, 2014, 74: 56-59.

[12] JIANG T, LIU H J, SUN J J, et al. Effect of austenite grain size on transformation of nanobainite and its mechanical properties[J]. Materials Science & Engineering A, 2016, 666: 207-213.

第 10 章　超细晶钢相变后的力学性能

前几章的内容清楚地显示了晶粒细化对钢中珠光体相变、马氏体相变、贝氏体相变以及碳化物的析出相变都产生了重要的影响。晶粒细化对相变影响的实质是对间隙原子扩散和位移型相变阻力的影响。晶粒细化对材料的力学性能有直接的影响，可以提高强度，同时也提高塑性，多年来这个领域一直是材料学科研究的热点，由此诞生了许多细化晶粒的方法，如第 2 章所述。从工业应用的角度，大批量可实现的细化晶粒方法是控制轧制，可以将晶粒尺寸细化到 4～5μm 量级，如果结合马氏体相变回火轧制的方法，可以将晶粒尺寸细化到 1μm 量级。采用这种方法，可以将一个 0.4C、2.0Si、1.0Mo 碳钢的强度提高到 1.85GPa[1]，这已经到了工业方法细化晶粒的极限。进一步细化晶粒到纳米量级只能采用实验室的制样方法，如大塑性变形、等通道转角挤压等方法。晶粒细化到纳米量级导致材料变脆，失去塑性，基本失去了使用价值。本书前几章介绍的方法表明，细化晶粒对材料的固态相变有重要的影响，相变的类型和亚结构的变化必然带来力学性能的变化。这方面是一个几乎没有其他学者涉足的领域，本章结合前几章中细化晶粒对相变的影响，介绍由细化晶粒间接带来的力学性能变化。细化晶粒引起珠光体相变主要得到了粒状珠光体，与高碳钢球化组织相似，对力学性能没有太大的影响，本章重点介绍细化晶粒引起马氏体相变亚结构的变化所带来的全新力学性能。

10.1　高碳位错马氏体钢的力学性能

10.1.1　超细晶 Cr 系马氏体钢力学性能

1. GCr15 钢

第 7 章中研究 GCr15 钢细化晶粒对马氏体相变的影响，采用了温轧细化初始晶粒和高能球磨热压方法制备块状超细晶试样。由于高能球磨方法制备的试样尺寸比较小，无法测量力学性能，因此对于这一材料，主要介绍温轧方法制备的超细晶马氏体的力学性能，结果见图 10-1。图中显示超细晶粒（ultra fine grain，UFG）和常规晶粒（normal grain，NG）经 800℃和 900℃加热水淬（water quench，WQ）

和油淬（oil quench，OQ），不同温度回火后的力学性能。图中显示，常规晶粒 900℃淬火后在 250℃、280℃、300℃和 350℃四个温度回火后，都没有塑性，只是断裂强度随回火温度升高逐渐升高。这种升高不是材料强度的本质升高，而是回火温度升高，脆性不断减小，材料逐渐达到了正常强度。对于超细晶材料，除了 250℃没有塑性以外，回火温度升高到 280℃后产生了塑性恢复，但是塑性应变仍然比较低，约 0.5%左右。当回火温度升高到 350℃后，塑性达到了 2%左右，同时屈服强度由 2.3GPa 降低到 1.8GPa 左右。这一结果表明晶粒细化引起的高碳马氏体孪晶亚结构转变为位错亚结构，的确可以改变力学性能，虽然塑性得到了恢复，但是延伸率整体比较低。分析原因，GCr15 钢的含碳量在 1.0%左右，为了保证在二次加热进行马氏体相变时晶粒不粗化，加热温度选在 800℃，在奥氏体渗碳体两相区内有较多的未溶碳化物，较多的未溶颗粒碳化物会损害塑性。碳化物和基体的界面易于萌生裂纹，较多的未溶碳化物会阻碍材料变形时的径向收缩，因而增加脆性。

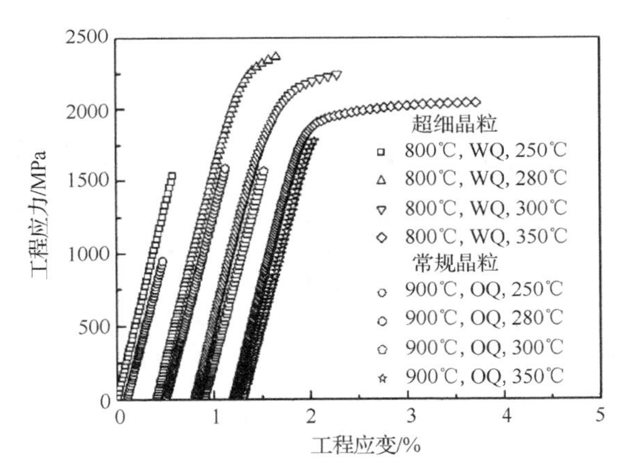

图 10-1 GCr15 钢超细晶粒（UFG）和常规晶粒（NG）马氏体不同淬火温度、回火温度下应力-应变曲线

2. 60Cr 钢

为了提高塑性，将 GCr15 钢的含碳量由 1.0%降低到 0.6%，简称 60Cr 钢，含碳量已到了高碳钢含碳量的下限。其他主要合金成分不变，另外加入了 0.02Mo、0.05Ti、0.07Nb（质量分数，%）限制晶粒长大。细化初始晶粒的方法与 GCr15 钢的相同，也是采用温轧方法细化铁素体晶粒，二次加热时，控制温度得到超细的奥氏体晶粒。试样在 780℃加热 4min 后水淬，晶粒尺寸约为 4μm，组织为位错马氏体，见图 10-2（a）。试样在 850℃加热 15min 后水淬，晶粒长大至约 15μm，

此时组织以孪晶马氏体为主，见图 10-2（b）。虽然含碳量在 0.6%，但是细化晶粒对马氏体亚结构的影响规律仍然与前文相同，细化晶粒可以引起孪晶马氏体转变为位错亚结构。这一材料的力学性能如图 10-3 所示，两种晶粒尺寸的马氏体展示了不同的力学性能。对于 NG，900℃加热 8min 和 850℃加热 15min 淬水 200℃回火都显示了脆性特征。与 GCr15 钢常规晶粒尺寸的力学性能一致，比较脆，虽然含碳量降低到了 0.6%，但是仍然显示高碳马氏体的淬火脆性。对于 780℃、800℃和 850℃加热 8min 三个状态，材料都显示了高强度和高塑性。特别是对于 850℃加热 8min 状态，抗拉强度到达 2400MPa，延伸率仍然达到了 10%以上。表 10-1 给出了 60Cr 钢的热处理工艺和力学性能。

（a）晶粒尺寸为4μm时的马氏体组织

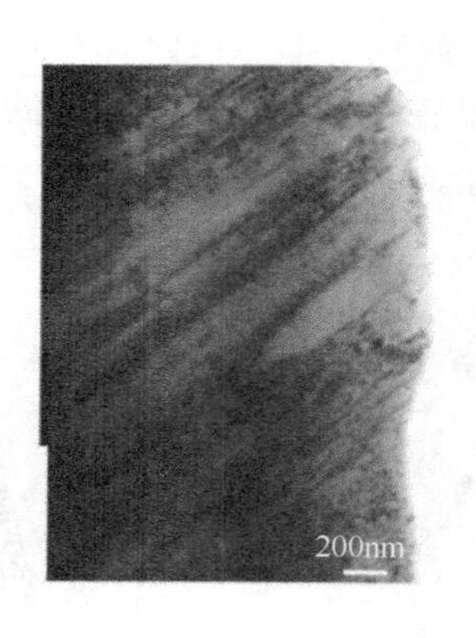

（b）晶粒尺寸为15μm时的马氏体组织

图 10-2　60Cr 钢不同温度下加热后水淬马氏体组织

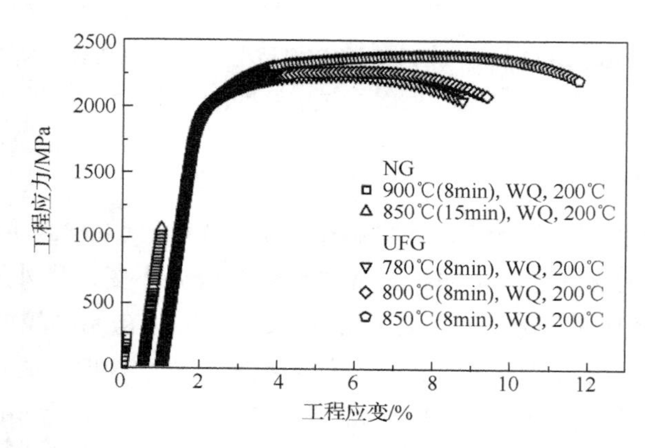

图 10-3　超细晶粒（UFG）和常规晶粒（NG）淬火低温回火的力学性能[2]

表 10-1　60Cr 钢热处理工艺与力学性能[2]

热处理工艺	屈服强度/MPa	抗拉强度/MPa	延伸率/%
780℃加热 8min 水淬，200℃回火	1968	2234	6.8
800℃加热 8min 水淬，200℃回火	1936	2236	7.5
850℃加热 8min 水淬，200℃回火	1943	2400	10.0
850℃加热 15min 水淬，200℃回火	—	1095	—
900℃加热 8min 水淬，200℃回火	—	260	—

表 10-1 中的力学性能表明，随着加热温度由 780℃升高到 850℃，材料强度升高的同时延伸率也在升高，材料的强度与塑性取得了同步增长。产生这一现象的主要原因与未溶碳化物有关。图 10-4 显示了 60Cr 钢三种温度加热同样时间后组织的 SEM 形貌，随着奥氏体化温度升高，未溶碳化物的数量明显减少，这一变化和力学性能变化是一致的，颗粒状的未溶碳化物会损害塑性，随着温度升高，碳化物逐渐溶解。850℃加热状态未溶碳化物就非常少，因而塑性最高。随着碳化物溶解，基体含碳量也逐渐升高，使得淬火后固溶碳增多，增加了固溶强化。同时，在回火过程中，较多的析出物产生较大的析出强化。这是 850℃加热 8min 条件下 60Cr 钢显示出最高强度和延伸率的原因。

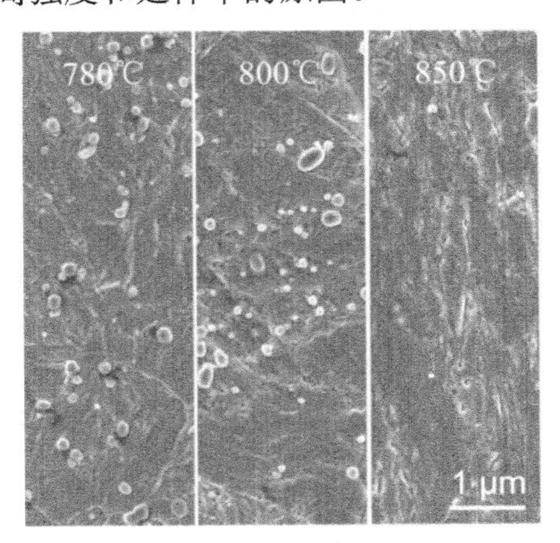

图 10-4　60Cr 钢三种温度加热同样时间后组织的 SEM 形貌

图 10-3 与表 10-1 显示，当加热温度升高到 900℃及 850℃加热 15min 条件下，材料都显示出脆性断裂模式。900℃加热断裂强度只有 260MPa，850℃加热 15min 的也只有 1095MPa，达不到超细晶条件下强度的一半，其断口形貌如图 10-5 所示。在超细晶状态，断口是延性方式，断口由比较小的韧窝组成。在粗晶状态，断口是脆性的沿晶断裂方式。尽管是同种材料，晶粒尺寸仅仅相差大约 10μm，断裂性能发生了质的变化。如果只考虑晶粒尺寸本身的变化，10μm 的差异不足以使材料韧性发生如此大的变化，但是晶粒尺寸差了 10μm 使马氏体亚结构产生了本质变化，显然孪晶是引起马氏体脆性的本质原因。

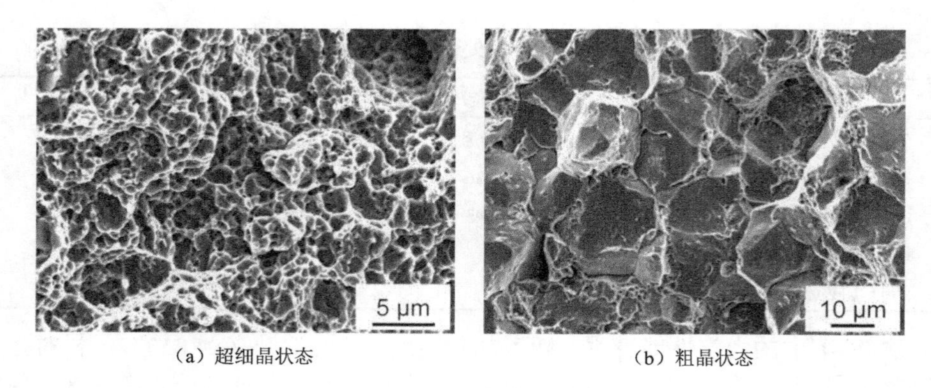

（a）超细晶状态　　（b）粗晶状态

图 10-5　60Cr 钢断口形貌

3．65Cr 钢

以上 GCr15 钢和 60Cr 钢的细化晶粒采用了温轧工艺方法，虽然也可以将晶粒细化到微米，但是碳化物的细化效果一般，未溶球状碳化物的尺寸在 0.5～1μm 量级。对于强度达到 2000MPa 以上的材料，这种尺寸的碳化物是损害塑性的主要原因。为此，引入了马氏体回火轧制方法来细化晶粒。在轧制前将材料预处理成马氏体组织，选择尽可能高的温度淬火，使得碳化物都溶解到马氏体中，在随后温轧的过程中，可以析出更细的碳化物，这样将对塑性的不利影响降到最小。实验材料选用 65Cr 钢，在 60Cr 钢的基础上，将含碳量提高到 0.65%，同时加入了 0.5%Ni，希望提高塑性。采用这一方法细化晶粒的效果及其对马氏体亚结构的影响已在第 7 章中介绍。图 10-6 显示 65Cr 钢经过回火轧制细化晶粒二次淬火后未溶碳化物的尺寸分布，最大的碳化物尺寸为 300nm，平均尺寸为 150nm。与常规的温轧组织相比（图 10-4），碳化物尺寸明显细化。表明马氏体回火轧制方法不仅可以细化晶粒，也可以细化碳化物。

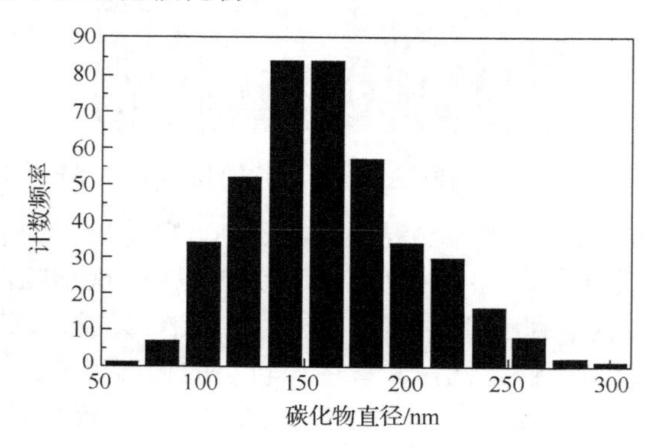

图 10-6　65Cr 钢经回火轧制细化晶粒二次淬火后未溶碳化物尺寸分布

65Cr 钢经回火轧制细化晶粒二次淬火后的力学性能如图 10-7 所示[3]，图中

TFR3、TFR5 和 TFR15 分别对应试样在 850℃保温 3min、5min、15min，水淬处理后在 250°C 保温 2h 进行回火处理的样品。由图可见，TFR3 和 TFR5 两个状态强度差别比较小，TFR3 获得了最高强度，屈服强度和断裂强度分别达到 2367MPa 和 2613MPa，延伸率达到了 7%。这两个状态对应的晶粒尺寸分别为 2.4±1μm 和 4.2±1.9μm，马氏体亚结构以位错为主，位错滑移贡献了塑性。对于 TFR15 样品，强度升高到 1200MPa 左右就发生了脆性断裂，对应这一状态，晶粒尺寸在 5.5±2.5μm，晶粒尺寸只增加了 1μm 多一点，材料的性能就发生了质的变化，似乎不可理解。图 10-8 给出了 TFR15 的晶粒金相图像，图中显示，TFR15 样品中有比较严重的混晶，大晶粒尺寸接近 20μm，小晶粒尺寸只有 2μm 左右，表明这一状态的晶粒还在长大状态，没有达到平衡。大尺寸晶粒的马氏体转变亚结构应该仍然是孪晶，见图 7-53 和 7-65，孪晶限制了位错滑移和晶粒的变形，很容易形成裂纹。对于如此高强度的材料，微小的裂纹就会诱发快速扩展，导致脆性断裂。图 10-7 中还给出了回火轧制态的力学性能，屈服强度和断裂强度都达到了 1600MPa 左右，延伸率达到了 8.5%。在工程应用领域，这一力学性能也是一个非常好的指标，但是与淬火后的性能相比，强度还有 1000MPa 的差距。

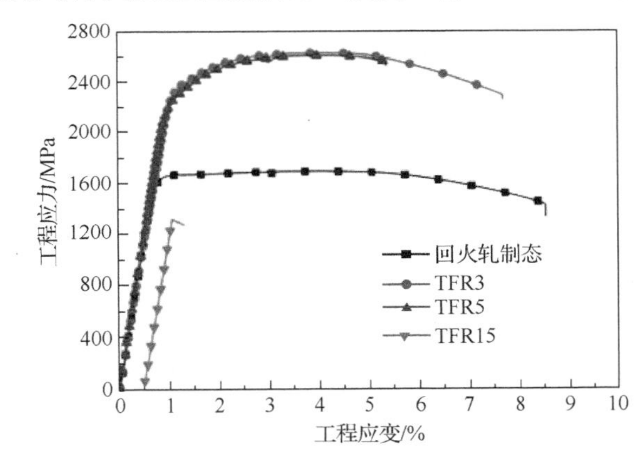

图 10-7　65Cr 钢经回火轧制细化晶粒二次淬火后力学性能

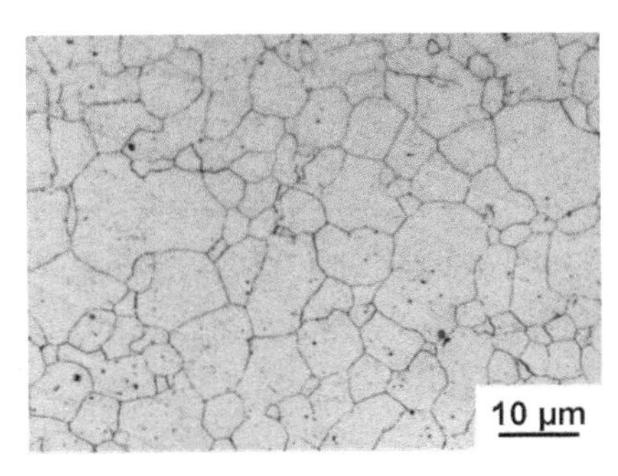

图 10-8　65Cr 钢经回火轧制细化晶粒处理，二次 850℃加热 15min 的奥氏体晶粒金相图像

表 10-2 给出了目前文献中和市场上的超高强度钢，以及本书作者研发的超细晶高碳马氏体钢的强度与断裂性能。商业材料中，马氏体时效钢获得了最高强度，达到 2450MPa，同时具有 6.0%的延伸率。AISI4340 钢和 300M 钢是目前市场上广泛使用的超高强度钢，纳米贝氏体钢与其相比，强度在一个量级，但是纳米贝氏体钢的冲击韧性比较小，延伸率两种材料相差无几。本书研发的超细晶 65Cr 钢的强度达到了最高水平，同时还有 7.0%的塑性。虽然本书的材料达到了最高强度，但是其中所含的合金元素比较少，没有太多的贵重元素，与马氏体时效钢 18Ni(C350)相比，成本有 50～100 倍的差异，如表 10-3 所示。

表 10-2　超高强度钢的强度与断裂性能[2-6]

材料		屈服强度/MPa	抗拉强度/MPa	冲击韧性/（J/cm^2）	延伸率/%	断裂韧性/（$MPa{\cdot}m^{1/2}$）
超细晶高碳钢	60Cr	1943	2400	9.80	10.0	29.6
	65Cr	2367	2633	—	7.0	—
马氏体时效钢	18Ni（C250）	1700	1800	46.25	8.0	120.0
	18Ni（C300）	2000	2100	24.95	7.0	—
	18Ni（C350）	2400	2450	15.00	6.0	35.0～50.0
纳米贝氏体钢	Alloy-1	1704	2287	6.25	7.4	—
	Alloy-2	1669	2048	5.00	—	—
	Alloy-3	1673	2098	6.25	—	—
	Alloy-4	1410	2260	—	8.0	30.0
低合金高强度钢	AISI4340	1860	1980	20.0	11.0	44.5～61.5
	300M	1650	2140	21.7	7.0	49.3～57.4

表 10-3　超高强度钢合金成分

材料	主要合金元素质量分数/%									
	C	Ni	Co	Cr	Mo	Ti	Nb	Al	Mn	Si
18Ni（C350）	0.007	18.00	12	—	4.7	1.4	—	0.13	—	—
纳米贝氏体钢	0.980	0.16	—	0.45	—	—	—	—	0.77	2.9
300M	0.430	1.80	—	0.85	0.4	—	—	—	0.80	0.3
65Cr	0.660	0.48	—	1.40	—	—	—	0.05	0.42	0.4

图 10-9 显示 65Cr 钢超细晶状态 TRF3 和粗晶状态 TRF15 的拉伸断口。对于 TRF3 状态，断口是密集的小韧窝，也有尺寸约 2μm 的孔洞，这些大的孔洞是由小的韧窝连接而成，里面有撕裂的痕迹。对于粗晶状态，宏观塑性接近零，断口是以晶粒尺寸为单位的准解理，在其边缘有晶界撕裂的痕迹。两者的断口形貌与宏观变形是对应的。

（a）TRF3

（b）TRF15

图 10-9　65Cr 钢不同状态下的拉伸断口

晶体材料的强化机制有位错强化、第二相强化、细晶强化和固溶强化，对于马氏体相变，这四种机制都在材料的强化中发挥着作用。在 60Cr 钢、65Cr 钢中，究竟哪一种强化机制起主要作用，或者四种强化机制各自的占比是多少，这对解释超高强度的来源和后续设计超高强度材料有重要的意义。

对于马氏体型钢而言，其屈服强度可以用以下改进的 Hall-Petch 公式进行表述：

$$\sigma_{\mathrm{y}} = \sigma_0 + k_{\mathrm{y}} d^{-\frac{1}{2}} + \sigma_{\mathrm{ss}} + \sigma_{\mathrm{pcpt}} + \sigma_{\rho} \tag{10-1}$$

式中，σ_{y} 为屈服强度；σ_0 为纯铁晶格摩擦力；k_{y} 为常数；d 为晶粒尺寸；σ_{ss} 为固溶强化的贡献；σ_{pcpt} 为析出强化的贡献；σ_{ρ} 为位错强化的贡献。

1）细晶强化

如图 10-7 所示，超细晶试样可以获得超高的强度与良好的韧性。当然，晶粒尺寸越细小，大角度晶界密度越高，对位错运动的阻碍能力越强。由位错塞积理论可知，晶粒越细小在晶粒边界累积的位错数目越少，因而降低了位错塞积群前端的应力集中，防止裂纹的产生，提高材料的塑性。材料晶粒越细小，则单位体积内的晶粒数目越多，变形过程中晶粒之间协调能力增加，使变形更加均匀，材料在断裂前能够获得较大的形变量，因此具有较大的延伸率及断面收缩率。如第 7 章所述，超细晶试样可以获得位错亚结构，同样有助于获得良好的延展性。依据经典的 Hall-Petch 公式，细晶强化的贡献可以用以下公式表述：

$$\Delta\sigma = k_{\mathrm{y}} d^{-\frac{1}{2}} \tag{10-2}$$

式中，$\Delta\sigma$ 为细晶强化增量；k_{y} 为常数；d 为晶粒尺寸。依据文献报道，式（10-1）中 σ_0 及式（10-2）中 k_{y} 分别可取值为 54MPa 和 0.12MPa·m$^{1/2}$[7]。对于马氏体而言，

很难确定其有效晶粒尺寸，板条马氏体内部存在板条、板条域及板条束。Daigne等将板条宽度或者板条束作为有效晶粒尺寸[8]。Shibata 等认为板条域边界有助于增强 Fe-23Ni 马氏体钢的力学性能[9]。不管怎样，细晶强化的基本原理都是边界与位错之间的交互作用。对于高碳马氏体，其内部结构更加复杂。为了简化计算，本小节以原奥氏体晶粒尺寸作为有效尺寸。将原奥氏体平均晶粒尺寸 2.4μm 代入式（10-2），得到细晶强化增量为 77.5MPa。为了弄清不同结构作为有效晶粒尺寸对最终材料性能的影响大小，又统计了局部板条宽度（统计至少十幅 TEM 照片），将统计的板条宽度平均值 250nm 代入式（10-2），所得细晶强化增量为 240MPa。因此，以不同结构作为有效晶粒尺寸所获得强化增量差异不大，对总体材料的性能贡献所占比例较小，本小节以原奥氏体晶粒尺寸作为细晶强化的有效晶粒尺寸。

2）固溶强化

基于文献报道，固溶强化贡献可以利用以下公式进行估算[10]:

$$\sigma_{ss} = 4570(\mathrm{C}) + 4570(\mathrm{N}) + 470(\mathrm{P}) + 83(\mathrm{Si}) + 37(\mathrm{Mn}) + 38(\mathrm{Cu}) + 80(\mathrm{Ti}) - 30(\mathrm{Cr}) \tag{10-3}$$

式中，σ_{ss} 为固溶强化的贡献；各元素符号表示其质量分数。Hutchinson 等通过研究含碳量为 0.1%～0.5%的淬火马氏体固溶含碳量，表明以间隙固溶形式存在于基体中的含碳量几乎为常数，含量范围在 0.01%～0.03%[11]。因此，本小节假设回火后的高碳马氏体中大量固溶的碳原子以碳化物的形式从基体析出，其剩余微量间隙固溶的碳对强化效果的贡献可以忽略。该材料的另一种主要合金元素 Cr，应该给予重视。对于固溶强化而言，主要是固溶原子对晶体结构产生的畸变进而产生强化，然而 Cr 与 Fe 原子半径相当，并且同样为体心立方结构，因此两者原子错配度较小，其产生的强化效果也较弱[7]。综上所述，式（10-3）中 Cr 的负作用强化是无意义的，因此该项可以省略。将其他元素含量（0.4Si、0.42Mn、0.002P）代入式（10-3），得出固溶强化的贡献为 49MPa。

3）析出强化

淬火回火高碳钢中通常存在两种类型的碳化物，一种为尺寸稍大的未溶球形碳化物，另一种为回火析出的纳米尺寸碳化物。利用奥罗万机制分析析出强化贡献，并以位错绕过机制为前提进行计算，公式如（10-4）所示：

$$\sigma_{pcpt} = \left(\frac{0.538Gb\sqrt{V_f}}{x} \right) \ln \frac{x}{2b} \tag{10-4}$$

式中：σ_{pcpt} 为析出强化贡献；G 为剪切模量，约为 80GPa[12]；b 为伯氏矢量[7]；V_f 为析出相体积分数；x 为析出相平均尺寸[13]。

未溶球形碳化物可以作为位错运动的障碍，从而增加材料的拉伸强度。前文已经统计出未溶球形碳化物的平均尺寸与体积分数分别为 150nm 与 1.9%[3]，将以上参数代入式（10-4）可得析出强化贡献为 56MPa。此外，Jia 等[14]研究表明，对于超细晶材料，由于在未溶球形碳化物周围累积了大量的几何必须位错，从而提高了超细晶材料的延展性。

另一种析出相为回火纳米析出碳化物，由于其尺寸细小且分布均匀，对材料的拉伸性能具有更大的强化效果，见图 10-10。图 10-10（a）中有较多尺寸为 2～5nm 黑色区域，对其进行傅里叶变换，如图 10-10（b）所示，对其斑点进行标定，是基体马氏体与析出的渗碳体。对图 10-10（a）及其中的方框区域进行反傅里叶变换，见图 10-10（c）和（d），与（a）图有很好的对应关系，并且是共格界面。通过对其暗场像及高分辨图像的统计，析出相的平均尺寸为 5nm，体积分数为 6.5%。将以上数值同样代入式（10-4），纳米析出碳化物贡献值为 1242MPa。在回火过程中，大量的碳原子以碳化物的形式从基体析出。此外，基体含碳量越高，析出碳化物的密度越高且间距越小，对基体的强化效果越好[15]。众所周知，渗碳体为一种硬质相，位错很难切过。纳米尺寸的渗碳体对位错有很强的阻碍作用，导致在基体与渗碳体界面累积大量位错。同时，析出相尺寸越细小，位错通过交滑移绕过析出相所需的应力越大，因此纳米析出相对材料的强化效果更大。此外，Kimura 等认为纳米尺寸的碳化物对增加高强钢的均匀延伸率有重要的作用[16]。其他研究同样得出相似的结论，细小弥散分布的第二相颗粒可以提高超细晶金属的均匀延伸率[17-19]。综上所述，这些量少细小的未溶碳化物或者纳米析出相在拉伸过程中增加几何必须位错密度，进而提高了材料的延伸率。因此，不同尺寸大小的析出相可以在不损害材料韧性的情况下，强烈地提高材料的屈服强度。

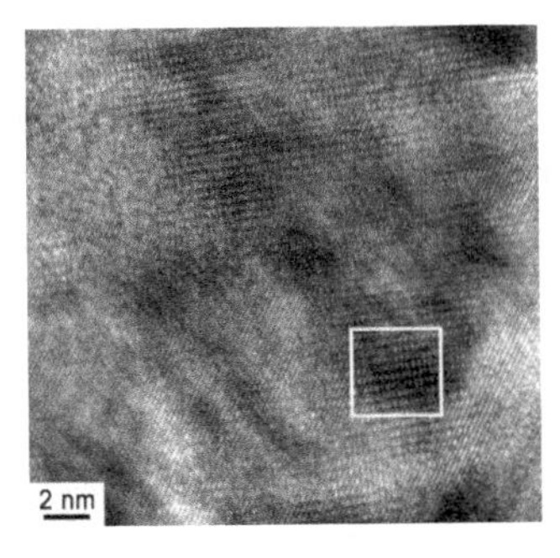

（a）高分辨透射图像

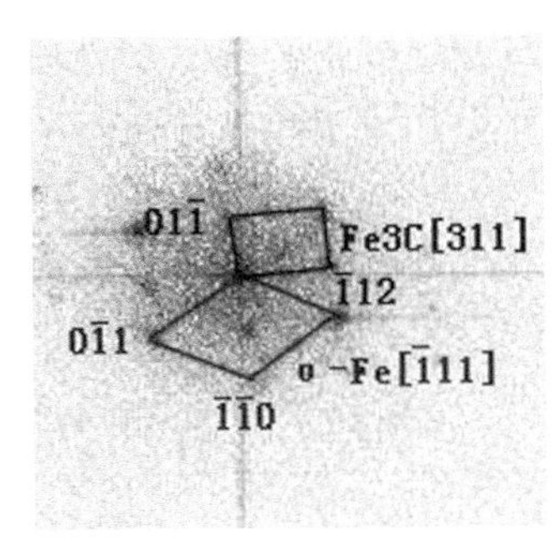

（b）（a）图快速傅里叶变换图像

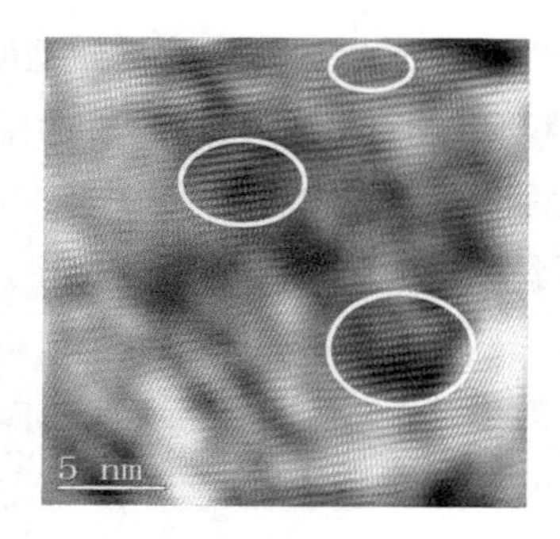

（c）（a）图反傅里叶变换图像

（d）（a）图白色方框局部反傅里叶变换图像

图 10-10　65Cr 钢超细晶马氏体高分辨 TEM 图像[3]

4）位错强化

位错强化贡献可以通过以下公式进行估算：

$$\sigma_{\rho} = M\alpha Gb\sqrt{\rho} \tag{10-5}$$

式中，σ_{ρ}为位错强化贡献；M 为泰勒因子；α为常数；G 为剪切模量；b 为伯氏矢量；ρ为位错密度。依据文献资料，M、α、G、b 等数值分别可取为 3、0.25、80GPa、2.48Å[7,20]。对于材料的位错密度ρ，Morito 等通过大量实验表明，马氏体内部位错密度基本与基体含碳量呈线性关系[21]。Hutchison 等[11]基于 Morito 测试的数据采用内插直线方法，得到一个近似公式来估算位错密度：

$$\rho \times 10^{-15} = 0.7 + 3.5 \times w_{\mathrm{C}} \tag{10-6}$$

式中，ρ为位错密度；w_{C} 为基体含碳量[11,21]。将 65Cr 钢含碳量代入式（10-6），可以估算出位错密度约为 $3.0\times10^{15}\mathrm{m}^{-2}$。将所得到的位错密度代入式（10-5），可以得到位错强化贡献为 815MPa。

将以上不同强化机制贡献统计于表 10-4，理论计算结果与实测结果吻合较好。少量的误差可能来自析出相尺寸、体积分数的统计误差，以及位错密度的估算。为了更加直观地展示不同强化机制的贡献量，绘制了强化机制贡献示意图，如图 10-11 所示。由以上统计结果可知，超细晶高碳马氏体强化贡献来源于细晶强化、固溶强化，最重要的强化来源于析出强化及位错强化。表 10-4 中析出强化中有两相，56MPa 来源于未溶碳化物颗粒的贡献，1242MPa 来源于析出纳米尺度第二相对强度的贡献。

表 10-4　不同强化机制贡献计算值与实测值统计　（单位：MPa）

材料	σ_0	$k_y d^{-1/2}$	σ_{ss}	σ_{pcpt}	σ_{ρ}	计算值	实测值	误差
TFR3	54	77	49	56+1242	815	2293	2367	74

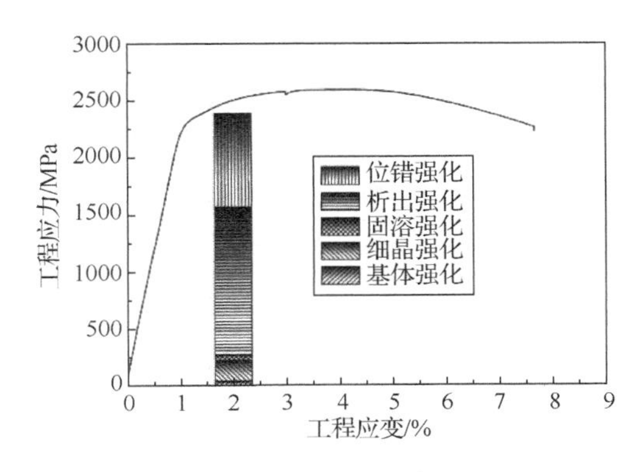

图 10-11 不同强化机制贡献示意图

10.1.2 Mn 系超细晶高碳位错马氏体钢的力学性能

1. 65Mn 超细晶马氏体钢的力学性能

10.1.1 小节主要介绍了含 Cr 的超细晶马氏体钢的力学性能，重点介绍了 60Cr 钢和 65Cr 钢的力学性能，这两种材料展现了优异的力学性能，细化晶粒使高碳马氏体亚结构由孪晶转变为位错，这从另外一个角度宏观地再次证明了细化晶粒导致了高碳马氏体亚结构的这种变化，而位错亚结构为超高强度贡献了塑性。第 7 章中除了 Cr 系材料，Mn 系材料中也看到了细化晶粒对马氏体亚结构有相同的影响。本小节分析 Mn 系超细晶马氏体钢的力学性能，以及是否对组织转变有支撑的作用。

65Mn 钢的细化晶粒仍然是采用马氏体回火轧制方法，具体参阅第 7 章。力学性能测试结果见图 10-12，表 10-5 给出了相应的测试结果。在 790℃加热 4min 淬火，不同温度回火，随回火温度升高强度逐渐降低，塑性增加。250℃回火获得了最佳的强度和塑性的结合，这时的屈服强度为 1946MPa，抗拉强度为 2220MPa，延伸率为 8.6%，断面收缩率达到了 32.2%。由于该实验采用的是矩形截面试样，断面收缩率通常偏小，误差较大。在 300℃回火，强度虽然进一步降低，但是塑性没有进一步增加，反而不如 250℃回火时高，延伸率只有 7.8%，断面收缩率只有 20.6%。这主要是由于回火脆性，300℃回火进入了第一类回火脆性区域，残余奥氏体分解导致脆性增大。在 200℃回火，材料得到了最高强度，屈服强度达到了 2027MPa，抗拉强度达到了 2509MPa，但是延伸率只有 3.6%。将原始供货态的 65Mn 钢也在 790℃加热 4min 淬火，250℃回火 2h，其力学性能也在表 10-5 中给出，在这个状态，屈服强度为 1923MPa，抗拉强度为 2087MPa，延伸率只有 0.6%，基本是脆性状态。原始供货态的平均晶粒尺寸为 18.7μm，而回火轧制处理 790℃

加热 4min 后的晶粒尺寸是 4.6μm，这里力学性能的变化与马氏体亚结构的变化密切相关，细晶导致的位错亚结构为材料贡献了塑性，塑性变形及形变硬化为材料带来了高的最终强度。780℃和 820℃两个温度加热同样的时间淬火，在 250℃回火后的力学性能不如 790℃加热的效果好，这主要是由于未溶碳化物和晶粒长大之间的矛盾。未溶碳化物可以阻碍晶粒长大，加热温度低，可以保持晶粒细小，但是较多的未溶碳化物会损害塑性，提高加热温度会使碳化物溶解，数量减少，晶粒长大，导致孪晶亚结构的量增加，相应的脆性也会增加。

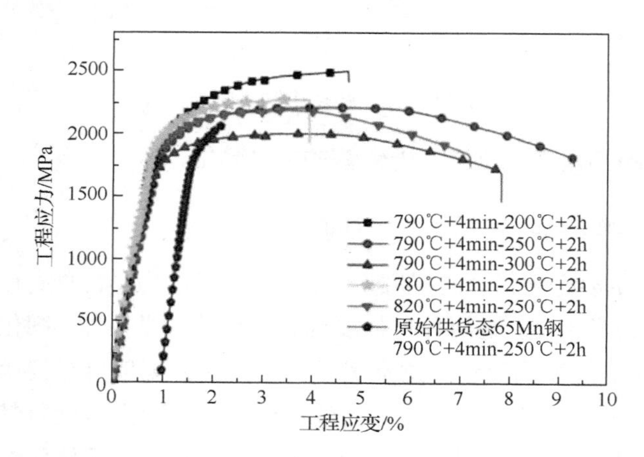

图 10-12　65Mn 钢超细晶处理后经不同温度二次淬火后力学性能

表 10-5　65Mn 钢不同热处理工艺条件下力学性能测试结果

试样	屈服强度/MPa	抗拉强度/MPa	延伸率/%	断面收缩率/%
780℃+4min-250℃+2h	2011	2281	3.5	4.4
820℃+4min-250℃+2h	1946	2198	6.6	24.2
790℃+4min-200℃+2h	2027	2509	3.6	5.9
790℃+4min-250℃+2h	1946	2220	8.6	32.2
790℃+4min-300℃+2h	1759	2008	7.8	20.6
原始供货状态 790℃+4min-250℃+2h	1923	2087	0.6	1.7
830℃+4min-540℃+2h	821	1049	19.2	33.1

表 10-5 中的结果表明，常规晶粒的 65Mn 钢在低温回火时是比较脆的，因此，作为弹簧钢，必须回火到高温使其塑性恢复。当回火温度升高到 540℃，延伸率达到了 19.2%，但是屈服强度降低到了 821MPa，抗拉强度降到了 1049MPa，比起细晶 250℃回火的强度降低了一半以上，弹簧钢的强度没有被充分发挥。

2. 60Si2Mn 超细晶马氏体钢性能

60Si2Mn 也是工业中最常用的弹簧钢，在 Mn 系弹簧钢的基础上，加入 $2w_{Si}$。Si 是抗回火的元素，由于 Si 不能溶解在渗碳体中，主要固溶在基体中，抑制了碳化物的析出。钢中加入 Si 后，可以提高回火温度，在不牺牲强度的同时增加塑性。60Si2Mn 钢的超细晶处理方法也是采用了马氏体回火轧制方法，随后在 815℃加热不同时间，淬火后在 250℃回火 2h，其拉伸力学性能测试结果如表 10-6 所示。815℃加热 5min 获得了最好的强度与塑性的结合，这一状态的屈服强度为 2255MPa，抗拉强度为 2520MPa，延伸率达到了 11.0%。表 10-5 中 65Mn 钢最好的状态最高延伸率为 8.6%，对应的抗拉强度为 2220MPa。这里已经显示了加 Si 的作用。当保温时间延长到 10min 时，抗拉强度略有增加，达到 2557MPa，但是延伸率降低到 4.8%。保温时间延长到 30min，抗拉强度开始降低，达到了 2527MPa，延伸率进一步降低到 3.9%。当保温时间延长到 60min，材料的塑性降到零，变为脆性状态。这一变化过程仍然反映了晶粒尺寸对马氏体亚结构的影响，从而反映了力学性能的变化。比照 65Cr 钢强度来源的计算方法，对 60Si2Mn 钢超细晶马氏体钢的强度来源进行了计算，高密度位错对强度的贡献为 815MPa，合金元素对强度的贡献为 200MPa，纳米级ε析出相对强度的贡献为 1144MPa，原奥氏体晶粒的贡献为 99MPa。总体计算的屈服强度为 2258MPa，与测试的强度吻合比较好。这一结果再一次说明超高强度的来源主要是纳米级的析出物和高密度的位错贡献。高密度位错是塑性的来源，但保温时间延长，孪晶量逐渐增多，塑性降低，脆性增加。

表 10-6　60Si2Mn 超细晶钢 815℃加热不同时间的力学性能

加热时间/min	屈服强度/MPa	抗拉强度/MPa	延伸率/%
5	2255	2520	11.0
10	2259	2557	4.8
30	2195	2527	3.9
60	—	2068	—

3. 65Mn 冷拔钢丝二次热处理

本节及整个第 7 章研究超细晶马氏体相变的预细化处理都是采用热轧制的方法细化起始材料的晶粒，二次热处理控制加热温度和时间获得超细的马氏体组织。

本小节介绍一种冷拔钢丝作为起始材料再二次热处理获得超细晶马氏体组织的方法。冷拔钢丝是工程材料中可以获得最高强度的材料，它需要对珠光体组织进行反复拉拔处理，文献报道的最高强度达到了 7GPa[22]，但是这一强度的实现需要多道次的拉拔，且最终钢丝的尺寸比较细小。对于较粗的材料，通过拉拔获得超高强度还是有一定的难度。冷拔钢丝不能直接细化原始材料的晶粒，它可以减小珠光体中渗碳体条片间隙，储存较大的弹性能。图 10-13 显示 65Mn 弹簧钢丝经拉拔 6 道次、8 道次、10 道次后珠光体层片间距的变化，测量的层片间距分别为 88.9nm、75.1nm 和 60.9nm，拉拔道次由 6 增加到 10，层片间距减小。将这些冷拔钢丝在 780℃加热 60s 后淬入油中冷却到室温，随后在 200℃回火 2h。力学性能如图 10-14 和表 10-7 所示。冷拔钢丝的强度随拉拔道次增加而增加，最高强度出现在 10 道次上，其屈服强度和抗拉强度分别为 1837MPa 和 1987MPa，延伸率为 6.1%。经淬火热处理后，P10 达到了最高强度，其屈服强度和抗拉强度分别为 2177MPa 和 2446MPa，延伸率为 4.9%，拉拔 8 道次的样品力学性能与 P10 极为接近，见表 10-7。

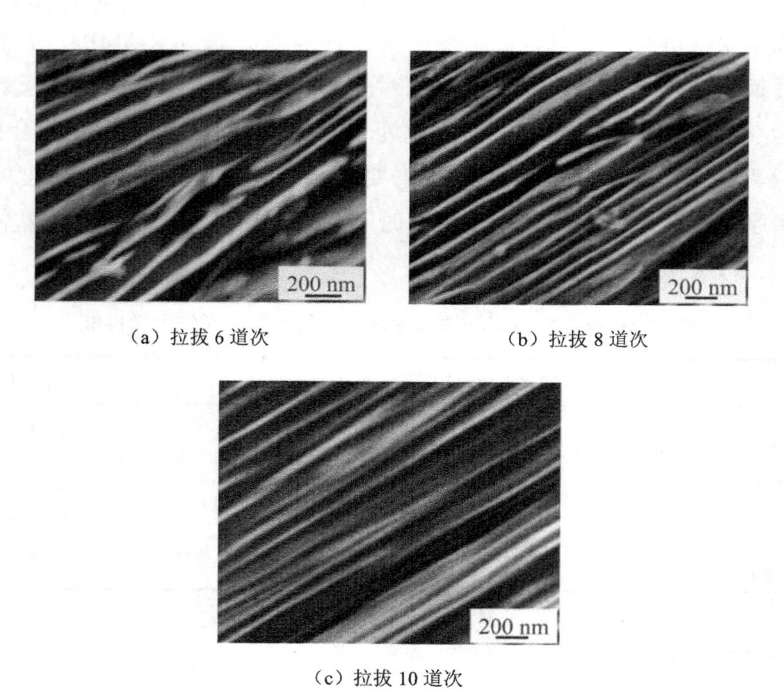

（a）拉拔 6 道次　　（b）拉拔 8 道次

（c）拉拔 10 道次

图 10-13　65Mn 弹簧钢丝不同拉拔道次下珠光体内层片间距变化

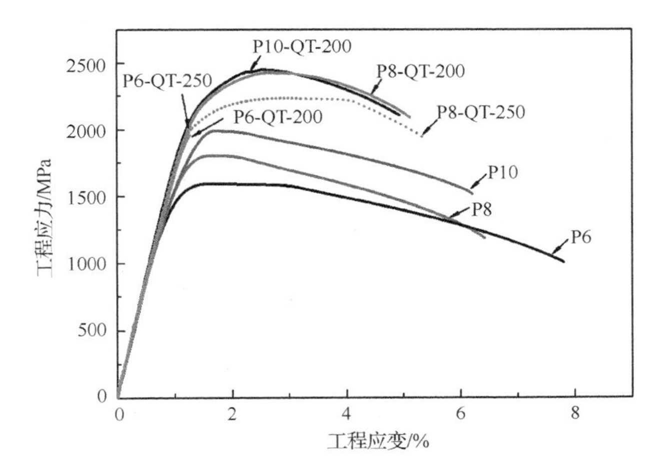

图 10-14　65Mn 冷拔钢丝与二次淬火热处理后的力学性能

P6 表示拉拔 6 道次；P8 表示拉拔 8 道次；P10 表示拉拔 10 道次；QT 表示淬火；P6-QT-200 表示拉拔 6 道次、淬火、200℃回火；P6-QT-250 表示拉拔 6 道次、淬火、250℃回火；P8-QT-200 表示拉拔 8 道次、淬火、200℃回火；P8-QT-250 表示拉拔 8 道次、淬火、250℃回火；P10-QT-200 表示拉拔 10 道次、淬火、200℃回火；淬火温度均为 780℃

表 10-7　65Mn 冷拔钢丝与二次淬火热处理样品的力学性能[23]

材料	直径/mm	应变/%	层片间距/nm	晶粒尺寸/μm	屈服强度/MPa	抗拉强度/MPa	总延伸率/%
P6	2.5	1.39	88.9	—	1521	1589	7.8
P8	2.0	1.83	75.1	—	1715	1802	6.3
P10	1.6	2.28	60.9	—	1837	1987	6.1
P6-QT-200	2.5	1.39	—	7.5	—	1955	—
P8-QT-200	2.0	1.83	—	4.9	2140	2422	5.1
P10-QT-200	1.6	2.28	—	4.7	2177	2446	4.9
P6-QT-250	2.5	1.39	—	7.5	—	2040	—
P8-QT-250	2.0	1.83	—	4.9	2043	2236	5.3

P8、P10 的钢丝样品经二次热处理后，强度提高有 20%，延伸率略有损失。P6 样品经淬火热处理后，强度也达到了 2000MPa 以上，但是塑性损失较大，成为脆性状态。出现这种状态的根本原因仍然和细化晶粒以及随后获得的马氏体亚结构差异有关，原奥氏体晶粒尺寸分布与马氏体亚结构分别见图 10-15 与图 10-16。所有钢丝样品都经 780℃加热 60s，经油淬火到室温。拉拔 8 道次的样品淬火后原奥氏体平均晶粒尺寸为 4.9μm，而拉拔 6 道次的样品平均晶粒尺寸为 7.5μm，见

图 10-15（a）和（b）。冷变形状态主要反映出应变储能和位错密度的差异，高的应变储能为奥氏体形核提供了高的驱动力，同时高密度的位错可以为奥氏体缺陷形核提供更多的形核位点，这就产生了拉拔道次多、晶粒更细的现象。4.5μm 的平均晶粒尺寸已经进入到可以影响马氏体亚结构的尺寸范围。淬火后的马氏体亚结构如图 10-16 所示，拉拔 8 道次的样品中马氏体亚结构主要是位错，而 6 道次的样品中马氏体的亚结构由位错和孪晶混合组成。图中显示孪晶量占到 50%以上。这再一次验证了晶粒尺寸改变马氏体亚结构的这一发现，同时也证明马氏体亚结构与晶粒尺寸的关联性，而与采用什么方法细化晶粒没有关系。

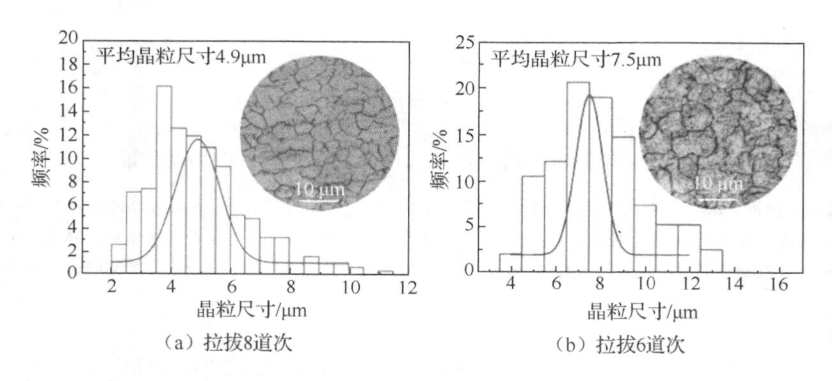

（a）拉拔8道次　　（b）拉拔6道次

图 10-15　65Mn 拉拔钢丝经二次加热淬火后的原奥氏体晶粒尺寸分布

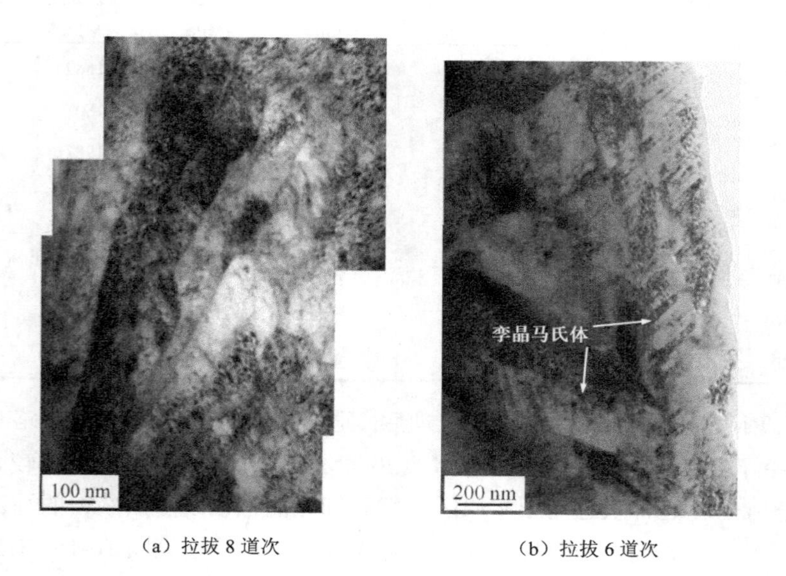

（a）拉拔 8 道次　　（b）拉拔 6 道次

图 10-16　不同拉拔道次的 65Mn 钢丝经二次加热淬火后的马氏体亚结构

10.2　超高碳钢的力学性能和接触疲劳性能

10.2.1　超高碳钢的力学性能

在 20 世纪 70 年代，Sherby 在研究超塑性的同时，引入了超高碳钢这一概念[24]。材料发生超塑性的一个重要条件是晶粒要细，超高碳钢的含碳量在 1%～2%，由于有较多的过剩碳化物，可以有效地阻碍晶粒长大，从而满足超塑性的条件。通过引入过剩碳化物，超高碳钢的铁素体晶粒尺寸可以细化到 0.5～2μm，在 650°C 这一温度下，超塑性变形可以达到 1220%[25]。含碳量在超高碳钢范围的钢铁材料是脆性的，在工业界被认为没有实用价值，但是将超高碳钢处理成铁素体基体和珠光体基体，可以得到非常好的强度与塑性的结合。图 10-17 是球化退火态超高碳钢组织，基体是铁素体，在其上分布着球形渗碳体颗粒，其力学性能如表 10-8 所示。三个冷却速度是指退火后随炉冷却速度，冷却速度升高会提高强度，但是也会降低塑性。整体退火态的超高碳钢强度与塑性都比较好，尤其有比较高的屈强比，这对冲压加工是非常有利的指标。图 10-18 给出了几种常见高强度钢与退火态超高碳钢的性能比较，超高碳钢整体具有优势，有可能是下一代汽车用钢的备选材料。

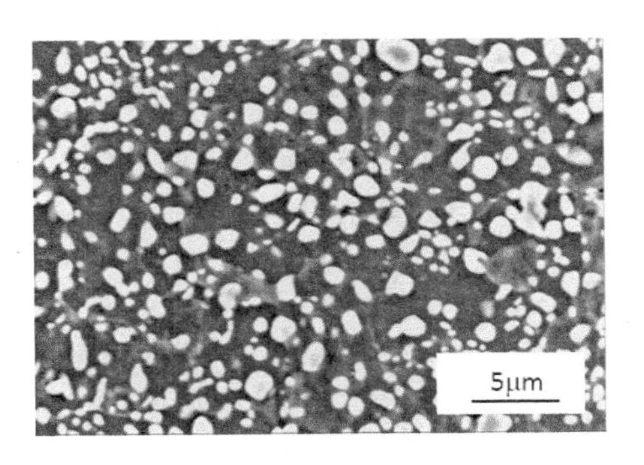

图 10-17　球化退火态超高碳钢组织

表 10-8　超高碳钢球化后室温拉伸力学性能

冷却速度 /（℃/min）	屈服强度 σ_s/MPa	抗拉强度 σ_b/MPa	延伸率 δ/%	断面收缩率 ψ/%	屈强比 σ_s/σ_b	硬度 /HRC
1	543	947	21	33.5	0.57	26.0
10	600	950	17	28.3	0.63	27.5
20	626	1066	11	22.4	0.58	28.3

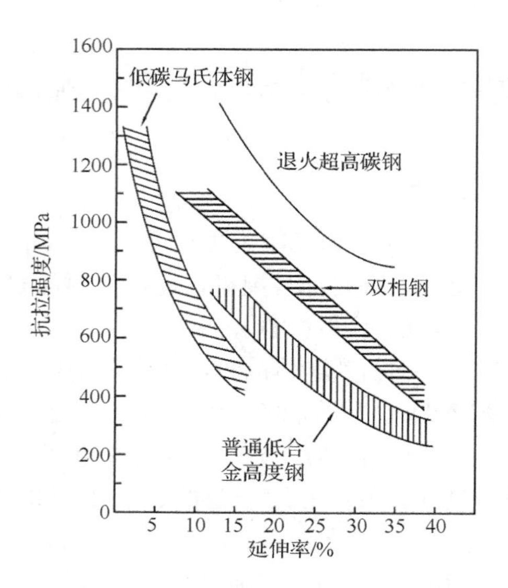

图 10-18　几种常见高强度钢与退火态超高碳钢的力学性能比较[26]

超高碳钢的基体也可以处理成珠光体组织，在奥氏体和渗碳体两相区加热后空冷就可以得到如图 10-19 所示的组织。图中颗粒是未溶渗碳体，而基体是珠光体组织。这种组织的力学性能如表 10-9 所示，整体来看，随着奥氏体化温度升高，强度升高，延伸率下降，强度水平普遍比铁素体基体的超高碳钢要高。含碳量对性能也有比较大的影响，适当降低含碳量，由 1.6%降低到 1.3%，强度略有降低，但是塑性会提高，特别是断面收缩率提高较大，断裂强度反而升高。这主要反映了未溶渗碳体对塑性的影响，含碳量高，未溶渗碳体量多，因而对塑性有较大的影响。

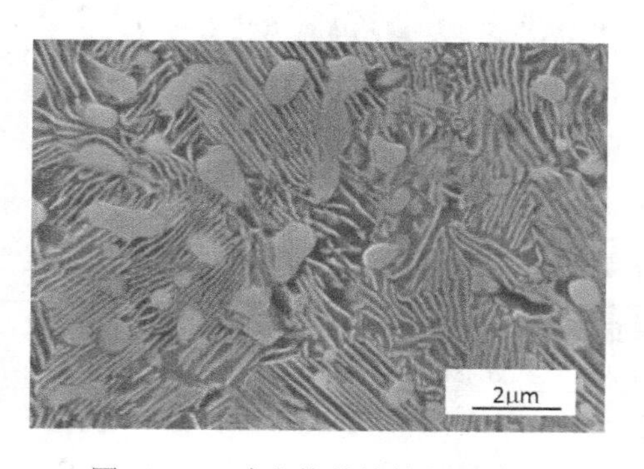

图 10-19　珠光体基体的超高碳钢

表 10-9　超高碳钢正火后室温拉伸力学性能

材料	奥氏体化温度/℃	屈服强度 σ_s/MPa	抗拉强度 σ_b/MPa	屈强比 σ_s/σ_b	延伸率 δ/%	断面收缩率 ψ/%	断裂强度 σ_f/MPa
UHCS-1.4C	780	624	934	0.67	22	36	1256
UHCS-1.4C	820	902	1307	0.69	13	31	1700
UHCS-1.4C	860	953	1439	0.66	12	26	1748
UHCS-1.4C	900	1045	1588	0.66	11	24	1894
UHCS-1.3C	860	903	1327	0.68	12	31	1702
UHCS-1.6C	860	981	1472	0.67	11	16	1684

10.2.2　超高碳钢作为新型轴承钢的综合力学性能

马氏体状态的超高碳钢仍然比较脆，多年来很少有人研究其力学性能。关于超高碳钢的研究主要集中在超塑性特性和非马氏体组织的力学性能。轴承是机械工业领域的基础件，其应用领域非常广，传统轴承钢的含碳量在 1.0%以下，使用组织状态是马氏体低温回火态，同样比较脆。由于轴承工作过程中承受的是压应力，因此采用超高碳钢制作轴承是比较好的选择，可以发挥超高碳钢高硬度、高耐磨性的优势。本书的作者在这个方向已进行了十多年的工作，以下系统地介绍这方面的工作。

图 10-20 是超高碳钢、GCr15 钢和 SKF-3 钢的球化组织。能看得出来，SKF-3 钢的球化组织最均匀，碳化物颗粒最细小；GCr15 钢的球化组织均匀性较差，有的碳化物颗粒尺寸达到 1～2μm；超高碳钢的球化组织也比较均匀，但是碳化物的平均颗粒尺寸稍大。

（a）超高碳钢

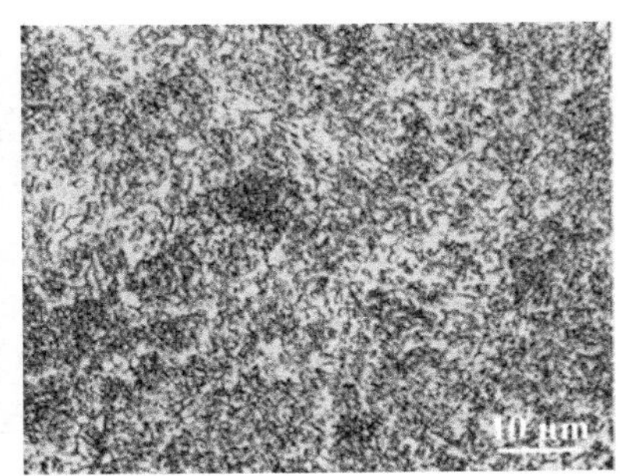

（b）GCr15 钢

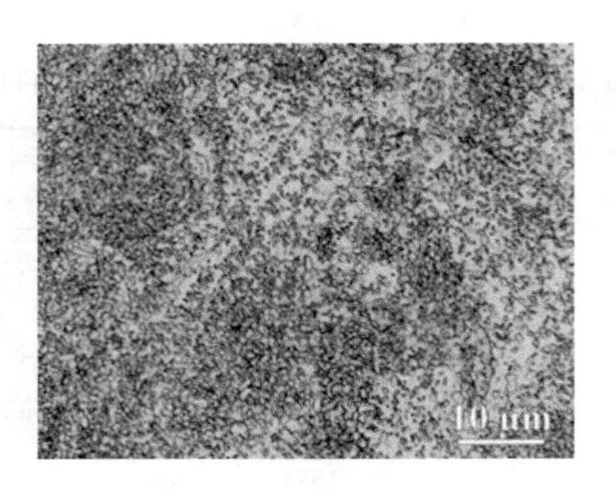

（c）SKF-3 钢

图 10-20　三种轴承钢材料的球化组织

图 10-21 给出的是三种材料的淬火组织，碳化物的尺寸仍然是 SKF-3 钢最小，超高碳钢的尺寸最大。可以看出来，在 GCr15 钢和 SKF-3 钢中有一些碳化物稀疏区，这是由于球化组织中碳化物比较细，在二次淬火加热的过程中，细小的碳化物比较容易溶解，导致部分区域没有过剩碳化物。相比而言，超高碳钢中没有碳化物稀疏区域，主要是由于原始球化组织中的碳化物尺寸相对较大，加热时溶解相对较慢，保留下来的比较多。碳化物稀疏区域的硬度偏低，轴承运转的时候噪音会比较大，台架试验时测试的结果表明超高碳钢的噪音比 GCr15 钢低 1～2dB。

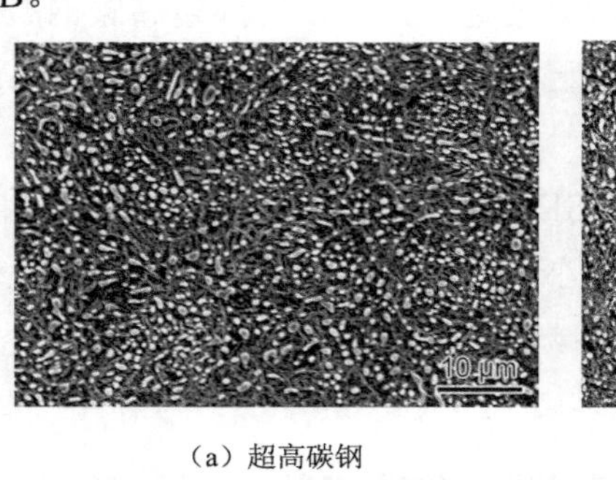

（a）超高碳钢

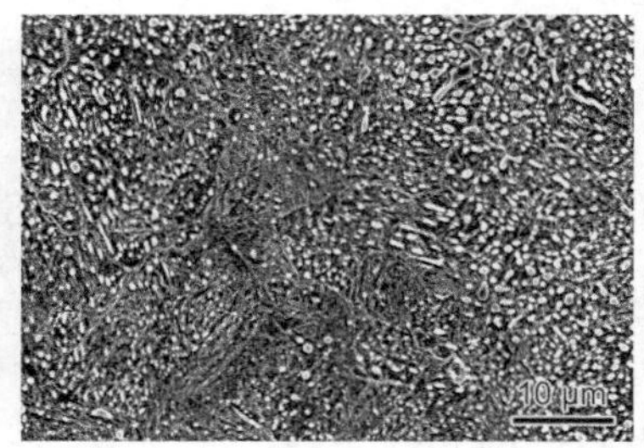

（b）GCr15 钢

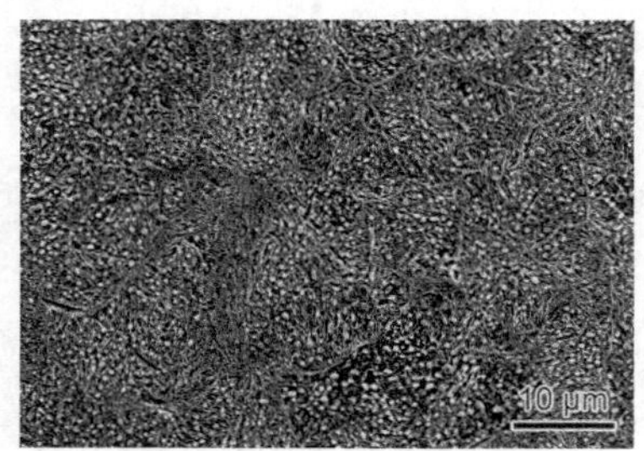

（c）SKF-3 钢

图 10-21　三种轴承钢材料的淬火组织

图 10-22 显示了三种轴承钢材料的晶粒尺寸，明显可以看出超高碳钢的晶粒尺寸最小，平均晶粒尺寸为 6.9μm。GCr15 钢和 SKF-3 钢的晶粒尺寸基本相同，大约是 13.5μm。正是超高碳钢中有较多的过剩碳化物，导致加热时奥氏体晶粒长大受阻，这与 Sherby 等早期的研究结论是一致的[25]，但是晶粒尺寸并没有 0.5～2μm 那么细，主要原因是 Sherby 等并没有直接腐蚀出超高碳钢的晶粒，晶粒尺寸是通过测量马氏体针的尺寸间接获得的。超高碳钢中的过剩碳化物较多，马氏体针在长大过程中碰到碳化物就会停止生长，因此，测量的马氏体针尺寸小于奥氏体晶粒的尺寸。第 7 章中介绍的 GCr15 钢马氏体亚结构转变的临界晶粒尺寸大约是 4μm，虽然 6.9μm 已超过了临界尺寸，但仍然是比较细的尺寸。根据图 7-53（d），在这个尺度下，马氏体亚结构中有近 20%的孪晶，13.5μm 的晶粒尺寸下约有 60%的孪晶。晶粒细小本身可以贡献韧性，较多的位错亚结构也可以进一步增加韧性，超高碳钢表现出的优良疲劳性能与这一因素有重要的关系。

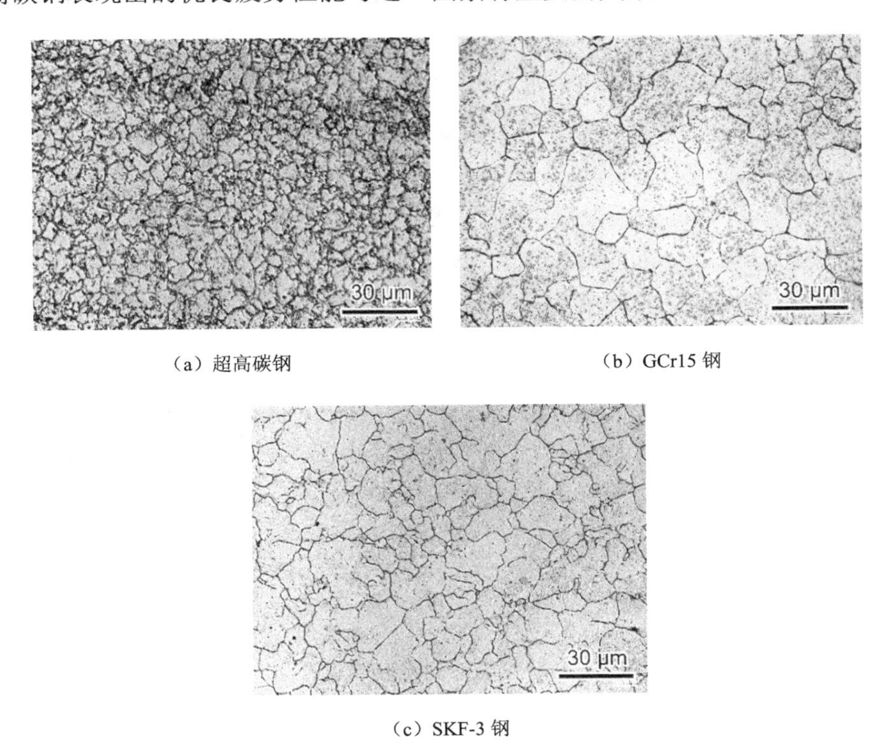

（a）超高碳钢

（b）GCr15 钢

（c）SKF-3 钢

图 10-22 三种轴承钢材料的晶粒尺寸

图 10-23 展示了超高碳钢淬火温度与硬度、残余奥氏体量关系，以及超高碳钢回火温度与硬度的关系。淬火温度在 840～860℃变化，硬度基本没有变化，维持在 65HRC 左右，残余奥氏体量随温度升高略有升高。在回火过程中，硬度的变

化比较明显，超高碳钢的硬度随回火温度变化降低比较缓慢，回火到 360°C，硬度仍然可以维持在 60HRC，在这个温度，GCr15 钢的硬度降低到了 54HRC 左右。对于高速重载的轴承来说，超高碳钢的这一特性非常重要，可以减少运行中轴承发热、硬度降低而导致的轴承寿命下降。

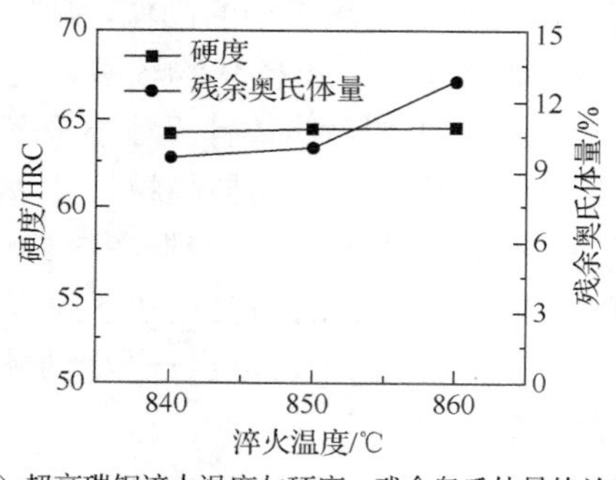

（a）超高碳钢淬火温度与硬度、残余奥氏体量的关系

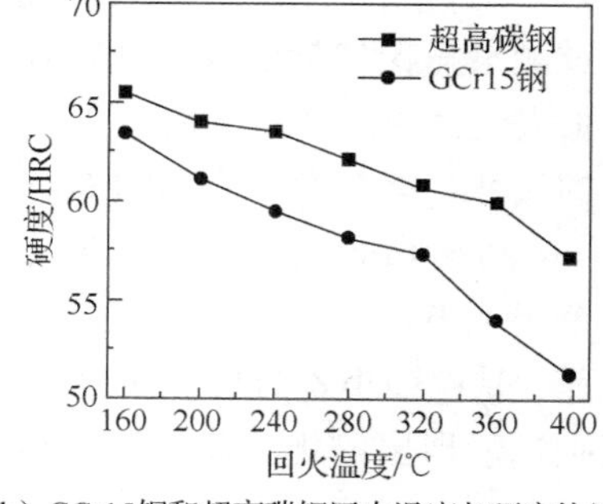

（b）GCr15钢和超高碳钢回火温度与硬度的关系

图 10-23　超高碳钢硬度、残余奥氏体量与奥氏体化温度和回火温度关系

超高碳轴承钢的磨损实验采用了两种实验方式，如图 10-24 所示。第一种是划痕实验，如图 10-24（a）所示，在被测试样上用钢针在一定载荷的作用下划擦，观察划痕的形貌，同时记录载荷和摩擦系数。划擦后的表面形貌如图 10-25 所示，超高碳钢划痕的底部原来磨削加工的纹路清晰可见，但是在 GCr15 钢的划痕底部原来磨削的纹路已经没有了。这表明 GCr15 钢的划痕比较深，而超高碳钢的比较浅。观察图 10-25（a）与（b），发现超高碳钢的划痕附近黑色的粉状物较多，这是被摩擦下来的金属粉。由于销盘实验机的钢针针尖是用 GCr15 钢材料制备的，在超高碳钢划痕附近的黑色粉粉末是钢针被磨损下来的粉，说明超高碳钢的硬度比钢针的要高，钢针被严重磨损。

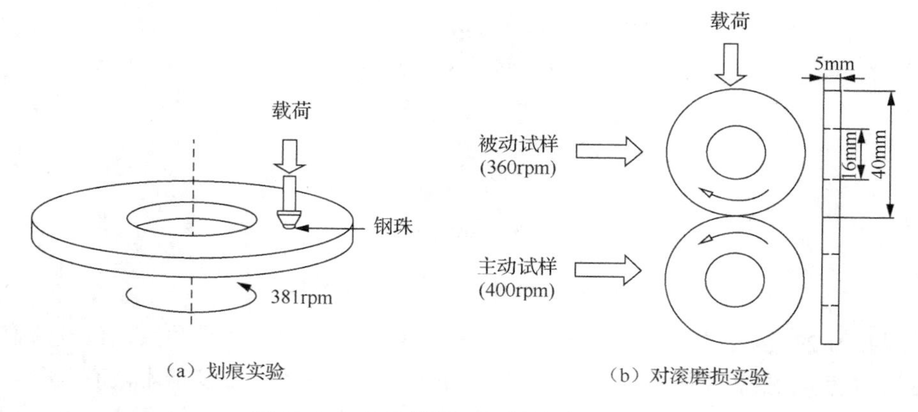

（a）划痕实验　（b）对滚磨损实验

图 10-24　轴承材料磨损实验原理示意图

（a）超高碳钢

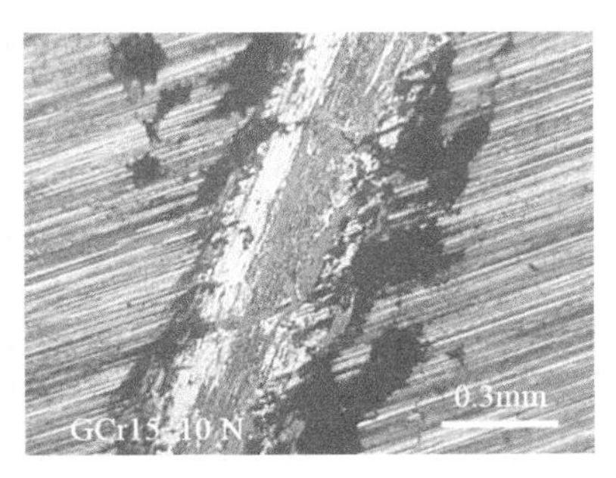

（b）GCr15 钢

图 10-25　划痕实验后的表面形貌

划痕实验后沿划痕方向从底部将试样切开，观察底部向心部的组织变化情况，结果如图 10-26 所示。GCr15 钢的划痕底部组织颜色比较深且范围比较大，如图 10-26(b)所示，而超高碳钢的底部只有少量的深色组织，其区域远小于 GCr15 钢，如图 10-26（a）所示。这表明在划痕实验过程中，划针底部的瞬间温度超过了材料原来的回火温度，使得原来的回火组织进一步再回火。在相同的腐蚀条件下，颜色越深，表明回火温度越高，析出物越多。由此可以得出结论，超高碳钢在划擦磨损时温度升高比 GCr15 钢的低。

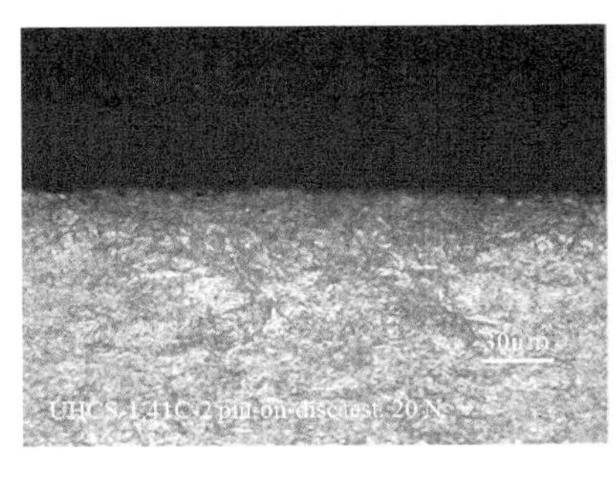

（a）超高碳钢

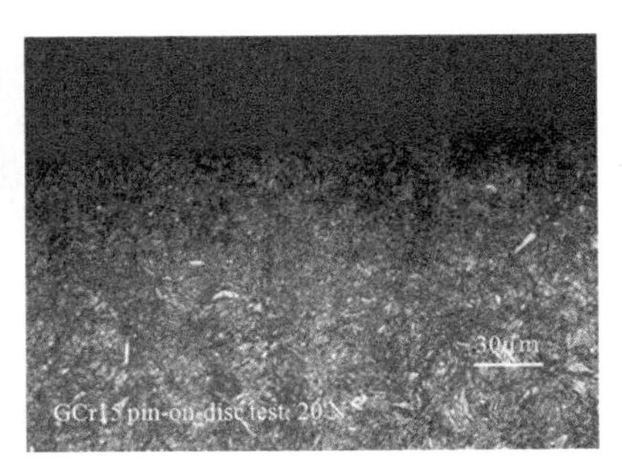

（b）GCr15 钢

图 10-26　划痕实验后沿划痕底部表面向纵深的组织状态

再来看一下对滚磨损实验的结果。如图 10-24（b）所示，将待测材料加工成两个接触的转轮，在一定的工作压力下转动，同时两个转轮的速度不相同，有一定的速度差，这样在转动的同时有滑动磨损。在转动一定时间后测量待测试样的失重量，绘制成曲线如图 10-27 所示。图 10-27 中显示的是含碳量为 1.41%的两种退火工艺条件的淬火低温回火超高碳钢和 GCr15 钢对滚磨损测试结果。在 250N 的正压力条件下，三种材料的磨损失重差异不大，见图 10-27（a），GCr15 钢略高于两种超高碳钢。当正压力达到 500N 时，GCr15 钢的磨损失重逐渐变大，当磨损时间达到 10h 时，磨损失重超过一倍，见图 10-27（b）。图 10-27（c）显示的是平均摩擦系数的变化，当正压力小于 10N 时，GCr15 钢的平均摩擦系数低；当施加正压力大于 10N 后，超高碳钢的平均摩擦系数明显小于 GCr15 钢。减小摩擦系数可以提高传动效率，减小发热，提高能量利用率。正压力在 10N 时两种材料的平均摩擦系数出现转折，主要是由于小正压力时材料的表面粗糙度对测量结果有比较大的影响。对滚磨损后测量表面硬度如表 10-10 所示，在起始状态，超高碳钢的硬度就高于 GCr15 钢，在 250N 加载时，GCr15 钢的加工硬化比较快，达到了 1190HV，超高碳钢的硬度是 1096HV。随后正压力继续增加，超高碳钢的硬度始终高于 GCr15 钢。虽然超高碳钢的起始硬度就高于 GCr15 钢，但是它仍然有较高的加工硬化能力。

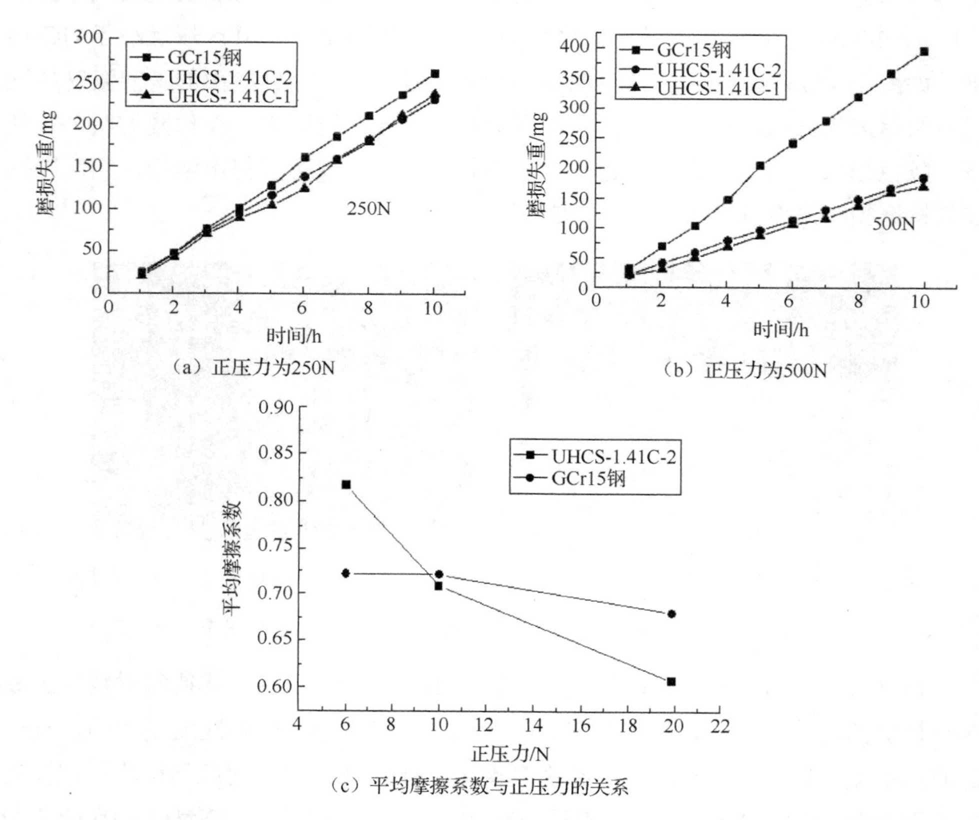

（a）正压力为250N　　（b）正压力为500N

（c）平均摩擦系数与正压力的关系

图 10-27　不同正压力下磨损失重与时间关系以及平均摩擦系数与正压力的关系

表 10-10　对滚磨损实验后的表面硬度（HV）

材料	起始硬度	250N	300N	500N
UHCS-1.41-2	884	1096	1021	1143
GCr15 钢	788	1190	998	1040

在 300N 正压力作用下对滚磨损实验后的表面形貌如图 10-28 所示，两张图片上都有许多黑色的区域，这是磨下来的铁销被辊压到试样表面后形成的图像。除了这些区域，在 GCr15 钢的表面，有许多小裂纹，而超高碳钢的表面则没有。这说明除了耐磨性高以外，超高碳钢的裂纹萌生倾向也要比 GCr15 钢的要小。这与传统的直觉不一致，超高碳钢的淬火回火态的硬度高，耐磨性要好，这说明超高碳钢的脆性大，会导致萌生裂纹的倾向增大，但是实际情况却相反，这说明有不同于常规的机制在起作用。

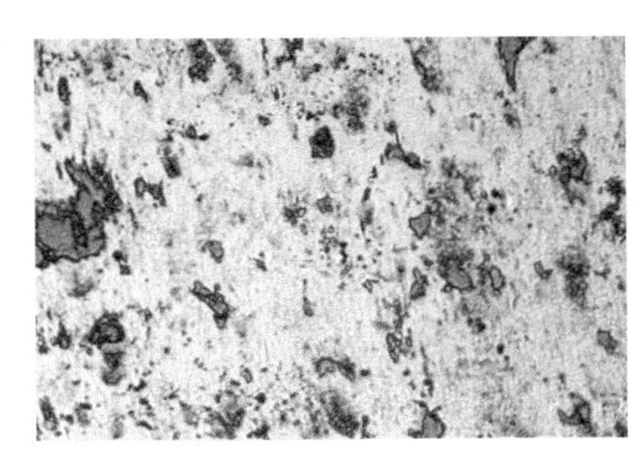

（a）超高碳钢

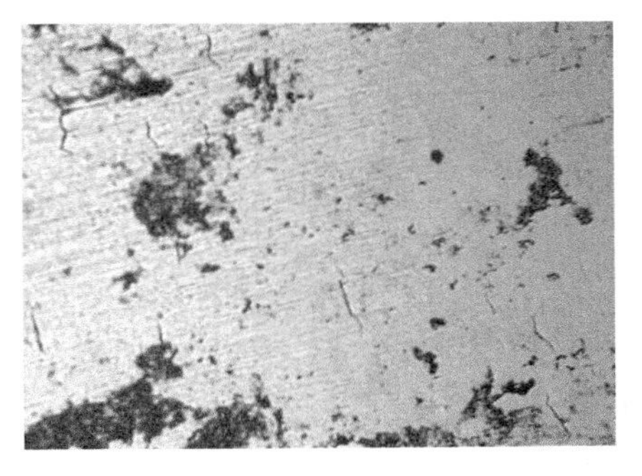

（b）GCr15 钢

图 10-28　1.41w_C 超高碳钢和 GCr15 钢在 300N 正压力作用下对滚磨损实验后的表面形貌

以上实验从不同方面展示了超高碳钢作为新一代轴承钢的优势。评价轴承钢的最重要的实验是接触疲劳实验，接触疲劳实验原理如图 10-29（a）所示，盘状试样与磨损轨道如图 10-29（b）所示，工作时盘状试样置于上面，在其下面有一盘止推轴承，工作中试样不转，下支座与止推轴承在转动，工作载荷通过端盖加载到试样上，整个试样和轴承钢珠浸泡在润滑油中，一方面起到润滑作用，另一方面起到冷却试样的作用。实验过程中只要试样滚道上出现一个麻点，即判定试样达到了失效状态，记录运转周次然后更换试样。接触疲劳实验测试结果如图 10-30 所示[27-28]。除了超高碳钢、GCr15 钢以外，还测试了 SKF-3 钢的接触疲劳寿命，施加的接触载荷都是 4400MPa。由图可以看出，SKF-3 钢与 GCr15 钢的接触疲劳寿命在一个水平上，只是 SKF-3 钢的分散度小一些，这两种材料的小部分试样接触疲劳寿命超过了 10^7，大部分试样的寿命比较低。超高碳钢全部试样的疲劳寿命都超过了 10^7，个别超过了 10^8。经概率运算后的接触疲劳寿命和韦布尔（Weibull）斜率如表 10-11 所示。超细晶钢失效概率为 10%和 50%的寿命是 SKF-3 钢和 GCr15 钢的 5 倍。

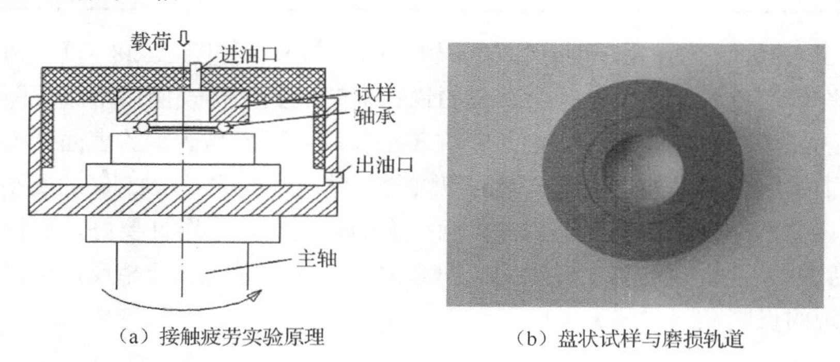

（a）接触疲劳实验原理　　（b）盘状试样与磨损轨道

图 10-29　接触疲劳实验原理、盘状试样与磨损轨道

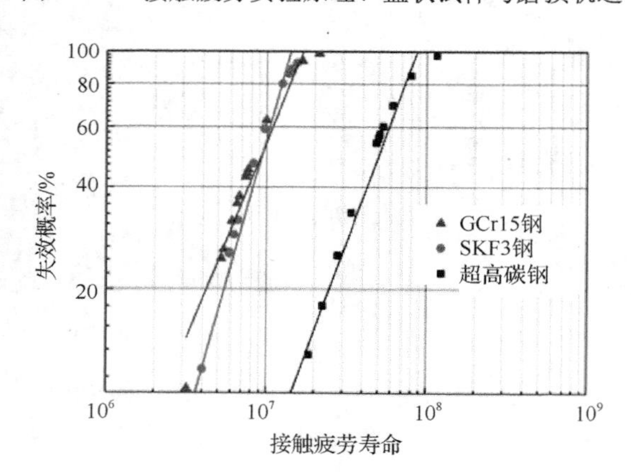

图 10-30　超高碳钢、GCr15 钢和 SKF-3 钢接触疲劳寿命曲线

表 10-11　接触疲劳寿命及 Weibull 斜率

试样	失效概率为 10%的寿命（$\times 10^7$）	失效概率为 50%的寿命（$\times 10^7$）	Weibull 斜率
超高碳钢	1.5896	4.5583	1.79
GCr15 钢	0.3163	0.8282	1.95
SKF-3 钢	0.3725	0.8627	2.24

图 10-31 显示三种轴承钢在不同运转周次下轨道的磨损情况。SKF-3 钢和 GCr15 钢的磨损情况基本一致，比较严重，原来磨削加工的纹路基本没有了，同时表面产生了严重的塑性变形，原来磨削加工的直线纹路已变得扭曲，并产生了

许多黑色的小点，这些都有可能成为疲劳裂纹源。而超高碳钢的轨道磨损比较轻微，磨削纹路仍然保留，在运转 780 万次的条件下，有一些轻微的小点。这些结果表明，超高碳钢由于硬度高，屈服强度高，可以承担更高的载荷。

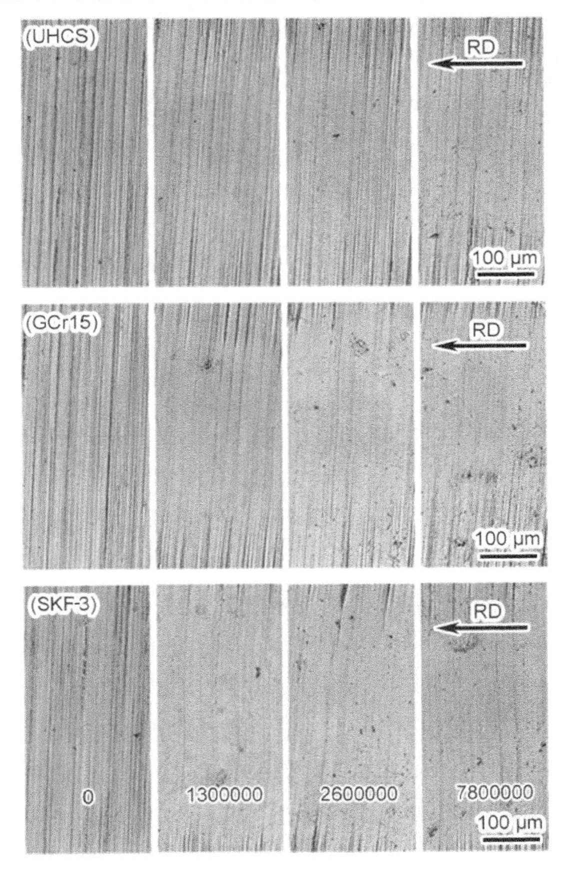

图 10-31 超高碳钢、GCr15 钢和 SKF-3 钢在不同周次后轨道的磨损表面

将超高碳钢加工成重型卡车轴承，进行了台架疲劳实验，在 3.5 倍额定载荷的条件下，超高碳钢的疲劳寿命仍然是 GCr15 钢的 3～5 倍。图 10-32 是完成台架试验后轴承的表面形貌。GCr15 钢轴承的表面已经发黄，表明轴承运转的时候，表面瞬间温度已经升高到 200℃以上，在有润滑油冷却的环境中，轴承表面仍然被氧化。超高碳钢轴承的表面仍然保持金属原有颜色，没有发生氧化。这说明超高碳钢轴承在测试运转的时候，表面的温度比较低，达不到氧化的条件。图 10-32 的结果与图 10-26 是一致的，热量来自反复的塑性变形，由于 GCr15 钢和 SKF-3 钢的硬度低，材料的屈服强度相应也比较低。同样的载荷下，超高碳钢的形变量比较小，发热量也比较小。

（a）超高碳钢

（b）GCr15 钢

图 10-32　超高碳钢轴承与 GCr15 钢轴承台架疲劳实验后的表面形貌

以上的实验证明了超高碳轴承钢比 GCr15 钢和 SKF-3 钢有更好的耐磨性和接触疲劳性能。与传统轴承钢相比，超高碳钢只是含碳量增加了 0.1%～0.3%，是否仅仅是这样一点含碳量增加就可以使磨损性能和接触疲劳性能成倍地提高？下面一组实验可以说明这一问题。

图 10-33 是 1.41w_C 超高碳钢经不同球化工艺处理后的组织。图 10-33（a）是经离异共析处理的球化组织，离异共析可以加速球化，减少球化的时间，采用的离异共析工艺为 800℃加热 25min、2h 炉中连续冷却到 750℃后空冷。图 10-33（a）中除了常规的球状渗碳体以外，有许多黑色区域，将其放大后如图 10-33（b）所示，黑色的区域是超细珠光体。离异共析处理后在 750℃出炉空冷，这说明出炉的温度偏高，奥氏体中的含碳量还比较高，随后转变为珠光体。图 10-33（c）是 800℃保温 9h 后炉冷到 600℃出炉球化组织，可以看出，球化效果比较好。对这两种球化后的组织进行二次淬火热处理，淬火组织如图 10-34 所示。

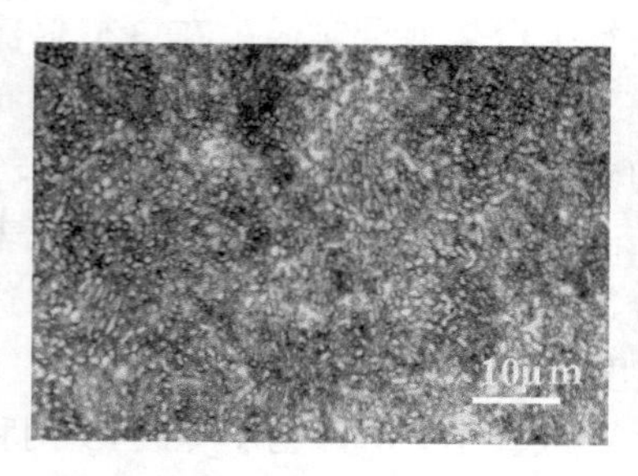

（a）经离异共析处理的球化组织

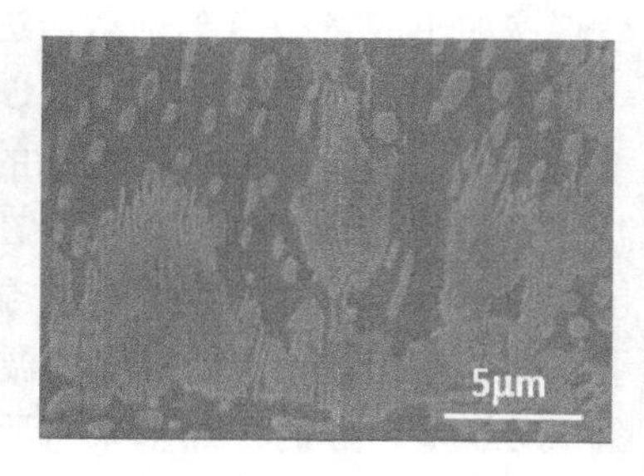

（b）（a）图中黑色区域的组织 SEM 图像

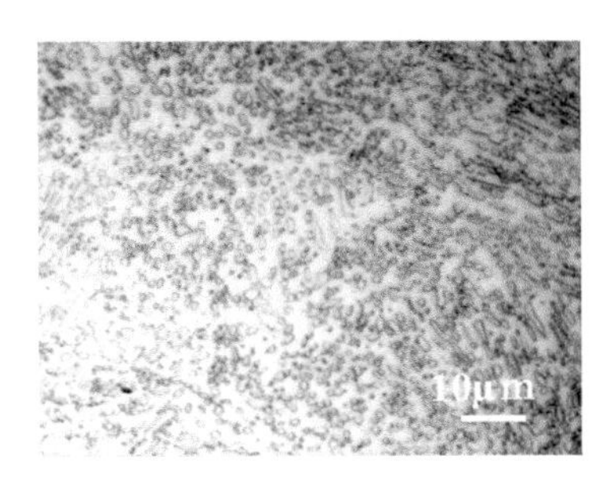

（c）800°C 保温 9h 后炉冷到 600°C 出炉球化组织

图 10-33　1.41w_C 超高碳钢不同工艺的球化组织

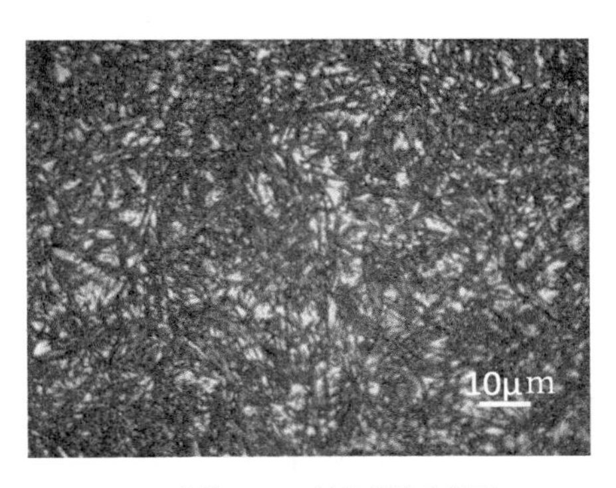

（a）传统 GCr15 轴承钢淬火组织

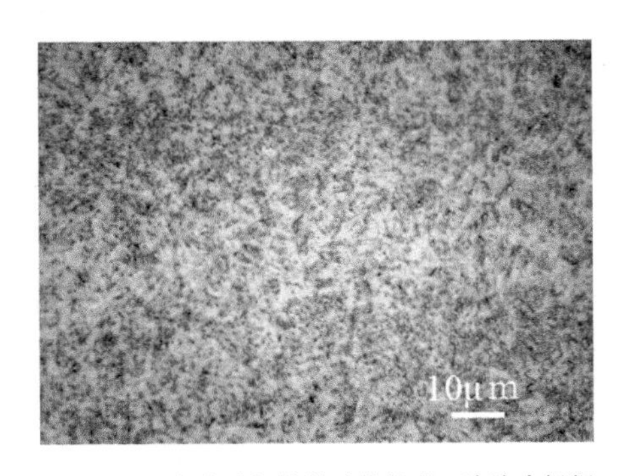

（b）1.41w_C 超高碳钢等温球化处理二次淬火组织

（c）1.41w_C 超高碳钢经离异共析球化处理后二次淬火组织

图 10-34　GCr15 钢和 1.41w_C 超高碳钢不同球化工艺处理后淬火组织

这三种材料的样品都采用了经典的轴承淬火工艺，即 845°C 加热 7min，油中淬火，160°C 回火 2h。GCr15 钢的晶粒最粗，马氏体针的形貌和长度清晰可见，如图 10-34（a）所示。超高碳钢 800°C 保温 9h 的样品晶粒最细，基本看不到马氏体的形貌，黑色的小点是未溶碳化物，见图 10-34（b）。离异共析球化组织淬火后的晶粒相对较粗，但是比 GCr15 钢的要细，可以看到马氏体的形貌和针的长度。由于离异共析球化组织中有较多的细珠光体，在二次淬火加热时，这些细珠光体极易溶解，失去了对晶粒长大的阻碍作用，因而晶粒尺寸比 800°C 保温 9h 球化的晶粒要大。那么这两种组织对磨损性能和接触疲劳性能有什么影响呢？

图 10-27 显示的是超高碳钢两种球化工艺淬火后的磨损性能，图中 UHCS-1.41C-1 是常规球化工艺后 845°C 淬火 160°C 回火状态，UHCS-1.41C-2 是离异共析球化处理后 845°C 淬火 160°C 回火状态，两个工艺下磨损性能没有差别，在大载荷下两者耐磨性都优于 GCr15 钢。划痕实验（图 10-25）、对滚磨损实验（图 10-28）和观察划痕实验后底部向心部的组织（图 10-26），都采用的是 UHCS-1.41C-2 超高碳钢试样和 GCr15 钢做对比实验，结果都显示超高碳钢明显优于传统 GCr15 钢。但是接触疲劳实验的结果却出现了不一致，见图 10-35。图中显示，UHCS-1.41C-2 超高碳钢的平均接触疲劳寿命与 GCr15 钢相似，其寿命曲线的斜率比 GCr15 钢小，这意味着 UHCS-1.41C-2 寿命的分散性要比 GCr15 钢的大。只有 UHCS-1.41C-1 的疲劳寿命大幅超过了 GCr15 钢和 UHCS-1.41C-2，这说明提高材料的含碳量可以提高耐磨性，但不一定能够提高接触疲劳寿命。那什么是接触疲劳寿命的控制因素呢？图 10-36 是这三种材料组织的 TEM 图像，(a) 图和 (b) 图是 GCr15 钢组织的 TEM 图像，主要是由片状马氏体以及内部的孪晶亚结构组成。(c) 图和 (d) 图是 UHCS-1.41C-1 的 TEM 图像，虽然马氏体的形态仍然是片状，但是其内部主要是位错亚结构。(e) 图和 (f) 图是 UHCS-1.41C-2 组织的 TEM 图像，除了位错以外，仍然有不少的孪晶。超高碳钢的一个主要优点是晶粒比较细小，图 10-22 的结果表明超高碳钢经常规淬火回火后的晶粒尺寸为 6.9μm，这个晶粒尺寸已进入到了超细晶的范围。根据第 7 章的内容，马氏体相变的亚结构与原奥氏体晶粒尺寸有很大的关系，细化晶粒到 4μm 左右，高碳钢马氏体的亚结构可以由孪晶转变为位错。由图 7-53 (d) 可以估算出，当奥氏体晶粒尺寸为 6.9μm 时，马氏体中将有 20%左右的孪晶。图 10-34 (c) 中可清晰地看到马氏体针的形貌，其长度已达到了 10μm 量级。由马氏体相变的规律，第一片马氏体针的长度可以贯穿奥氏体的晶粒，即可以用马氏体针的长度近似反应原奥氏体晶粒的尺度，即 UHCS-1.41C-2 的晶粒尺寸在 10～12μm 量级，在这个尺度下，由图 7-53 (d) 可以近似得到 UHCS-1.41C-2 的孪晶含量在 40%。这一结果可以定性说明，超高碳钢 UHCS-1.41C-1 和 UHCS-1.41C-2 的接触疲劳寿命差异是由晶粒尺寸和亚结构孪晶量不同引起的。较多的孪晶亚结构在应力的作用下容易萌生裂纹，裂纹在周期载荷的作用下不断扩展生产疲劳剥落。因此，磨损与接触疲劳两种失效机制的决定因素有所不同，磨损正比于硬度，而接触疲劳失效在

高硬度的条件下需要有一定的塑性，能够减小应力集中，缓解裂纹的萌生。因此，孪晶含量少的 UHCS-1.41C-1 得到了更高的接触疲劳寿命。

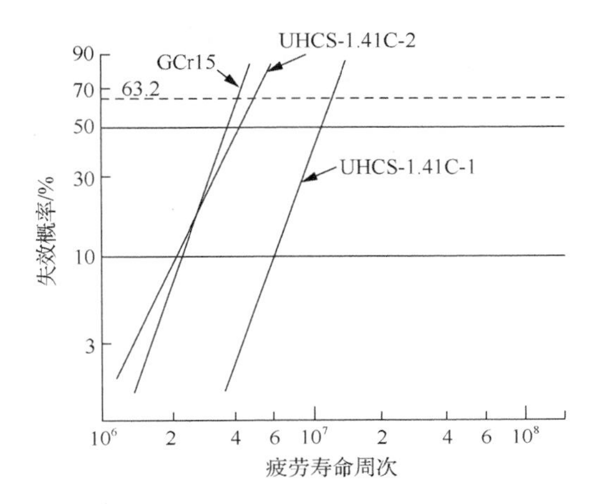

图 10-35　超高碳钢 UHCS-1.41C-1、UHCS-1.41C-2 和 GCr15 钢样品经 845℃加热淬火 160℃回火后的接触疲劳寿命

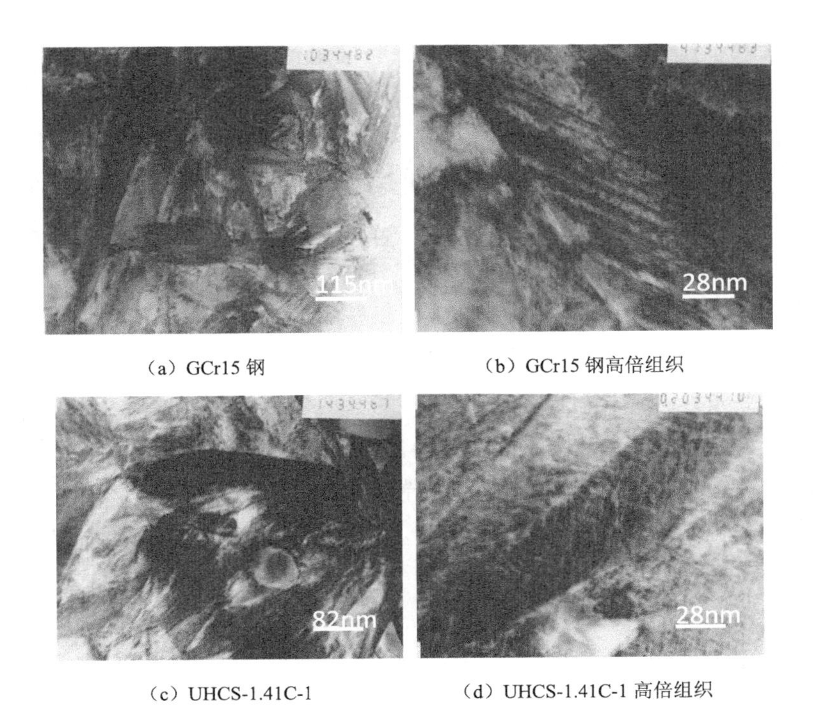

（a）GCr15 钢　（b）GCr15 钢高倍组织

（c）UHCS-1.41C-1　（d）UHCS-1.41C-1 高倍组织

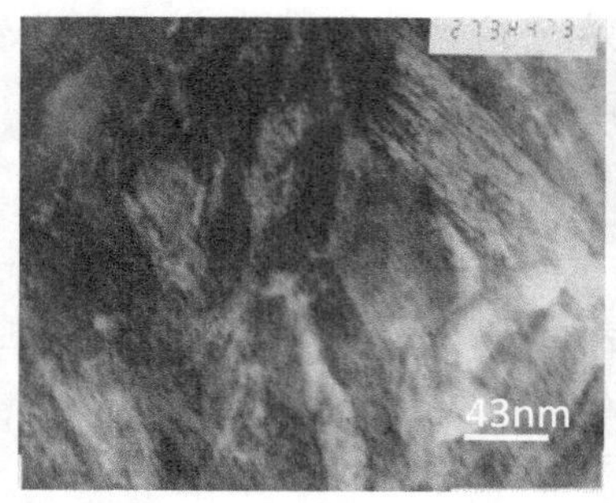

（e）UHCS-1.41C-2

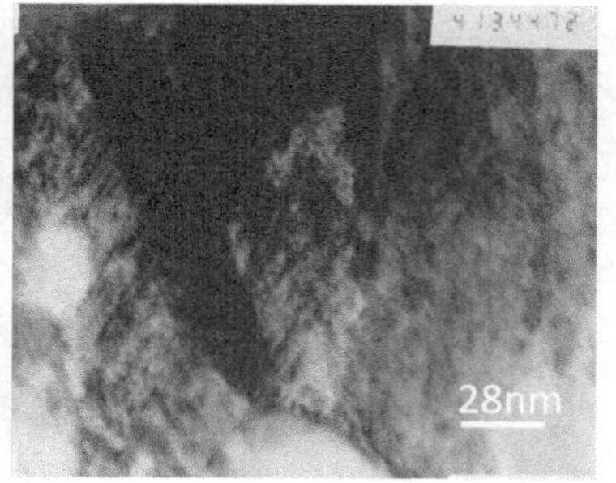

（f）UHCS-1.41C-2 高倍组织

图 10-36　GCr15 钢和两种不同球化工艺处理的超高碳钢淬火组织 TEM 照片

10.3　马氏体的脆性

马氏体在工业界几乎是脆性相的代名词，实际上位错型的低碳马氏体具有非常好的强度与韧性。高碳马氏体无疑是既硬又脆，只能用来制作工具和磨具等不受拉伸应力的零件，如轴承。那么是什么导致高碳马氏体具有脆性呢？目前有两种不同的解释。Krauss 等对马氏体的淬火脆性进行了系统的研究，主要结论是磷在晶界的偏聚是导致高碳马氏体淬火脆性的原因[29-31]。表面俄歇电子分析表明，晶界偏聚 P 的含量可以比晶内高 30～50 倍[31]，P 的存在会促进 Fe_3C 的析出，增加晶界析出渗碳体的概率。Ando 等[31]的实验是将轴承钢（AISI52100）在 960℃奥氏体化后分别在 810℃和 755℃等温 15min 淬入水中，发现晶界有网状的渗碳体，由此得出结论，高碳钢的淬火脆性断裂是由沿晶的网状碳化物导致，P 的存在会增加碳化物的析出量。这种解释的前提是在晶界上要有 Fe_3C 析出，实验数据是在比较极端的条件下得到的，例如，将轴承钢加热到 960℃，奥氏体晶粒将会长得比较大，由于晶界总面积减小，促使 P 的偏聚量增大，有利于 Fe_3C 析出。绝大部分工业热处理条件下，晶界是没有渗碳体析出的，高碳钢淬火低温回火仍然是脆性的状态。另外一种解释是孪晶亚结构导致脆性。图 7-8 显示了两种设计的材料，它们的含碳量相同，为 0.25%左右，Mn 含量有较大的差别，分别为 3%和 6.85%。这样设计的目的是使 M_s 有较大的差别，分别为 306℃和 186℃。由于 M_s 的差异，马氏体亚结构分别为位错与孪晶，高 Mn 低碳马氏体亚结构是孪晶，而低 Mn 低碳钢的马氏体亚结构是位错。在一系列回火温度下，测量冲击功。位错亚结构的马氏体冲击功始终高于孪晶亚结构，随回火温度升高，这种差距变得越来越大，位错马氏体的冲击功大幅升高，而孪晶马氏体的冲击功基本没有变化，当回火温度达到 500℃以上，冲击功相差了有 10 倍。这表明孪晶导致的脆性是不可恢复的，也就是孪晶这一晶体结构是非热激活型的缺陷，原子热运动无法改变其结构，尽管回火温度达到了 500℃，孪晶导致的脆性仍然没有消除。

用图 7-8 的这一结果来解释孪晶马氏体导致脆性更具有普遍的意义，孪晶诱发裂纹在图 10-28 中已显示得比较清楚了。图 10-3 的结果表明，60Cr 钢在 850°C 保温 8min 得到了 2400MPa 的抗拉强度和 10%的延伸率，但是在同样的温度保温 15min 后，材料立刻变脆，延伸率等于零。850°加热 8min 后晶粒尺寸为 6.8μm，这时的组织仍然以位错马氏体为主，有少量的孪晶，当加热时间延长达到 15min 后，晶粒尺寸长大到 15μm，已经达到了常规的奥氏体晶粒尺寸，根据图 7-53（d），对应这一晶粒尺寸，孪晶马氏体含量将达到 50%以上。按照高碳钢马氏体脆性的第一种解释，晶粒粗化会导致晶界面积减小，单位面积上偏聚的 P 会增加，这也会导致脆性增加。我们做一个简单的计算，看看晶粒尺寸由 7μm 增加到 15μm 后，晶界面积会降低多少。假设晶粒由立方体构成，7μm 的晶粒体积为 $343\mu m^3$，15μm 的晶粒体积为 $3375\mu m^3$。$1cm^3$ 中应该包含 7μm 的晶粒 29154 个，包含 15μm 的晶粒 2962 个。7μm 的晶粒表面积为 $294\mu m^2$，15μm 的晶粒表面积为 $1350\mu m^2$，相应的 $1cm^3$ 中包含 7μm 的晶粒的总晶界面积为 $8.5\times10^6\mu m^2$，包含 15μm 的晶粒的总晶界面积为 $3.9\times10^6\mu m^2$。由此可以得到，晶粒尺寸由 7μm 增加到 15μm，晶界面积降低一半左右，也就是说 P 的偏聚会增加一倍。对于微量元素晶界的偏聚，含量相差一倍应该说没有本质的变化，对力学性能的变化不应该有本质的影响。Krauss 等提出的模型中，晶界偏聚的 P 是晶内的 30～50 倍。但是晶粒尺寸由 7μm 增加到 15μm，孪晶马氏体含量由 10%左右增加到 50%，增加了 4 倍，因此 P 的晶界偏聚不应该是孪晶马氏体脆性的根本原因。根本的原因是孪晶马氏体量大幅增加，孪晶结构本身导致了脆性。

孪晶不仅在高碳马氏体钢中导致脆性，在低碳钢中也是导致低温韧脆转化的本质因素。早在 1926 年 Neill 就提出了孪晶诱发裂纹的概念，Hull 和 Honda[32-35] 最早开展了这方面的实验研究，他们在铁硅单晶体合金中观察到了孪晶萌生裂纹，特别是在孪晶相交的界面处。Hull 指出，当孪晶方向与剪切方向不一致时，在(001)解理平面上的垂直分切应力足够大的时候或孪晶相交线与解理面相平行时会产生微裂纹。Williams 等[36]设计了一个很好的实验证明了孪晶诱发断裂，他们采用了一个高时间分辨率的电磁装置，可以记录并区分孪晶信号和断裂信号，实验材料为粗晶缺口硅铁试样，在 77K 下进行实验，结果表明爆发孪晶信号比断裂信号早 2～20μs。这一实验说明，孪晶先于断裂发生，孪晶的产生引发了裂纹形核与最终快速断裂。在无缺口的试样测试中，没有检测到孪晶爆发的信号，相应没有发生脆性断裂。在 BCC 晶体中，孪晶变形在位错滑移的很早期阶段就已形成，而在 FCC 晶体中，孪晶通常要在比较大的塑性变形过程中才能形成。BCC 晶体中的孪晶厚度比较大，通常在几个微米的量级，而 FCC 晶体中的孪晶厚度比较小，这种差异导致 BCC 晶体中孪晶在相遇处或遇到阻碍处产生大的应力集中，容易萌生裂纹[37]。

本书发现了高碳马氏体钢在细化晶粒的条件下可以得到位错亚结构，由此带来了塑性和韧性。这无疑是在马氏体相变研究中的一个重要发现，同时也能将高碳马氏体钢的应用扩大到结构件的范围，为低合金、低成本、超高强度钢的设计与开发提供了一种新的思路。

参考文献

[1] KIMURA Y, INOUE T, YIN F, et al. Inverse temperature dependence of toughness in an ultrafine grain-structure steel[J]. Science, 2008, 320(5879): 1057-1060.

[2] SUN J J, LIU Y N, ZHU Y T, et al. Super-strong dislocation-structured high-carbon martensite steel[J]. Scientific Reports, 2017, 7(1): 6596.

[3] WANG Y J, SUN J, JIANG T, et al. A low-alloy high-carbon martensite steel with 2.6 GPa tensile strength and good ductility[J]. Acta Materialia, 2018, 158: 247-256.

[4] ASM International Handbook Committee. Properties and Selection: Irons Steels and High Performance Alloys[M]. Cleveland: ASM international, 1990.

[5] BHADESHIA H K D H. Properties of fine-grained steels generated by displacive transformation[J]. Materials Science and Engineering A, 2008, 481-482: 36-39.

[6] GARCIA-MATEO C, CABALLERO F G. Ultra-high-strength bainitic steels[J]. The Iron and Steel institute of Japan International, 2005, 45(11): 1736-1740.

[7] KIM B, BOUCARD E, SOURMAIL T, et al. The influence of silicon in tempered martensite: Understanding the microstructure-properties relationship in 0.5-0.6 wt. % C steels[J]. Acta Materialia, 2014, 68: 169-178.

[8] DAIGNE J, GUTTMANN M, NAYLOR J. The influence of lath boundaries and carbide distribution on the yield strength of 0.4% C tempered martensitic steels[J]. Materials Science and Engineering, 1982, 56(1): 1-10.

[9] SHIBATA A, NAGOSHI T, SONE M, et al. Evaluation of the block boundary and sub-block boundary strengths of ferrous lath martensite using a micro-bending test[J]. Materials Science and Engineering A, 2010, 527(29-30): 7538-7544.

[10] YONG Q. Secondary Phases in Steels[M]. Beijing: Metallurgical Industry Press, 2006.

[11] HUTCHINSON B, HAGSTROM J, KARLSSON O, et al. Microstructures and hardness of as-quenched martensites(0.1-0.5% C)[J]. Acta Materialia, 2011, 59(14): 5845-5858.

[12] GHOSH G, OLSON G B. The isotropic shear modulus of multicomponent Fe-base solid solutions[J]. Acta Materialia, 2002, 50(10): 2655-2675.

[13] GLADMAN T. Precipitation hardening in metals[J]. Materials science and technology, 1999, 15(1): 30-36.

[14] JIA N, SHEN Y F, LIANG J W, et al. Nanoscale spheroidized cementite induced ultrahigh strength-ductility combination in innovatively processed ultrafine-grained low alloy medium-carbon steel[J]. Scientific reports, 2017, 7(1): 2679.

[15] KRAUSS G. Martensite in steel: Strength and structure[J]. Materials Science and Engineering A, 1999, 273-275: 40-57.

[16] KIMURA Y, INOUE T. Influence of warm tempforming on microstructure and mechanical properties in an ultrahigh-strength medium-carbon low-alloy steel[J]. Metallurgical and Materials Transactions A, 2013, 44(1): 560-576.

[17] OHMORI A, TORIZUKA S, NAGAI K. Strain-hardening due to dispersed cementite for low carbon ultrafine-grained steels[J]. The Iron and Steel institute of Japan International, 2004, 44(6): 1063-1071.

[18] LEE T, PARK C H, LEE D L, et al. Enhancing tensile properties of ultrafine-grained medium-carbon steel utilizing fine carbides[J]. Materials Science and Engineering A, 2011, 528(21): 6558-6564.

[19] BELYAKOV A, SAKAI Y, HARAT, et al. Effect of dispersed particles on microstructure evolved in iron under mechanical milling followed by consolidating rolling[J]. Metallurgical and Materials Transactions A, 2001, 32(7): 1769-1776.

[20] HUANG M, RIVERA-DÍAZ-DEL-CASTILLO P E J, BOUAZIZ O, et al. Modelling strength and ductility of ultrafine grained BCC and FCC alloys using irreversible thermodynamics[J]. Materials Science and Technology, 2009, 25(7): 833-839.

[21] MORITO S, NISHIKAWA J, MAKI T. Dislocation density within lath martensite in Fe-C and Fe-Ni alloys[J]. The Iron and Steel institute of Japan International, 2003, 43(9): 1475-1477.

[22] RAABE D, HERBIG M, MICHEAL H, et al. Segregation stabilizes nanocrystalline bulk steel with near theoretical strength[J]. Physical Review Letters, 2014, 113(10): 106104.

[23] SUN J J, GUO S W, ZHAO S D, et al. Improving strength of cold-drawn wire by martensitic transformation in a 0.65 wt% C low-alloy steel[J]. Materials Science & Engineering A, 2020, 790: 139719.

[24] SHERBY O D. Ultrahigh carbon steels, damascus steels and ancient blacksmiths[J]. The Iron and Steel institute of Japan International, 1999, 39(7): 637-640.

[25] WADSWORTH J, SHERBY O D. Influence of chromium on superplasticity in ultra-high carbon steels[J]. Journal of Materials Science, 1978, 13: 2645-2649.

[26] SHERBY O D, OYAMA T, KUM D W, et al. Ultrahigh carbon steels[J]. Journal of Metals, 1985, 50(6): 50-56.

[27] LIU H J, SUN J J, JIANG T, et al. Improved rolling contact fatigue life for an ultrahigh-carbon steel with nanobainitic microstructure[J]. Scripta Materialia, 2014, 90-91(6): 17-20.

[28] LIU H J, SUN J J, JIANG T, et al. Rolling contact fatigue behavior of an ultrahigh carbon steel[J]. Acta Metallurgica Sinica, 2014, 50(12): 1446-1452.

[29] KRAUSS G. STEELS—Processing, Structure, and Performance[M]. Ohio: ASM International, 2005.

[30] HYDE R S, KRAUSS G, MATLOCK D K. Phosphorus and carbon segregation: Effects on fatigue and fracture of gas-carburized modified 4320 steel[J]. Metallurgical and Materials Transactions A, 1994, 25: 1229-1240.

[31] ANDO T, KRAUSS G. The effect of phosphorus content on grain boundary cementite formation in AISI 52100 steel[J]. Metallurgical Transactions A, 1980, 12: 1283-1290.

[32] WARREN A G, ONEILL H, HONEYMAN A. The detection of cracks in steel by means of supersonic waves-correspondence[J]. Journal Iron Steel Institute, 1946, 153: 348-350.

[33] HULL D. Orientation and temperature dependence of plastic deformation processes in 3.25[J]. Proceedings of Royal Society, 1963, 274: 5-20.

[34] HULL D. Effect of grain size and temperature on slip twinning and fracture in 3% silicon iron[J]. Acta Metallurgica, 1961, 9: 909.

[35] HONDA R. Cleavage fracture in single crystals of silicon iron[J]. Journal of the Physical Society of Japan, 1961, 16: 1309.

[36] WILLIAMS D F, REID C N. Dynamic study of twin-induced brittle fracture[J]. Acta Metallurgica, 1971, 19: 931.

[37] SMIDA J B. Deformation twins-Probable inherent nuclei of cleavage fracture in ferritic steels[J]. Materials Science and Engineering A, 2002, 323: 198-205.